Deutsche
Forschungsgemeinschaft

Hochfrequenter
Rollkontakt
der Fahrzeugräder

Deutsche
Forschungsgemeinschaft

Hochfrequenter
Rollkontakt
der Fahrzeugräder

Ergebnisse aus
dem gleichnamigen
Sonderforschungsbereich
an der Technischen Universität Berlin

Herausgegeben von
Friedrich Böhm
und Klaus Knothe

Deutsche Forschungsgemeinschaft
Geschäftsstelle: Kennedyallee 40, D-53175 Bonn
Postanschrift: D-53170 Bonn
Telefon: ++49/228/8 85-1
Telefax: ++49/228/8 85-27 77
E-Mail: (X.400): S = postmaster, P = dfg, A = d400, C = de
Internet: http://www.dfg.de

Die Deutsche Bibliothek – CIP-Einheitsaufnahme

Hochfrequenter Rollkontakt der Fahrzeugräder : Ergebnisse aus
dem gleichnamigen Sonderforschungsbereich an der Technischen
Universität Berlin / Deutsche Forschungsgemeinschaft. Hrsg. von
Friedrich Böhm und Klaus Knothe. – Weinheim : Wiley-VCH, 1998
    ISBN 3-527-27723-4

© WILEY-VCH Verlag GmbH, D-69469 Weinheim (Federal Republic of Germany), 1998

Gedruckt auf säurefreiem und chlorfrei gebleichtem Papier.

Umschlaggestaltung und Typographie: Dieter Hüsken
Satz: Mitterweger Werksatz GmbH, Plankstadt.
Druck: betz-druck gmbh, D-64291 Darmstadt
Bindung: Wilhelm Osswald & Co, D-67433 Neustadt.
Printed in the Federal Republic of Germany.

Inhalt

Vorwort

Das Verkehrsaufkommen nimmt auf der Straße und in letzter Zeit auch auf der Schiene deutlich zu. Teilweise kommt es parallel zu einer Erhöhung der Achslasten. Neue Hochleistungsantriebssysteme im Schienenverkehr ergeben höhere Traktionskräfte. Der Individualverkehr und der Massenverkehr entwickelten sich zum Schnellverkehr. Die fahrdynamischen Probleme nehmen dabei merklich zu. Bei der Erweiterung der Einsatzgrenzen gewinnen die Massenkräfte der Fahrzeuge, Räder und Fahrwege neben den materialbedingten Kontaktkräften immer mehr an Bedeutung.

Die Mechanik als Grundlagenwissenschaft trug in der Vergangenheit wenig dazu bei, das Verständnis der hochfrequenten Dynamik von Fahrzeugrädern weiter zu entwickeln. Durch den Übergang von einer rein statischen und stationären Betrachtungsweise des mechanischen Rollkontakts zu einer dynamischen konnte im Sonderforschungsbereich 181 der Beitrag der Mechanik bezüglich der aufgetretenen technischen Probleme wesentlich verstärkt werden.

Die vor dem Sonderforschungsbereich 181 entwickelten mechanischen Verfahren der Fahrdynamik beschränkten sich bis auf wenige Ausnahmen auf langsam veränderliche Fahrzustände, zu deren Berechnung zumeist eine Starr-Körper-Dynamik (MKS) eingesetzt wurde. Die insbesondere für Reifen erforderliche hochfrequente Elastodynamik des schnell rollenden Rades mußte völlig neu entwickelt werden. Für die Analyse wurden sowohl kontinuumsmechanische Methoden, Finite-Elemente-Methoden als auch Vielteilchenmethoden verwendet. In der Rad-Schiene-Dynamik herrschen stationäre und schwach veränderliche Rollvorgänge vor.

Die Dynamik des Rades auf unebenen und nachgiebigen Fahrwegen konnte bis zu sehr kurzwelligen Vorgängen berechenbar gemacht werden; die dabei entstehende Schallabstrahlung wurde analysiert. Mit den entwickelten Modellen konnte die beim Rollkontakt auftretende Belastung des Fahrwegs, die zu hohen Unterhaltungskosten führt, geklärt werden. Laufflächenverschleiß und Lastkollektive von Rad und Fahrweg können jetzt auch für hochfrequente Lastanteile berechnet werden.

Obwohl die physikalischen Ursachen von Reibung und Verschleiß in vieler Hinsicht noch klärungsbedürftig sind, wurden kinematische und dynamische Vorgänge beim Rollkontakt soweit geklärt, daß die rechnerische oder meßtechnische Analyse der Kontaktzustände auch für rauhe Laufflächen durchgeführt werden konnte. Dazu mußten empirisch gewonnene Reibungszahlfunktionen eingesetzt werden.

Mit den vorliegenden Ergebnissen wurde erreicht, daß die Dynamik des rollenden Rades heute mit nichtlinearen dynamischen Methoden, ausgehend von relevanten technischen Parametern, behandelt werden kann. Die neu geschaffenen Modelle von Rad, Kontakt und Stützmedium und die entwickelten Berechnungsverfahren werden bereits vielfach für praktische Probleme eingesetzt. Sie erfordern allerdings wesentlich breitere Kenntnisse der Dynamik, der Numerik und der Meßtechnik, als es bei den bisherigen Methoden für langsam veränderliche Rollvorgänge der Fall war.

Für die Betreuung und die Bereitstellung der Förderungsmittel durch die Deutsche Forschungsgemeinschaft von 1986 bis 1994 sowie die kritische fachliche Beratung durch die Gutachter wird an dieser Stelle herzlich Dank gesagt. Nicht zuletzt danken wir auch dem Verlag WILEY-VCH für die hervorragende Zusammenarbeit bei der Drucklegung des Abschlußberichtes.

Berlin, Oktober 1997   *Friedrich Böhm*
                                                         Klaus Knothe

Einleitung

Klaus Knothe* und Friedrich Böhm**

Die erste Arbeit zur Rollkontaktproblematik stammt aus dem Jahr 1876. In den Philosophical Transactions of the Royal Society of London veröffentlichte Reynolds eine inzwischen weitgehend vergessene Arbeit zum Thema „On rolling friction"[1]. In der Arbeit kommt keine einzige Gleichung vor. Reynolds geht von theoretischen Überlegungen zum Abrollen eines eisernen Zylinders auf einer Ebene aus Kautschuk aus und bestätigt diese Überlegungen anschließend durch experimentelle Untersuchungen mit unterschiedlichen Materialkombinationen. Eine streng theoretische Lösung dieses Rollkontaktproblems von Wälzkörpern aus unterschiedlichen Materialien erfolgte übrigens erst 93 Jahre später durch Bufler [2]. Den einfacheren Fall des Rollkontakts von Walzen aus gleichem Material behandelte Carter im Hinblick auf die Antriebsproblematik von Lokomotivrädern im Jahr 1926 in seiner Arbeit „On the action of a locomotive driving wheel" [3]. Aus dem gleichen Jahr stammt die Berliner Dissertation von Fromm, die erst ein Jahr später in der „Zeitschrift für Angewandte Mathematik und Mechanik" veröffentlicht wurde [4]. Ihr Thema lautete: „Berechnung des Schlupfes beim Rollen deformierbarer Scheiben". Anwendungsgebiet waren hier ganz allgemein zylindrische Reibungsgetriebe. Einen Prioritätsstreit zwischen Carter und Fromm hat es nie gegeben, wahrscheinlich wußten beide nicht einmal, daß auch in einem anderen Land jemand sich intensiv mit der Rollkontaktproblematik befaßte. Allerdings war sich Carter der praktischen Relevanz der Rollkontaktproblematik schon wesentlich früher bewußt. In einem Vortrag aus dem Jahre 1915 mit dem Titel „The electric locomotive" [5] untersuchte er unter Verwendung linearer Kraftschluß-Schlupf-Beziehungen fast nebenbei das Problem der Stabilität von Lokomotiven beim Lauf im geraden Gleis. Sowohl Carter als auch Fromm gingen von einem kontinuierlichen Berührvorgang zweier elastischer Halbräume aus.

Probleme, die sich beim Abwälzen eines Luftreifens auf der Straße ergeben, wurden nach Kenntnis der Autoren erstmals von Becker, Fromm und Maruhn [6] behandelt. Im Jahr 1943 hat sich Fromm nochmals vertieft mit dem Luftreifen, allerdings im Hinblick auf Luftreifen von Flugzeugen, befaßt [7]. Der entscheidende Unterschied in den Arbeiten, die sich mit dem Problem Reifen-Fahrbahn befassen, im Vergleich zu den Ar-

* Technische Universität Berlin, Institut für Luft- und Raumfahrt.
** Technische Universität Berlin, 1. Institut für Mechanik.

1

beiten zum Rad-Schiene-Kontakt besteht darin, daß nicht mit der Halbraumtheorie gearbeitet wird, sondern daß eine Art „Borstenmodell" zugrunde gelegt wird, das durchaus der Realität der Tangentialkraftübertragung über die Stollen des Reifens entspricht. Der Berührvorgang spielt sich hierbei zumeist in einzelnen, diskreten Punkten ab. Man könnte auch sagen: Für das Tangentialkontaktproblem wird mit dem Modell einer Winklerschen Bettung gearbeitet. Schon Rocard hatte erkannt, daß dieses Modell sich durchaus auch auf den Halbraumkontakt, der für Rad und Schiene verwendet wird, übertragen läßt [8]. Es ist dort aber eine Näherung. Welche grundlegenden Arbeiten zum Luftreifen in Frankreich oder in anderen Ländern vor 1940 entstanden sind, ist nicht bekannt.

Die „klassischen" Arbeiten zum Rollkontakt von Reifen stammen von von Schlippe und Dietrich [9,10]. Die bis zu diesem Zeitpunkt bekannten Arbeiten zum Rollkontakt von Rad und Schiene bezogen sich ausschließlich auf das „stationäre" Problem. Das heißt: In einem mitbewegten Koordinatensystem ändern sich die Zustandsgrößen zur Beschreibung des Kontaktvorgangs, insbesondere also die Kontaktspannungen, nicht. Demgegenüber befassen sich von Schlippe und Dietrich bereits mit dem instationären Linienkontakt. Das war technisch erforderlich, da man beim Reifen auch schnell veränderliche oder transiente Rollzustände behandeln wollte, bei denen sich bei einer Beschreibung im mitbewegten Koordinatensystem die Zustandsgrößen während der Zeit, die ein Partikel für den Durchlauf durch die Kontaktfläche benötigt, ändern. Die Behandlung des instationären Rollkontaktproblems für den Fall, daß die Kontaktpartner als elastische Halbräume modelliert werden, ist deutlich aufwendiger. Die ersten, rein theoretischen Arbeiten hierzu wurden 1970 von Kalker [11] veröffentlicht. Sie beschränkten sich auf den Rollkontakt zweier elastischer Zylinder. Fraglich erschien zum damaligen Zeitpunkt auch, ob eine derartige instationäre Behandlung beim Rad-Schiene-Kontakt überhaupt erforderlich ist.

Wesentlich wichtiger war die Behandlung des „dreidimensionalen" Rollkontaktproblems, da Rad und Schiene dreidimensional erstreckte Körper sind. Die wesentlichen Arbeiten zu dieser Problematik verdanken wir Johnson [12,13] und Kalker [14]. Die Theorie war hier der Praxis voraus. Erst mit der Erhöhung der Fahrgeschwindigkeit von Eisenbahnzügen entstand ein Bedarf nach einer Modellierung des Rollkontakts von Rad und Schiene, wenn neben Längsschlupf auch Quer- und Bohrschlupf auftreten können. Für die Behandlung dieser Probleme steht heute das Programm CONTACT von Kalker [15] zu Verfügung, mit dem sich lineare und nichtlineare, stationäre und instationäre Rollkontaktprobleme von Rad und Schiene behandeln lassen. Instationäre Probleme wurden und werden allerdings aufgrund der immensen Rechenzeiten kaum behandelt. Selbst für nichtlineare Fragestellungen war man um einfachere Lösungen bemüht, so in der Näherung von Johnson und Vermeulen [16] und in der Erweiterung von Shen, Hedrick und Elkins [17]. Kalkers Theorie dient hierbei nur dazu, die Anfangsneigung der Kraftschluß-Kurven zu ermitteln.

In der Automobilindustrie war man bis in die jüngste Zeit vor allem daran interessiert, das stationäre Reifenverhalten und das Reifenverhalten im niederfrequenten Bereich zuverlässig beschreiben zu können. Halbempirische, „magische" Formeln, deren Parameter durch Anpassung an gemessene Kurven bestimmt werden, spielen

2

dabei eine wesentliche Rolle [18]. Unter praktischen Gesichtspunkten haben solche halbempirischen Formeln durchaus eine Bedeutung, sie spiegeln aber nicht den Stand wissenschaftlicher Erkenntnisse wider.

Die theoretischen Untersuchungen waren schon wesentlich weiter fortgeschritten. Beim Reifen-Straße-Problem verdienen besonders die Habilitationsschrift von Böhm [19] (auszugsweise veröffentlicht in [20]) und die Doktorarbeit von Pacejka [21] Aufmerksamkeit, aus denen hervorgeht, daß für eine korrekte Modellierung der Rollkontaktvorgänge für den Luftreifen eine instationäre und nichtlineare Betrachtung ebenso erforderlich ist wie eine sorgfältige Modellierung der Reifenstruktur. Kontaktmechanik und Strukturmechanik sind beim Reifen, anders als bei Rad und Schiene, untrennbar miteinander verknüpft. Gemeinsames und Trennendes beim Rollkontakt von Reifen und Straße, Rad und Schiene und Kunststoffrad auf Stahlfahrbahn werden ausführlich im Kapitel 2 behandelt. Welche Konsequenzen es hat, daß beim Kontakt von Rad und Schiene Kontaktmechanik und Strukturmechanik nicht so eng miteinander verknüpft sind, wird in Kapitel 3 erörtert.

Ausgangspunkt für die Untersuchungen zum Luftreifen in den Kapiteln 4, 5 und 6 war die Arbeit von Böhm aus dem Jahr 1985 zur „Theorie schnell veränderlicher Rollzustände für Gürtelreifen" [22]. Diese Arbeit ermöglichte den Einblick in die kinematischen und dynamischen Vorgänge im Kontaktbereich des rollenden Rades und bewies, daß eine verfeinerte analytische und numerische Auflösung des reibungsbehafteten Kontaktprozesses möglich war und auch technisch völlig neue Möglichkeiten eröffnete. Zu berücksichtigen sind die Nichtlinearitäten, wie zum Beispiel das Gummiverhalten, die innere und äußere Reibung, Stollenreibschwingungen, die Kinematik und Dynamik der Reifenschale, die Cord-Hysterese sowie die thermischen Einflüsse bei großen und schnellen Verformungen, siehe Kapitel 4. Die Modellierung ist außerordentlich schwierig; die Reifenmodelle werden auf spezielle Anwendungen zugeschnitten. Nur so kann der Rechenaufwand in einem vertretbaren Rahmen bleiben (Kapitel 5). Die vom unebenen Boden angeregten Reifen und Achsschwingungen werden in Kapitel 6 näher betrachtet, da sie nicht nur den Fahrkomfort mindern, sondern auch Verkehrslärm erzeugen und die dynamische Belastung der Straßenoberfläche beträchtlich erhöhen.

Für den Kontakt von Rad und Schiene lag eine derartige, in jeder Hinsicht richtungsweisende Arbeit zunächst nicht vor. In der Veröffentlichung von 1986 zum Thema „Derivation of frequency dependent creep coefficients based on an elastic halfspace model" [23] wurde allerdings der Weg, wie man zu einer vollständigen, linearisierten, instationären Beschreibung des Rollkontakts von Rad und Schiene gelangen kann, vorgezeichnet. Ausführlich dargestellt wird dieser Weg im Kapitel 7. Arbeiten zu Frequenzbereichslösungen und Zeitbereichslösungen für Rad-Schiene-Probleme sind in den Kapiteln 10 und 11 wiedergegeben.

Die Paarung Rad-Schiene war, anders als die Paarung Reifen-Fahrbahn, für experimentelle Untersuchungen in der Kontaktfläche nicht zugänglich und ist es auch heute noch nicht. Vor allem im Hinblick auf die experimentelle Verifizierung der instationären Rollkontakttheorie mit Halbraummodellen wurde daher die Paarung Kunststoffrad-Stahlfahrbahn mit in die Untersuchungen einbezogen. Die Ergebnisse dieser Untersuchungen findet man in den Kapiteln 8 und 9.

Die vier folgenden Kapitel befassen sich mit Auswirkungen hochfrequenter Rollvorgänge. Da ist zunächst das Problem der Entstehung kurzwelliger Riffeln auf Eisenbahnschienen im geraden Gleis, für das in Kapitel 12 ein Modell vorgelegt wird. Aus der Sicht der Metallphysik wird der Endzustand einer verriffelten Eisenbahnschiene untersucht, woraus sich wesentliche Hinweise zu den beim Überrollvorgang wirkenden Beanspruchungen ergeben (Kapitel 13). Die zweite behandelte Auswirkung – sowohl für den Reifen-Fahrbahn- als auch für den Rad-Schiene-Kontakt – ist Lärm, wobei nicht nur akustische Probleme, sondern auch eine verfeinerte Modellierung des Kontakts von realen, rauhen Oberflächen behandelt werden (Kapitel 14 und 15).

Mit Ende des Sonderforschungsbereichs 181 sind die Arbeiten zum „Hochfrequenten Rollkontakt der Fahrzeugräder" nicht abgeschlossen. Offene Fragen und die Auswirkungen der bisherigen Arbeit werden anschließend in den Kapiteln 16 und 17 behandelt.

Literatur

1 O. Reynolds: On rolling friction. Philosophical Transactions of the Royal Society of London *166* (I) (1876), 155–174.
2 H. Bufler: Zur Theorie der rollenden Reibung. Ing.-Arch. *XXVII* (1959), 137–152.
3 F. W. Carter: On the action of a locomotive driving wheel. Proc. R. Soc. Lond. A *112* (1926), 151–157.
4 H. Fromm: Berechnung des Schlupfes beim Rollen deformierbarer Scheiben. Z. Angew. Math. Mech. *7* (1927), 27–58.
5 F. W. Carter: The electric locomotive. Proc. Inst. Civil Engn. *201* (1915), 221–252.
6 G. Becker, H. Fromm, H. Maruhn: Schwingungen in Automobillenkungen. M. Krayn, Technischer Verlag GmbH, Berlin 1931.
7 H. Fromm: Seitenschlupf und Führungswert des rollenden Rades. In: Ausschuß Flugzeugkonstruktion, Bericht über die Sitzung Flattern und Rollverhalten von Fahrwerken am 16./17. Oktober, Stuttgart, Bericht 140, Lilienthalgesellschaft für Luftfahrtforschung, Berlin SW 11, S. 56–63.
8 M. Julien, Y. Rocard: La stabilité de route des locomotives, deuxième partie. Hermann & Cie., Paris 1935.
9 B. von Schlippe, R. Dietrich: Das Flattern eines bepneuten Rades. Vorabdrucke aus Jahrbuch 1943 der deutschen Luftfahrtforschung; Zentrale für wissenschaftliches Berichtswesen der Luftfahrtforschung des Generalflugzeugministers (ZWB), Berlin-Adlershof.
10 B. von Schlippe, R. Dietrich: Das Flattern eines mit Luftreifen versehenen Rades. Jahrbuch der Deutschen Luftfahrtforschung (1943), S. 1–16.
11 J. J. Kalker: Transient phenomena in two elastic cylinders rolling over each other with dry friction. Journal of Applied Mechanics *37* (1970), 677–688.
12 K. L. Johnson: The effect of a tangential contact force upon the rolling motion of an elastic sphere on a plane. Journal of Applied Mechanics *25* (1958), 339–346.
13 K. L. Johnson: The effect of spin upon the rolling motion of an elastic sphere on a plane. Journal of Applied Mechanics *25* (1958), 332–338.
14 J. J. Kalker: On the rolling contact of two elastic bodies in the presence of dry friction. Dissertation, TH Delft 1967.

15 J. J. Kalker: Three-Dimensional Elastic Bodies in Rolling Contact, Volume 2 of Solid Mechanics and Its Applications. Kluwer Academic Publishers, Dordrecht 1990.

16 J. Vermeulen, K. L. Johnson: Contact of nonsperical elastic bodies transmitting tangential forces. Journal of Applied Mechanics *31* (1964), 338–340.

17 Z. Y. Shen, J. K. Hedrick, J. A. Elkins: A comparison of alternative creep-force models for rail vehicle dynamic analysis. In: The Dynamics of Vehicles on Roads and Tracks, J. K. Hedrick (Ed.) Proc. of the 8th IAVSD Symposium held at MIT Cambridge/MA 1983, Swets & Zeitlinger, Lisse 1984, S. 591–605.

18 H. B. Pacejka, E. Bakker: The magic formula tyre model. In: Tyre Models for Vehicle Dynamics Analysis, H. B. Pacejka (Eds.), Proc. 1st Int. Colloquium on Tyre Models for Vehicle Dynamics Analysis, Delft, The Netherlands 1991; Supplement to Vehicle System Dynamics, Bd. *21*, S. 1–18, 1993.

19 F. Böhm: Zur Mechanik des Luftreifens. Habilitationsschrift, TH Stuttgart 1966.

20 F. Böhm: Zur Statik und Dynamik des Gürtelreifens. ATZ *96* (1967), 255–261.

21 H. B. Pacejka: The wheel shimmy phenomenon - A theoretical and experimental investigation with particular reference to the nonlinear problem. PhD thesis (reprint), Delft University of Technology 1966.

22 F. Böhm: Theorie schnell veränderlicher Rollzustände für Gürtelreifen. Ingenieur-Archiv *55* (1985), 30–44.

23 K. Knothe, A. Groß-Thebing: Derivation of frequency dependent creep coefficients based on an elastic halfspace model. Vehicle System Dynamics *15* (1986), 133–154.

1 Stand der Erkenntnis bei der Behandlung des Rollkontakts zu Beginn der Förderungszeit des Sonderforschungsbereichs 181

Friedrich Böhm* und Klaus Knothe**

1.1 Theorien des Rollkontakts der Fahrzeugräder

Das Rad wird idealisiert gedacht als starrer, frei um seine Achse drehbarer Kreistorus. Ausgangspunkt war die Theorie der nichtholonomen Bindung nach Hertz [1], mit der sich die Bewegung des Kontaktpunkts eines starren Rades mit horizontaler Achse auf einer starren Ebene beschreiben läßt. Dabei handelt es sich um einen Abwicklungsvorgang des Äquatorkreises des Rades auf der Ebene. Der Schnitt der Äquatorebene (Radebene) mit der Bodenebene bildet die Spur, in der sich der Kontaktpunkt fortbewegt. Da Äquatorkreis und Spurgerade tangieren, haben sie zwei infinitesimal benachbarte Punkte gemeinsam, die ein Linienelement der Bahnkurve bilden. Veränderliche Bahnkrümmungen sind nach Hertz nicht ausgeschlossen und entstehen durch zusätzliche stetige Drehung des rollenden Radkörpers um die Hochachse.

Betrachtet man den am Umfang tangierenden Kreiszylinder am Äquator unter der Annahme, daß die Radebene immer einen Winkel von $90°$ mit der Bodenebene einschließt, so kann dieser beim Rollvorgang auch abgewickelt werden und legt dabei einen Streifen von elementarer Breite auf die Bodenebene nieder. Dieser Streifen kann zufolge einer allgemeinen Fahrbewegung auch stetig gekrümmt sein. Für endliche Streifenbreite ergibt sich allerdings eine Komplikation. Es entsteht ein inkompatibles Verschiebungsfeld analog der Bernoullischen Biegung des Balkens. Drehungen eines starren zylindrischen Rades endlicher Breite um die Hochachse führen daher nicht zu einer Abwicklung der Zylinder-Kontaktlinie senkrecht zur Zylinder-Erzeugenden. Es entsteht Bohrschlupf. Nur ein (beliebiger) Punkt der Kontaktlinie gleitet nicht.

Im Falle eines unter einem Sturzwinkel a rollenden Rades, siehe Abbildung 1.1.1a, d.h. für den Fall, daß der Winkel zwischen Äquatorebene und Bodenebene kein rechter Winkel ist, liegen die Dinge ähnlich: Der die Bahnebene berührende

---

* Technische Universität Berlin, 1. Institut für Mechanik.
** Technische Universität Berlin, Institut für Luft- und Raumfahrt.

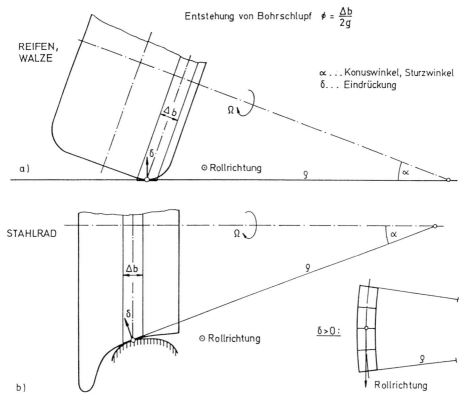

Abbildung 1.1.1: a) Reifen – bohrschlupffreies Rollen des tangentialen Laufstreifenkegels;
b) Schienenfahrzeugrad – bohrschlupffreies Rollen des tangierenden Laufstreifenkegels.

Breitenkreis wird durch einen Kegelstumpf tangiert, dessen Winkel der Winkel a
zwischen Radachse und Tangente an der Radquerschnittslinie darstellt. Auch der Kegelstumpf von elementarer Breite ist abwickelbar und erzeugt Kreise mit dem Radius
der Mantellänge ρ des Kegels. An die Stelle der Bodenebene kann auch ein tangie-
render Zylinder treten, siehe Abbildung 1.1.1b. Wird auch hier angenommen, daß
nur zwei infinitesimal benachbarte Punkte berühren, so können auch in dieser Rad-
stellung durch zusätzliche stetige Drehung um die Berührnormale stetig gekrümmte
Kurven auf der Stützfläche gefahren werden. Bei endlicher Breite ergibt sich wieder
Inkompatibilität.

Nach der Theorie der nichtholonomen Rollbedingung ist die tangentiale Stütz-
kraft in Richtung der Kurvennormalen eine beliebig hohe Starrkörperkraft. Sie ergänzt als Zwangskraft das System der Kräfte, die auf das Fahrzeug wirken. Die Bewegungen des Fahrzeugs lassen sich mittels Lagrangescher Gleichungen erster Art
darstellen. Sind mehrere Räder vorhanden, können statisch und dynamisch unbe-
stimmte Zustände auftreten. Berücksichtigt man daher eine Verformung δ des Rades,
d. h. eine Verzerrung seiner Oberfläche als Drehfläche und analog eine Verzerrung
der Stützfläche, so bleibt die Abwickelbarkeit erhalten. Es handelt sich dann um die

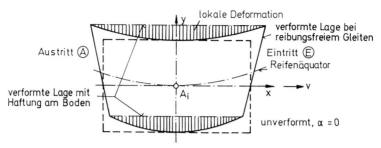

Abbildung 1.1.2: Abplattungsverformung der Kontaktfläche bei Radsturz (Winkel $a \neq 0$) und reibungsfreiem Gleiten beziehungsweise mit Haften der Lauffläche am Boden.

Abwicklung einer oder zweier Regelflächen von differentieller Breite. Die deformierte Umfangslinie und die deformierte Spurlinie müssen auch im verformten Zustand eine gemeinsame Tangente besitzen und wälzen schlupffrei aufeinander ab. Bei endlicher Breite des abgewickelten Laufstreifens wird jedoch auch hier durch eine Drehung um die gemeinsame Flächennormale an den Laufstreifenrändern Schlupf erzeugt. Auch erzeugen die Radiendifferenzen Δr bezüglich des linken und rechten Rands des Flächenstreifens Umfangsschlupf.

Wegen der endlichen Länge des abgeplatteten Flächenstreifens entsteht außerdem ein parabolisch verteilter Seitenschlupf, da Bewegungsrichtung und Durchlaufsinn der Teilchen durch das Deformationsmuster nur im ideellen Aufstandspunkt A_i zusammenfallen, siehe Abbildung 1.1.2.

Abbildung 1.1.3: Technischer Rollvorgang ohne Gleiten bei 160 km/h.

So ist beispielsweise erklärbar, daß ein Motorradfahrer bei hohen Kurvengeschwindigkeiten und starker Schräglage, siehe Abbildung 1.1.3, ohne Gleiten eine Kreisbahn mit einem Radius von 200 m fahren kann, obwohl der tangierende Laufstreifenkegel nur einen Radius von 50 cm besitzt.

Die in der klassischen Mechanik übliche Annahme der nichtholonomen Rollbedingung ist technisch gesehen daher falsch und führt zu falschen Bewegungsgleichungen und falschen Bahnkurven der Fahrzeuge. Praxisnahe Berechnungen stützen sich immer auf gemessene Schlupfkennlinienfelder. Bei der Berechnung dieser Kennfelder werden die Einebnungsbewegungen in Form von vorgegebenen Bahnkurven im allgemeinen nur näherungsweise berücksichtigt [2].

Zusammenfassend kann gesagt werden, daß die nichtholonome Rollbedingung der klassischen Mechanik auf der Rollbewegung starrer Körper fußt und augenblicklich zu Widersprüchen führt, wenn der Kontaktpunkt sich auf ein endlich großes Kontaktgebiet erweitert, oder wenn mehrere Räder zusammen inkompatible Rollbedingungen erfüllen müssen. Die Starrkörperdynamik ist daher nur sehr bedingt geeignet, die technischen Probleme der Fahrdynamik zu lösen. Die nichtholonome Rollbedingung ist jedoch weiterhin nützlich, da sie die mathematische Behandlung der Einflüsse von Störgrößen, wie zum Beispiel Rad- oder Bodendeformationen, ermöglicht.

1.1.1 Partielle Differentialgleichungen für den Rollkontakt eines Rades auf einer Stützfläche im eingeebneten Zustand

Es wurde angenommen, daß sich bei hinreichender, jedoch endlicher Steifigkeit des Radkörpers und des Bodens die beiden unendlich dicht benachbarten Kontaktpunkte, die den idealen Aufstandspunkt bilden, zu einem kleinen Kontaktgebiet erweitern, dessen Kinematik sich weiterhin wie bei einer nichtholonomen Rollbedingung verhält. Betrachtet man das eingeebnete Flächenstück des Zylinders oder des Konus für den idealen Aufstandspunkt, so handelt es sich nun um die Relativbewegung zweier Ebenen, wobei die Stützfläche raumfest ist und die jeweils eingeebnete Fläche des Rades k_1, k_2, k_3 mit dem idealen Aufstandspunkt mitgeführt wird. In einem mitgeführten Koordinatensystem xy lassen sich daher die Relativbahnen der Oberflächenpunkte des starr gedachten Stützkörpers darstellen, es sind dies Elemente von Kreisbahnen x_1, x_2, x_3 um den Momentanpol M für die parallelen Tangentialflächen, siehe Abbildung 1.1.4 [3].

Da der Vektor zum Momentanpol von der Lösung der Bewegungsgleichungen direkt abhängt, ist die nichtholonome Bedingung: $(\vec{x} - \vec{x}_\rho) \cdot d\vec{x} = 0$ nicht separat integrierbar. Ist im Spezialfall der Ortsvektor des Momentanpols konstant, so entstehen Kreisbahnen mit einem freien Parameter, dem Drehwinkel des Rades beziehungsweise dem Relativdrehwinkel ψ der beiden Ebenen. Es ist nämlich notwendig, einen Zusammenhang zwischen der Abwicklungslänge einer Berührlinie, beispielsweise der Mittellinie, und dem Fortschritt des idealen Aufstandspunkts (A_i) auf der Spur festzulegen, da ja Radfortschritt $ds = vdt$ und Raddrehung $Rd\varphi$ bei Längsschlupf nicht zwangsläufig gekoppelt sind. In Abbildung 1.1.4 ist der stationäre Rollzustand

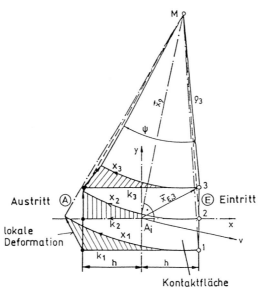

Abbildung 1.1.4: Stationäres Rollen einer deformierbaren zylindrischen Membran, lokale Deformationen in der xy-Ebene, wenn die Äquatorlinie (2) ohne Längsschlupf abrollt.

einer schwach verformbaren zylindrischen Oberfläche auf ebenem Boden darge-stellt, wobei zum Beispiel angenommen wurde, daß die Mittellinie (Linie 2) zwischen Eintritt E und Austritt A aus dem Kontaktbereich keinen Längsschlupf durchführt. Aus der Relativkinematik ergibt sich allgemein die folgende partielle Differential-gleichung für die Bahnkurven der Bodenkontaktpunkte, die an der Eintrittslinie E entstehen:

$$\dot{\vec{x}} = (\omega y - v \cos \delta) \, \frac{\partial \vec{x}}{\partial x} - (\omega x - v \sin \delta) \, \frac{\partial \vec{x}}{\partial y} + \frac{\partial \vec{x}}{\partial t} = \boldsymbol{A}\vec{x} + \vec{f} \qquad (1.1)$$

mit

$$\boldsymbol{A} = \begin{pmatrix} 0 & \omega \\ -\omega & 0 \end{pmatrix}, \quad \vec{f} = \left\{ \begin{matrix} -v \cos \delta \\ v \sin \delta \end{matrix} \right\} \quad .$$

Betrachtet werden nun weiterhin die Relativbahnen der Oberflächenpunkte $\vec{k}$ und $\vec{x}$; als „lokale Deformation" wird $\vec{\Delta} = \vec{x} - \vec{k}$ definiert. Enthalten sind ebenfalls in Abbildung 1.1.4 die Eintrittsbedingungen der Radkontaktpunkte, und es gilt $\vec{k}_E = \vec{x}_E$; d.h. $\vec{\Delta}_E = 0$. Die Bahnkurven $\vec{k}$ müssen, wie schon erwähnt, über die Drehbewegung des Rades gesondert integriert werden. Im Falle eines zylindrischen dehnungslosen Bands ohne Umfangsschlupf handelt es sich einfach um das Fort-schieben der Punkte 1, 2, 3 am Eintritt in Richtung negativer x-Werte entsprechend des materiell abgerollten Anteils des Radumfangs. In dem in Abbildungen 1.1.4 ge-zeigten Beispiel könnte auch angenommen werden, daß an der Linie 1 oder 3 keine

10

Relativbewegung der beiden Flächen in x-Richtung erfolgt. Diese Linie ist dann längsschlupffrei und definiert den Drehwinkel ψ um den Pol M. Gezeigt sind die Vektoren des Relativverschiebungsfelds $\vec{x} - \vec{k}$ für den Fall, daß die Äquatorlinie (Linie 2) längsschlupffrei abrollt.

Da für die Entwicklung der realen Kontaktkräfte nur die Verformungen von Boden und Radoberfläche von Bedeutung sind, können damit die tangentialen Kraftreaktionen bestimmt werden, sofern die flächennormalen Kontaktkräfte zufolge dieser Deformation bekannt und diese hinreichend hoch sind, um Gleiten zu vermeiden. Im Falle von Gleiten kann die Relativgeschwindigkeit zwischen den deformierten Oberflächen die Richtung der Gleitkraft angeben. Ihre Größe ist proportional der Reibungszahl multipliziert mit der örtlichen Druckkraft.

1.1.2 Anwendungen bei von Schlippe, Johnson, Pacejka, Kalker und Böhm

Von Schlippe und Dietrich [4] gehen davon aus, daß das Rad längsschlupffrei abrollt, Relativverschiebungen zwischen Radkörper und Boden in Längsrichtung werden nicht betrachtet. Es liegt damit der Fall des ungebremsten und auch nichtbeschleunigten Rades vor. In Querrichtung werden sowohl die Bewegungen der Bodenkontaktpunkte als auch die elastischen Verformungsbewegungen des rollenden Rades berücksichtigt. Bei den Anwendungen für das Spornradflattern wird angenommen, daß die laterale Kraftentwicklung des Reifens entsprechend der Verformung eines elastisch gebetteten, vorgespannten Seils erfolgt.

Neuere Anwendungen stammen von Johnson [5], Pacejka [6], Kalker [7] und Böhm [8]. Die tangentialen Einebnungsbewegungen, hervorgerufen durch die vertikale Abplattung, werden beim Reifenkontakt [6, 8] berücksichtigt und beim Rad-Schiene-Kontakt vernachlässigt. Die Kenntnis der vertikalen Druckverteilung ermöglicht auch die Kontrolle des Übergangs vom Haft- zum Gleitzustand, die nichtlinearen Glieder in Gleichung (1.1) wurden jedoch in der Regel vernachlässigt. Die beim Reifenkontakt übliche Reihenentwicklung der Bahnkurven entlang der Kontaktlänge hat als Voraussetzung die Annahme langsam veränderlicher Rollzustände in bezug auf die Kontaktzeit. Somit waren kurzwellige Vorgänge, beispielsweise hervorgerufen durch schnelle Schlupfänderungen oder durch kurzwellige Bodenunebenheiten, nicht berechenbar. Die Kalkersche Theorie kann zwar prinzipiell kurzwellige Vorgänge erfassen, da aber in dieser Theorie keine Massenkräfte berücksichtigt werden, ist die Behandlung extrem kurzwelliger Vorgänge (Quietschen) problematisch.

1.1.3 Theorien nullter Ordnung (stationärer Rollzustand), erster und zweiter Ordnung (Rollzustandsänderung linear oder quadratisch innerhalb der Kontaktzeit)

Die Einteilung in Theorien nullter, erster oder zweiter Ordnung ist in der Dynamik des Systems Reifen/Straße gebräuchlich. Bei stationären Rollzuständen verschwinden die Zeitableitungen in den Gleichungen, die tangentialen Kontaktkräfte werden aus immer demselben Verformungsbild gewonnen. Für sehr kleine Schlupfzustände gewinnt man hiermit die Steigung der Kennlinien aus dem Nullzustand heraus als wichtigen Anhaltspunkt für Fahrstabilitätsuntersuchungen bei langsam veränderlichen Fahrzuständen. Da als charakteristische Größe das Verhältnis von Kontaktzeit zu kürzester Schwingungsdauer des Systems entscheidend ist, kann für viele Anwendungsfälle mit einfachen Kennlinienmodellen für das Verhalten des Rades gearbeitet werden, zumindest solange man sich nicht für hochfrequente Systemschwingungen mit geringer Kraftentwicklung interessiert, wie sie zum Beispiel bei akustischen Fragen auftreten. Jedoch haben schon von Schlippe und Dietrich gezeigt, daß die Berücksichtigung zeitlich linear veränderlicher Relativbewegungen notwendig ist (Rolltheorie erster Ordnung, der Momentanpol M liegt nahezu im Unendlichen), wobei jedoch der Schräglaufwinkel zeitlich veränderlich ist, $\delta = \delta(t)$. Sie verwendeten die Hurwitzschen Stabilitätsbedingungen, um die Flatterinstabilität von gelenkten Rädern zu erklären [4].

Rollzustandsänderungen, bei deren Berechnung quadratische Laufzeiteinflüsse berücksichtigt werden müssen (Rolltheorie zweiter Ordnung, Momentanpol liegt weit weg) sind wichtig zur Erklärung des kinematischen Flatterns. Das sind Flatterzustände, bei denen Seitenkraftentwicklung und Seitenschlupf (Schräglauf) um $90°$ phasenverschoben auftreten, siehe Abbildung 1.1.5 [9]. Diese Zustände sind jedoch nur bei kurzwelligen Störungen der Rollbewegungen von Bedeutung, d. h. bei Wellenlängen, die kürzer als etwa das Fünffache der Kontaktlänge sind [3]. Derartige Zustände sind bei höheren Rollgeschwindigkeiten zusätzlich durch die Bohrschlupf-Reibung gedämpft.

Wie man jedoch aus dem akustischen Verhalten heraus schließen kann, sind hochfrequente Teilschwinger unter bestimmten Umständen, wie Antriebs- oder Bremsschlupf, Spurkranzanlauf, Konuslauf oder Bohrschlupf, auch bei hohen Rollgeschwindigkeiten in der Lage, aus der vorhandenen Längsgeschwindigkeit genügend Energie zur Erzeugung von hochfrequenten Reibschwingungsvorgängen abzuziehen. Vorgänge dieser Art konnten bisher nicht systematisch bekämpft werden.

Bei Rad-Schiene-Problemen ist im Sinne der Unterteilung in Theorien nullter, erster oder zweiter Ordnung bisher nahezu ausschließlich mit Theorien nullter Ordnung gearbeitet worden, was für die üblichen Vorgänge der Schienenfahrzeugdynamik gerechtfertigt ist, da die Wellenlängen des Bewegungsvorgangs, üblicherweise 10 bis 20 m, das Tausendfache der Kontaktabmessung betragen. Instabilitäten wie der Sinuslauf von Radsätzen oder Drehgestellen [10, 11, 12] haben ihre Ursache primär in kontaktgeometrischen Vorgängen (Rollradiendifferenz bei seitlicher Verschiebung des Radsatzes) und nicht in instationären, kontaktmechanischen Vorgängen. Instationäre, kontaktmechanische Beziehungen wurden verwendet [13], um die Stabilität hochfrequenter Bewegungsvorgänge beim Rad-Schiene-Kontakt zu untersu-

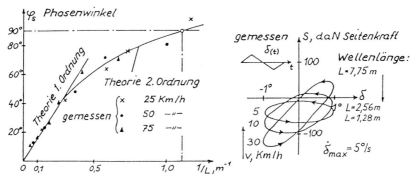

Abbildung 1.1.5: Vergleich der Berechnung des Phasenwinkels der Seitenkraft S mit der Messung am Trommelprüfstand (angeregt durch $\delta(t)$).

chen, die als mögliche Ursache für Schienenriffeln angesehen wurden. Die Beschreibung der (linearisierten) kontaktmechanischen Beziehungen erfolgte im Frequenzbereich und führte auf komplexe Schlupfkoeffizienten, die sich als Theorie erster beziehungsweise zweiter Ordnung interpretieren lassen. Da das Modell des Gleises unzulänglich war, blieb offen, ob die gefundenen Instabilitätsbereiche bei genauerer Gleismodellierung erhalten bleiben würden. Für andere instabile Bewegungsvorgänge beim System Radsatz/Gleis (selbsterregte Torsionsschwingungen im Antriebsstrang, Kurvenquietschen) wird durchgängig mit gemessenen oder empirisch angenommenen Kennlinien gearbeitet, ohne sich um kontaktmechanische Einzelheiten zu kümmern.

1.1.4   Druckverteilung, Reibverhalten und Kennlinienberechnung

Die grundsätzliche Eigenschaft der Rollkontaktkräfte ist, daß der lokale (tangentiale) Deformationszustand $\vec{\varDelta}$ vom Einlauf- bis zum Auslaufpunkt zunehmend größer wird, während die Druckverteilung im Kontakt entweder nahezu konstant ist oder die Gestalt eines Halbellipsoids besitzt und in jedem Fall am Kontaktanfang und Kontaktende zu Null wird. Dies bedeutet, daß die Haftgrenze am Auslaufrand leicht überschritten werden kann, insbesondere bei Kontakt fester Körper wegen der nach Art eines Halbellipsoids verteilten Hertzschen Pressung. Das Reibungsverhalten im Bereich des gleitenden Kontakts im hinteren Teil der Kontaktfläche wird daher mit Hilfe der gegebenen Druckverteilung und dem angenommenen Reibwert abgeschätzt. Die Richtung der Reibkraft entspricht der Relativgeschwindigkeit zwischen Boden und Radoberfläche. Sind im Kontakt Teilschwinger (zum Beispiel Stollen) vorhanden, so können diese hochfrequent reagieren. Die dadurch entstehende Drift verringert die Führungskräfte des Rades. Eine Theorie des flächenhaften Reibkontakts unter Berücksichtigung einer longitudinalen und transversalen Dynamik wurde bisher nicht entwickelt, da es einen außerordentlich hohen Aufwand bedeutet, hochfrequente Massenkräfte durch viele gekoppelte Teilschwinger zu realisieren. Konstanter Längsschlupf und Seitenschlupf sowie Bohrschlupf erzeugen entsprechende Kennlinien für longitudinale beziehungsweise laterale Kräfte sowie Momente um die Hochachse. Dabei ist jedoch zu beachten, daß reiner Bohrschlupf, also Drehen um die Hochachse im Stand, nicht Gegenstand bisheriger Untersuchungen war, da der Bezug zur Rollbewegung unklar blieb. Durch die Betrachtung des Rollvorgangs als Laufzeitverhalten und Entwicklung nach Potenzen der Laufzeit war es nicht möglich, mit beliebig langen Laufzeiten zu rechnen. Damit war der Übergang vom stehenden Rad zum rollenden Rad rechnerisch bisher nicht durchführbar. Für fahrdynamische Stabilitätsbetrachtungen (siehe Abschnitt 1.1.3) war dies auch nicht nötig.

1.1.5 Deformation des Radkörpers unter Last und Rollen mit Schlupf

Der Radkörper ist grundsätzlich elastisch. Beim Reifen läßt er sich als elastischer Ring (Radreifen) mit elastischer Lagerung auf der Achse auffassen. Beim Stahlrad bilden Rad und Schiene ein dreidimensionales Kontinuum, das vereinfacht wie beim Reifen durch einen elastisch gebetteten Ring oder gegebenenfalls durch ein- oder zweidimensionale Komponenten modelliert werden kann. Man kann zwischen der örtlichen Deformation in der Umgebung und innerhalb der Kontaktfläche sowie der globalen Deformation bei Belastung durch eine Einzellast oder ein Moment unterscheiden. Während die lokale Deformation im elastischen Verspannungsvorgang der Kontaktfläche die entscheidende Rolle spielt, ist die globale Deformation elastodynamisch zu verstehen. Soweit das Verhalten linear darstellbar ist, läßt sich die globale Deformation durch Ansätze beschreiben, andernfalls muß auf die

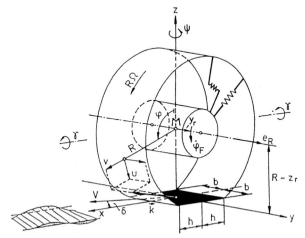

Abbildung 1.1.6: Mechanisches Ersatzsystem für den Gürtelreifen.
x, y = Latschfestes Koordinatensystem zur Berechnung der instationären Kontaktkräfte; V = Rollgeschwindigkeit; $2b$ = Gürtelbreite; δ = Schräglaufwinkel; $2h$ = Latschlänge; R = Radradius; Ω = Felgenwinkelgeschwindigkeit; φ_F = Drehwinkel der Felge; φ = Winkel am Reifenumfang; u, v, w = Gürtelverformung; y_r, γ, ψ = Starr-Körperbewegungen des Gürtels; z_r = Reifeneindrückung.

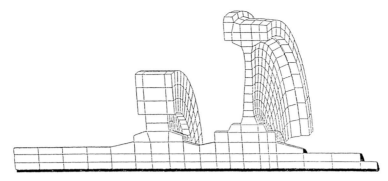

Abbildung 1.1.7: FE-Modell eines Radsatzes mit Bremsscheibe (Achtelausschnitt, nach [17]).

elastodynamischen Bewegungsgleichungen der Radstruktur zurückgegriffen werden.

Im Zeitraum bis 1985 wurden beim Luftreifen fast ausschließlich Starrkörperformen des Radreifens berücksichtigt, beim Stahlrad Starrkörperbewegungen beider Räder, bei denen in der Achse Biegung oder Torsion auftritt. Zu diesen Zusatzbewegungen wurden Schlupfänderungen hergeleitet. Die Berücksichtigung höherer (elastischer) Modalformen bei der Schlupfberechnung erfolgte sehr selten [13, 14].

Abbildung 1.1.6 zeigt ein Radmodell mit den sechs Freiheitsgraden des Radreifens gegenüber der Achse, das als Grundlage für eine rolldynamische Berechnung mit Kontaktkräften nach der Theorie erster Ordnung verwendet wurde [15]. Beim Stahlrad war die Berechnung von Eigenschwingungsformen schon Anfang der 80er Jahre üblich [16], die Ergebnisse wurden aber fast ausschließlich für akustische Untersuchungen eingesetzt. Ein für die Berechnung verwendetes Finite-Element (FE)-Modell zeigt Abbildung 1.1.7.

1.2   Messungen des Rollkontakts

Relevant für die Fahrdynamik sind die integralen Kräfte, die vom Radkontakt mit dem Boden herrühren und an der Achse des Rades auf das Fahrzeug übertragen werden. Für die Optimierung dieser Kräfte ist es allerdings notwendig, ihren Aufbau in der Kontaktzone zu analysieren und schädliche Einflüsse auf den Rollkontakt zu eliminieren. Hier sind insbesondere die tangentialen Einebnungsbewegungen zu nennen, die durch die erzwungene Abplattung zur Erzeugung der Radlast entstehen. Bezüglich des ideellen Aufstandspunkts $x = y = 0$ sind diese Bewegungen schiefsymmetrisch und erzeugen tangentiale Scherkräfte, die sich nach außen hin gegenseitig aufheben. Sie beanspruchen die zur Verfügung stehende Reibungszahl, ohne für das Fahrzeug von Nutzen zu sein. Bei einem idealen Rad erfolgt die Einebnung ohne tangential auftretende Verzerrungen und mit möglichst konstanter vertikaler Druckverteilung. Eine zylindrische, dehnungslose Membran unter Innendruck kommt diesem Idealbild am nächsten. Wegen der nahezu gleichen Querdehnung von Radreifen und Schienenkopf bei gleicher Eindrückung durch die Radlast gilt dies auch für das Eisenbahnrad.

1.2.1 Druck- und Schubverteilung der Kontaktkräfte (stationär)

Nicht bei allen Radtypen ist man in der Lage, die elementaren Kontaktkräfte zu messen, zumeist weil das Kontaktgebiet zu klein ist, um geeignete Sensoren anzubringen. Das gilt insbesondere für Stahlräder. Selbst bei den großen Kontaktflächen der Luftreifen ist es schwierig, Details, wie beispielsweise Kantenpressungen oder partielles Abheben von Profilelementen, präzise zu erfassen, da die Sensorfläche in der Größenordnung von Quadratzentimetern liegt.

Die meisten Messungen wurden bisher mit Luftreifen ohne Profilrillen, sogenannte Slicks, durchgeführt. Hier ist die Bedeckung der Sensorfläche von gewissen Randbereichen abgesehen meistens 100 %. Daher ist die Umrechnung auf eine Kontaktspannung möglich. Die Druck- und Schubspannungsverteilung des geradeaus

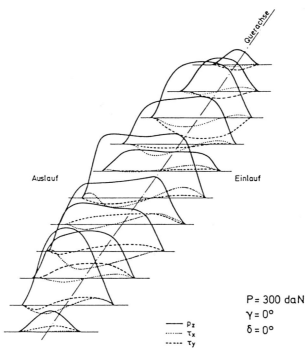

Abbildung 1.2.1: Spannungsverteilung im Kontakt eines PKW-Reifens.
p_z = Druckverteilung; τ_x = Umfangs-Schubspannung; τ_y = Seiten-Schubspannung (wirkend auf den Reifen).

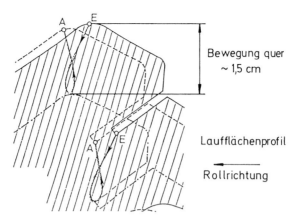

Abbildung 1.2.2: Gleitwege und Deformationen in der Aufstandsfläche eines Diagonal-LKW-Reifens. E = Eintritt in den Kontakt; A = Austritt aus dem Kontakt.

rollenden Reifens ist in Abbildung 1.2.1 wiedergegeben. Die Einebnungskräfte sind so klein, daß durch sie die Haftgrenzen (außer auf Eis von 0°) nirgendwo überschritten werden.

Tritt Umfangs- oder Querschlupf auf, so wird im allgemeinen die Haftgrenze am Kontaktende überschritten [9]. Dadurch können die Kontaktelemente in ihre Ausgangslage zurückgleiten. Dieser Vorgang muß nicht stationär erfolgen, insbesondere wenn, wie beim profilierten Reifen, die Anregung durch das Ein- und Auslaufen der Profilelemente in Resonanz gerät mit Eigenschwingungsformen. Gewöhnlich wird daher die Messung mit geringen Rollgeschwindigkeiten durchgeführt, so daß keine Resonanzen entstehen. Zur Bestimmung der Druck- und Schubverteilung beim Geradeausrollen kann ein kurzer Rolltisch verwendet werden. Man gewinnt dadurch einen Einblick in das Abriebverhalten beim Geradeauslauf, was bei konstanter, parabolischer oder elliptischer Druckverteilung wichtig ist. Bei der Messung von Übergangszuständen mit Seiten- oder Umfangsschlupf muß vor der mit Sensoren bestückten Fahrbahnplatte eine entsprechend lange Vorlaufbewegung möglich sein, um zu stationären Schlupfzuständen zu gelangen. Die dazu notwendigen Roll-Längen ergeben sich aus dem Übergangsverhalten nach der Theorie erster Ordnung. Als Beispiel für die Einebnungsbewegungen bei geringer Haftung wird die Messung der Gleitbewegung von Profilelementen eines LKW-Reifens mittels eines Wegmeßsensors gezeigt, siehe Abbildung 1.2.2. Die Wege sind im allgemeinen keineswegs klein, insbesondere an den seitlichen Kontaktflächenrändern [3].

1.2.2   Radführungskräfte (stationär und instationär)

Die Messungen der Radführungskräfte von Luftreifen erfolgen auf Flachrollbahnen oder auf Trommeln, wobei durch die Trommelkrümmung keine Einebnung im Sinne des Rollvorgangs erfolgt. Wirklich konstant sind die gemessenen Kräfte nie. Das Rad ist unrund und der Reibkontakt ist nicht ganz gleichmäßig. Darüber hinaus reagiert das Rad mit kleinen Eigenbewegungen, die je nach Konstruktion mehr oder minder gedämpft sind. In bezug auf diese Kennlinien, soweit sie durch Filterung stationär gemacht wurden, kann kein prinzipieller Unterschied zwischen den verschiedenen Radkonstruktionen festgestellt werden. Die Schlupfkräfte beginnen, linear mit dem Schlupf zuzunehmen und erreichen dann eine Sättigung [7].

Der Bohrschlupf wirkt bei normalen Rollbewegungen nur als kleine Zusatzgröße. Das Moment um die Hochachse ist nur für sehr kleine Schlupfwerte linear proportional dem Querschlupf und wird dann außerordentlich stark nichtlinear und kann bei Luftreifen sogar einen zweiten Nulldurchgang haben. Damit ist klar, daß bezüglich gelenkter Räder das Rückstellmoment selbsterregend wirken kann. Dies ist ein Effekt, der auch bei hohen Rollgeschwindigkeiten und geringer Dämpfung auftritt.

Ungleichförmigkeiten der Radstruktur können auch dazu führen, daß bereits Schlupfkräfte auftreten, wenn der Starrkörperschlupf null ist. Ganz selten gehen gemessene Kennlinien bei verschwindendem Starrkörperschlupf durch Null. Abbildung 1.2.3 zeigt ein typisches Kennfeld für Schräglaufkräfte und Rückstellmomente eines PKW-Reifens [9]. Für Stahlräder ist das Rückstellmoment – bedingt durch die sehr kleine Kontaktfläche – extrem klein und wird bei fahrdynamischen Rechnungen zumeist vernachlässigt.

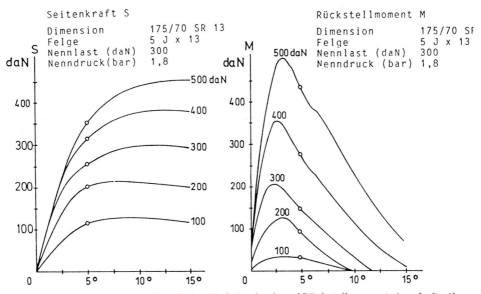

Abbildung 1.2.3: Gemessene Kennlinien für Seitenkraft und Rückstellmoment eines Luftreifens.

1.2.3 Einfluß von langwelligen und kurzwelligen Bodenunebenheiten bei experimentellen Untersuchungen

Wellenlängen, die deutlich größer sind als die Kontaktflächenlänge, können als langwellig bezeichnet werden. Solange die Wellenlängen größer als das 10fache der Kontaktflächenlänge sind, bleiben die elastischen Eigenschaften des vertikalen Kontakts unverändert. Kürzere Wellenlängen mit Krümmungen, wie sie einer Trommelkrümmung entsprechen, ergeben bereits deutliche Einflüsse. Beispielsweise können Trommeln mit einem Durchmesser von einem Meter und weniger nicht zur Bestimmung der Schlupfkennlinien herangezogen werden. Die vertikalen Deformationsbewegungen sind hier gegenüber dem ebenen Abplattungsfall so stark geändert, daß sich nicht nur die Kontaktflächenabmessungen, sondern auch die Einebnungsbewegungen stark verändern. Es ist daher auch nicht möglich, aus Messungen mit langwelligen Bodenunebenheiten auf die Kontaktkräfte des Rades bei schnellem Rollen über Stufen, Schlaglöcher, Querfugen oder ähnlichem zu schließen.

1.2.4 Akustische Radkörperschwingungen

Die Ausbildung von Modalformen ist je nach Dämpfung des Radkörpers sehr unterschiedlich. Während Stahlräder äußerst geringe Dämpfung besitzen und daher im akustisch interessanten Bereich bis 10 kHz Modalformen mit vielen Schwingungsknoten am Umfang auftreten können, haben Gummi und Kunststoff hohe Dämpfungen, so daß die vorhandenen Wellen nicht über den vollen Umfang reichen. Entstehungsort der Wellen ist in jedem Fall der Ein- und Austritt der Kontaktfläche. Mathematisch korrekt müßte der Einfluß des unilateralen Kontakts bis zu sehr hohen Frequenzen erfaßt werden.

In der meßtechnischen Praxis bereitet dieses Vorgehen Schwierigkeiten. Daher wird vielfach mit vorgegebenen Lastkollektiven gerechnet und gemessen. Da hierbei auch noch die Rollbewegung unterdrückt und der Schwingungserreger an einer festen Stelle am Rad montiert wurde, ist die Ähnlichkeit zu dynamischen hochfrequenten Rollschwingungen nur gering. Der Dopplereffekt infolge der Raddrehung kann nicht auftreten, der unilaterale Kontakt wird ebenfalls nicht nachgebildet. Schließlich ist noch darauf hinzuweisen, daß durch die dem Rollen überlagerte Reibschwingung völlig andere Verhältnisse herrschen können, als an einem Laborprüfstand mit künstlicher Abrollfläche.

Aus diesen Gründen sind die meisten Versuche und Messungen auf der Straße oder auf dem Gleis durch Messung des Vorbeifahrgeräuschs oder innerhalb eines schallisolierten mitfahrenden Anhängers durchgeführt worden. Geräuschmessungen bei Spurkranzanlauf von Schienenfahrzeugen haben gezeigt, daß die engen Kurvenradien von Straßenbahnschienen zu Spießgang und damit unvermeidbar zu akustischen Schwingungen führen, die eine erhebliche Lärmbelästigung bedeuten.

1.3   Zusammenfassung

Während die theoretische Mechanik dem rollenden Rad außer der Voraussetzung seiner Rundheit nur Starrkörpereigenschaften zuschreibt, müssen technisch hochwertige Räder weit umfangreichere Qualifikationsmerkmale erfüllen. Das Prinzip der nichtholonomen Rollbedingung von Hertz kann übernommen werden, muß aber mathematisch zur Kinematik eines flächenhaften Kontakts [2–9] erweitert werden. Wegen der nichtlinearen Kontaktgeometrie und den Reibungseigenschaften in Kontakt haben sich die bisherigen Untersuchungen auf stationäre oder langsam veränderliche Rollzustände konzentriert. Damit konnten gewöhnliche Differentialgleichungen erster oder zweiter Ordnung entwickelt werden, die das zeitlich veränderliche Verhalten von Störbewegungen bei Wellenlängen nicht kürzer als die 10fache Kontaktlänge gut beschreiben. Störungen des Rollkontakts mit kurzen Wegwellenlängen in der Größenordnung der Kontaktflächenabmessungen konnten nicht untersucht werden. Dazu zählen Vorgänge wie das Überrollen von Stufen oder Schlaglöchern, Herzstücken von Gleisen und das Verhalten von Profilstollen des Luftreifens sowie hochfrequente Reibschwingungen in Kontakt. Mechanische Ersatzmodelle benutzten stattdessen vorgegebene, am Radumfang umlaufende Kraftsysteme. Eine Rückkopplung mit den Bewegungen des Radkörpers oder Stützmediums wurde nicht untersucht. Es lag daher nahe, diese hochfrequenten Bewegungsanteile rechnerisch und meßtechnisch zu erforschen und ihre Wirkung auf die Rolldynamik des Rades zu erfassen. Rechentechnisch stand die Erweiterung der mechanischen Modellierung im Vordergrund sowie die Anwendung moderner numerischer Methoden. Meßtechnisch mußte ebenfalls ein beträchtlicher Mitteleinsatz durchgeführt werden, um die erforderliche feine Auflösung der auftretenden kurzwelligen Phänomene zeitlich wie räumlich zu erreichen. Dank der Förderung durch die Deutsche Forschungsgemeinschaft konnten diese Ziele in der neunjährigen Laufzeit des Sonderforschungsbereichs 181 realisiert werden.

1.4   Literatur

1 H. Hertz: Die Prinzipien der Mechanik. Gesammelte Werke, Band III, Barth-Verlag, Leipzig 1894.
2 F. Böhm: Örtliche Einebnung eines Cord-Netzes. ZAMM *52* (1972), T35–T40.
3 F. Böhm: Der Rollvorgang des Automobil-Rades. ZAMM *43* (1963), T56–T60.
4 B. von Schlippe, R. Dietrich: Das Flattern des bepneuten Rades. Lilienthal-Gesellschaft für Luftfahrtforschung, Bericht 140, Berlin 1941.
5 K. L. Johnson: The effect of a tangential contact force upon the rolling motion of an elastic sphere on a plane. Journal of Applied Mechanics *25/3* (1958), 339-346.
6 H. B. Pacejka: The Wheel Shimmy Phenomenon. Dissertation, TH Delft 1966.
7 J. J. Kalker: On the rolling contact of two elastic bodies in the presence of dry friction. Dissertation, TH Delft 1967.

8 F. Böhm: Zur Mechanik des Luftreifens. Habilitationsschrift, TH Stuttgart 1966.

9 F. Böhm: Computing and Measurements of the Handling Qualities of the Belted Tyre. Proc. 5th VSD - 2nd IUTAM Symp., Vienna 1977, S. 85–103.

10 Y. Rocard: La Stabilité de Route des Locomotives, Premier Partie. Actualites Sci. Indust. no. 234, Herman, Paris 1935.

11 M. Julien, Y. Rocard: La Stabilité de Route des Locomotives, Deuxième Partie. No. 279, Herman, Paris 1935.

12 A. H. Wickens: The dynamic stability of simplified four-wheeled vehicles having conical wheels. Int. J. Solids Structures *1* (1965), 319–341.

13 R. Gasch, A. Groß-Thebing, K. Knothe, A. Valdivia: Linear, self-excited vibration as initiation mechanism of corrugation. In: Rail Corrugations. Symp. on Rail Corrugation Problems, Berlin 1983, ILR-Bericht 56, Berlin 1983.

14 S. L. Grassie, R. W. Gregory, K. L. Johnson: The behaviour of railway wheelsets and track at high frequencies of excitation. Journal of Mech. Sc. *24* (1982), 103–110.

15 B. Strackerjan, K. E. Meier-Dörnberg: Prüfstandsversuche und Berechnungen zur Querdynamik von Luftreifen. Automobil-Industrie *4* (1977), 15–23.

16 E. Schneider: Schwingungsverhalten und Schallabstrahlung von Schienenrädern. Fortschritt-Berichte VDI, Reihe 11, Nr. 74, Düsseldorf 1985.

17 P. Heiß: Untersuchungen über das Körperschall- und Abstrahlverhalten eines Reisezugwagens. Dissertation, TU Berlin 1986.

2 Rollkontakt der Fahrzeugräder – Gemeinsamkeiten und Trennendes bei Reifen, Stahlrad und Kunststoffwalze im Überblick

Friedrich Böhm[*] und Klaus Knothe[**]

2.1 Instationäre Rolltheorie

2.1.1 Vorbemerkungen

Ziel der instationären Rolltheorie ist es, kurzwellige und hochfrequente Verformungs- und Kontaktvorgänge berechenbar zu machen. Dies erfordert eine erhöhte Auflösung für die Darstellung und somit auch eine gegenüber der stationären Roll-

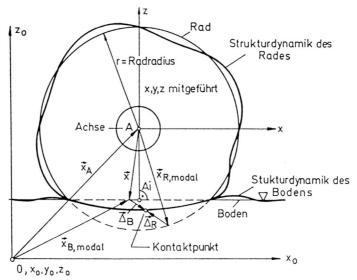

Abbildung 2.1.1: Lokale $\vec{\Delta}_{B,R}$ und globale (strukturdynamische) Deformationen des Rades und Bodens sowie idealer Aufstandspunkt A_i.

[*] Technische Universität Berlin, 1. Institut für Mechanik.
[**] Technische Universität Berlin, Institut für Luft- und Raumfahrt.

theorie erhöhte Anzahl von Freiheitsgraden zur Beschreibung der Vorgänge. Gemeinsam für alle betrachteten Räder ist die Unterscheidung der Verformungszustände in globale (strukturdynamische) und lokale (auf den Kontaktbereich beschränkte) Deformationen. In Abbildung 2.1.1 steht der Index R für Rad und der Index B für Boden.

Gemeinsam sind die Modellierungsbedingungen. Soweit analytische Berechnungen ausscheiden, müssen geeignete Methoden entwickelt werden, um kontinuumsmechanische Gleichungen in diskrete Algorithmen zu überführen. Es wird für jedes in Raum und Zeit zu beschreibende Phänomen verlangt, daß das Shannon-Kriterium erfüllt wird, d. h. die Abtastung im Zeitbereich muß das 10fache der höchsten Schwingungsfrequenz betragen, und die Abtastung einer Welle in räumlicher Dimension muß ein Zehntel dieser Wellenlänge sein. Gemeinsam bleibt weiterhin das Referenzsystem, zum Beispiel Zylinder, Konus oder Drehfläche, mit dem ideellen Aufstandspunkt (A_i), siehe Abbildungen 2.1.2a, b, c.

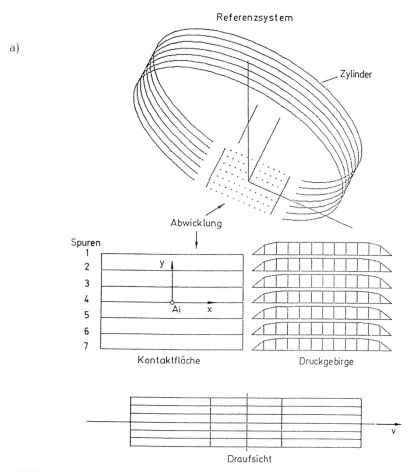

Abbildung 2.1.2: a) Abwickelbares Zylinder-Referenzsystem.

b)

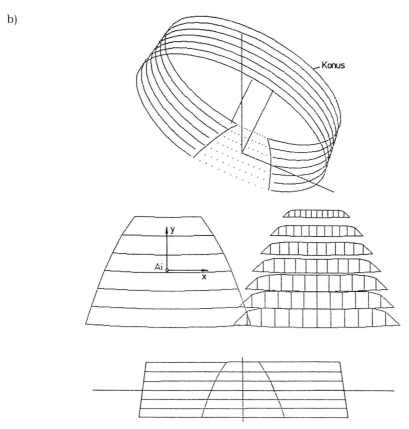

Abbildung 2.1.2: b) Abwickelbares Konus-Referenzsystem.

Trennend ist die Druckverteilung im Kontakt, da sie bei festen Rollkörpern, die als dreidimensionales Kontinuum modelliert werden können, die Form eines Halb-ellipsoids annehmen, siehe Abbildung 2.1.3, während sie bei membranartigen Rad-körpern eine eher flache Verteilung aufweist, siehe Abbildung 2.1.4.

Die Reibkennlinien, die zur Berechnung der Reibkräfte im Gleitbereich heran-gezogen werden müssen, sind in der Regel von der Gleitgeschwindigkeit abhängig. Sehr unterschiedlich ist aber der Kennlinienverlauf (Abbildung 2.1.5). Hochmoleku-lare Stoffe (Gummi und Kunststoffe) haben hier innere Resonanzen, die in bestimm-ten Bereichen der Gleitgeschwindigkeit zu deutlichen Erhöhungen der Reibungszahl führen, während Stahlräder bei zunehmender Gleitgeschwindigkeit grundsätzlich nur abfallende Reibkennlinien bieten.

c)

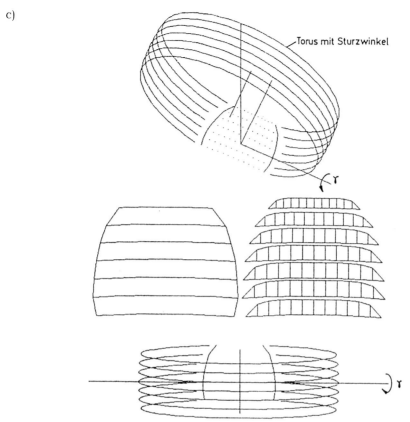

Abbildung 2.1.2: c) Nicht abwickelbares Torus-Referenzsystem mit Sturzwinkel γ.

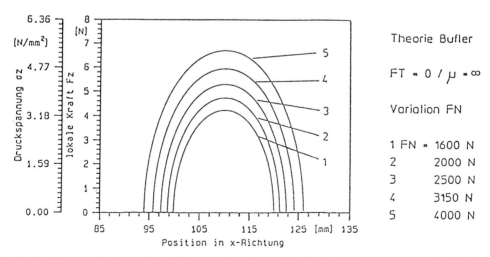

Abbildung 2.1.3: Kunststoffrad – Kontaktdruckverteilung (Theorie von Bufler), Stahlrad analog (Hertz).

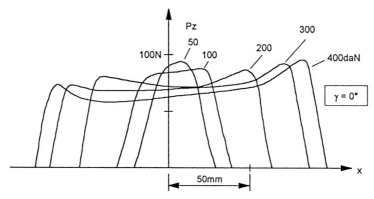

Abbildung 2.1.4: Kontaktdruck-Verteilung beim Luftreifen.

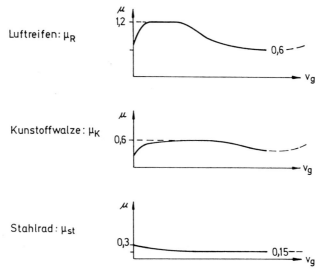

Abbildung 2.1.5: Vergleich der Reibkennlinien (die angegebenen Zahlen haben exemplarischen Charakter).

2.1.2 Kontaktflächentypen, Prinzip der Abwickelbarkeit und schwache Störungen

Ausgehend von dem ideellen Berührungspunkt A_i zweier starrer Körper mit gemeinsamer Tangentialebene betrachten wir eine kleine räumliche Überlappung der beiden Körper durch eine weitere kleine Annäherung. Die dabei entstehende Berandung des überlappten Volumens der beiden Körper Rad und Stützmedium ist bereits eine recht gute Näherung für die Form der gemeinsamen Kontaktfläche. Während bei Punktberührung die am Umfang tangierenden elementaren Flächenstreifen wie

Zylinder oder Konus abwickelbar sind, ergeben sich aufgrund des Kontaktvorgangs kleine Zusatzdeformationen, die als lokale Deformationen bezeichnet werden. Dagegen stellen globale Deformationen eine nahezu elastische Verbiegung der begleitenden Hüllflächen (Zylinder oder Konus) dar. Es wird davon ausgegangen, daß die lokalen Deformationen außerhalb der Kontaktfläche hinreichend gedämpft sind, schnell verschwinden und sich daher nicht über den gesamten Umfang ausbreiten.

Dies wird praktisch erreicht durch geeignete Oberflächendämpfung beziehungsweise durch Materialeigenschaften des Radreifens oder auch des Radkörpers selbst. Technisch hochentwickelte Räder haben daher immer Laufflächen mit hoher Verschleißfestigkeit, bei Luftreifen und Kunststoffwalzen auch mit Dämpfung der lokalen Störungen.

2.1.3 Einflüsse zufolge verschiedener Materialeigenschaften der Räder

Aufgrund der Vergrößerung der Kontaktfläche bei steigenden Radlasten verläuft die Federkennlinie des Rades überlinear. Es kann zusätzliche nichtlineare Verformungsbereiche geben, insbesondere dann, wenn das Verhältnis von Radradius zu Kontaktflächendurchmesser zu groß ist (Stahlrad $50:1$, Luftreifen $3:1$, Kunststoffrad $10:1$), so daß der ursprüngliche lineare Bereich des Materialverhaltens überschritten wird. Da das Material sich dann nicht mehr rein elastisch, sondern plastisch, hysteretisch oder viskoplastisch verhält, können bleibende Verformungen entstehen, die zu einem sehr schnellen Verschleiß der Laufflächen führen.

Während Stahl nur ganz geringe elastische Verzerrungen verträgt, können Gummi und Kunststoffe im Vergleich zu Stahl elastische Verzerrungen bis zum zehnfachen und mehr durchführen, ohne daß das elastische Grundgerüst zerstört wird. Durch einen entsprechend angepaßten Materialaufbau können Verfestigungseigenschaften des verwendeten Materials erzielt werden.

Bei Erhöhung der Radlast ist zu beachten, daß dadurch die Kontaktdruckverteilung auf das Stützmedium deutlich ansteigt und auch die Materialien des Stützkörpers den so erhöhten Beanspruchungen angepaßt werden müssen. Im Zusammenhang damit besteht ein grundsätzliches Problem der Langzeitfestigkeit der verwendeten Materialien, der Selbstheilungsfähigkeit von kleineren Verletzungen sowie der Alterungseigenschaften. Wegen der häufigen Überlastungszustände im praktischen Gebrauch sagen daher die Elastizitäts-Module allein über das Langzeitverhalten nicht genügend aus. Abgekürzte Testreihen unter Verwendung von verschärften Lastkollektiven führen insbesondere thermodynamisch zu verzerrten Aussagen. Daher müssen neben Labortestreihen unbedingt ausreichende Streckentests folgen, was mit großem Zeit- und Kostenaufwand verbunden ist. Dem Materialwissenschaftler und Chemiker können jedoch durch die neu entwickelten Methoden Hilfestellungen für die Materialoptimierung gegeben werden.

2.1.4 Einflüsse zufolge verschiedener Radkonstruktionen

Die wichtigste Eigenschaft des Rades ist seine Rundheit und die Gleichmäßigkeit der Lauffläche. Neben den Materialinhomogenitäten, die von Rohstoffen oder ungleichmäßigen Gemischen herrühren, spielen alle nicht automatisierten Eingriffe in dem Produktionsprozeß eine bedeutende Rolle. Beim Zusammenbau von einzelnen Konstruktionsteilen sind deren Maßhaltigkeit sowie Einflüsse von Temperatur und Eigenspannungen zu beachten. Insbesondere durch Materialanisotropie können bedeutende Unrundheiten bei der Produktion entstehen. Hier ist ein gewisser Produktionsvorteil von Stahl- und Kunststoffrädern gegenüber dem Luftreifen hervorzuheben.

Grundsätzlich besteht jedes Rad aus dem Radkörper und dem Radreifen, der vielfach aus einem besonderen Material hergestellt wird, um die Kontaktkräfte möglichst verschleißarm aufzufangen. Der Radkörper ist zumeist als Scheibe oder Schalenfläche zur Ableitung der Kräfte an die Radnabe beziehungsweise an die Radachse ausgebildet.

Der Radreifen des Stahlrades besteht aus einem sehr steifen Material, da der Stützkörper (Schiene) weitgehend frei von Unebenheitsstörungen ist, die von der Kontaktfläche abzufangen sind. Dann wird der Kontakt zumeist nach der Theorie von Hertz, zumindest aber als Halbraumkontakt berechnet. Beim Luftreifen hingegen muß der Radreifen die zu erwartenden Unebenheiten elastisch nachgiebig aufnehmen können. Man kann dann von einer „rollenden Feder" sprechen. Es handelt sich hierbei um eine dreidimensionale Kopplung der örtlichen Deformationen in der Nähe der Kontaktfläche. Beim Stahlrad können diese Kopplungen vernachlässigt werden. Während das Stahlrad mit linearen Verformungsansätzen auskommt, entstehen beim Luftreifen örtlich große, nichtlineare Verformungen. Es muß nach einer Deformationstheorie dritter Ordnung oder vollständig nichtlinear gerechnet werden. Das Kunststoffrad nimmt eine mittlere Stellung ein, Nichtlinearitäten der Materialgesetze können jedoch bei allen drei Fällen hinzukommen.

Die gerechneten oder gemessenen Eigenformen von Rädern besitzen Knotenlinien in radialer Richtung und in Umfangsrichtung. Sind die Eigenformen stark gedämpft, so müssen bei der Messung mehrere Shaker gleichverteilt am Umfang des Rades angebracht werden. Bei der Berechnung der Dynamik des abrollenden Rades orientiert man sich zunächst an diesen Eigenformen. Im Kontaktbereich selbst müssen beim Luftreifen zusätzlich nichtlineare örtliche Ansätze berücksichtigt werden.

Bei der dynamischen Berechnung von Eisenbahnrad und Luftreifen sind wegen der geringen Dämpfung der Radstruktur viele Eigenschwingungsformen zu berücksichtigen. Kunststoffräder besitzen demgegenüber praktisch keine schwach gedämpften Eigenformen. Die Rollwiderstände der Räder ergeben sich direkt aus der Dämpfung der auftretenden Eigenformen und der lokalen Dämpfung des Radreifens (Lauffläche, Bandage).

2.1.5 Einflüsse des Stützmechanismus

Im Sonderforschungsbereich 181 wurden vorwiegend befestigte Fahrwege behandelt, wobei besonders die Modellierung des Fahrwegs für das Rad-Schiene-System zu erwähnen ist, da der Eisenbahnoberbau in Form des periodisch gestützten Gleises und des Schotterbetts besondere Probleme aufwirft. Bei befestigten Straßen für den Fahrzeugverkehr wird dagegen vorausgesetzt, daß die Deformationen sehr klein gegenüber den Verformungen des Rades sind und daher bezüglich ihrer dynamischen Wirkung vernachlässigt werden können. Bleibende Verformungen treten in beiden Fällen nur in Form von Kriechprozessen oder plastischen Deformationen auf, die sich erst nach Millionen Überrollungen zu bedeutenden Fahrbahnunebenheiten aufsummieren. Man muß grundsätzlich unterscheiden zwischen dem Befahren von natürlichen Böden, wie es in dem Spezialgebiet Terramechanik untersucht wird, und dem Befahren auf künstlich befestigten Fahrwegen. Im Sonderforschungsbereich 181 wurde letzeres ausführlich untersucht, während Untersuchungen auf dem Gebiet der Terramechanik erst gegen Ende der Laufzeit behandelt wurden und innerhalb einzelner Forschungsanträge weitergeführt werden.

Kunststoffräder mit ihrer vergleichsweise hohen Dämpfung erlauben nur geringe Fahrgeschwindigkeiten und werden hauptsächlich auf Hallenböden beziehungsweise speziell präparierten Plattformen im Freien oder für Transportprozesse auf Stahlunterlage eingesetzt. Hochfrequente Rollvorgänge treten nur in ganz seltenen Fällen auf und werden durch die Dämpfung dieser Räder schnell getilgt. Wegen der geringen Kosten dieser Radkonstruktion ist auch der Verschleißvorgang von geringer Bedeutung. Das Interesse an Kunststoffrädern innerhalb des Sonderforschungsbereichs 181 ergab sich hauptsächlich aus der Möglichkeit, daß sich aufgrund der relativ großen Kontaktfläche Vergleiche zwischen Messung und Berechnung durchführen ließen, während beim Stahl/Stahl-Kontakt unmittelbare Messungen der Kontaktvorgänge bisher nicht möglich sind. Durch diese Ausweichmöglichkeit konnte eine wesentliche Lücke in der Behandlung des Rollkontakts fester Körper überbrückt werden.

2.1.6 Wirkung unterschiedlicher Reibkräfte, Unterschiede in der Schubspannungsverteilung

Generell besteht eine Parallelität zwischen Reibkräften und Dämpfungskräften der Radkonstruktionen. Die geringste Dämpfung haben Stahlräder auf Stahlfahrbahnen. Auch die Reibungszahlen sind verhältnismäßig niedrig und sinken mit zunehmender Relativgleitgeschwindigkeit weiter ab. Besser gedämpft sind Kraftfahrzeugräder, die auch über wesentlich höhere Reibungszahlen verfügen. Jedoch tritt auch hier ein deutlicher Abfall der Reibungszahlen mit höherer Gleitgeschwindigkeit auf. Die Rollwiderstände verhalten sich wie Reibung und Dämpfung und bei hohen Umgebungstemperaturen nehmen alle dissipativen Kräfte ab.

Die Verkehrssicherheit der Radsysteme ist daher nicht unbeschränkt, wobei im Stahl/Stahl-Kontakt ein gewisser Vorteil darin besteht, daß durch die hohen Kontaktdrücke schmierende Zwischenschichten zumindest teilweise weggepreßt werden. Dies ist ein Umstand, der sich auch für LKW-Reifen wegen des hohen Innendrucks in gewissem Maße positiv auswirkt, während bei PKW-Reifen wegen des geringeren Innendrucks, der für den Fahrkomfort erforderlich ist, Zwischenschichten kaum weggedrückt werden können.

Im Falle der Kunststoffräder bleibt die Reibungszahl auch bei höheren Gleitgeschwindigkeiten relativ hoch. Die Fahrsicherheit bleibt annähernd erhalten, auch wenn Zwischenschichten auftreten, jedoch ist der Fahrkomfort dieser Räder so gering, daß sie keine generelle Anwendung finden können.

Die Schubspannungsverteilung innerhalb der Kontaktfläche ist für alle drei Radkonstruktionen nicht gleichartig, siehe Abbildung 2.1.6.

Nach außen hin bedeutet dies, daß an der Achse die Reibungszahl, die für die Materialpaarung Gültigkeit besitzt, teilweise erst bei hohen Schlüpfen erreicht wird. Je größer daher diese lokalen tangentialen Deformationen sind, und dies ist insbesondere bei kleinen Raddurchmessern und großen Kontaktflächenabmessungen der Fall, um so ungünstiger ist das Verhältnis von Gesamttreibwirkung zu lokaler Reibwirkung. Um so ungünstiger ist auch der Abriebsunterschied von verschiedenen Spuren der Lauffläche eines Rades.

Bei großer Abplattung oder bei Spurkranzanlauf beim Rad-Schiene-System entstehen stark unterschiedliche Rollradien, was dann zum Abrieb durch unterschiedlichen Umfangsschlupf innerhalb der Kontaktfläche führt. Zusätzlich treten bei unterschiedlichen Materialien von Rad und Stützmedium durch die Querdeformation bei reiner Abplattung auch seitliche Schlupfbewegungen auf, die am Laufflächenseitenrand besonders stark sind und zu antimetrischen Querschlupfverteilungen führen (siehe Abbildung 2.1.6). Nur das Stahlrad auf der Schiene bleibt davon verschont.

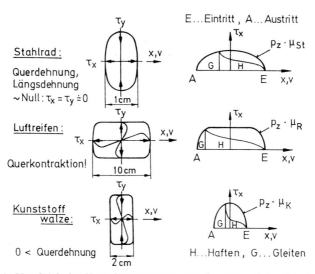

Abbildung 2.1.6: Vergleich der Kontaktspannungsverteilungen zufolge lokaler Deformationen bei einem auf achsparalleler Ebene frei rollenden Rad (links) und bei einem mit Längsschlupf abrollenden Rad (rechts); τ_x, τ_y sind in ihrer Wirkung auf das Rad dargestellt.

Vorhandene Kontaktkräfte parallel zur Achsrichtung (Seitenführungskräfte) bewirken besonders beim Luftreifen globale Deformationen und seitliche Verbiegungen der Kontaktfläche, wodurch sich insbesondere die Kontaktflächenlängenverteilung über die Breite ändert und damit hohe Relativbewegungen induziert werden. Der dadurch entstehende Abrieb ist ungleichmäßig verteilt über die Laufflächenbreite. Zusätzlicher Abrieb ist bedingt durch die Dynamik der globalen Deformationen und läßt sich nur mittels einer instationären Rolltheorie analysieren. Er führt zu wellenförmigem Abrieb am Umfang.

2.1.7 Globale Deformationen und lokale Deformationen im Kontaktbereich

Globale Deformationen (statische Deformationen, Modalformen bei Luftreifen und Stahlrad) entstehen durch langsam oder mäßig schnell veränderliche Kontaktkräfte, die ersatzweise in einem ideellen Aufstandspunkt konzentriert werden können. Hierbei treten im allgemeinen nicht nur drei Kraftgrößen auf, sondern auch drei Momentenkomponenten. Sie wirken sich am ganzen Radumfang aus. Der Radring (beim Luftreifen besteht der Ring aus Reifen und Felge) ist durch die Radscheibe elastisch mit der Radnabe verbunden. Die niedrigsten Modalformen entsprechen Starrkörperbewegungen des Rings (beim Luftreifen) beziehungsweise des ganzen Rades (beim Stahlrad). Die im ideellen Aufstandspunkt konzentriert gedachten Kraft- und Momentengrößen regen diese modalen Grundformen direkt an, Oberwellen bezüglich der Verformungsentwicklung am Radumfang haben deutlich geringere Amplituden und werden daher häufig vernachlässigt. Bei hochfrequenten Vorgängen, typischerweise beim Quietschen des Eisenbahnrades und des Luftreifens, ist dies aber nicht zulässig.

Lokale Deformationen sind solche, die sich nicht über den ganzen Umfang hinweg ausbreiten, sondern nur in unmittelbarer Nähe der Kontaktfläche berücksichtigt werden müssen. Hierzu zählen die Abplattungsdeformationen bei Stahlrad und Kunststoffrad sowie Deformationen bei Antriebs- und Bremsvorgängen und beim Schräglauf. Es zeigt sich, daß diese Deformationen mit kurzer Reichweite bezüglich des Radumfangs keine Resonanzen ausbilden. Die Auswirkungen der im Kontakt angreifenden Spannungsverteilungen lassen sich zumeist quasistatisch behandeln.

Dynamische hochfrequente Ausnahmefälle sind möglich. Dazu gehört der Luftreifen mit seiner Laufflächenprofilierung, die lokal hochfrequent reagiert und eine Berücksichtigung von Massenträgheitseffekten erfordert. Das konstruktive Ziel bei einer Optimierung der Radkonstruktion muß es sein, solche möglichen Grenzfälle zu eliminieren. Die Kippbewegung des Schienenkopfs hingegen ist eine globale Deformation, die natürlich im Rahmen der Strukturmechanik des Gleises berücksichtigt werden muß, wobei Kontaktspannungen aber nur in Form ihrer Resultierenden eingehen. Die gute Dämpfung des Kunststoffrades verhindert fast immer die Ausbildung hochfrequenter lokaler Deformationen.

Als typischer Anwendungsfall in der Berechnung lokaler Deformationen beim Luftreifen beziehungsweise beim Stahlrad ist die „Vereinfachte Theorie des Rollenden Kontakts (Fast simulation of rolling contact based on a simplified nonlinear theory (FASTSIM))" (Winkler-Bettung) zu nennen, die es ermöglicht, auch für hochfrequente Rollzustände einen einfachen Algorithmus für die Generierung der tangentialen Kontaktkräfte anzugeben. Vorausgesetzt wird dabei, daß die Dämpfung der lokalen Deformationen überkritisch ist und monotones, quasistatisches Verhalten vorliegt. Bei dynamischem Verhalten werden diskret verteilte Reibschwinger als Ersatzsystem verwendet.

2.1.8 Massenwirkung und Dämpfung der Deformationen

Die globalen Deformationen, soweit sie bei Stahlrad und Luftreifen berücksichtigt werden müssen, zeigen einerseits ein statisches Verhalten bei der Abtragung der Radlast. Sie haben andererseits aber auch eine Massenwirkung und geringe Dämpfung. Dies bedeutet, daß der Schlupfzustand in der Kontaktfläche das hochfrequente Verhalten der zu berücksichtigenden Eigenformen widerspiegeln kann, was bei geringen Rollgeschwindigkeiten ($v \to 0$) zum Teil zu kurzwelligen lokalen Deformationen mit Wellenlängen, die kürzer als die Kontaktlänge sind, führt.

Den Modalformen, die zu berücksichtigen sind, entsprechen generalisierte Freiheitsgrade, generalisierte Massen, generalisierte Steifigkeits- und Dämpfungszahlen, die in das Systemverhalten eingehen und zu Stabilitätsproblemen führen können. Das Geradeausrollen eines Rades unter hoher Last ist daher mitnichten ein trivialer Zustand, der bei einigen Konstruktionen auch nicht erreicht wird. Vielfach kann sogar beim Auftreten von hohen globalen Schlupfgrößen monotoner Rollstabilitätsverlust eintreten (Verquetschen der Lauffläche). Dies tritt beim Luftreifen mit geringem Innendruck und beim überlasteten Kunststoffrad auf.

Auch können lokale Deformationen beim Luftreifen trotz vorhandener Dämpfung in Verbindung mit den räumlich gekoppelten Achsmassen zu dynamischen Vorgängen führen. Lokal wie global geht dies einher mit starken Abrieberscheinungen und schlechten Laufeigenschaften des Rades. Diese Erscheinungen sind dann meistens verbunden mit gyroskopischen Termen in den Bewegungsgleichungen des Systems.

2.1.9 Nichtkonservative Kräfte zufolge des Rollvorgangs

Hierunter werden Kräfte verstanden, die in der Kontaktfläche entstehen und zu monoton instabilen oder oszillatorisch angefachten Bewegungen des Rades führen können, die sich dem eigentlichen Rollvorgang überlagern. Die lokalen Deformationen in der Kontaktfläche entwickeln während ihrer Kontaktlaufzeit in der Oberfläche des rollenden Rades elastische Potentiale, die beim Freigeben am Ende der Kontaktstrecke verloren gehen. Die eingeleiteten Kräfte wirken auf die globalen Deformationen und die Rollbewegung ein. Neben der Aufrechterhaltung der Rollbewegung werden dabei zugleich globale Störbewegungen angeregt, deren kinetische Energie dabei anwachsen kann. Die Energiequelle ist die Fahrzeuggeschwindigkeit. Derartige nichtkonservative Kräfte können sowohl monotone als auch oszillatorische Störbewegungen erzeugen.

Beim oszillatorischen Vorgang spricht man auch von selbsterregten Schwingungen eines Störungszustands, der der Rollbewegung überlagert ist. „Weiche Selbsterregung" tritt auf, wenn dieser Zustand bereits unter der Wirkung einer konstanten Radlast und bei konstantem, globalem Schlupf des Rades auftritt. Wenn es bereits bei sehr niedrigem Schlupf zu weicher Selbsterregung kommt, dann liegen konstruktive Mängel vor (beispielsweise instabiler Sinuslauf). Von „harter Selbsterregung" spricht man, wenn die Auslösung durch einen einzelnen, starken Impuls erfolgt. Dieser wirkt selbst bei hinreichender Dämpfung gegenüber weicher Selbsterregung destabilisierend, weil die Fähigkeit des Systems zur Selbsterregung mit der Anfangsamplitude zunimmt, während die Dämpfung des Systems mit der vergrößerten Anfangsamplitude abnimmt.

Solche Zustände sind sehr gefährlich, da sie nicht immer offensichtlich auftreten, sondern unvermittelt bei Abfall der Dämpfung und meistens in Verbindung mit Lagerspiel und Verlust an Lagerreibung in der Radaufhängung. Brüche von Fahrgestellen und Lenkungen, selbst von Rädern sind dann eine direkte Folge. Ein starker Impuls tritt auf, wenn die übliche Voraussetzung der Glattheit des Kontakts zwischen Rad und Boden verletzt ist. Daher sind insbesondere Schlaglöcher, Schwellen, Fugen und abrupte Unterbrechungen des Stützkörpers von ausschlaggebender Bedeutung für das Auftreten von harter Selbsterregung mit anschließendem Erreichen einer Bruchgrenze durch selbsterregte Schwingungen. Solche Erscheinungen können an allen Typen von Rädern bei höherer Rollgeschwindigkeit eintreten, praktisch sind sie vor allem beim Luftreifen von Bedeutung.

2.1.10 Wellenausbreitung

Die Elastodynamik des Radkörpers und des Stützkörpers mit der konzentrierten Krafteinleitung innerhalb der Kontaktfläche und den abrupten Krümmungsänderungen zufolge veränderlicher Abplattung und Einebnungsbewegungen führt dazu, daß hohe Spannungsgradienten an den Rädern der Kontaktfläche hochfrequent wirken. Wegen der vorhandenen Dämpfung im System breiten sich diese hochfrequenten Störungen als gedämpfte Wellen aus und bilden am Radumfang kein in sich geschlossenes System von Modalformen. Diese Wellen sind hochfrequent, kurzwellig und gekoppelt mit den Einebnungsbewegungen in der Kontaktzone. Es handelt sich um Folgen der Schwankungen der Kontaktflächengrenzen. Sie erzeugen den Lärm, der mit jedem Rollvorgang verknüpft ist, zusammen mit dem Lärm, der durch radiale Anregung bei Überrollung von Unebenheiten entsteht. Natürlich sollten Rad- und Stützmedium nicht als Wellenleiter ausgebildet sein, jedoch führt eine kontinuumsmechanische Denkweise beim Konstruieren automatisch in diese Richtung, und mit höherer Symmetrie behaftete Konstruktionen entwickeln die Eigenschaften von Band-Paß-Filtern. Diese Erscheinungen treten beim Rad-Schiene-Kontakt und beim Luftreifen auf.

2.2 Messung und Auswirkungen schnell veränderlicher Rollzustände

Schnell veränderliche Rollzustände können durch am Rad mitlaufende Beschleunigungsmesser aufgezeichnet werden. Bei hinreichend großer Kontaktfläche können lokale Kontaktkräfte durch Kraftmeßgeber bestimmt werden. Beim Luftreifen werden mit 6-Komponenten-Meßnaben integrale Kräfte und Momente, wie sie an der Radachse anfallen, erfaßt. Beim Stahlrad sind hierfür Achswellen oder Radscheibenmeßmethoden im Einsatz, die einen hohen Kalibrierungsaufwand erfordern. Mittels Lärmmessung und Laserdistanzmessung an reflektierenden Radoberflächen können durch Spektralanalyse der Signale Aufschlüsse über lokale Geschwindigkeiten an einzelnen Oberflächenpunkten gewonnen werden. Üblich sind Beschleunigungsmessungen an der Radachse.

2.2.1 Messung der hochfrequenten Kräfte und Beschleunigungen

Für den Kraftfahrzeugingenieur sind die Kräfte und Momente an der Radachse von allergrößter Bedeutung und hier insbesondere die Lastkollektive. Der Eisenbahningenieur interessiert sich stärker für die Beanspruchungen von Rad und Stützmedium. Hierbei sind die Kontaktkräfte die wichtigsten Meßgrößen.

Die Radachse wird beim Luftreifen nur durch die Kräfte und Momente aus statischen Deformationen und aus den schwach gedämpften, unteren Modalformen des Rades beaufschlagt, d. h. niederfrequent. Diese integralen Kraftgrößen werden problemlos mit 6-Komponenten-Meßnaben erfaßt. Ähnliche Verfahren wurden im Sonderforschungsbereich 181 für Kraftmessungen an der Achse von Kunststofffrädern eingesetzt.

Auf die Lauffläche von Rad und Stützmedium wirken direkt die in der Kontaktfläche auftretenden Spannungen, die im instationären Fall, d. h. beim Überrollen kurzwelliger Unebenheiten (Bordsteinkante, Riffeln) und an Stellen erhöhter Rauhigkeit, hohe Werte annehmen und hochfrequente Anteile enthalten können. Bei hinreichend großer Kontaktfläche können die interessierenden lokalen Kontaktkräfte durch Kraftmeßgeber bestimmt werden. Derartige Verfahren wurden im Sonderforschungsbereich 181 für den Luftreifen eingesetzt. Für das Kunststoffrad wurde eine entsprechende Meßtechnik entwickelt.

Für das Stahlrad ist die direkte Messung lokaler Kraftgrößen derzeit selbst im Labor nicht möglich. Die hier besonders interessierenden integralen Kontaktkräfte werden mit Achswellen- oder Radscheibenmeßmethoden ermittelt, die allerdings einen hohen Kalibrierungsaufwand erfordern. Beanspruchungen des Gleises werden unabhängig mit einem weiteren, ortsfesten Meßsystem erfaßt. Der Einsatzbereich ist derzeit auf niederfrequente Vorgänge beschränkt.

Schnell veränderliche Rollzustände können durch am Rad mitlaufende Beschleunigungsmesser bei Luftreifen und Stahlrädern problemlos aufgezeichnet werden. Mittels Lärmmessungen und Laserdistanzmessungen an reflektierenden Radoberflächen können durch Spektralanalyse der Signale Aufschlüsse über lokale Geschwindigkeiten an einzelnen Oberflächenpunkten gewonnen werden. Beschleunigungsmessungen an der Radachse beziehungsweise am Radlager sind problemlos. Die am Fahrzeug einfach zu messenden Beschleunigungen sind hochfrequent, nicht nur wegen des Rollkontakts, sondern weil die beteiligten Rad- beziehungsweise Radsatzführungselemente (Federn, Dämpfer, Mountings, Lenker und Antriebsstrang) als Folge von Nichtlinearitäten und Frequenzvervielfachungen ebenfalls hochfrequente Bewegungsanteile liefern.

2.2.2 Lärmentwicklung

Die hochfrequenten Schwingungen von Stützkörper und Radkörper sind, wie oben erklärt, hauptsächlich in den Spektren der Geräuschentwicklung wiederzufinden und sind weitgehend mit den schwach gedämpften Strukturschwingungen der direkt beteiligten Körper identisch. Als Anregung zur Lärmbildung dienen die Oberflächenrauheiten beziehungsweise deren Wellenlängen und Amplituden, die dann zunächst flächennormale Anregungsmechanismen entwickeln. Zusätzlich werden durch die Nichtlinearität des Kontakts auch tangentiale Anregungen erzeugt. Dabei können Frequenzvervielfachungen und Frequenzteilungen (Klirrschwingungen und Schwebungen) entstehen.

Geringe Fahrgeschwindigkeit oder hohe Dämpfung der Strukturen sind die wesentlichen Möglichkeiten, die Lärmerzeugung zu begrenzen, wobei dies im Falle des Auftretens von Reibschwingungen auch nicht ausreicht. Dadurch können selbst bei langsamen Rollgeschwindigkeiten, jedoch hohen Schlupfwerten, bei allen drei Radtypen außerordentlich störende monofrequente Schwingungszustände (Quietschen, Kreischen) durch weiche Selbsterregung erzeugt werden. Dies sind Schwingungszustände, die bei stationärem Rollen mit geringem Schlupf nicht angesprochen werden. Akustische Messungen wurden im Sonderforschungsbereich 181 besonders in Hinblick auf die theoretische Analyse der aufgenommenen Spektren durchgeführt.

2.2.3 Auswirkung einer unebenen Fahrbahn

Im Hinblick auf die Anforderungen an Ebenheit des Stützmediums unterscheiden sich die Radtypen sehr. Dies hängt mit dem Verhältnis von Kontaktflächenabmessungen zu Radradius zusammen. Fahrbahnunebenheiten erzeugen dynamische Radlasten und veränderliche Kontaktflächenlängen. Daher sind sie ein Störfaktor beim Aufbau der Schlupfkräfte des Rades. Da diese mit dem Quadrat der Kontaktlänge ansteigen, handelt es sich um eine sehr markante und hochfrequente Störung. Damit verbunden sind Drehschnellenschwankungen, Schwankungen der seitlichen Verbiegung bei Seitenführungskraft und ein markanter Verlust an Haftung.

Der Aufbau der Schlupfkräfte erfolgt entsprechend der Kontaktlaufzeit außerdem wesentlich langsamer, während im Gegensatz dazu die Entspannung der lokalen Kontaktkräfte plötzlich eintritt. Besonders gefährlich ist totales Abheben, da es zu unkontrollierten Driftbewegungen des Rades führt. Unabhängig davon ist der Fahrkomfort durch das stoßförmige Wiederaufsetzen stark reduziert. Beim Übergang des Fahrzeugs auf rauhe Fahrbahnzustände kann auch die Fahrstabilität gefährdet sein. Selbst bei mittleren Fahrgeschwindigkeiten kann die Anregungsfrequenz von Fahrbahnwellen bereits so hoch sein, daß Eigenschwingungen oder auch lokale Schwinger des Rades und des Stützmediums nachgebende Bewegungsanteile liefern, die bei der Berechnung der Relativbewegung zwischen den beiden Oberflächen berücksichtigt werden müssen. Dies gilt insbesondere für den Luftreifen. Für diesen ist es daher naheliegend, den Radkörper näherungsweise als ein Ensemble von vielen Reibschwingern zu betrachten, die, versehen mit einer unilateralen Kontaktbedingung, auf einer wellenförmig vorgegebenen stützenden Oberfläche abrollen. Man verläßt damit die kontinuumsmechanische Modellierung und ersetzt das Rad durch ein Referenzpunktesystem, womit die abschnittsweise stetig definierte Oberfläche des Stützmediums leicht algorithmisch abgetastet werden kann.

2.2.4 Hochgeschwindigkeitsverhalten

Mit hohen Fahrgeschwindigkeiten sind starke Erhöhungen der Fahrwiderstände verbunden und damit wiederum hohe Schlupfkräfte an den angetriebenen Rädern. Hohe Schlupfbewegungen erzeugen automatisch hohe Gleitreibanteile in den Kontaktflächen und können somit ebenfalls zu selbsterregten Schwingungen von lokalen und globalen Deformationszuständen führen. Bei hohen Fahrgeschwindigkeiten kommt es neben einem hohen Lärmpegel daher auch zu hohen Abnutzungserscheinungen, die ungleichmäßig am Radumfang des Luftreifens und Eisenbahnrades verteilt sind. Dadurch erhöht sich die Unrundheit des Rades beträchtlich, so daß der individuelle Lärmpegel weiter ansteigt. Ähnliche „Rückkopplungseffekte" zeigen sich beim ungleichförmigen Verschleiß von Schienenlaufflächen und selbst bei Schottersetzungen. Durch den hohen Energieumsatz des Rades erhöht sich die Materialtemperatur der Oberfläche und in der Struktur. Auch eine Erwärmung des Stützmediums findet statt. Neben Lärmmessungen eröffnen daher thermographische Messungen einen Einblick in den Energieverlust durch dissipative Vorgänge in der Lauffläche, im Rad und im Stützmedium. Heißlaufverhalten, das bis zur Zerstörung führen kann, wird sowohl an dem Radkörper als auch an der Lauffläche selbst detektiert.

Überschreitet die Fahrgeschwindigkeit die Wellenausbreitungsgeschwindigkeit am Umfang, so kommt es zur Ausbildung stehender Wellen an der Oberfläche des Rades. Diese können vor oder hinter der Kontaktfläche auftreten und erhöhen den Rollwiderstand beträchtlich. Für das Stützmedium gilt gleiches. Die dabei verbrauchte Antriebsenergie geht in Dissipationsleistung direkt über. Lärmentwicklung findet dabei nicht statt. Während Stahlräder bei hohen Geschwindigkeiten zum Gleiten neigen, ist dies bei Gummi- und Kunststoffrädern nicht der Fall. Gleichwohl steigt ihr Rollwiderstand stark an, ebenso die Walkarbeit und Temperatur in der Struktur; Stahlräder laufen dagegen wesentlich kühler.

2.2.5 Materialveränderungen

Auf den Laufflächen der Räder und des Stützmediums kommt es nicht nur zum Verschleiß, sondern auch zu Materialveränderungen. Besonders ausgeprägt und typisch ist dies beim Stahlrad. Während des Einlaufvorgangs kommt es durch Verschleiß und vor allem durch plastische Deformationen zu einer Glättung der aufgrund der Fertigung vorhandenen Mikrorauheiten. Plastische Deformationen haben Eigenspannungszustände und Kaltverfestigung in den randnahen Schichten der Laufflächen zur Folge. Bei angetriebenen Radsätzen kommt es zusätzlich zu deutlichen Temperaturerhöhungen in der Kontaktfläche, die zwar nicht für eine thermisch induzierte Transformation ausreichen, die aber die Ausbildung einer dünnen Randschicht mit abweichenden Materialeigenschaften intensivieren.

Die ablaufenden physikalischen Prozesse sind zwar bei unterschiedlichen Materialien verschieden, zumindest beim Kunststoffrad ist aber beim Einlaufvorgang ebenfalls die Ausbildung einer dünnen Randschicht mit besonderen Eigenschaften zu erkennen. Kommt es aufgrund instationärer Vorgänge zu ungleichförmigen Verschleiß, so ist parallel dazu immer damit zu rechnen, daß auch ungleichförmige Materialveränderungen auftreten. Auf dem Berg einer Profilstörung kommt es zu deutlich höheren Normalbeanspruchungen, die Dicke der Randschicht nimmt zu. Im Tal dominiert der Verschleiß, es kann zum Verschwinden der Randschicht kommen. Grundmaterial und umgewandeltes Randschichtmaterial haben unterschiedliche Materialeigenschaften (zum Beispiel Härte, Verschleißwiderstand), wodurch Rückkopplungseffekte intensiviert werden.

Die meßtechnische Untersuchung der Randschicht (Elektronenmikroskopie) erlaubt zum Teil Rückschlüsse, welche instationären Beanspruchungen vorgelegen haben müssen und ergänzt dadurch die Kraftmessungen.

Beim Luftreifen kommt es mit steigender Außentemperatur zu deutlicher Erniedrigung der Strukturdämpfung und damit zu unruhigerem Rollverhalten. Damit steigt auch die Alterung der Gummimischung deutlich an, und der Elastizitäts-Modul sinkt ab. Schädlich ist auch das Eindringen von Feuchtigkeit in den Stahlcordgürtel oder in die Stahlcordkarkasse, wodurch Rostbildung entsteht, teilweise verstärkt hervorgerufen durch die Reibung zwischen den einzelnen Cordlitzen. Dadurch kann es zu Cordbrüchen und zu Luftdruckverlust kommen. Das Eindringen von Feuchtigkeit wird hervorgerufen durch Rißbildung zufolge Wärmeentwicklung an hochbeanspruchten Randstellen im Schichtverbund. Bei zu dicken Reifenwandstärken und hoher örtlicher Walkarbeit zufolge der auftretenden großen Deformationen kommt es zur Bildung von Wärmenestern, die zur Reversion der durch Schwefel erzeugten Vulkanisationsreaktion führen, wobei sich der Gummi verflüssigt und Blasen bildet. Dies führt zur Auflösung des Festigkeitsverbands der Cordlagen und zum Druckverlust des Reifens. Generell können Wärmenester mit Hilfe der Thermovisionsmessung sehr gut detektiert werden und somit Schwachstellen der Reifenkonstruktion verbessert werden. Ähnlich verhält es sich mit dem Auftreten von Reibwärme im Rollkontakt, wodurch der Abrieb als direkt proportional zur detektierten Wärmeverteilung angesehen werden kann. Schlechte Profilierung der Lauffläche läßt sich somit leicht verbessern. Setzt man den Reifen einem Dauerschwingungsversuch aus, so lassen sich mit dieser Methode die Gebiete mit verstärkter Dissipationsleistung sehr genau feststellen. Es sind dies die Reifenseitenwand in der Nähe des Felgenhorns sowie am Übergang zur Lauffläche, wo die größte Walkarbeit verrichtet wird. Darüber hinaus ist die Wärmeentwicklung in den Profilrillen zufolge der Einebnungsbewegung der Reifenstruktur im Gürtelverband besonders wichtig. Durch diese Wärmeentwicklung kommt es zu Alterungen in den Profilrillen mit Rißbildung als Folge, wobei die Risse im Gummi bis in die oberste Stahlcordgürtellage laufen und somit Zutritt von Sauerstoff und Feuchtigkeit ermöglichen. Dies führt zu gefährlichen Materialveränderungen. Alterungsbeständige Laufflächenmischungen vermeiden diese Veränderungen.

3 Modulare Behandlung des Rollkontakts von Rad und Schiene

Klaus Knothe[*]

3.1 Einleitung: Motivation für eine konsequente, modulare Behandlung

In Programmen zur niederfrequenten Schienenfahrzeugdynamik werden auch heute häufig noch sehr einfache Radsatzmodelle eingesetzt, mit denen sich dann nur das Verhalten eines starren Radsatzes auf unverschieblichem Gleis einschließlich aller Vorgänge zwischen Rad und Schiene beschreiben läßt. Bei Einzelradaufhängungen, elastischen Radsätzen oder bei verschieblichen Schienen stößt dieses Konzept an seine Grenzen. Die Vorgänge zwischen Rad und Schiene müssen dann in einem linearen [1] oder einem nichtlinearen [2] Rad-Schiene-Verbindungselement erfaßt werden. Erst auf diese Weise lassen sich Rad-Schiene-Kontaktvorgänge problemlos in einen Mehrkörpersystem (MKS)-Algorithmus integrieren. Positive Erfahrungen mit Rad-Schiene-Verbindungselementen in der niederfrequenten Schienenfahrzeugdynamik waren Ausgangspunkt für die Überlegung, ein entsprechendes Konzept für den mittel- und hochfrequenten Bereich einzusetzen.

Modelle, mit denen sich die Vorgänge beim Abrollen eines Rades auf der Schiene im mittel- und hochfrequenten Bereich beschreiben lassen, sollen möglichst allgemein sein und für ganz unterschiedliche Fragestellungen benützt werden können. D. h. beispielsweise, daß Radsatzmodelle, Gleismodelle und kontaktmechanische Modelle für den Hochfrequenzbereich gleichermaßen für Riffelüberrollvorgänge, Rollgeräuschuntersuchungen und Untersuchungen zu Quietschvorgängen einsetzbar sein sollten. Auch im mittleren Frequenzbereich, also von 30 bis etwa 500 Hz, sollten Radsatzmodelle, Gleismodelle und Kontaktmechanikmodelle sowohl für Schotterbeanspruchungen als auch für die Untersuchung von Vorgängen, die zur Polygonalisierung von Rädern führen, verwendet werden können.

Man ist zudem bestrebt, Modelle für die Teilkomponenten Radsatz, Gleis und Kontaktmechanik in Vorabrechnungen zu behandeln und für die Gesamtsimulation

[*] Technische Universität Berlin, Institut für Luft- und Raumfahrt.

in komprimierter Form weiterzuverwenden. Die Zerlegung in Teilkomponenten und deren Vorabbehandlung wird als *Modularisierung* bezeichnet. Eine derartige modulare Vorgehensweise setzt voraus, daß Kontaktmechanik und Strukturmechanik „separierbar" sind. (siehe Abschnitt 3.2). Beim Aufstellen der Bewegungsgleichungen müssen sich die Beiträge, die aus der Strukturmechanik der beiden Kontaktpartner (Rad und Schiene) herrühren, und diejenigen, die sich aus dem Kontaktvorgang ergeben, getrennt voneinander formulieren lassen. Ein derartiges modulares Konzept ist auch deswegen sinnvoll, weil bei Rad-Schiene-Problemen die wesentlichen Nichtlinearitäten auf den Kontaktvorgang beschränkt sind.

Kontaktmechanikmodelle werden im Abschnitt 3.3, Strukturmechanikmodelle für Radsatz und Gleis im Abschnitt 3.4 behandelt. Im Abschnitt 3.5 schließen sich zwei Beispiele an.

3.2 Definitionen, Begriffe und Voraussetzungen

3.2.1 Separierbarkeit und Modularität

Die nachfolgenden Überlegungen gehen von der Gültigkeit einer Voraussetzung aus, die als *Separierbarkeitsvoraussetzung* bezeichnet wird. Es wird angenommen, daß sich beim Aufstellen der Bewegungsgleichungen der beiden Rollkontaktpartner die Beiträge, die sich aus der globalen Strukturmechanik von Rad und Stützmedium ergeben, und die Beiträge aus dem Kontaktvorgang getrennt voneinander formulieren lassen. Beim Rad-Schiene-Kontakt ist diese Voraussetzung erfüllt. Algorithmen zur Behandlung des Überrollvorgangs von Rad und Schiene sollten dementspre-

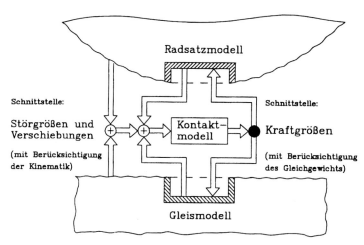

Abbildung 3.2.1: Modularer Aufbau.

chend *modular* aufgebaut sein: Die globale Strukturmechanik der beiden Kontaktpartner und der eigentliche Kontaktvorgang werden in unterschiedlichen Modulen
behandelt. Die modulare Behandlung bedeutet, daß zwischen den Modulen eindeutige Schnittstellen definiert werden müssen, so daß jedes Modul ausgetauscht und
durch ein anderes ersetzt werden kann, sofern nur die Schnittstellen gleich sind.
Wünschenswert ist ferner, daß an den Schnittstellen so wenig Informationen wie
möglich übergeben werden, also beispielsweise nur kinematische Größen beziehungsweise Kraftgrößen eines Punkts. In Abbildung 3.2.1 sind die drei Modulen
und die Schnittstellen schematisch dargestellt.

Natürlich kommt es auch in der Kontaktmechanik zu Deformationen der Struktur. Die Aufteilung in Kontaktmechanik und Strukturmechanik ist unter der Voraussetzung möglich, daß die Strukturdeformationen im kontaktnahen Bereich überwiegend durch die Kontaktkräfte bestimmt werden (*lokale Strukturdeformation*), so daß
globale Strukturdeformationen demgegenüber vernachlässigt werden können. Diese
Voraussetzung läßt sich abschwächen: Man kann die kontaktnahen Verschiebungen
aufgrund von globalen, strukturmechanischen Vorgängen in einer Taylor-Reihe entwickeln und neben konstanten und linearen Anteilen auch noch quadratische Anteile berücksichtigen, die den Krümmungsänderungen der Profilfunktionen entsprechen. Beim Eisenbahnrad oder bei der Schiene sind derartige Krümmungsänderungen vernachlässigbar. Beim Reifen-Straße-Kontakt kommt es zu einer so engen Ver-
flechtung von Strukturmechanik und Kontaktmechanik, daß auch eine quadratische
Approximation nicht ausreicht. Man erkennt dies beispielsweise daran, daß bei dem
unter Belastung abrollenden Reifen der Abstand der Kontaktfläche von der Achse
merklich kleiner ist als im unbelasteten Zustand, was natürlich bei den kinematischen Beziehungen zu berücksichtigen ist. Beim Kunststoffrad muß von Fall zu
Fall geprüft werden, ob die Separierbarkeitsvoraussetzung noch gilt.

Eine modulare Behandlung ist beim Rad-Schiene-Kontakt auch deswegen sinnvoll, weil nichtlineare Effekte häufig auf den Kontaktvorgang beschränkt sind.
Nichtlinearitäten treten hierbei vor allem in den kontaktmechanischen Beziehungen
auf.

3.2.2 Kontaktpunkt und kontaktpunktfestes Koordinatensystem

Es wird von der Annahme ausgegangen, daß die Oberflächen der beiden am Kontakt beteiligten Körper stetig differenzierbar sind, d. h., daß es sich nicht um Polyeder
mit Kanten und Spitzen handelt. Die beiden Körper werden zunächst als starr angenommen. Der Punkt, in dem sich beide starre Körper bei gegenseitiger Annäherung erstmals berühren, wird als *Kontaktpunkt (Berührungspunkt) P* bezeichnet.
Aufgrund der Differenzierbarkeitsvoraussetzung existiert im Kontaktpunkt eine Tangentialebene (Abbildung 3.2.2). Ein kontaktpunktfestes, orthogonales Koordinatensy-
stem $(P; \xi, \eta, \zeta)$ ist dadurch definiert, daß (ξ, η) in der Tangentialebene liegen und ζ in
Richtung der äußeren Normalen zum Körper 2 weist. Sofern Körper 1 das Rad ist,
wird die Koordinate ξ als Tangente an den Rollkreis festgelegt.

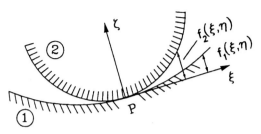

Abbildung 3.2.2: Kontaktpunkt, kontaktpunktfestes Koordinatensystem und Profilfunktionen.

Die Oberflächen der beiden Körper in der Nähe des Kontaktpunkts werden durch *Profilfunktionen* $f_1(\xi,\eta)$ und $f_2(\xi,\eta)$ beschrieben, die zu $f(\xi,\eta) = f_1(\xi,\eta) - f_2(\xi,\eta)$ zusammengefaßt werden können. Bei stetig differenzierbaren Profilfunktionen gilt für den Berührungspunkt P

$$f(0,0) \quad = 0, \tag{3.1a}$$
$$f_{,\xi}(0,0) \ = 0, \tag{3.1b}$$
$$f_{,\eta}(0,0) \ = 0. \tag{3.1c}$$

Zusätzlich muß die Profilfunktion in der Nähe des Berührungspunkts positiv sein,

$$f(\xi,\eta) < 0, \tag{3.2}$$

und es darf an keiner anderen Stelle zu einer Durchdringung der beiden Körperoberflächen kommen.

Über einen Berührungspunkt können nur dann Kräfte übertragen werden, wenn beide Körper starr sind. Ist mindestens einer der beiden Körper deformierbar, so kommt es bei einer weiteren Annäherung zur Ausbildung einer Kontaktfläche und zur Übertragung von Kräften in der Kontaktfläche. Auch die Ausbildung weiterer Berührungsgebiete an anderen Stellen ist möglich.

Die Einführung eines Kontaktpunkts erweist sich auch bei deformierbaren Körpern als zweckmäßig. Zur Unterscheidung führt man den Begriff *fiktiver Kontaktpunkt* ein (Abbildung 3.2.3). Die Ermittlung des fiktiven Kontaktpunkts ist eine Aufgabe der Kontaktgeometrie.

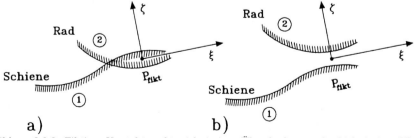

Abbildung 3.2.3: Fiktiver Kontaktpunkt: a) bei einer Überdeckung oder b) bei einer Klaffung.

Die undeformierte Geometrie würde in der Nähe der Berührgebiete eine Durchdringung der beiden Körper zur Folge haben. Für die Einführung eines *fiktiven Kontaktpunkts* P_{fict}, einer *fiktiven Tangentialebene* und einer *fiktiven Normalenrichtung* ζ gibt es unterschiedliche Möglichkeiten. Der fiktive Kontaktpunkt kann als Volumenschwerpunkt des Durchdringungsvolumens festgelegt werden, das fiktive, kontaktpunktfeste Koordinatensystem (ξ, η, ζ) kann über die Hauptträgheitsachsen des Durchdringungsvolumens definiert werden. Eine derartige Definition wäre auch noch bei nichtglatten Oberflächen gültig. Bei glatten Oberflächen ist es zweckmäßiger, den fiktiven Kontaktpunkt, die fiktive Tangentialebene und die fiktive Normalenrichtung über die maximale Durchdringung d (Abbildung 3.2.3a) festzulegen. Die ζ-Achse muß in den Durchstoßpunkten durch die sich durchdringenden Oberflächen senkrecht auf den Tangentialebenen stehen, der Punkt P_{fict} liegt in der Mitte zwischen den Durchstoßpunkten. Die Festlegung des fiktiven Kontaktpunkts ist nicht daran geknüpft, daß der Körper 1 (Rad) ein idealer Rotationskörper ist, er darf ebenfalls Profilstörungen besitzen. Der Vorteil der zweiten Definition des fiktiven Kontaktpunkts ist, daß er auch gilt, wenn im Zuge einer Iterationsrechnung eine Klaffung auftritt (Abbildung 3.2.3b).

Der fiktive Kontaktpunkt, die fiktive Tangentialebene und die fiktive Normalenrichtung können in sehr guter Näherung zur Festlegung des Angriffspunkts und der Angriffsrichtungen von resultierenden Normalkräften, Tangentialkräften und Momenten im Kontaktgebiet herangezogen werden, da Deformationen beim Rad-Schiene-Kontakt in der Regel sehr klein sind.

3.2.3 Nominalkonfiguration beim Rad-Schiene-Kontakt

Es wird angenommen, daß alle Bewegungen der am Überrollvorgang beteiligten Körper und die zugehörigen Verschiebungen klein sind bezüglich einer *Nominalkonfiguration*. Die Nominalkonfiguration wird beim Rad-Schiene-Problem definiert durch ein globales, raumfestes Koordinatensystem zur Beschreibung des Gleises, durch ein mit der *Nominalgeschwindigkeit* v_o mitbewegtes (aber nicht mitrotierendes) Koordinatensystem zur Beschreibung der Radsatzbewegungen und durch den *Nominalzustand* von Rad und Schiene, zu dem insbesondere das Rad- und Schienenprofil gehören. Bei uns ist der Nominalzustand gegeben durch die gegenseitige Lage des als starr angenommenen Radsatzes und duch die Nominalgeschwindigkeit v_o sowie durch die nominale Winkelgeschwindigkeit Ω_0. Beim Durchfahren eines Bogens muß die gegenseitige Lage von Radsatz und Gleis durch eine nichtlineare, quasistatische Rechnung ermittelt werden [3]. Bei der Untersuchung hochfrequenter Vorgänge, wie sie bei Riffelüberrollungen (Kapitel 12) oder beim Kurvenquietschen auftreten, wird ein niederfrequenter *Referenzzustand*, wie er sich beispielsweise aus einer Sinuslaufbewegung ergibt, als Nominalzustand zugrundegelegt.

Als *nomineller Kontaktpunkt* wird der Kontaktpunkt von Rad und Schiene in der Nominalkonfiguration (Abbildung 3.2.4) bezeichnet. Hierbei liegen keine Profilstörungen vor. Auf Rad und Schiene wirken keine Belastungen, Rad und Schiene erfahren gegenüber dem Nominalzustand (bei dem Rad und Schiene mit v_0 gegen-

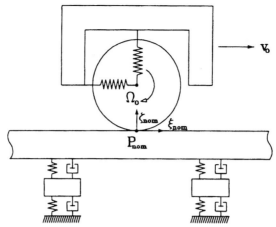

Abbildung 3.2.4: Nomineller Kontaktpunkt.

Abbildung 3.2.5: Profilstörungen der Schiene.

einander bewegt werden und das Rad sich mit Ω_0 um seine Achse dreht) keine Verschiebungen, also weder Starrkörperverschiebungen noch Strukturdeformationen.

Abweichungen der Rad- und Schienenoberflächen von dem durch die Profilfunktionen gegebenen Nominalzustand werden als Profilstörungen bezeichnet. In Abbildung 3.2.5 ist nur eine Schienenprofilstörung dargestellt. Entsprechend sind Radprofilstörungen denkbar.

Beim Überrollvorgang kommt es in der Regel zu Verschiebungen von Radsatz und Gleis gegenüber der Nominallage (Abbildung 3.2.6). Es wird angenommen, daß diese Verschiebungen so klein sind, daß der Einfluß von Drehungen auf den Verschiebungszustand durch eine lineare Transformation beschrieben werden kann.

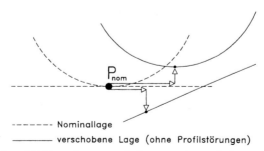

Abbildung 3.2.6: Rad und Schiene in unverschobener und verschobener Lage mit nominellem und fiktivem Berührungspunkt.

Auch die *Verschiebungen des nominellen Berührungspunkts* (radseitig und schienenseitig) aufgrund von Verschiebungen von Radsatz und Gleis sind klein. Für diese verschobene Lage wird nun der fiktive Berührungspunkt ermittelt. Die Vorverlagerung des fiktiven gegenüber dem nominellen Berührungspunkt (Berührungspunktvorverlagerung) braucht aber nicht mehr klein zu sein. Die Ermittlung des fiktiven Berührungspunkts ist ein nichtlineares, berührgeometrisches Problem. Es sei nochmals darauf hingewiesen, daß Deformationen des kontaktnahen Bereichs bei der Berechnung der Verlagerung des fiktiven Berührungspunkts vernachlässigt werden. Deformationen spielen erst in der Kontaktmechanik eine Rolle.

Aufgrund von Verschiebungen des nominellen Berührungspunkts und von Profilstörungen kommt es rechnerisch zur *Durchdringung* oder *Klaffung* der beiden in der Nähe des fiktiven Berührungspunkts als starr angenommenen Körper. Die Projektion der Kurven, die die sich durchdringenden Flächenteile begrenzen, auf die nominelle Tangentialebene liefert die *Durchdringungsfläche*. Die Durchdringungsfläche ergibt eine grobe Näherung für die Kontaktfläche, die bei Bedarf noch verfeinert werden kann.

3.3   Kontaktmodule

3.3.1   Kontaktgeometrie und Normalkontakt: die Bedeutung der Halbraumhypothese und der Hertz-Annahme

Aufgabe eines Kontaktmodells ist es, bei gegebenen Profilstörungen des Rad- und Schienenprofils und bei gegebenen Relativverschiebungen und Relativgeschwindigkeiten des rad- und schienenseitigen Kontaktpunkts die im Kontaktpunkt übertragenen Kräfte und Momente zu ermitteln. Üblicherweise läßt sich dieses Problem in vier Teilprobleme zerlegen:

- die Ermittlung des fiktiven Kontaktpunkts,
- die Ermittlung der Relativgeschwindigkeiten im fiktiven Kontaktpunkt,
- die Behandlung des Normalkontaktproblems und
- die Behandlung des Tangentialkontaktproblems.

Beim Rad-Schiene-Kontakt wird das Normalkontaktproblem unabhängig vom Tangentialkontaktproblem gelöst. Normalkräfte haben zwar Auswirkungen auf den Tangentialkontakt, die Tangentialkräfte wirken aber im Rahmen der Kontaktmechanik nicht auf das Normalkontaktproblem zurück. Diese Vereinfachung ist eine Folge davon, daß Rad und Schiene aus gleichem Material sind und daß zusätzlich die Gültigkeit der *Halbraumhypothese* vorausgesetzt wird. Es wird angenommen, daß man für die Behandlung des Kontaktvorgangs Rad und Schiene als unendlich erstreckte Halbräume ansehen kann. Dies ist beim Laufflächenkontakt zulässig, solange der maximale Kontaktdurchmesser (etwa 2 cm) klein ist gegenüber den Profilkrümmungsradien im Laufflächenbereich (circa 8 bis 30 cm) und den charakteristischen Abmessungen des Schienenkopfs (Breite 7,5 cm) oder des Radreifens (Breite 14 cm). Bei stark konformem Kontakt im Laufflächenbereich, in jedem Fall aber bei konformem Kontakt in der Hohlkehle des Radprofils, wie er beim Lauf im Bogen mit verschlissenen und dadurch aneinander angepaßten Profilen auftritt, ist die Halbraumhypothese nicht mehr gültig. Man ist dann gezwungen, Rad und Schiene mit finiten Elementen zu modellieren; Normal- und Tangentialkontaktproblem sind dann nicht mehr getrennt voneinander lösbar.

Jede Abweichung von der Annahme gleicher Materialien oder von der Halbraumhypothese führt zu einer deutlichen Erhöhung des Aufwands. Dies wird exemplarisch im Kapitel 7 verdeutlicht, wo Kunststoffwalzen mit geschichteten Bandagen, mit Kontaktabmessungen, die gegenüber den Krümmungsradien nicht mehr vernachlässigbar klein sind, und mit endlicher Breite untersucht werden.

Die beim Rad-Schiene-Kontakt zumeist auch noch eingeführte *Hertz-Annahme* dient ebenfalls der Rechenerleichterung. Im Rahmen der Theorie von Hertz wird angenommen, daß die beiden sich berührenden Körper Oberflächen zweiten Grades besitzen. Die Kontaktfläche ist dann eine Ellipse. Beim Rad-Schiene-Kontakt liegt diese Situation auch im Laufflächenbereich nur näherungsweise vor. Bestimmend für die sich ausbildenden Kontaktflächen sind die Profilfunktionen von Rad und Schiene. Wenn, wie bei einem neuen UIC 60-Profil, diese Profilfunktion aus unterschiedlichen Kreisbögen zusammengesetzt sind, dann ergeben sich nichtelliptische Kontaktflächen [4], die erst bei stärkerem Profilverschleiß in Kontaktellipsen übergehen. Trotzdem werden, außer für Verschleißrechnungen, in der Regel äquivalente Kontaktellipsen für die Rechnung zugrunde gelegt [5], da hierfür tabellarische Lösungen (Hertz, lineare Theorie von Kalker) oder schnell und zuverlässig arbeitende Programme vorliegen. Bei der Behandlung des Rad-Schiene-Kontakts in den Kapiteln 10 bis 12 wird durchweg die Hertz-Annahme verwendet. Auf die Grenzen dieses Vorgehens soll aber an dieser Stelle hingewiesen werden.

Bereits erwähnt wurde der konforme Laufflächenkontakt bei sprunghaft veränderlichen Profilkrümmungsradien eines der Kontaktpartner. Ein weiteres Beispiel ist das Abrollen eines Rades über eine stark verriffelte Schiene. Hierbei ergeben sich deutliche Abweichungen von der elliptischen Form [6]. Solange man sich nur für den Beginn der Verriffelung interessiert (Kapitel 12), kann man die Hertz-Annahme verwenden. Beim Anwachsen der Riffeltiefe muß als erster nichtlinearer Effekt eine Berührungspunktvorverlagerung berücksichtigt werden. Dies erfolgt in Kapitel 11.

Ein letztes Beispiel sind Profilstörungen mit extrem kleiner Wellenlänge. Die Hertz-Annahme trifft dann nicht mehr zu, wenn die Wellenlängen in die Größenordnung der Kontaktabmessung kommen oder sogar kleiner werden als der Kontaktdurchmesser in Rollrichtung. Bei den Riffeluntersuchungen in Kapitel 12 wie auch in der Akustik (Kapitel 14) kann man sich damit behelfen, daß man die Profilstörungen über die Kontaktfläche integriert und als Anregung nur den Mittelwert berücksichtigt (Remington-Filter [7]).

Bei der Behandlung von Rauheiten mit Wellenlängen bis in den μm-Bereich, wie sie bei einer Schienenlauffläche vorliegen, hilft dieser Trick nicht mehr weiter. Abbildung 3.3.1 soll einen Eindruck von den Normalspannungen beim Rad-Schiene-Kontakt vermitteln, wenn eine gemessene rauhe Schienenoberfläche und ein glattes

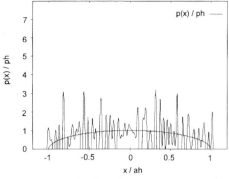 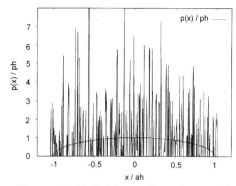

Abbildung 3.3.1: Kontaktspannungen zu einem gefilterten Profilschrieb vom Berg einer verriffelten Schiene (Nominalwerte ohne Profilstörungen: Kontaktdurchmesser $2a_o = 9{,}3$ mm, Maximalspannung $p_h = 609$ N/mm^2). a) Grenzwellenlänge $l_{min} = 200$ µm, b) Grenzwellenlänge $l_{min} = 67$ µm.

Rad gegeneinandergepreßt werden. Die Berechnung erfolgte zweidimensional (Walzenkontakt). Walzenkrümmungsradius und Linienlast wurden so gewählt, daß die nominelle Flächenpressung und der Kontaktdurchmesser mit den Werten des Rad-Schiene-Kontakts übereinstimmen. Gegenübergestellt sind Ergebnisse von zwei Rechnungen: In Abbildung 3.3.1a wurden Rauheitswellenlängen bis zu 0,2 mm, in Abbildung 3.3.1b bis zu 0,067 mm berücksichtigt. In Abbildung 3.3.1a ist die reale Kontaktfläche nun geringfügig kleiner als die nominelle, was auch den Ergebnissen von Cameiro Esteves ([8], s. 201) entspricht. Bei Berücksichtigung von wesentlich kleineren Wellenlängen, vergleiche Abbildung 3.3.1b, beträgt das Verhältnis von realer und nomineller Kontaktfläche etwa 0,47. Dies ist noch nicht ganz der Grenzwert, gegen den die reale Kontaktfläche bei Berücksichtigung von immer kurzwelligeren Rauheiten konvergiert. Die Spitzenwerte der Normalspannung betragen mehr als das siebenfache des Maximalwerts der Hertzschen Pressung. Solange man sich nur für die resultierenden Kontaktkräfte und die globalen Aussagen wie Kraftschluß-Schlupf-Beziehungen interessiert, kann man diese Spitzen unterschlagen. In einer Tiefe von wenigen 100 μm hat sich bereits der zur Hertzschen Flächenpressung gehörende Spannungszustand eingestellt. Die Auswirkungen der Spannungsspitzen sind ein Grenzschichtphänomen.

Es soll noch einmal betont werden, daß die Separationsannahme und damit das modulare Konzept von allen Einschränkungen und Zusatzannahmen unberührt sind. Selbstverständlich könnte man auch eine technisch rauhe Schienenlauffläche mit Rauheitswellenlängen bis zu wenigen µm modular behandeln, sofern Programme verfügbar sind, die dies erlauben.

3.3.2 Tangentialkontakt: nichtlineare und linearisierte Betrachtung

In der niederfrequenten Schienenfahrzeugdynamik wird das Tangentialkontaktproblem mit der Kalkerschen Theorie behandelt, wobei zumeist elliptische Kontaktflächen verwendet werden. Für diesen Fall steht mit Kalkers Programm CONTACT ein leistungsfähiges Instrument zur Verfügung [8, 9]. Aufgrund des immer noch beträchtlichen Rechenzeitaufwands beschränkt man sich aber, wo immer dies möglich ist, auf die lineare Theorie und verwendet die tabelliert vorliegenden Schlupfkoeffizienten [8, 9]. Im stationären, nichtlinearen Fall wird statt des Programms CONTACT häufig die Näherungsformel von Shen, Hedrick und Elkins [10] eingesetzt.

Unsere Situation ist verwickelter: Da die Riffelwellenlängen in die Größenordnung der Kontaktabmessung kommen, ist man, auch wenn man weiterhin die Hertz-Annahme zugrunde legt, gezwungen, die Tangentialkontaktvorgänge instationär zu behandeln. Man hat zu berücksichtigen, daß sich für ein Partikel beim Durchlauf durch die Kontaktfläche die kinematischen Verhältnisse, also beispielsweise die Starrkörperschlüpfe, ändern. Dem wird zunächst im Rahmen einer linearen, im Frequenzbereich ablaufenden Betrachtungsweise Rechnung getragen (Kapitel 8). Man geht von einem nichtlinearen, stationären Referenzzustand aus, der in einer Vorabrechnung ermittelt wurde. Diesem Referenzzustand wird ein harmonischer Zustand mit kleinen Schwankungen überlagert. In der Abbildung 3.3.2 sind Eingangsgrößen und Ausgangsgrößen eines linearisierten Tangentialkontaktmodells angegeben. Eingangsgrößen sind zunächst die Schwankungen der Schlupfgrößen, zusätzlich aber auch noch Schwankungen der elastischen Annäherung von Rad und Schiene sowie Profilschwankungen, die durch Schwankungen der mittleren Hauptkrümmungen beschrieben werden. Ausgangsgrößen sind einerseits die Schwankungen von Schlupfkraftgrößen (Tangentialkräfte und Bohrmoment). Zusätzlich kann man auch noch Schwankungen der Reibleistung berechnen.

Die komplexen Frequenzgänge als Ergebnis einer derartigen kontaktmechanischen Berechnung werden bei den Riffeluntersuchungen in Kapitel 12 eingesetzt. Für die Behandlung im Zeitbereich lassen sie sich durch gebrochen rationale Poly-

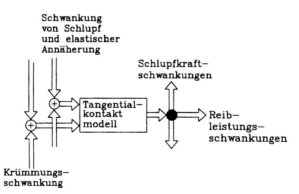

Abbildung 3.3.2: Eingangsgrößen und Ausgangsgrößen für ein linearisiertes Tangentialkontaktmodell.

nome approximieren, die man dann in lineare Differentialgleichungen im Zeitbereich transformieren kann. Für eine nichtlineare, instationäre kontaktmechanische Berechnung ist man allerdings weiterhin auf den Einsatz des Programms CONTACT angewiesen.

Sowohl beim Normalkontaktproblem als auch beim Tangentialkontaktproblem werden Massenträgheitseffekte des Halbraums vernachlässigt. Dies ist im stationären Fall, wie in [11] gezeigt wurde, zulässig, da die niedrigste Wellenausbreitungsgeschwindigkeit sehr viel größer ist als die Fahrgeschwindigkeit. Ungeklärt ist hingegen noch, ob hochfrequente Stick-Slip-Schwingungen einzelner Rauheitshügel in der Kontaktfläche (Abbildung 3.3.1) auftreten können, die dann die Berücksichtigung von Massenträgheitseffekten erfordern würden.

3.4 Einbettung des Kontaktvorgangs in die Strukturmechanik

3.4.1 Radsatzmodelle: Übersicht und Probleme

Die Modellierung des Radsatzes ist im Vergleich zur Modellierung von Gleis und Kontaktmechanik am einfachsten. Entsprechend den in Abbildung 3.2.1 angegebenen Ein- und Ausgabegrößen müssen sich mit einem Radsatzmodul bei Vorgabe von Kraftgrößen im Kontaktpunkt alle interessierenden Verschiebungsgrößen ermitteln lassen. Die unterschiedlichen Modelle sind in Tabelle 3.4.1 zusammengestellt. Man kann den Radsatz als *dreidimensionales Kontinuum* modellieren, man kann – zumindest bei der Radscheibe – zu *zweidimensionalen Komponenten* (Platte, Schalen) übergehen und die Welle als Balken betrachten, oder man kann noch stärker vereinfachen und sich auf die Modellierung des Radkranzes als Kreisring *(eindimensionales Modell)* beschränken. Ein zweites Unterscheidungskriterium ergibt sich da-

Tabelle 3.4.1: Übersicht über einige Radsatzmodelle.

	dreidimensionale Modelle	zweidimensionale Modelle aus schubweichen Platten oder Schalen und Balken	Ringmodelle (mit elastischer Bettung)
mit Ausnutzung der Rotationssymmetrie	Thompson [12]	Irretier [13] Schneider [13] Fingberg [16] Hempelmann [17]	Grassie, Gregory [15] Haran und Finch [18]
ohne Ausnutzung der Rotationssymmetrie	Heiß [19]	Thompson [12]	

nach, ob bei der Modellierung die Rotationssymmetrie des Radsatzes ausgenutzt wird oder nicht. Bei einer Ausnutzung der Rotationssymmetrie wird das dreidimensionale Problem auf ein zweidimensionales und das zweidimensionale auf ein eindimensionales zurückgeführt. Die Diskretisierung erfolgt stets unter Einsatz von Finite-Element-Verfahren. Die angegebenen Referenzen sind sicher nicht vollständig, sie machen aber deutlich, daß in Deutschland eine „Schule" für zweidimensionale Modelle unter Ausnutzung von Symmetrieeigenschaften zu bestehen scheint.

Vor- und Nachteile einer Behandlung des Radsatzes als zwei- oder dreidimensionales Kontinuum sind offenkundig. Mit einer dreidimensionalen Modellierung und einer hinreichend feinen Diskretisierung kann man allen zu erwartenden Phänomenen gerecht werden, allerdings auf Kosten eines entsprechenden Aufwands. Bei zweidimensionalen Modellen liegt der Aufwand deutlich niedriger, es bleiben aber immer Modellierungsprobleme offen, typischerweise das Problem der elastischen Einspannung von Radscheibe und Radsatzwelle in der Nabe. Im Rahmen des Sonderforschungsbereichs 181 wurde der zweidimensionalen Modellierung der Vorzug gegeben; es läßt sich aber prognostizieren, daß sich auf längere Sicht dreidimensionale Modelle durchsetzen werden, auch wenn derzeit erst wenige Programme verfügbar sind, mit denen sich Gyroskopie und Anfangslasteffekte beschreiben lassen.

Hinsichtlich der Ausnutzung oder Nichtausnutzung der Rotationssymmetrie sollen ebenfalls Vor- und Nachteile kurz erörtert werden. Bei Ausnutzung der Rotationssymmetrie wird zum einen der Rechenaufwand extrem niedrig. Ebenso ins Gewicht fällt, daß die Interpretation der sich ergebenden Eigenfrequenzen und Eigenformen wesentlich leichter ist, da durch die Festlegung des Fourierterms in Umfangsrichtung von vornherein eine Klassifikation erfolgt. Die Nachteile, die sich bei einer Ausnutzung der Rotationssymmetrie einstellen, ergeben sich daraus, daß die Rotationssymmetrie durch die Kontaktbedingung gestört wird. Es gibt Fälle, wo eine Ausnutzung der strukturellen Rotationssymmetrie überhaupt nicht mehr möglich ist, beispielsweise dann, wenn bei Leichtbauradsätzen eine Rechnung nach Theorie zweiter Ordnung erforderlich wird. Die Gewichtsbelastung führt zu einem nicht mehr rotationssymmetrischen Spannungszustand, der als Anfangslasteffekt und somit in der geometrischen Steifigkeitsmatrix zu berücksichtigen ist.

Weniger offenkundig ist ein numerisches Problem. Bei einer Behandlung des Gesamtsystems kann immer nur eine begrenzte Anzahl von modalen Freiheitsgraden des freien, vollständig rotationssymmetrischen Radsatzes berücksichtigt werden. Es handelt sich um ein Reduktionsverfahren im Sinne von Wu [37]. Es ist bekannt, daß ein derartiges Verfahren bei niedrigem Reduktionsgrad nur dann gute Ergebnisse liefert, wenn die Steifigkeit der Fesselung (also der Kontaktfeder) klein ist im Vergleich zur Struktursteifigkeit. Bei unendlich steifer Fesselung muß das Verfahren versagen. Auch bei einer endlichen Fesselungssteifigkeit läßt sich die statische Lösung nur dann richtig wiedergeben, wenn alle Eigenformen berücksichtigt werden. Für akustische Probleme (Kapitel 14) und für Riffeluntersuchungen (Kapitel 12) spielen beide Einwände keine Rolle, da in diesen Fällen die Kontaktsteifigkeit nur eine untergeordnete Bedeutung besitzt. Im mittelfrequenten Bereich, also etwa bei der Untersuchung der Entstehung polygonaler Radprofile, muß diese Frage erneut geprüft werden.

3.4.2 Gleismodelle: Übersicht und Probleme

Gleismodelle gibt es wie Sand am Meer. Auch hier besteht wieder die Aufgabe, bei Vorgabe der Kraftgrößen im Kontaktpunkt alle interessierenden Verschiebungsgrößen zu ermitteln. In der Übersicht in Abbildung 3.4.1, die aus [20] übernommen und bearbeitet wurde, werden Gleismodelle unter strukturmechanischen Gesichtspunkten klassifiziert:

– Zum einen wird unterschieden nach Ein-Schicht-Modellen, Zwei-Schicht-Modellen und Drei-Schicht-Modellen. Bei Zwei- und Drei-Schicht-Modellen kann die Schwellenschicht auch aus elastischen Schwellen bestehen.
– Weiterhin werden kontinuierliche und diskrete Lagerung der Schienen auf den Schwellen und dem Untergrund als Unterscheidungskriterium herangezogen;
– und schließlich wird danach differenziert, ob für Schotter und Untergrund ein (visko)elastisches Bettungsmodell oder ein (gegebenenfalls geschichtetes) Halbraummodell verwendet werden.

Da es an dieser Stelle nicht auf Vollständigkeit ankommt, wird auf die Angabe der in geschweiften Klammern angegebenen Literaturstellen verzichtet. Sie können aus [20] entnommen werden. Einige Arbeiten wurden zusätzlich aufgenommen [21–26].

Nahezu alle angegebenen Modelle behandeln den Vertikalschwingungsvorgang. Zu den Lateralschwingungsvorgängen existieren nur sehr wenige Modelle [24,27–29], vergleiche auch Kapitel 10 und 11. Ein Grund dafür ist, daß bei Lateralschwingungsvorgängen stets Biegung und Torsion gekoppelt auftreten und daß schon bei Erregerfrequenzen von einigen hundert Hz die Form des Schienenquerschnitts nicht mehr erhalten bleibt.

Auf drei Probleme bei Gleismodellen soll nachfolgend gesondert eingegangen werden:

– auf das Problem der bewegten Last,
– auf das Problem der Erfassung der unendlichen Ausdehnung von Schiene und Halbraum
– und auf das Problem der Modellierung von Schienenbefestigung und Schotter.

Das korrekte Anregungsmodell ist in Abbildung 3.4.2a dargestellt: Ein Rad rollt über eine mit Profilstörungen versehene, diskret gestützte Schiene. Dieses Modell wird eingesetzt in Kapitel 11. In einer Vielzahl von Fällen, beispielsweise bei der Behandlung riffelauslösender Schwingungen (Kapitel 12), wird dieses Modell einer bewegten Last oder Masse ersetzt durch das Modell einer bewegten Profilstörung, die zwischen dem feststehenden Radsatz und der Schiene hindurchgezogen wird, siehe Abbildung 3.4.2b. In Kapitel 10 wird erörtert, ob und wann dieses wesentlich einfachere Modell gerechtfertigt ist.

Da man die Annäherung eines Zugs schon aus einer Entfernung von mehreren hundert Metern durch das „Singen" der Schiene hört, muß es Schwingungsformen geben, die sich über diese Entfernung fortpflanzen. Eine völlig allgemeine Behand-

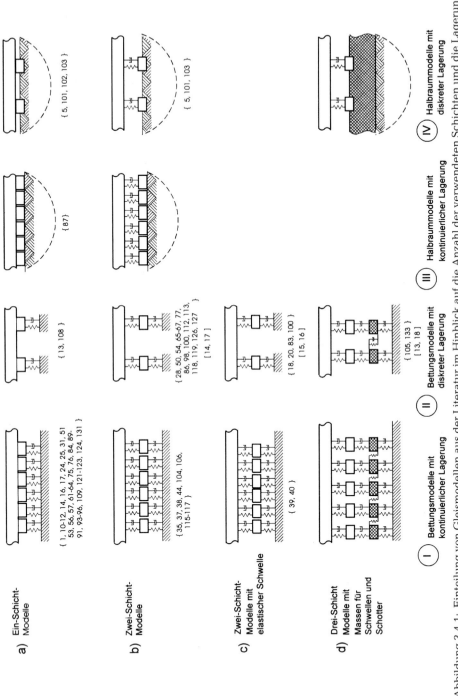

Abbildung 3.4.1: Einteilung von Gleismodellen aus der Literatur im Hinblick auf die Anzahl der verwendeten Schichten und die Lagerungsbedingungen. Literaturangaben in geschweiften Klammern sind aus [20] zu entnehmen.

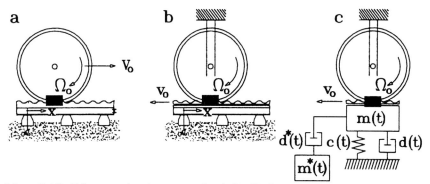

Abbildung 3.4.2: Erfassung der Anregung durch Profilstörungen: a) in einem Modell mit bewegter Masse; b) in einem Modell mit bewegter Profilirregularität und c) bei einem mitbewegten Gleismodell.

lung der bis ins Unendliche erstreckten Schiene ist aber numerisch mit erheblichem Aufwand verbunden. Für Zeitbereichsrechnungen ist eine Berücksichtigung von mehreren hundert Schwellen ein hoffnungsloses Unterfangen. Es wird sich aber zeigen (Kapitel 11), daß man bei Beschränkung auf Anregungsfrequenzen unter 2 000 Hz mit 30 bis 50 Schwellen auskommt.

Das Materialverhalten von Schienenbefestigung und Schotter ist hochgradig nichtlinear. Aus dem Last-Verschiebungs-Diagramm einer Zwischenlage bei Zugüberfahrt (Abbildung 3.4.3) ist zu ersehen, daß eine nichtlineare, „bananenförmige" Hystereseschleife existiert, der kleinere, nahezu ellipsenförmige Hystereseschleifen überlagert sind. Beide Effekte wären zu berücksichtigen, wenn man die Überfahrt eines Radsatzes über eine verriffelte Schiene untersuchen will. Das ist derzeit nicht

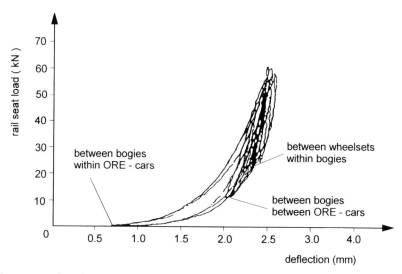

Abbildung 3.4.3: Last-Verschiebungs-Diagramm des Schotters bei Zugüberfahrt (nach [31]).

nur aus numerischen Gründen sehr schwierig, es scheitert allein daran, daß ein entsprechendes Materialgesetz des Schotters bisher nicht vorliegt. Ähnlich ist die Situation bei der Zwischenlage. In beiden Fällen hilft man sich dadurch, daß man ein lineares, viskoelastisches Materialverhalten annimmt, dessen Parameter durch Anpassung von Simulationsrechnungen an Streckenversuchsergebnissen [21] bestimmt werden. In jüngster Zeit wird vorgeschlagen [30], für nieder- und hochfrequente Vorgänge unterschiedliche Parametersätze zu verwenden.

Die Halbraumwirkung läßt sich korrekt nur bei Einsatz eines Randelemente-Verfahrens erfassen [32–34]. Es erscheint derzeit allerdings unrealistisch, derartige Modelle im Rahmen von Zeitschritt-Integrationsverfahren einzusetzen. Ein eleganter Ausweg könnten einfache Ersatzmodelle sein, wie sie in [35] vorgeschlagen wurden.

3.4.3 Verfahren im Zeitbereich und im Frequenzbereich

Je nach Problemstellung kommen Verfahren im Frequenzbereich oder im Zeitbereich zum Einsatz. Zeitbereichsverfahren sind dann unumgänglich, wenn bei der Modellierung Nichtlinearitäten zu berücksichtigen sind. Dies ist in Kapitel 11 der Fall, wo neben nichtlinearen kontaktmechanischen Beziehungen auch Nichtlinearitäten in der Schienenbefestigung und zwischen Schwelle und Schotter berücksichtigt werden. Reine Frequenzbereichsverfahren sind auf lineare Probleme beschränkt, der Rechenaufwand ist unvergleichlich niedriger als bei Zeitbereichsverfahren. Für aufwendige Parameteruntersuchungen wird man daher versuchen, soweit als möglich zu linearisieren.

Für Radsatzmodelle ist es gleichgültig, ob man ein Frequenzbereichsverfahren oder ein Zeitbereichsverfahren einsetzt. Bei einer modalen Formulierung ist der Übergang von einem Bereich zum anderen problemlos möglich. Bei den Gleismodellen ist das komplizierter. Die unendliche Erstreckung der Schiene läßt sich für reguläre Modelle bei einer Frequenzbereichsformulierung besonders einfach einbauen, gleichgültig, ob man mit einem verallgemeinerten Fourieransatz oder einer Kombination von FE-Formulierung mit dem Floquet-Theorem arbeitet (Kapitel 10). Der Übergang zum Zeitbereich ist dann aber nicht trivial. Er gelingt, vorerst bei einer Beschränkung des Frequenzbereichs, indem man die Frequenzgänge für die Eingangsrezeptanzen durch gebrochen rationale Funktionen approximiert, die sich in lineare Differentialgleichungen mit zeitlich (lokal) veränderlichen Koeffizienten (Filter) im Zeitbereich überführen lassen (Abschnitt 10.3). Auf diese Weise erhält man sehr einfach zu handhabende „mitgeführte" Gleismodelle (Abbildung 3.4.2c), durch die der Rechenaufwand im Zeitbereich drastisch reduziert werden kann.

Die für die instationäre Kontaktmechanik über den „Umweg" von Frequenzgängen entwickelten linearen Zeitbereichsmodelle sind von ganz ähnlichem Charakter.

3.5 Beispiele

3.5.1 Modulare Behandlung von Riffelentstehungsmechanismen

Das modulare Konzept wurde intensiv bei der Behandlung von Riffelentstehungsmechanismen (Kapitel 12) eingesetzt. Hierbei ist zunächst eine dynamische Untersuchung riffelauslösender Schwingungen erforderlich (Abbildung 3.5.1). Diese dynamische Berechnung erfolgt als lineare Rechnung im Frequenzbereich. Eine lineare
Rechnung ist zulässig, da die Profilstörungen zunächst sehr klein sind. Sie muß
aber im Sinne einer Linearisierung um einen nichtlinearen Referenzzustand erfolgen,
der entweder vorgegeben oder mit einer nichtlinearen, niederfrequenten Vorabrechnung ermittelt werden muß. Für Kontaktvorgänge wurden in Abbildung 3.5.1 drei
Module eingeführt, da damit deutlich wird, an welcher Stelle Daten aus dem niederfrequenten Referenzzustand eingehen.

Die Behandlung riffelauslösender Schwingungen in Abbildung 3.5.1 unterscheidet sich prinzipiell nicht von einer üblichen höherfrequenten Beanspruchungs-
rechnung. Das System reagiert auf Profilstörungen mit Kontaktkraftschwankungen.
Zur Verstärkung von Profilstörungen in einem bestimmten Wellenlängenbereich
kommt es erst durch eine *Verschleißrückkopplung* (Abbildung 3.5.2). Hierfür sind
zusätzlich Module erforderlich, mit denen die Reibleistung ermittelt wird sowie
ein Verschleißmodul und ein Modul zur Berechnung der Profilentwicklung.

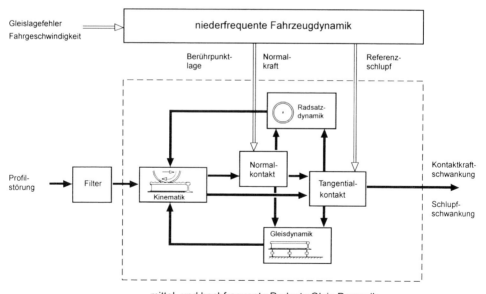

Abbildung 3.5.1: Wirkungskette für riffelauslösende Schwingungen.

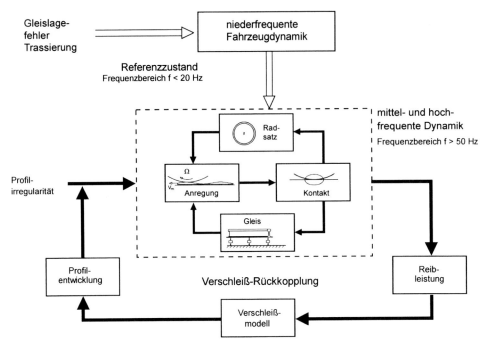

Abbildung 3.5.2: Dynamik-Verschleiß-Rückkopplungsschleife zur Erklärung der Riffelbildung.

In der Wirkungskette in Abbildung 3.5.1 erfolgt die Anregung durch Profilstörungen, also durch Fremderregung. Damit die Wirkungskette in der vorliegenden Form gültig ist, muß die Stabilität des Bewegungsvorgangs sichergestellt sein.

3.5.2 Modulare Behandlung des Kurvenquietschens

Beim Kurvenquietschen handelt es sich um hochfrequente Schwingungen der Radscheibe mit Frequenzen von 1 000 bis 3 000 Hz. Ein vereinfachtes Schema zum prinzipiellen Ablauf der Rechnung in Anlehnung an die von Fingberg [16] angegebene Wirkungskette ist in Abbildung 3.5.3 dargestellt. Ausgangspunkt sind quasistatische Untersuchungen zur Kurvenfahrt von Drehgestellen, vergleiche zum Beispiel [3]. Im Gegensatz zu den riffelauslösenden Schwingungen in Abbildung 3.5.1 gibt es jetzt keine hochfrequente Anregung. Zum Kurvenquietschen kommt es nur dann, wenn die nichtlineare Kraftschluß-Schlupf-Kurve nach Erreichen eines Maximums wieder abfällt. Wenn der Referenzschlupf so groß ist, daß der Betriebspunkt im abfallenden Ast der Kraftschlußkurve liegt, können selbsterregte Schwingungen auftreten. Zusätzlich müssen Module zur Beschreibung der Schallabstrahlung und Ausbreitung zur Verfügung stehen. Hochfrequente Normalkraftschwankungen wurden von Fingberg nicht berücksichtigt. Tangentialkontaktvorgänge müssen in nichtlinearer und instationärer Form erfaßt werden, was bisher noch nicht völlig korrekt gelungen ist.

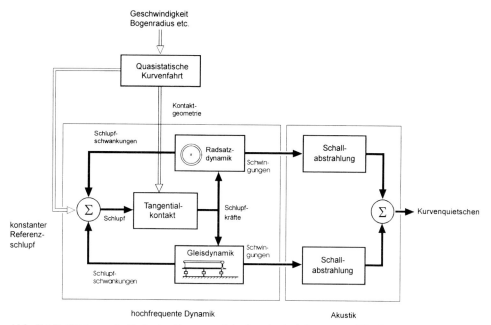

Abb. 3.5.3: Wirkungskette beim Kurvenquietschen in Anlehnung an Fingberg [16].

3.5.3 Abschließende Bemerkungen

Derartige, modular aufgebaute Wirkungsketten sind nicht auf Vorgänge beschränkt, die zur Riffelbildung oder zum Kurvenquietschen führen. Thompson [36] verwendet ein ähnliches Schema für Rollgeräuschmechanismen. Für alle hochfrequenten Beanspruchungen ließen sich entsprechende Schemata angeben, ebenso für andersartige Langzeitveränderungen, also beispielsweise Schottersetzungen oder Laufflächenschädigungen. Es ist zu erwarten, daß bereits existierende Module in den nächsten Jahren neu kombiniert und zur Lösung derartiger Aufgaben eingesetzt werden.

3.6 Literatur

1 L. Mauer: Die modulare Beschreibung des Rad/Schiene-Kontaktes im linearen Mehrkörper-formalismus. Dissertation, TU Berlin 1988.

2 H. Steinborn, W. Kik: A nonlinear wheel-rail connection element and its application in the analysis of quasi-static curving behaviour. In: Advanced Railway Vehicle Dynamics, J. Kisilowski, K. Knothe (Eds.), Wydawnictwa Naukowo-Techniczne, Warsaw 1991, S. 245–271.

3 C. Bußmann, A. Nefzger: Die Entwicklung von Schienenprofilen unter dem Einfluß von Verschleiß und die Auswirkung auf das quasistatische Kurvenlaufverhalten eines Fahrzeugs. VDI-Berichte, Nr.635, VDI-Verlag, Düsseldorf 1987, S. 293–326.

4 H. Le The: Normal- und Tangentialspannungsberechnung beim rollenden Kontakt für Rotationskörper mit nichtelliptischen Kontaktflächen. Dissertation, TU Berlin 1987.

5 J.-P. Pascal: About multi-hertzian-contact hypothesis and equivalent conicity in the case of S1002 and UIC60 analytical wheel/rail profiles. Vehicle Systems Dynamics *22* (1993), 57–78.

6 J. Piotrowski, J. J. Kalker: A non-linear mathematical model for finite, periodic rail corrugations. In: Contact Mechanics – Computational Techniques, M. H. Aliabadi, C. A. Brebbia (Eds.), Computational Mechanics Publications, Southhampton, Boston 1993, S. 413–424.

7 P. J. Remington: Wheel/rail-rolling noise I. Journal of the Acoustic Society of America *81* (1987), 1805–1823.

8 J. J. Kalker: Three-Dimensional Elastic Bodies in Rolling Contact. Solid Mechanics and Its Applications, Vol. 2. Kluwer Academic Publishers, Dordrecht 1990.

9 J. J. Kalker: On the rolling contact of two elastic bodies in the presence of dry friction. Dissertation, TH Delft 1967.

10 Z. Y. Shen, J. K. Hedrick, J. A. Elkins: A comparison of alternative creep-force models for rail vehicle dynamic analysis. In: The Dynamics of Vehicles on Roads and Tracks, J. K. Hedrick (Ed.), Proc. of the 8th IAVSD Symp. Cambridge/MA 1983. Swets & Zeitlinger, Amsterdam 1984, S. 591–605.

11 G. Wang, K. Knothe: The influence of inertia forces on steady-state rolling contact. Acta Mechanica *79* (1989), 221–232.

12 D. J. Thompson: Wheel-Rail Noise Generation, Part II: Wheel Vibration. Journal of Sound and Vibration *161* (1993), 401–419.

13 P. Irretier: The natural and forced vibrations of a wheel disc. Journal of Sound and Vibration *87* (1989), 161–177.

14 E. Schneider: Schwingungsverhalten und Schallabstrahlung von Schienenrädern. Dissertation, Universität Hannover 1985.

15 S. L. Grassie, R. W. Gregory, K. L. Johnson: The behaviour of railway wheelsets and track at high frequencies of excitation. J. Mech. Eng. *24* (1982), 103–110.

16 U. Fingberg: Ein Modell für das Kurvenquietschen von Schienenfahrzeugen. Dissertation, Universität Hannover 1990.

17 K. Hempelmann: Short Pitch Corrugation on Railway Rails – A Linear Model for Prediction. Dissertation, TU Berlin 1995.

18 S. Haran, R. D. Finch: Ring model of railway wheel vibration. Journal of the Acoustical Society of America *74* (1983), 1433–1439.

19 P. Heiss: Untersuchungen über das Körperschall- und Abstrahlverhalten eines Reisezugwagens. Dissertation, TU Berlin 1986.

20 K. Knothe, S. L. Grassie: Modelling of railway track and vehicle/track interaction at high frequencies. Vehicle System Dynamics *22* (1993), 209–262.

21 B. Ripke: Hochfrequente Gleismodellierung und Simulation der Fahrzeug-Gleis-Dynamik unter Verwendung einer nichtlinearen Kontaktmechanik. Dissertation, TU Berlin 1995.

22 Z. Cai: Modelling of the dynamic response of railway track to wheel/rail impact loading. Structural Engineering and Mechanics *2* (1994), 95–112.

23 G. Diana, F. Cheli, S. Bruni, A. Collina: Interaction between railroad superstructure and railway vehicles. In: The Dynamics of Vehicles on Roads and Tracks, Z. Shen (Ed.), Proc. of the 13th IAVSD Symp. Chengdu/China 1993. Swets & Zeitlinger, Amsterdam 1994, S. 75–86.

24 G. Diana, A. Collina, S. Bruni, F. Cheli: Dynamic interaction between railway vehicle and track for high speed train. In: Interaction of Railway Vehicles with the Track and its Substructure, K. Knothe, S. L. Grassie, J. A. Elkins (Eds.), Supplement to Vehicle System Dynamics, Vol. 24, Swets & Zeitlinger, Amsterdam 1995.

25 K. Knothe, Y. Wu, A. Groß-Thebing: Semi-analytical models for discrete-continuous railway track and their use for time domain solutions. In: Interaction of Railway Vehicles with the Track and its Substructure, K. Knothe, S. L. Grassie, J. A. Elkins (Eds.), Supplement to Vehicle System Dynamics, Vol. 24, Swets & Zeitlinger, Amsterdam 1995, S. 340–352.

26 L. Wang, M. Yao: Random vibration theory of railway track structure and its application in the study of railway track vibration isolation. China Railway Science *10*/2 (1989), 41–59.

27 S. L. Grassie, R. W. Gregory, K. L. Johnson: The dynamic response of railway track to high frequency lateral exitation. J. Mech. Eng. *24* (1982), 91–95.

28 B. Ripke, K. Knothe: Die unendlich lange Schiene auf diskreten Schwellen bei harmonischer Einzellastanregung. Fortschritt-Berichte VDI, Reihe 11, Nr. 155, VDI-Verlag, Düsseldorf 1991.

29 E. Brommundt, M. Meywerk: Zwei Modelle für selbsterregte Schwingungen bei Rad-Schiene-Systemen. In: Systemdynamik der Eisenbahn. Fachtagung in Hennigsdorf 1994, H. Hochbruck, K. Knothe, P. Meinke (Hrsg.), Hestra-Verlag, Darmstadt 1994.

30 M. Vincent, F. Lambert: Characterization of the dynamic properties of rail-pads. Vibratec Study 072-0033a, Vibratec, Paris 1994.

31 T. Jeffs: The influence of the critical train speed on vertical wheel-rail forces. Master thesis, Monash University, Monash/Australia 1994.

32 W. Rücker: Dynamic interaction of a railroad-bed with the subsoil. Proc. of the Soil Dynamics & Earthquake Engineering Conf., Southampton 1982, S. 435–448.

33 L. Auersch: Zur Parametererregung des Rad-Schiene-Systems: Berechnung der Fahrzeug-Fahrweg-Untergrund-Dynamik und experimentelle Verifikation am Hochgeschwindigkeitszug Intercity Experimental. Ing.-Arch. *60* (1990), 141–156.

34 W. Sarfeld: Numerische Verfahren zur dynamischen Boden-Bauwerk-Interaktion. Dissertation, TU Berlin 1994.

35 J. P. Wolf: Foundation Vibration Analysis Using Simple Physical Models. Prentice Hall, Englewood Cliffs 1994.

36 D. J. Thompson: Wheel rail noise: Theoretical modelling of the generation of vibrations. Dissertation, University of Southhampton 1990.

37 R. Gasch, K. Knothe: Strukturdynamik, Bd. 2, Kontinua und ihre Diskretisierung. Springer-Verlag, Berlin u. a. 1989.

4 Nichtlinearitäten und ihre Behandlung beim hochfrequenten Rollkontakt von Luftreifen auf der Straße

Friedrich Böhm[*]

Abgesehen von der unilateralen Kontaktbedingung, die für jedes Rad gilt, ist die wichtigste Nichtlinearität die Reibung zwischen Reifen und Straße. Darüber hinaus ist aber als nächstes die innere Reibung in den Cord- und Gummimaterialien zu nennen. Schließlich ist die geometrische Nichtlinearität wegen des Auftretens endlich großer Deformationen, siehe Abbildung 4.1, in der Nähe und im Kontaktgebiet zu nennen.

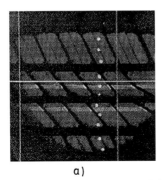 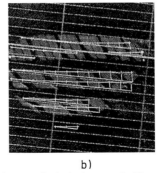

a)   b)

Abbildung 4.1: Reifen auf Glasplatte, Bildverarbeitung: a) Aufsetzen mit Sturzwinkel 5°; b) Schräglaufwinkel 5°, Bahnkurven, Latschform, Haften/Gleiten.

---

[*] Technische Universität Berlin, 1. Institut für Mechanik.

4.1 Nichtlineare Gummieigenschaften

Im unvulkanisierten Zustand ist Gummi ein viskoplastischer Körper mit ganz gerin-gen elastischen Anteilen. Dadurch ist die Maßhaltigkeit von Bauteilen ein ständiges Produktionsproblem. Erst durch die Vulkanisation entsteht ein fest verknüpftes Netz-werk von Makromolekülen, die dann eine Art Faserskelett zufolge der punktweisen Verbindung der Fasern durch Schwefelbrücken bilden. Es zeigt sich ein entropie-elastisches Verhalten, wie es durch Kuhn und Mark [1, 2] in den 30er Jahren mit Hilfe der Thermofluktuationstheorie physikalisch dargestellt wurde. Wesentlichen Einfluß hat die Temperatur, so daß Messungen des Elastizitäts-Moduls oder Schub-Moduls nur Sinn haben, wenn sie bei jenen Temperaturen gemessen werden, denen das Material beim Lauf des Reifens ausgesetzt ist. Dieses umfaßt eine Spanne von $-40\,°C$ (Erstarrungspunkt) bis $160\,°C$ (Verflüssigungspunkt). Die Temperatur in Wärmenestern bei hochbeanspruchten Reifen sollte $120\,°C$ nicht überschreiten, da hier bereits die längeren Schwefelbrücken schmelzen.

4.1.1 Einfluß des Kontaktdrucks auf die Schersteifigkeit der Laufflache

Überraschenderweise sinkt mit zunehmender Radlast die Fähigkeit des Reifens, pro-portionale Schlupfkräfte aufzubauen. Diese Eigenschaft drückt sich in den Schlupf-kennlinien deutlich aus und beruht auf der entropieelastischen Verformbarkeit. Nach Mark und Kuhn kann gezeigt werden, siehe auch Böhm [3], daß mit zunehmendem Kontaktdruck beziehungsweise zunehmender Kompression der Schubmodul von Gummi deutlich abnimmt. Dies wurde durch Versuche bestätigt, siehe Abbildung 4.1.1. Für die Reifenkonstruktion bedeutet dies, daß Kontaktdruckspitzen vermieden werden müssen, was durch membranähnliches Tragverhalten des Reifens erreicht werden kann.

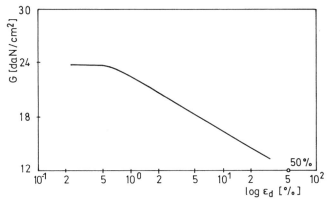

Abbildung 4.1.1: Messung des Schubmoduls von Gummi in Abhängigkeit von der Kompression ε_d.

4.1.2 Haft-Gleit-Verhalten von Laufflächenmischungen

Bemerkenswert ist, daß die Haftung an besonders ebenen Oberflächen (beispielsweise Glas) Haftwerte bis drei zeigt, d. h., daß eine horizontale Zugkraft ohne Gleitbewegung aufgenommen werden kann, die dreimal so groß ist wie die Normaldruckkraft. Diese Eigenschaft beruht auf der Wirkung von London-Kräften, d. h. Nebenbindungskräften, die in der Molekularstruktur durch Anpassung ihrer Ordnung an die Oberflächen-Kristallite entstehen. Auch bei so hohen Tangentialkräften tritt nicht sofort Gleiten ein, sondern es bleiben kleine Gebiete haften und die dort wirkenden Haftkräfte ziehen lange Fäden aus dem Gumminetzwerk heraus. Bei manchen Gummimischungen für Laufflächen für hochgeschwindigkeitsfeste Sportwa-

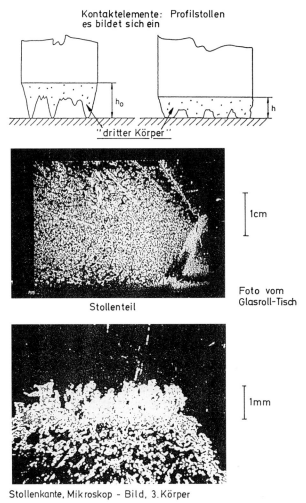

Abbildung 4.1.2: Adhäsion von Laufflächengummi auf Plexiglas.

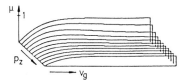

Abbildung 4.1.3: Gleitreibung abhängig vom Auflagedruck p_z und der Gleitgeschwindigkeit v_g.

genreifen sind Fadenlängen bis in die Größenordnung von einem Millimeter gemessen worden, siehe Abbildung 4.1.2. Hier ist eine gewisse Analogie zu den Scheinfüßchen von Amöben festzustellen. Neben Fliegen können auch Geckos diesen Effekt sogar so weit ausnutzen, daß auch flächennormale Zugkräfte die Verbindung zwischen den beiden sich berührenden Körpern nicht unterbrechen.

Zur Simulation des Haftverhaltens wird daher für die Gummioberfläche eine faserige Struktur angenommen, und bei Kontakt werden die Faserenden mit dem Boden fest verbunden. Als Grenzbelastung werden Haftwerte bis mindestens 1,6 vorausgesetzt. Der Übergang zum Gleiten erfolgt durch Abriß der Fasern und anschließender Verwendung eines Gleitreibungsbeiwerts, wie er von Meyer und Kummer [4] in Abhängigkeit von der Gleitgeschwindigkeit und dem Kontaktdruck gemessen wurde. Dabei spielen innere Resonanzen der Molekülstruktur im Zusammenhang mit den Wellenlängen der Mikrorauhigkeit der Straßenoberfläche eine bedeutende Rolle. Abbildung 4.1.3 zeigt eine derartige Gleitreibungsfunktion.

4.1.3   Der Reifen als Ensemble von Reibschwingern

Mit Hilfe des Haft-Gleit-Verhaltens und einer vereinfachten Strukturdynamik des Reifens, bei der nur Eigenmoden bis 100 Hz betrachtet werden, kann ein dynamisches Rollmodell mit sechs Freiheitsgraden für den Reifen entwickelt werden. Allerdings müssen die Verhältnisse in der Kontaktzone, wie beispielsweise Druckverteilung und Figur der Kontaktfläche, aufgrund von Messungen am Glasrolltisch, siehe Abbildung 4.1.4, simuliert werden.

In der Dissertation von Oertel [5] wurde für jedes Profilelement im Kontaktbereich ein System von zwei Freiheitsgraden (längs und quer) örtlich vorgegeben. Damit wurde ein Reibschwingerverband erzeugt, dessen Massen und Steifigkeiten so entsprechend gewählt wurden, daß die gemessene Grundschwingungsfrequenz (300 bis 1 200 Hz) erreicht wurde. Die konstruktiv gegebene Profilierung konnte durch entsprechend feine Aufteilung gut nachgebildet werden, siehe Abbildung 4.1.5. Das Modell rechnet relativ schnell und ist gut geeignet für fahrdynamische Untersuchungen auf ebenem Boden. Auch können langwellige Bodenunebenheiten in der Simulation berücksichtigt werden. Anfahren aus dem Stand, Blockieren des Rades bei voller Fahrt, Drehen im Stand sowie alle Fahrvorgänge an der Haftgrenze können untersucht werden.

Die gerechneten Schlupfkennlinien zeigen hochfrequente Schwingungsanteile, die durch geeignete modale Dämpfungsfaktoren entsprechend den Messungen an-

Abbildung 4.1.4: Kontaktgebiet mit Sturzwinkel, 155 SR 13, Sonderprofil.

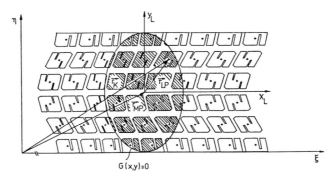

Abbildung 4.1.5: Kontaktgebiet ohne Sturzwinkel, 155 SR 13, Normalprofil.

zupassen sind. Die Berechnungen ergeben sehr wertvolle Einblicke in das Kräfte-spiel beziehungsweise in das Lastkollektiv, dem die Reifenstruktur ausgesetzt ist, und insbesondere ein realitätsnahes Lastkollektiv für die Radachse. Nicht dargestellt werden kann jedoch die kurzwellige Strukturdynamik und daher das Verhalten auf kurzwellig unebenem Boden.

Die höherfrequente Dynamik der Reifenstruktur wurde in den Arbeiten [6, 7] berücksichtigt. Dies erforderte leider eine wesentliche Erhöhung der Zahl der Frei-heitsgrade und damit der Rechenzeit, so daß strukturdynamische Reifenmodelle nicht oder nur sehr beschränkt für fahrdynamische Untersuchungen heranzuziehen sind. Diese sogenannten Forschungsmodelle sind nichtsdestoweniger von großem praktischen Nutzen, da sie dem Reifenkonstrukteur wichtige Anhaltspunkte bezüg-lich der dynamischen und thermischen Belastungsverteilung der von ihm konzipier-ten Composit-Struktur des Reifens geben.

4.2 Nichtlineares Verhalten der Festigkeitsträger, Deformationskinematik

Der Luftreifen ist ein hochanisotroper Verband, wobei die Stahlcorde als Festigkeitsträger etwa den 50tausendfachen Elastizitäts-Modul gegenüber dem Elastizitäts-Modul der Gummimischungen besitzen. Die Festigkeitsträger sind in einem Kreuzverband angeordnet und bilden eine rhombische Netzstruktur. Die einzelnen Schichten sind unidirektional bewehrt und in Gummi gebettet. Die räumliche Anisotropie führt auch zu schwachen Biege-Drill-Kopplungen. Sinn der Konstruktion ist es, die netzartige Kinematik dieser Struktur weitgehend zu erhalten, damit sie sich beim Überrollen an Bodenunebenheiten anpassen und große örtliche Druckspannungen auf der Lauffläche vermeiden kann. Lagen, die diese Kinematik behindern, werden als Sperrlagen bezeichnet. Sperrlagen im Reifengürtel können nur verwendet werden, wenn der Rollvorgang auf ebenem Boden stattfindet, und wenn es sich um einen nahezu zylindrischen Laufstreifen handelt, der ohne tangentiale Einebnungsbewegung abplattet. In allen anderen Fällen muß durch nichtlinearen kinematischen Deformationsprozeß auf unebenen Oberflächen ein Abrollvorgang entsprechend einer ungesperrten Netzstruktur sichergestellt werden oder sogar nur eine einzige radiale Bewehrungsrichtung wie in der Seitenwand vorliegen.

4.2.1 Verhalten von Rayoncorden bei Dehnung

Rayoncorde werden für Diagonalreifen und für die Karkasse von Radialreifen verwendet. Es handelt sich um gedrehte Garne, die einfach verzwirnt sind. Durch Garn- und Zwirndrehung entsteht eine Kopplung zwischen der Längsdehnung und der Querschnittsverjüngung des Cords. Da im unbelasteten Zustand zwischen

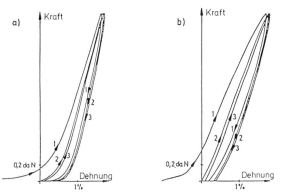

Abbildung 4.2.1: Hysterese von Cordfäden: a) Kraft-Dehnungsdiagramm eines Rayonfadens, imprägniert; b) einvulkanisiert und herauspräpariert.

den einzelnen Fasern geringfügige Abstände vorhanden sind, ergibt sich in dem Kraftdehnungsdiagramm ein nichtlinear progressiver Anlauf, der nach Ausschöpfung dieses Spiels zwischen den Fäden in ein linear elastisches Verhalten übergeht, siehe Abbildung 4.2.1a. Wird der Cord jedoch imprägniert und einvulkanisiert, so ist er mit Gummi umhüllt und liegt in gestreckter Lage vor. In Abbildung 4.2.1b entfällt daher der nichtlineare Anlauf, so daß der Cordfaden von Anfang an auf Dehnung linear proportional für die Fadenkraft reagiert. Die Bewehrungsstärke, d. h. die Fadendichte ist relativ hoch, sie liegt bei sieben bis acht Fäden pro Zentimeter für einen fadensenkrechten Schnitt. Beim Entlastungsvorgang wird ein beträchtlicher Anteil der Deformationsarbeit als Hysterese verbraucht.

4.2.2 Verhalten von Stahlcorden

Stahlcorde werden aus gezogenem Stahldraht verseilt und sind von Beginn an frei von Losc. Durch die punktweise Hertzsche Pressung der einzelnen Drähte gegeneinander tritt jedoch auch hier ein leicht überlinearer Kraft-Dehnungs-Verlauf auf, der dann bei geringer Vordehnung in ein linear proportionales Verhalten übergeht. Die Ausspannung der einzelnen Drähte ist jedoch nicht vollkommen gleichmäßig zufolge der Cordfadenkrümmung, so daß sie in den Berührpunkten gegeneinanderreiben. Kommt Wasser hinzu, entsteht gefährlicher Reibrost.

Ein Kraft-Dehnungs-Diagramm für üblichen Stahlcord ist praktisch linear, der E-Modul ist $0,95 \times E_{Stahl}$. Die Corde sind das eigentliche Skelett des Reifens und müssen hinreichend dünn sein, um die Biegsamkeit des Verbands zu gewährleisten. Sie unterliegen den höchsten Formänderungen bei der Herstellung des Reifens und sind im Gebrauchszustand mit höchstens 1/10 ihrer Bruchfestigkeit belastet.

4.2.3 Dynamik von Corden beim Produktionsprozeß (Non-Uniformity)

Die Festigkeitsträger der Reifenkarkasse enden an den beiden Randgliedern, den Drahtringen. Das sind zwei gewickelte Stahldrahtringe, die den Sitz des Reifens auf der Felge gewährleisten. Beim Produktionsprozeß werden die überstehenden Corde um die beiden Drahtringe herum gebördelt und durch die Klebewirkung des umhüllenden Gummis kommt es zu einer viskoplastischen Verbindung. Die Karkasse selbst ist in diesem Zustand noch zylindrisch, ein Wickel, der auf der Wickeltrommel aufliegt. Durch Aufblasen dieses Zylinders wird eine faßförmige Form erreicht, wobei die Corde der Karkasse kräftig unter Zug gelangen. Anschließend werden die beiden Ringe axial aufeinander zugeführt, bis sie den Abstand der beiden Felgenhörner erreichen, und dabei bläht sich die Reifenkarkasse weiter auf, bis sie die torusförmige Form erreicht. Eine Nachbildung dieses dynamischen Produktionsprozesses durch Rechnersimulation zeigt, daß die Corde dabei neben großen Wegen auch große Beschleunigungen erfahren, wobei hohe Längskräfte entstehen. Dabei

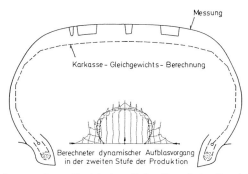

Abbildung 4.2.2: Bahnkurven des zylindrischen Rohreifens beim Bombiervorgang und Gleichgewichtsfigur.

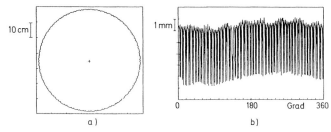

Abbildung 4.2.3: Laser-Messung der Umfangskontur; a) Umfangskontur in der realen Darstellung; b) Umfangskontur in eindimensionaler Darstellung.

werden die Cordfadenenden aus ihrer Verankerung, die viskoplastisch reagiert, etwas herausgezogen, und da dies am Umfang nicht ganz gleichmäßig geschieht, entstehen unterschiedliche Fadenlängen beim Vulkanisieren. Dieser Aufblasvorgang ist in Abbildung 4.2.2 gezeigt. Beim Einformen der Karkasse in der Vulkanisiereinrichtung sind weitere Verlagerungen der einzelnen Bauteile möglich und bleiben nach Beendigung der Vulkanisation irreversibel in den verlagerten Positionen. Es ist somit produktionsbedingt nicht möglich, einen wirklich runden Reifen zu erzeugen.

Geometrische Unrundheiten in der Größenordnung von Millimetern treten auf und sind gegenüber dem Reifenumfang sehr kurzwellig. Sie sind bis zur siebten Oberwelle ganz deutlich vorhanden, wie eine Messung (Abbildung 4.2.3) zeigt.

4.2.4 Gleichgewichtsfiguren der torusförmigen Membranschale

Sieht man von den Unzulänglichkeiten der Reifenproduktion ab und betrachtet nur das Idealverhalten eines mehrschichtigen Verbunds von unidirektional cordverstärkten, biegeschlaffen, dünnen Schichten, so liegt es nahe, als ideale Gleichgewichtsfigur eine dünne Membranschale der Berechnung zugrunde zu legen. Im Idealfall werden die entstehenden Biegemomente vernachlässigt. Die hiermit anwendbare Eulersche Membrantheorie erfordert jedoch, da mehr als zwei Schichten statisch unbestimmt aufeinander liegen, die Festlegung einer Verteilungsfunktion für die Abtragung des Innendrucks auf die einzelnen Schichten.

Die Verteilungsfunktion wird sinnvollerweise so vorzugeben sein, daß die Übergabe der Cordspannungen von einer Schicht in die andere mit möglichst geringen Schubspannungen verbunden ist, die ja nur von Gummi übertragen werden können, der gegenüber den Corden nur geringe Belastungsmöglichkeiten bietet. Diese Berechnungsgrundsätze führen auf optimale Querschnittsfiguren des Reifentorus [8–11], die dann auch für die Herstellung der Vulkanisierform die Grundlage bieten. Ein Vergleich mit der statischen Berechnung des Gleichgewichtszustands mittels Finiter Elementmethoden [12] zeigt sehr gute Übereinstimmung mit der idealisierten Berechnung nach der Eulerschen Membrantheorie. Der unter Innendruck entstehende Spannungszustand der Reifenstruktur ist zusammen mit dem rotationssymmetrischen Deformationszustand Ausgangspunkt aller weiteren dynamischen Berechnungen für das Rollverhalten.

4.3 Hysterese der Corde und Mischungen

Bisher wurde nur das nichtlinear elastische Verhalten der Reifenstruktur im vorgespannten Zustand unter Innendruck dargestellt. Statische Abplattungszustände, wie sie in der Dissertation Feng [13] berechnet wurden, geben einen ersten Einblick in den Zyklus des Spannungszustands des ganz langsam rollenden Reifens. Hochfrequente Rollzustände sind derzeit mit dieser Berechnungsmethode nicht möglich. Grund dafür ist einerseits die hohe notwendige Zahl an Freiheitsgraden, andererseits methodische Fehler bei der Finite-Element-Modelling (FEM)-Berechnung, die dazu führen, daß Energiehaushalt und Dralländerung zusammen nicht richtig dargestellt werden können. Nichtkonservativen Kontaktkräften stehen nicht hinreichende dissipative Kräfte gegenüber, ein Problem, das der Reifenkonstrukteur empirisch löst.

Beim allgemeinen Rollkontakt sind die lokalen Deformationen der Profilelemente beim Eintritt in die Kontaktfläche klein oder sogar null und verstärken sich beim Durchtritt durch die Kontaktfläche, bis sie schließlich die Haftgrenze erreichen, um sich dann gegen Ende der Kontaktfläche bei gleichzeitiger Verminderung des Kontaktdrucks zu entspannen. Dabei geht Energie verloren, jedoch kann ein Teil dieser Verspannungsenergie in die globalen Verformungen hinüber wechseln. Diese Energie kann die Modalformen des Rades anregen und muß durch die modale Dämpfung kompensiert werden [3, 5]. Dazu ist es notwendig, für die rolldynamische Berechnung geeignete Dämpfungsmechanismen vorzusehen.

4.3.1 Simulation gemessener Hysterese-Kennlinien, Temperatureinflüsse

Wegen des Vorspannungszustands durch Innendruck spielt die nichtlinear elastische Kennlinie der Corde keine besondere Rolle und die Spannungen bleiben im Zugbereich oder sind null, da die Fäden unter Druck ausknicken. Tritt jedoch innere Reibung entsprechend der Abstützung der einzelnen Fasern aufeinander auf, ist diese linear proportional der Längszugkraft multipliziert mit der Reibungszahl des Fasermaterials. Die Hysterese ist nur im Zugbereich wirksam. Ihr Verlauf ist in Abbildung 4.3.1 dargestellt und zeigt linear zunehmende Reibkraft.

Im Falle der Gummimischungen ist die Hysterese durch den Füllstoff Ruß etwas anders verlaufend, da die Kautschukmoleküle adhäsiv an die Rußoberfläche gebunden sind, so daß keine Umlenkkräfte der Dehnungsvorspannung notwendig sind, um Reibkontaktkräfte zu erzeugen. Hier wird die Hysterese durch Parallelschalten eines Reibelements bei vorgegebener Reibkraft mit einem viskosen Element erzeugt. Durch geeignete Staffelung solcher Elemente kann die gemessene Hysteresewirkung dargestellt werden, siehe Abbildung 4.3.2. Wegen des entropieelastischen Verhaltens ist außerdem mit zunehmender Hysteresearbeit eine Temperaturerhöhung verbunden, die wiederum zu einem Abfall der Dissipationsleistung führt. Somit kann sich bei andauernden Belastungsschwankungen ein Temperaturgleichgewicht in der Schicht mit der stärksten Schubspannung entwickeln, das von außen mit dem Einstichthermometer überprüft werden kann.

Abbildung 4.3.3 zeigt den aus Schwingungsmessungen ermittelten Abfall der Dämpfung einzelner Schwingungsmoden durch Shakeranregung bei Normaltemperatur und um bis zu 40 °C erhöhter Materialtemperatur [14]. Der Abfall der Dämpfung ist beträchtlich und zeigt auch an, daß in heißen Ländern die dynamische

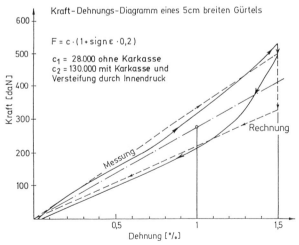

Abbildung 4.3.1: Dehnung eines separierten Gürtels, Steifigkeit C_1 sowie C_2 im Verbund mit Karkasse.

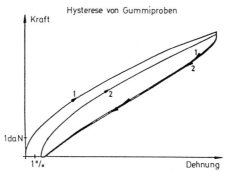

Abbildung 4.3.2: Hysterese einer Gummiprobe.

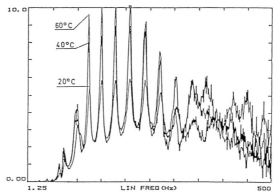

Abbildung 4.3.3: Resonanzen der Radialdynamik eines Gürtelreifens in Abhängigkeit von der Reifentemperatur.

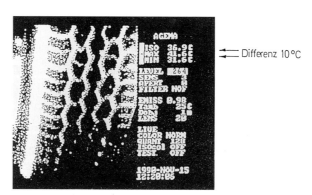

Abbildung 4.3.4: Thermische Wirkung der Gürtel-Hysterese beim Rollen mit 80 km/h.

Belastung der Reifenstruktur deutlich größer ist als in Ländern, in denen die Reifen kühl laufen.

Die Thermographiemessung ist ein gutes Hilfsmittel, die Temperaturentwicklung, wie sie aus der inneren Struktur des Reifens heraustritt, zu untersuchen (Abbildung 4.3.4). Dabei läuft die Lauffläche selbst gekühlt durch den Kontakt mit der Straße, während sich dagegen der Profilrillengrund stark aufheizt und dadurch auch verstärkte Alterungserscheinungen (Sprödrisse) erfährt.

Bei der Berechnung zeigt sich, daß insbesondere die Scherdeformationen des Gummis zwischen den Cordlagen verantwortlich sind für Temperatursteigerungen. Damit ergeben bereits statische FEM-Abplattungsrechnungen [13], daß ein gewisser Deformationszyklus entlang des Reifenumfangs durchlaufen wird und insbesondere an den Gürtelkanten die höchste Dissipationsleistung entsteht. Daher sind FEM-Rechnungen, die diese Hystereseleistung darstellen, von großem praktischen Nutzen, sie sagen jedoch nichts darüber aus, wie dynamische Rollprozesse das Temperaturgleichgewicht des Reifens beeinflussen.

4.3.2 Wirkung bezüglich Rollstabilität und Alterung

Schlupfkennlinien mit negativer Steigung geben prinzipiell immer Anlaß zu selbsterregten modalen Schwingungsformen. Die schwächste Selbsterregung tritt in der Seitenkraftkennlinie auf, und die Stabilisierung kann leicht durch Dämpfung in den Seitenwänden erreicht werden. Ungünstiger verhält sich die Umfangsschlupfkennlinie, deren Abfall im allgemeinen stärker ist, aber auch hier kann durch Seitenwanddämpfung die Stabilisierung erreicht werden.

Die schwierigste Situation tritt auf bezüglich des Rückstellmoments, was dann zu einem dynamischen Flattervorgang führt, dessen Modalformen gegenüber der Radfelge eine Querauslenkung mit den Wellenzahlen $n = 0$ und $n = 1$ am Reifenumfang bewirkt. Diese Instabilität tritt bei hohen Geschwindigkeiten auf und zeigt insbesondere, daß Gürtelreifen für Flugzeugfahrgestelle sehr schwierig zu beherrschen sind [15].

Verbunden mit diesen Dämpfungsmechanismen sind als Nebenerscheinung erhöhte Rollwiderstände, die bei Hochgeschwindigkeitsreifen unvermeidlich sind und den Energieverbrauch deutlich anheben. Wesentlich ist, daß für den gewünschten Einsatz des Reifens ein Temperaturgleichgewichtspunkt gefunden werden kann, der so tief liegt, daß er die Mischungen durch erhöhte Temperaturalterung nicht schädigt. Die Alterung von Luftreifen kann übrigens dadurch drastisch reduziert werden, daß an Stelle Luft Stickstoffgas für die Reifenfüllung verwendet wird.

Dies ist ein Hinweis darauf, daß Sauerstoff und auch UV-Licht die Gummimischung stark schädigen, was andererseits durch die Zugabe von Alterungsschutzmitteln und Pigmenten in der Ausrüstung der Mischung hintanzuhalten ist. Leider haben diese Mittel einen negativen Lösungsdruck im Polymer und verdampfen nach einigen Jahren. Selbstverständlich wird der Verdampfungsprozeß durch schwachstabiles Rollverhalten auf Unebenheiten oder durch Fahren an der Reifenhaftgrenze stark beschleunigt.

4.3.3 Wirkung der Wärmeentwicklung im Reifen, Depolymerisation und Lagentrennung

Besonders nachteilig ist die Überlastung des Reifens und zu niedriger Innendruck. Dabei treten zu hohe Scherverformungen im Gummi auf. Durch zu starke Aufheizung der Mischung in besonders dicken Zonen des Reifenquerschnitts, d. h. in der Nähe der Felge beziehungsweise an der Reifenschulter, kann es zur Depolymerisierung, d. h. Verflüssigung des vulkanisierten Kautschuks kommen. Dies führt zu einer Blasenbildung und einer katastrophalen Lagentrennung. Ausgehend von einzelnen Blasen wird bei jeder Radumdrehung ein immer mehr fortschreitendes Gebiet des Gürtelrands getrennt, so daß es zu einer katastrophenartigen Entwicklung kommt und der Laufstreifen mitsamt einer Gürtellage abgeschleudert wird (Abbildung 4.3.5).

Wegen der großen Wandstärke von LKW-Reifen tritt dies in den Sommermonaten häufiger auf, kann aber auch an PKW-Reifen durch schlechte Konstruktion des Gürtelquerschnitts entstehen, wenn dieser die Bedingungen der Abwickelbarkeit so stark verletzt, daß die Tangente der Gürtelkante mehr als 5° zur Achsrichtung geneigt ist. Aus diesem Grund sind an schnellen und schweren PKW-Fahrzeugen die zulässigen Sturzwinkel des Rades auf 3° begrenzt. Insbesondere haben Rennreifen zur Ermöglichung verzerrungsfreier Abplattung nahezu zylindrische Gürtelkonstruktionen.

Neben der katastrophenartigen Lagentrennung, die sich durch Klopfen des Reifens bemerkbar macht, kommt es jedoch auch zur dynamisch beschleunigten Alterung in der Seitenwand und in der Gürtelaufpreßmischung, und es entsteht ein gleichmäßig am Umfang verteilter Sprödriß von der Gürtelkante her zwischen den beiden tragenden Gürtellagen. Dieser Riß darf eine Breite von zwei Millimetern nicht überschreiten, da er sonst ebenfalls zu einem katastrophalen Abriß des Laufstreifens und der obersten Gürtellage führt.

Abbildung 4.3.5: Zerstörter Hochgeschwindigkeitsreifen durch Delamination des Gürtels.

4.4 Elastodynamik des Luftreifens

Zweifellos stellt der Reifen unter Innendruck eine anisotrope geschichtete Schalen-
konstruktion dar, die wegen der Schubnachgiebigkeit des Gummis hauptsächlich
Membrantragwirkung erzeugt. Trotzdem gibt es an den Krafteinleitungsstellen am
Felgenhorn und an den Laufflächenrändern Zonen, in denen eine gezielte Biegetragwirkung vorliegt. Die gemessene Druckverteilung im Kontaktgebiet zeigt die Membrantragwirkung zugleich mit einem gewissen Hang zum Durchschlag, wenn der
Reifen senkrecht am Boden aufsteht, siehe Kapitel 2, Abbildung 2.1.4. Liegt dagegen
ein Sturzwinkel vor, so kommt die Reifenschulter zum Tragen, und hier ist eher die
Druckverteilung entsprechend einem festen Rotationskörper gegeben (Abbildung
4.4.1).

Im Gegensatz zu Schalentragwerken für feste Gehäuse entstehen hier zwischen
den einzelnen Cordschichten große Scherwinkeldeformationen, die jedoch nach
Mooney [16] bis zu Winkeln von etwa $45°$ linear proportionale Schubspannungen
produzieren. Aus diesem Grund ist es überflüssig, nichtlineare Elastizitätsgesetze
für Gummi zu verwenden, da Dickenänderungen der Gummischichten ohne Bedeutung für das Tragverhalten bleiben. Die einzige nichtlinear elastisch bedingte Kopplung ist die nach Mark und Kuhn in Abbildung 4.4.1 dargestellte nichtlineare Wirkung der Druckvorspannung. Wegen der hochgradigen Anisotropie in diesem Verbund wirkt Gummi nur als Dichtungs- und elastisches Klebemittel für die verschiedenen Cordfadenschichten. Die Gummimatrix, in der Stahlcorde und Rayoncorde
eingebettet sind, hat daher nicht die Eigenschaften eines festen Körpers, wie dies
bei aushärtenden makromolekularen Stoffen der Fall ist, und wie es auch in den
Schalenkonstruktionen des Bauwesens auftritt. Auch die Profilelemente, deren Verstärkung aus feinst verteilten Rußpartikeln besteht, zeigen andere Kontaktdruckver-
teilungen als feste Materialien und werden durch Winkler-Bettung simuliert. Die
Modellierung der Reifenstruktur folgt daher im wesentlichen dem Verhalten von
Seilnetzverbänden beziehungsweise deren Dynamik.

Große Strukturverschiebungen treten, abgesehen von Translationen in axialer
Richtung, grundsätzlich senkrecht zur Netzfläche auf. Die nichtlineare Kopplung mit

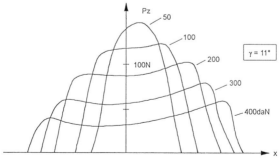

Abbildung 4.4.1: Druckverteilung auf der Linie der größten Latschlänge eines PKW-Reifens bei
einem Sturzwinkel von $11°$.

den tangentialen Netzbewegungen bewirkt zumindest eine Frequenzverdopplung sowie Frequenzvervielfachungen, hervorgerufen durch kinematische Durchschlag-phänomene. Aufgrund dieses Verhaltens sind auch lineare Ersatzmodelle dieser Strukturdynamik nicht angemessen. Die Verwendung von Modalformen, wie sie sich aus dem vorgespannten linearisierten Grundzustand des Reifens unter Innen-druck entsprechend einer Verformungstheorie zweiter Ordnung ergeben, sind daher ebenfalls unzureichend. Die Grenzen einer solchen Theorie werden dabei sehr schnell überschritten, wenn der Reifen hohen Belastungen ausgesetzt ist oder über unstetige Oberflächen rollt und dabei äußerst scharfe Impulse erhält.

Analytisch durchführbare Methoden mittels Modalansätzen können daher nur sehr grob Parameter definieren, die das dynamische Verhalten der Struktur erfassen. Diese Parameter, wie zum Beispiel Längssteifigkeit des Gürtels, seine Biegesteifig-keit, die radiale, seitliche und in Umfangsrichtung liegende Federungseigenschaft des Reifenquerschnitts, sind nur Approximationen zur Formulierung von Modellglei-chungen. Kontinuumsmechanische Ansätze, entstanden durch Verschmieren der be-kannten Materialeigenschaften, sind zwar notwendig, um zu Bewegungsgleichun-gen mit wenigen Freiheitsgraden zu kommen, zugleich führen sie aber auf mechanische Ersatzmodelle mit deutlich eingeschränktem Gültigkeitsbereich.

Für die Fahrzeugdynamik sind sie dennoch wertvoll und geben dem Fahrzeug-konstrukteur die Möglichkeit, Lastkollektive bis 100 Hz realitätsnah zu berechnen, soweit sie auf das Fahrzeug wirken, während die Lastkollektive mit Stoßbelastung mit diesen kontinuumsmechanischen Methoden nicht erfaßbar sind.

4.4.1 Parameterbestimmung aus Messungen

Neben den am Anfang beschriebenen Materialeigenschaften werden, wie oben er-wähnt, auch phänomenologische Größen durch Parameteridentifikation ermittelt. Gesucht sind die Parameter des elastischen Kreisringmodells in seiner linearisierten Form nach der Verformungstheorie zweiter Ordnung. Das Modell wird in der Praxis vielfach benutzt zur Berechnung der Abplattungsdeformation, zur Berechnung der Schwingungsmoden und des instationären Rollverhaltens einschließlich der akusti-schen Untersuchungen zur Lärmentstehung am Reifen. Als einzige Nichtlinearität wurde im Modell der unilaterale Kontakt berücksichtigt.

Fragen der fahrdynamischen Beanspruchung beim Überrollen von rauhen Bo-denunebenheiten erforderten jedoch später einen Übergang auf ein Vielteilchenmo-dell mit nichtlinearer Deformationskinematik. Es werden dabei die gleichen Parame-ter wie beim analytischen Modell benutzt. Berücksichtigt wird die Schubnachgiebig-keit des Kreisrings nach Timoshenko, wodurch es gelingt, symmetrische Systemma-trizen zu erzeugen. Durch Anpassung der gerechneten Gleichgewichtsfigur an die Querschnittsmessung bei Variation des Innendrucks kann die Umgürtungsfunktion bestimmt werden sowie die Gürtelumfangssteifigkeit. Mit den bekannten groben Abschätzungen für die elastische Bettung des Gürtels auf der Karkasse sowie seiner Dehnungs- und Biegesteifigkeit lassen sich Startwerte für den gesuchten Parameter-satz ermitteln [17]. Abschließend werden die gemessenen Frequenzen der Eigen-

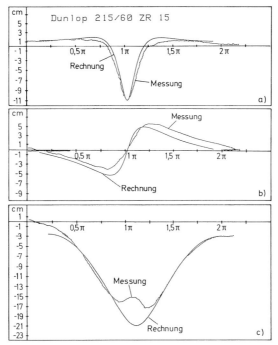

Abbildung 4.4.2: Greensche Funktionen für das Kreisringmodell und Vergleich mit einer Deformationsmessung. Verformungsmessung beim Rollen eines 215/60 ZR 15-Reifens mittels Fadentetraeders in mm:
a) Radialverschiebung v (φ)
b) Umfangsverschiebung u (φ) $\Big\}$ an der Reifenschulter.
c) Querverschiebung w (φ)

schwingungsmoden eins bis sechs (radial) beziehungsweise eins bis vier (quer) benutzt, um diese Parameterschätzung mit einem nichtlinearen Verfahren zu optimieren.

Mit den gewonnenen Parametern werden die Greenschen Funktionen für Einzellast berechnet und mit den Meßergebnissen entsprechend der Abplattung verglichen, siehe Abbildung 4.4.2. Dynamisch können Rollvorgänge beliebig instationärer Art bis in den Bereich von etwa 300 Hz gerechnet werden. Darüber hinaus kommt die Seitenwanddynamik mit Frequenzen bis etwa 1 200 Hz ins Spiel, wie in einem gesonderten Modell der Seitenwanddynamik untersucht wurde. Frequenzen über 1 200 Hz treten im Profilbereich auf durch Profil- und Profilteilschwingungen und bedürfen der rechnerischen Behandlung als Reibschwingersysteme.

Das Modal-Modell des elastisch gebetteten Kreisrings besitzt als höchstfrequente Systemantwort die sechste bis achte Oberwelle am Reifenumfang und ist daher für kürzere Bodenwellen als ein Sechstel des Reifenumfangs ungeeignet. Vergleiche zu gemessenen Lastkollektiven auf Straßen mit Schlaglöchern, Bodenrippen, Überfahren von Randsteinen und Kanaldeckeln sind mit diesem Modell nicht möglich. Ein weiterer Nachteil ist, daß die Drehzahl des Rades explizit in die Bewegungsgleichungen eingeht (Eulersche Darstellung) und sich diese beim Überrollen von Bodenunebenheiten zeitlich verändert [18]. Dadurch wird die numerische Integration stark verlangsamt.

4.4.2 Übergang vom kontinuierlichen Modell auf das Vielteilchenmodell

Die Schwierigkeiten für kontinuumsmechanische Modelle, nichtlinear geeignete numerische Verformungsansätze zu entwickeln, münden in langwierigen und meistens instabilen numerischen Berechnungen. Die hohe Anisotropie des zugrundeliegenden Objekts trägt dazu wesentlich bei. Es lag daher der Gedanke nahe, die Dynamik des Reifens aus der Dynamik des Seils herzuleiten. Dabei wurde das Seil als elastische biegsame Massenpunktkette modelliert (Abbildung 4.4.3). Dieses Modell erlaubt die physikalischen Materialgrößen direkt einzusetzen, ermöglicht beliebige freie Drehbewegungen und Verformungen und kann in seiner höchsten auftretenden Frequenz (Zellfrequenz) beliebig genau abgetastet werden [19].

Dazu wurde ein semiexplizites Einschritt-Prediktor-Korrektor-Verfahren entwickelt, dessen notwendiger und hinreichender Zeitschritt aus Massen- und Federsteifigkeit direkt ableitbar ist. Neben Zentralkraftsystemen, die auf die einzelnen Massenpunkte wirken, werden auch Kräfte-Paar-Systeme herangezogen, um die Wirkung von Momenten darzustellen. Da Schubverformungen zwischen den einzelnen Schichten kaum zu Dickenänderungen führen, werden diese in einer eigenen Substruktur konstanter Dicke berechnet.

Im Falle des elastisch gebetteten Kreisrings wurden sowohl 2D- als auch 3D-Vielteilchenmodelle [20] entwickelt, wobei für den 2D-Fall alle Parameter des Kontinuum-Modells berücksichtigt werden können. Man gelangt dadurch zu einer wesentlich höheren geometrischen Auflösung des Verformungszustands und ist unabhängig von der Linearisierung. Damit gelingt es, hochfrequente Überrollvorgänge auch auf stark unebenem Boden rechnerisch darzustellen. Dies ist ein wichtiger Anwendungsfall für die Untersuchung des Fahrkomforts.

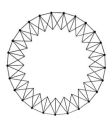

Abbildung 4.4.3: Diskretes Modell eines elastisch gebetteten Kreisrings.

4.4.3   Beispiele: Rollen auf unebenem Boden, Stollendynamik

In der Praxis treten häufig Fragestellungen auf bezüglich des dynamischen Verhaltens von Rädern auf nichtglatten Oberflächen, d. h. Oberflächen, die nicht C1-stetig sind. Der Luftreifen ist fähig, auf solchen Oberflächen abzurollen, wenn die Niveausprünge nicht zu groß sind und stellt dadurch seine Überlegenheit gegenüber Radkonstruktionen als feste Körper dar. Die Frage stellt sich, welche Rollgeschwindigkeit für die Achskonstruktion noch verträglich ist beziehungsweise welche Beschleunigungen im Fahrzeuginnenraum auftreten. Ein kontinuumsmechanisches Modell kann diese Fragestellungen nicht beantworten, ein Vielteilchenmodell kann dies [21].

Zur Ergänzung der Massenpunktdynamik für das Vielteilchenmodell wird die elastische Lauffläche zusätzlich durch Sensorpunkte realisiert, die den massenlosen Kontakt mit der rauhen Oberfläche simulieren. Beim Aufsetzen eines Sensorpunkts wird der Aufsetzort festgelegt, während der Sensorpunkt kinematisch geführt in die Oberfläche eindringt (Abbildung 4.4.4). Der Differenzvektor zwischen diesen beiden Orten wird zur Bestimmung der Kontaktkraft herangezogen. Diese zerfällt in eine tangentiale und flächennormale Komponente bezüglich der Bodenfläche. Wird die zulässige Haftkraft überschritten, wird die tangentiale Relativgeschwindigkeit herangezogen zur Bestimmung von Gleitrichtung und Reibungszahl. Die am Sensorpunkt angreifenden Kräfte werden auf die benachbarten Massenpunkte aufgeteilt. Für praktische Bedürfnisse werden bis zu zwei Sensorpunkten pro Millimeter verwendet, um eine möglichst feine Abtastung zu erreichen.

Als Beispiel wird das Überrollen einer zwei Meter langen Fahrbahnplatte gezeigt (Abbildung 4.4.5).

Die Methode, die Lauffläche des Reifens durch Sensorpunkte darzustellen, ermöglicht es nicht, in Frequenzbereiche rechnerisch zu gelangen, die im Bereich der Stollenreibschwingungen liegen. Hier müssen daher die Stollen selbst durch Massenpunktsysteme dargestellt werden [21]. Dies geschieht näherungsweise so, daß die entstehenden Frequenzen den Grundschwingungsformen des Stollens entsprechen. Die Oberflächenpunkte des Stollens werden mit Füßchen ausgestattet und zeigen die in Abschnitt 4.1.2 erwähnten Eigenschaften des Haftgleitverhaltens von Gummi. Der Stollen selbst wird in dem in Abbildung 4.4.6 gezeigten Beispiel gegenüber dem Boden auf einer vorgegebenen Bahn geführt, die dem Abplattungsvorgang

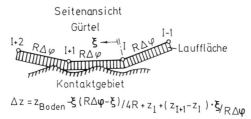

Abbildung 4.4.4: Kontaktberechnung durch Abtastung mittels Sensorpunkten.

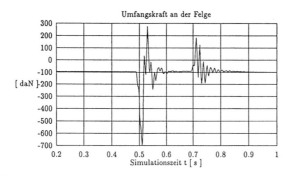

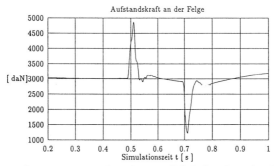

Abbildung 4.4.5: Überrollen einer zwei Meter langen Fahrbahnplatte durch einen LKW-Reifen mit v = 10 m/s.

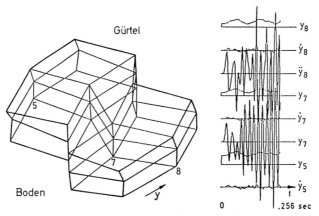

Abbildung 4.4.6: Reibschwingungen eines 3D-Stollens, bestehend aus 36 Massenpunkten; Querauslenkung $\dot{y}$ und $\ddot{y}$ sind im Bild rechts angegeben.

des Rades entspricht. Damit kann der Reibschwingungsvorgang eines einzelnen Stollens mit teilweisem Abheben, Haften und Gleiten sowie variabler Kontaktdruckverteilung dargestellt werden. Örtliche Abriebvorgänge, die zu unerwünschter Stufenbildung am Stollen führen, werden damit untersucht.

4.5 Literatur

1 W. Kuhn: Kolloid-Z. *68* (1934) 2; *76* (1936) 258.

2 H. Mark: Physical Chemistry of High Polymer Systems, New York 1940, S. 229–271.

3 F. Böhm: Einfluß der Laufflächeneigenschaften von Gürtelreifen auf den instationären Roll-kontakt. Kautschuk und Gummi – Kunststoffe *4* (1988), 359–365.

4 W. E. Meyer, H. W. Kummer: Mechanism of Force Transmission Between Tyre and Road. SAE Preprint, National Automobil Week, Detroit 1962.

5 C. Oertel: Untersuchung von Stick-Slip-Effekten am Gürtelreifen. Dissertation, TU Berlin 1990.

6 F. Böhm: Hochfrequente Rolldynamik des Gürtelreifens. Internationale Kautschuktagung, Essen 1991.

7 K. Kmoch: Meßtechnische Methoden zur Bewertung dynamischer Reifeneigenschaften. Dis-sertation, TU Berlin 1992.

8 R. B. Day, S. D. Gehman: Theory for the meridian section of inflated cord tires. Rubber Chemistry and Technology *36* (1963), 11–34.

9 J. F. Purdy, R. B. Day: Goodyear Research Laboratory, Report. Unveröffentlichte Mitteilung, 1928.

10 V. L. Biderman et al.: Basic Theory of Pneumatic Tires (Russian). Automobile Tires, State Scientific and Technical Publishing House, Moscow 1963, S. 46–171.

11 F. Böhm: Zur Statik und Dynamik des Gürtelreifens. ATZ *69* (1967), 255–261.

12 T. Tang: Geometrisch nichtlineare Berechnung von rotationssymmetrischen faserverstärkten Strukturen. Dissertation, TU Berlin 1985.

13 K. Feng: Statische Berechnung des Gürtelreifens unter besonderer Berücksichtigung der kordverstärkten Lagen. Dissertation, TU Berlin 1995.

14 F. Böhm: Über die Wirkung von Hysterese und Kontaktreibung auf das dynamische und ther-mische Verhalten von Luftreifen. KGK Kautschuk Gummi Kunststoffe *11* (1994), 824–827.

15 F. Böhm, H. P. Willumeit: Dynamic Behaviour of Motorbikes. AGARD Report 800, 81st Meet-ing of the AGARD Structures and Materials Panel, Banff, Canada 1995, 6–1/24.

16 M. J. Mooney: Appl. Phys. *11* (1940), 582.

17 P. Bannwitz, C. Oertel: Adaptive Reifenmodelle: Aufbau, Anwendung und Parameterbestim-mung, VDI-Berichte Nr. 1224, VDI-Verlag, Düsseldorf 1995, S. 207–220.

18 F. Böhm, G. Csaki, M. Swierczek: Hochfrequente Rolldynamik des Gürtelreifens – das Kreis-ringmodell und seine Erweiterung. Fortschritt-Berichte VDI, Reihe 12, Nr. 135, VDI-Verlag, Düsseldorf 1989.

19 F. Böhm: Reifenmodell für hochfrequente Rollvorgänge auf kurzwelligen Fahrbahnen. VDI-Tagung, Hannover 1993, VDI-Berichte Nr. 1088, VDI-Verlag Düsseldorf 1993, S. 65–81.

20 F. Böhm: From non-holonomic constraint equation to exact transport algorithm for rolling contact. 4th Mini Conference of Vehicle System Dynamics, Budapest 1994.

21 A. Gallrein: Berechnung hochfrequenter Stollendynamik am Gürtelreifen. Diplomarbeit, TU Berlin 1992.

5 Reifenmodelle und ihre experimentelle Überprüfung

Friedrich Böhm[*]

5.1 Modellhierarchie

Der Zweck der Einführung gestufter Modelle zur Darstellung des transienten Verhaltens ist die rechenzeitoptimale Anpassung an die bei der fahrdynamischen Berechnung benötigten Frequenzbereiche und Weg-Wellenlängen der Störungen, die von der Straße oder vom Achssystem her zufolge Lenkung, Motor-Drehmoment und Bremsung auf das Rad wirken. Mit $S(t)$ als Seitenkraft, $U(t)$ als Umfangskraft sowie $M_z(t)$ als Rückstellmoment bei vorgegebener Vertikalkraft $P(t)$ beziehungsweise deren Verteilung $p_z(x, t)$ können instationäre Rollvorgänge berechnet werden.

5.1.1 Einfache Verformungsansätze im Kontakt (Abbildung 5.1.1)

– Eindimensionale Modelle (1D),
– Latsch als Linie, $p_z(x, t)$, $2\,h(t)$ gegeben (simul.),
– Berechnung von $\tau_x(x, t)$, $\tau_y(x, t) \rightarrow S(t)$, $U(t)$, $M_z(t)$.

Eindimensionale Modelle mit einfachen Verformungsansätzen im Kontakt behandeln nur den kontinuierlichen oder diskretisierten Durchlaufzustand der Kontaktpunkte am Reifenumfang (Äquatorlinie) auf ebener Straße. Verschiebungsansätze in Längs- und Querrichtung des Reifens im Kontaktbereich und außerhalb, bezogen auf den Reifenäquator, beschreiben nur grob die strukturdynamischen Bewegungen des Reifens unter allgemeinen Rollbedingungen. Diese Modelle wurden entwickelt nachdem 1985 ein relativ komplexes 2D-Reifenmodell von Böhm veröffentlicht wurde, das für damalige Rechner bereits einen beträchtlichen Rechenzeitbedarf entwickelte.

---

[*] Technische Universität Berlin, 1. Institut für Mechanik.

80

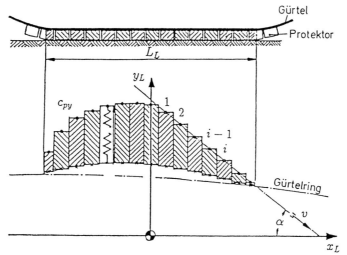

Abbildung 5.1.1: Latschmodell, seitliche Protektor- und Gürtelverformung; Protektorverformung in Umfangsrichtung nicht dargestellt [1].

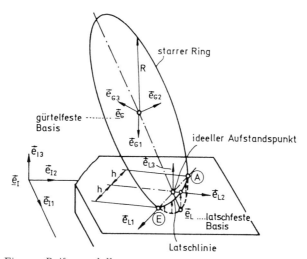

Abbildung 5.1.2: Einspur-Reifenmodell.

Von seiten der Industrie wurde daher verlangt, das Modell rechentechnisch zu vereinfachen.

Schulze zeigt das einfachste Modell für transiente höherfrequente Rollvorgänge auf ebener Straße mit simuliertem Kontakt [2], siehe Abbildung 5.1.2. Berechnet werden Seitenführungskraft und Lenkmoment für schnelle Lenkmanöver mit Übergangszuständen vom Haft- in den Gleitbereich (Abbildung 5.1.3).

a)

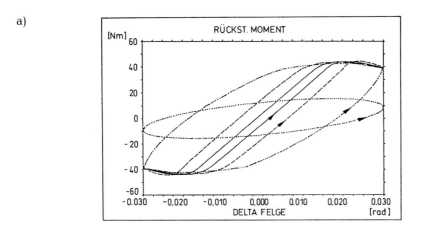

b)

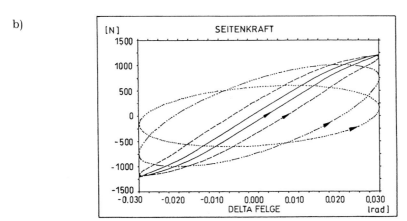

Abbildung 5.1.3: Rückstellmoment und Seitenkraft des Einspur-Reifenmodells bei sinusförmiger Lenkwinkelbewegung und konstanter Fahrgeschwindigkeit v = 20 m/s. a) Rückstellmoment über Schräglaufwinkel der Felge (harmonische Schwenkbewegung um Hochachse); b) Seitenkraft über Schräglaufwinkel der Felge, Frequenz des Felgenschräglaufs: —— 0,5 Hz, – – – – 2 Hz, ·——·· 8 Hz, ······ 20 Hz.

Umfangskräfte werden auch mit diskretisierten Transportgleichungen berechnet [3]. Es wurden dabei ebenfalls kritische Flatterwellenlängen höherer Ordnung gefunden, siehe Abbildung 5.1.4.

Mit dem 1D-Reifenmodell kann der rauhe Unebenheitskontakt nur sehr grob dargestellt werden [2]. Langwellige Bodenunebenheiten werden gut dargestellt wegen der geringen Abweichung vom ebenen Kontakt [1].

Fazit: Wenn man für eine Kontaktlänge $2\,h$ flache Bodenwellen $\Delta z \ll 2\,h$ und Wellenlängen $L > 20\,h$ zugrunde legt, kann das 1D-Modell mit simulierter Druckverteilung gute Dienste leisten (h = halbe Kontaktlänge). Lenkmoment und Lenkdynamik sind jedoch ungenau!

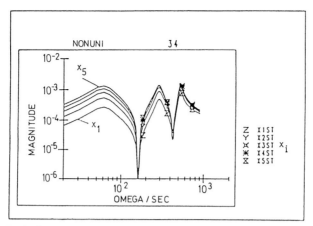

Abbildung 5.1.4: Bode-Diagramm der Längsverformung eines durch fünf Punkte simulierten Latsches bei sinusförmiger Umfangsschlupfanregung.

5.1.2 Verformungsansätze im Kontakt und im freien Reifenteil, 2D-Modelle

Betrachtet werden

a) Latsch als Fläche, Druckverteilung $p_z(x, y, t)$, Latschlänge $2\,h(y, t)$ gegeben (sim.); Berechnung von $\tau_x(x, y, t)$, $\tau_y(x, y, t) \rightarrow S(t)$, $M(t)$, $U(t)$, ebener Kontakt;

b) Latsch als Linie, jedoch Teil einer Ringstruktur beziehungsweise deren 2D-Elastodynamik in der vertikalen Ebene, unebener Kontakt.

Wegen der ortsabhängigen und zeitabhängigen Schlupfzustände in der Kontaktfläche zufolge translatorischer und rotatorischer Relativbewegungen gegenüber dem Boden wurde der Linienkontakt zu einem Flächenkontakt erweitert (a). Zur Darstellung der Drehbewegung der Kontaktfläche um die Hochachse sowie der Querbewegung zufolge zeitabhängiger Radsturzwinkel wurden Starrkörpermodalformen der Gürtel-Reifenstruktur mit Frequenzen bis etwa 100 Hz berücksichtigt, siehe Abbildung 5.1.5. Höhere Frequenzen treten durch Oberwellen am Reifenumfang auf, die sich mit wenigen Freiheitsgraden nur ganz grob darstellen lassen (b).

Böhm [4] stellte ein Reifenmodell vor, das transientes, hochfrequentes Rollen auf ebener Straße wiedergibt. Einflüsse, wie veränderlicher Sturzwinkel und Kontaktflächenschwankung, werden kontinuierlich erfaßt. Dagegen erfolgt die Bestimmung der Haft-Gleitvorgänge als zeitlicher Mittelwert ohne Berücksichtigung der hochfrequenten Stollenreibschwingung. Die Starrkörperschwingungen der Gürtelstruktur bestimmen als Modalformen die berechnete Gleitgeschwindigkeitsverteilung im Kontakt. Oertel [5] hat zusätzlich das Profilstollenfeld in diskretisierter Form in die Berechnung der Kontaktkräfte eingeführt. Die Dynamik der Stollenreibschwingungen, wobei jedem Stollen zwei Freiheitsgrade zugewiesen werden, erzeugt deutlich höherfrequente Reaktionen des Reifens bis in den Bereich von 1 kHz. Einen

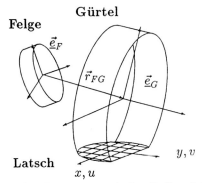

Abbildung 5.1.5: Räumliche Relativbewegung zwischen Reifengürtel und Felge sowie 2D-Diskretisierung des Latsches.

Vergleich für unterschiedliche Reibgesetze und masseloser Laufflächenprofilierung zeigt die Arbeit Böhm [6] sowie die Abbildungen 5.1.6 a–c.

Die vorgegebene Druckverteilung in der Kontaktfläche ist nachteilig, wenn eine unebene Straße berücksichtigt wird. Ein- und Austritt einzelner Störungen erzeugen eine dynamische Reaktion auch im freien Reifenteil. Um die Modellierung einfach zu halten, wurden 2D-elastodynamische Rollvorgänge untersucht [7, 8].

a)

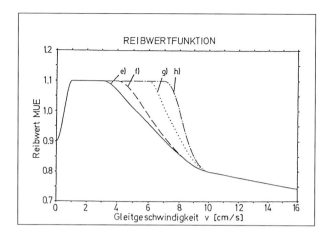

b)

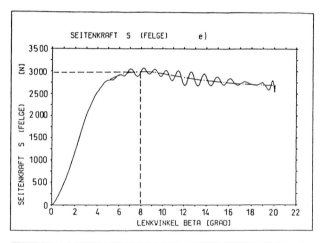

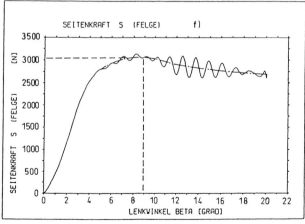

c)

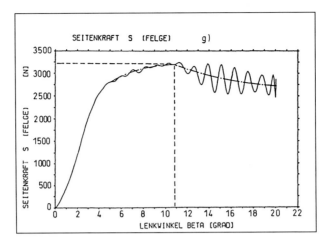

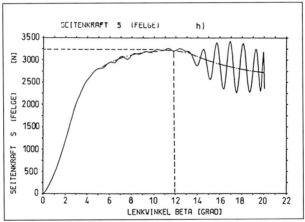

Abbildung 5.1.6: a) Gleitreibungsverhalten unterschiedlicher Lauflächenmischungen; b) Verlauf der Seitenkraft über dem Schräglaufwinkel für die Reibungszahlfunktionen e) und f); c) Verlauf der Seitenkraft über dem Schräglaufwinkel für die Reibungszahlfunktionen g) und h).

Die Abbildungen 5.1.7 a und b zeigen den Vergleich von Messung und Rechnung einer Stufenüberfahrt bei rechnerisch konstant gehaltener Raddrehzahl und Abbildung 5.1.8 den gemessenen Non-Uniformity-Einfluß auf die Seitenkraft und den Einfluß der Profil-Längenverteilung (58. Oberwelle) auf die Umfangskraft.

Abbildung 5.1.7: a) Vertikalbeschleunigung der Vorderachse eines VW Golfs beim Überrollen ▶ einer Stufe von 5 cm Höhe und 1,9 m Länge mit $v = 20$ km/h; b) Horizontalbeschleunigung der Vorderachse eines VW Golfs beim Überrollen einer Stufe von 5 cm Höhe und 1,9 m Länge mit $v = 20$ km/h.

a)

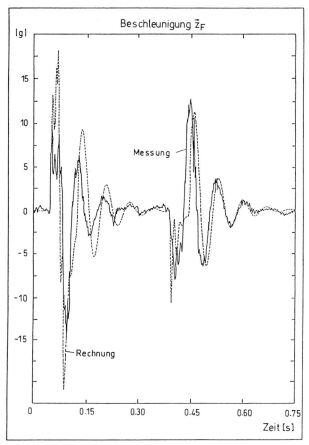

Fahrt 3 – Stufe 6 cm hoch – ca. 1,9 m lang

b)

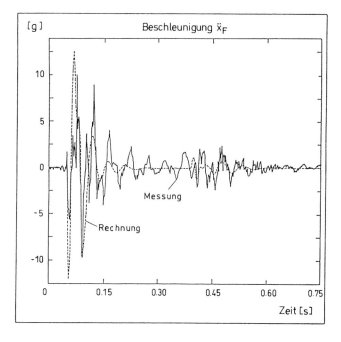

87

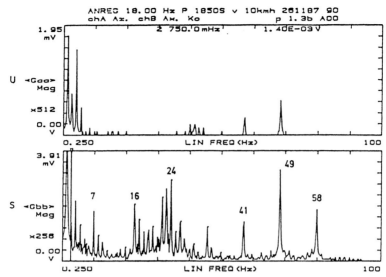

Abbildung 5.1.8: Umfangs- und Seitenkraftspektrum eines PKW-Reifens bei v = 10 km/h auf der Trommel.

Ausgehend von dem 2D-Kreisring-Modell wurde ein diskretes Massenpunkt-modell (Vielteilchenmodell) entwickelt [9], das alle vom Kontinuumsmodell her defi-nierten Parameter benutzt und Unebenheiten bis zu fünf Zentimetern berücksichtigt. Um Rechenzeit zu sparen, wurde die Stollendynamik unterdrückt, Abbildung 5.1.9. Berücksichtigt wurden hier auch die veränderliche Raddrehzahl und vertikale Achs-schwingungen sowie die Längs-, Quer- und Vertikaldynamik als Führungsbewegung des Reifens durch ein Viertel-Fahrzeug.

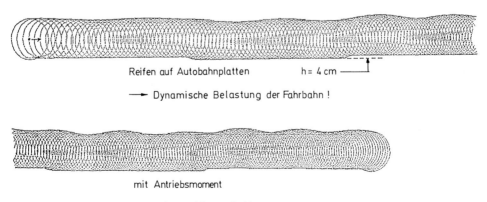

Abbildung 5.1.9: Rollvorgang auf Autobahnplatten mit einer Stufenhöhe von 4 cm, Reifen-modell mit 25 Massenpunkten.

5.1.3 Hochfrequente Reifenmodelle: 3D-Modelle – kontinuierlich, diskretisiert oder als Vielteilchenmodelle

3D-Modelle sollen dynamisch nicht nur den wirklichen Abplattungszustand, die Latschform selbst und das Druckgebirge darstellen, sondern auch die Ausbildung von Oberwellen am Reifenumfang und in Querschnittsrichtung. Durch entsprechend feine Elementierung kann dann im Frequenzbereich bis etwa 1 kHz transientes Verhalten berechnet werden.

Über die Definition der Querschnittskräfte im Reifengürtel sowie der Biegemomente des Querschnitts ist es möglich, mehrere Spuren von kontinuumsmechanischen 2D-Modellringen zu koppeln und ein lineares Kreisring-Ersatzmodell für ein einfaches 3D-Reifenmodell zu gewinnen. Dabei wird die Raddrehzahl beziehungsweise die Fahrgeschwindigkeit konstant gehalten (schwache Störungen des stationären Rollzustands). Als einzige Nichtlinearität verbleibt dann das Kontaktproblem, das durch die Lauffflächenfederhärte als sehr steif bestimmt wird, deswegen wird mit dem impliziten zeitlichen Integrationsverfahren nach Gear gerechnet. Unter Benutzung eines von Falk angegebenen Updating-Formalismus für die Inversion der impliziten Matrix-Bewegungsgleichung wurde die Kontaktdruckverteilung beim Rollen über Unebenheiten sowie die Wellenausbreitung infolge des Einlaufs und Auslaufs von Störungen an den Kontaktflächenrändern berechnet. In der Arbeit Böhm, Swierczek, Czaki [10] wurden neben Gürtelschwingungen auch die höherfrequenten Seitenwandschwingungen (Abbildung 5.1.10) berücksichtigt.

Die Voraussetzung konstanter Drehgeschwindigkeit muß jedoch für den allgemeinen Anwendungsfall in der Rolldynamik aufgegeben werden, siehe Abbildung 5.1.11. Der Übergang auf veränderliche Drehschnelle des Rades bewirkt, daß die von Ω abhängigen Terme in den kontinuumsmechanischen Gleichungen nichtlinear werden. Die zugehörigen Matrix-Gleichungen enthalten dann viele zeitabhängige Elemente. Einfache Updating-Prozeduren für die implizite Zeitintegration scheiden damit aus. Dies ist ein wesentlicher Grund für die Verwendung des semiexpliziten Prädiktor-Korrektor-Integrationsverfahrens und die Diskretisierung der Reifenstruktur als Massenpunktsystem. Die Bewegung der Felge wird als Starr-Körper-Bewegung integriert.

Beim Übergang vom Kontinuumsmodell zum Vielteilchenmodell benötigt man die elastischen Kennwerte der Reifenaufbaumaterialien und deren Zusammenfassung zu Ersatzkräften. Insbesondere die Simulierung der Hysterese ist notwendig, um das Selbsterregungspotential der nichtkonservativen Kontaktkräfte zu unterdrücken. Hohen Reibkräften im Kontakt müssen entsprechende Dämpfungskräfte in der Konstruktion gegenüberstehen. Demgemäß sind thermographische Messungen für Kontaktreibung und Hystereseleistung sehr aufschlußreich.

Böhm untersuchte die Verteilung der Hystereseleistung im Gürtel [11], Abbildung 5.1.12 sowie die Wirkung auf die Amplituden der Modalformen [12], siehe Abbildung 5.1.13.

Gallrein [13] hat die Reibungsdynamik des Stollenfelds gekoppelt mit der Membranstruktur des Gürtelreifens behandelt (Abbildung 5.1.14). Masenger [14] hat die Rolldynamik von Ackerschlepper-Reifen auf festem und auf plastischem Boden mit einem Membranmodell beziehungsweise einem 2D-Modell berechnet.

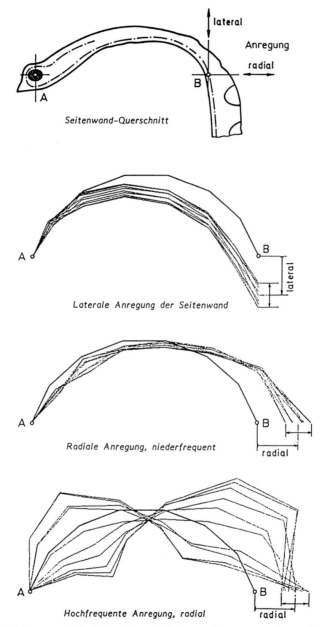

Abbildung 5.1.10: Seitenwand-Modell mit verschiedenen Anregungsarten entsprechend der Gürtelbewegung.

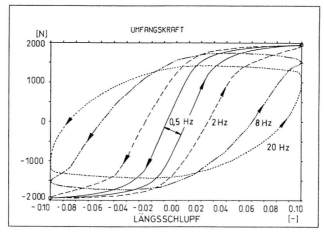

Abbildung 5.1.11: Umfangskraft über Längsschlupf der Felge (harmonische Drehschnellen-Änderung).

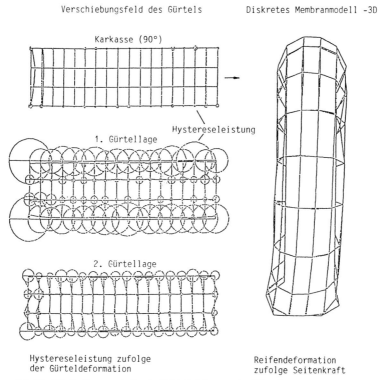

Abbildung 5.1.12: 3D-Reifenmodell mit Schichtkörper als Gürtel.

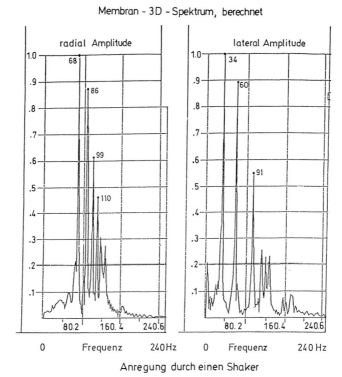

Abbildung 5.1.13: 3D-Reifenmodell mit Gürtel als Membran (Netztheorie), berechnetes Spektrum.

Von Gipser [15–17] wurde ein 3D-Punktmodell entwickelt, das mit einem impliziten Gear-Verfahren erster Ordnung rechnet. Dieses Rechenverfahren erzeugt zu hohe numerische Dämpfung und die Selbsterregung der Reibschwingungen durch fallende Reibkennlinien kann nicht dargestellt werden. Eine Verbesserung ist durch Übergang auf kurze Zeitschritte mit semiexpliziter Prädiktor-Korrektor (P-K)-Zeitintegration möglich. Für große dynamische Systeme ist dies der einzige sinnvolle Weg, wenn es darauf ankommt, die hohen Frequenzen nicht zu unterdrücken.

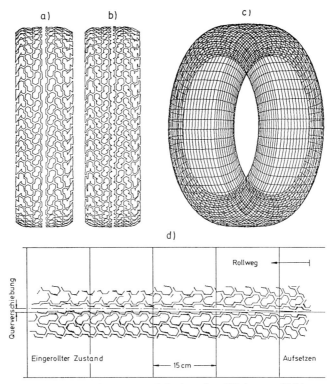

Abbildung 5.1.14: a) Für die Berechnung vereinfachtes Lauflächenprofil; b) gemessenes Lauf-
flächenprofil; c) Drahtmodell der Reifenstruktur; d) abgerolltes Profilmuster bei 3° Schräglauf,
Darstellung analog der Messung am Glasrolltisch.

5.2 Erregungstypen für transiente Kontaktkräfte

Wegen des unilateralen Kontaktes kommt es einerseits bei der numerischen Berechnung von Störungen durch Bodenwellen gegebener Wellenlänge nur auf die Kontaktlänge und die Kontaktzeit an. Kurzwellige Störungen können bei hoher Rollgeschwindigkeit zu außerordentlich hohen Störfrequenzen führen, und es werden daher in der Praxis für diese Störungen sehr kleine Amplituden verlangt beziehungsweise eine ausreichende Filterwirkung der Lauffläche vorausgesetzt. Das Überfahren
von Stufen oder anderen unstetigen Hindernissen bei hohen Geschwindigkeiten
stellt enorme Anforderungen an die Feinheit der Diskretisierung im Frequenz-
und Zeitbereich. Stoßvorgänge dieser Art verlangen Integrationsschrittweiten im
Nano-Sekunden-Bereich beziehungsweise räumliche Auflösung im Millimeter-Be-
reich.

Andererseits können aber auch bei guter Filterwirkung der Lauffläche oder
ebener Straße schnelle Lenkbewegungen oder selbsterregte Bewegungsformen zu-

folge der Reibung in der Kontaktfläche zu hochfrequenten Schwingungen führen (Reibschwingungen, Strukturschwingungen). Diese instationären Kontaktvorgänge sind generell sehr nachteilig für den Fahrkomfort, ihre Untersuchung ist aber auch von Bedeutung für die dynamische Belastung der Straße (Spurrinnenbildung).

5.2.1 Instationäre Schlupfzustände

Die Haft- beziehungsweise Gleitzustände der Profilstollen im Kontakt werden als Längsschlupf, Querschlupf und Bohrschlupf (um Hochachse), d.h. als örtliche Relativbewegung bezogen auf die Fahrgeschwindigkeit gegenüber dem Boden, bezeichnet. Bremsen oder Antrieb und Lenkung sind damit verbunden. Sind die zugehörenden Bewegungen des Reifens selbst schnell veränderlich in bezug auf die Laufzeit im Kontakt, tritt transientes Reifenverhalten auf, siehe Abbildung 5.2.1. Für Luftreifen gilt: Bezogen auf die durchschnittliche Kontaktlänge von 15 cm wird zum Beispiel gefordert, daß das Shannon-Kriterium für die vorgegebene Wellenlänge erfüllt wird. Je nach gewählter Dichte der Kontaktpunkte ist für

- zwei Kontaktpunkte → Schlupf definierbar (Rolltheorie erster Ordnung),
- drei Kontaktpunkte → Schlupf und Krümmung (Rolltheorie zweiter Ordnung), definierbar auch Spin,
- n Kontaktpunkte → Sonderforschungsbereich 181 (Rolltheorie n-ter Ordnung), hochfrequenter Rollkontakt definierbar.

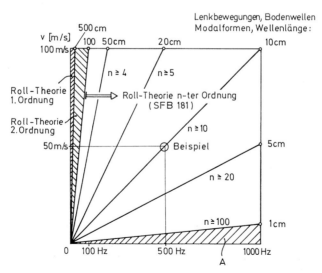

Abbildung 5.2.1: Erforderliche Zahl an diskreten Kontaktpunkten zur numerischen Berechnung hochfrequenter Rollzustände einer Kontaktspur; A: transientes Reifenverhalten, nicht berechenbar, Filterwirkung der Lauffläche wird vorausgesetzt.

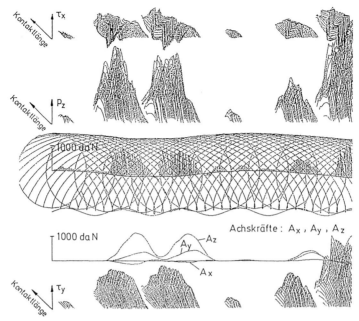

Abbildung 5.2.2: Rollvorgang mit Seitenkraft (τ_y) auf langwelliger Fahrbahn.

Das in Abb. 5.2.1 eingezeichnete Beispiel bezieht sich auf eine Wellenlänge von zehn Zentimetern und eine Fahrgeschwindigkeit von 50 m/s. Man erhält eine Anregungsfrequenz von 500 Hz und $n > 10$ Kontaktpunkte. Dies bedeutet eine Abtastrate von sechs Punkten bezogen auf die Wellenlänge, fünfzehn Punkte würden das Shannon-Kriterium gut erfüllen. Neben den Zwangserregungen treten durch die nichtkonservativen Reibungskräfte bei hohen Schlupfen Reibschwingungen auf. Diese liegen im Frequenzbereich der Stollenschwingungen von 300 bis 2000 Hz und beschränken sich auf Fahrzustände an der Haftgrenze. Dagegen treten kinematisch bedingte Selbsterregungszustände schon bei sehr schwachen Schlupfen zufolge von Laufzeiteffekten von kleinen Störungen beim Latschdurchlauf auf. Selbsterregte Flatterschwingungen und geeignete Dämpfungsmaßnahmen wurden dargelegt [6]. Transiente Rollzustände [9] werden in Abbildung 5.2.2 gezeigt.

5.2.2 Kurzwellige Bodenunebenheiten, Oberflächenrauheit

Wellenlängen im Bereich von einem Zentimeter und darunter haben bereits bei sehr niedrigen Geschwindigkeiten hohe Anregungsfrequenzen und liegen in den Amplituden im Zehntel-Millimeter-Bereich für gut ausgebaute Straßen. Wegen der Hysterese der Reifenstruktur können sich in diesem Frequenzbereich keine Modalformen mehr ausbilden. Beim Durchlaufen dieser Störungen durch die Kontaktfläche entstehen zufolge der Ein- und Auslaufstöße Wellenfronten, die im wesentlichen in die

Seitenwand des Reifens gehen. Durch innere Reibung und Reibung am Felgenhorn werden diese Radialwellen stark gedämpft. In Umfangsrichtung ist die Ausbreitung auf $\pm 10°$ vor/hinter dem Ein- und Auslauf in den Kontakt beschränkt. Da die Lauffläche ebenfalls mit hoher Energiedissipation ausgestattet ist (bis zu 40 %), werden diese Störungen praktisch weggefiltert, was sich jedoch auf die Reibungszahl des Reifens auswirkt. So ist es nicht überraschend, daß rollwiderstandsarme Laufflächenmischungen einen deutlichen Abfall des Gleitreibungsbeiwerts durch zunehmende Gleitgeschwindigkeit zeigen. Durch den örtlich stark schwankenden Kontaktdruck ergibt sich einerseits eine Abminderung der Reibungszahl allgemein auf trockener, rauher Straße, andererseits aber kann bei nasser Straßenoberfläche ein beträchtlicher Flüssigkeitsfilm in die kurzwellige Oberflächenrauhigkeit drainiert werden, so daß die Reibungszahl nur geringfügig abnimmt. Bei ebener, trockener Oberfläche und sehr weichen Gummimischungen kann die Reibungszahl den Faktor zwei durchaus erreichen, jedoch ist der Abfall bei nasser Oberfläche wegen schlechter Drainage auf Werte von 0,6 und darunter für die Fahrsicherheit bei wechselnden Wetterbedingungen sehr nachteilig. Diese Oberflächentexturen im Millimeterbereich und die Filterwirkung der Lauffläche werden generell angestrebt. Die hier notwendigen mikromechanischen Untersuchungen liegen außerhalb des Themenbereichs des Sonderforschungsbereichs 181.

5.2.3 Stolleneingriff und Non-Uniformity

Sehr hochfrequente Kontaktvorgänge beim Rollen eines Reifens ergeben sich durch seine Profilierung. Die Laufflächenmuster können durchaus als Grenzfall der Reifen-Non-Uniformity betrachtet werden. Gemessene Umfangskonturen besitzen Oberwellen bezüglich 2π bis n = 300, d. h. selbst auf einen Stollen von zwei Zentimetern

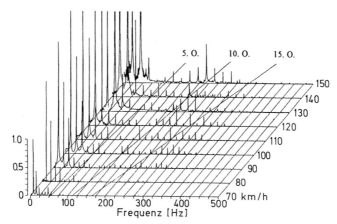

Abbildung 5.2.3: Spektren der gerechneten Umfangskraftverläufe im Geschwindigkeitsbereich von 70 bis 150 km/h.

Länge kommen noch drei Vollwellen im abgenutzten Zustand. Dann müßten 100 bis 150 Kontaktpunkte pro Stollen berücksichtigt werden; dies ist mit heutigen Computerkapazitäten nicht realisierbar. Die Wirkung von Oberflächentexturen kann daher praxisnah nur über ihren Einfluß auf die Reibkennlinie meßtechnisch ermittelt werden, und eine theoretische Behandlung bleibt weiteren Untersuchungen vorbehalten. Die Non-Uniformity-Anregung geht bis zu sehr hohen Frequenzen. Klei [18] hat Oberwellen bis zur 20. Ordnung berücksichtigt, Abbildung 5.2.3.

Wegen der Zerklüftung des Laufflächenprofils ergibt sich beim Überrollen von Querleisten auf der Trommel auch ein unerwünschter Nebeneffekt: Die einzelnen Vorgänge sind nicht voll wiederholbar, da gleiche Kontaktpartner nicht wieder zusammentreffen. Dies wirkt sich in geringem Maße auf die Messung der Umfangskraft aus.

5.3 Messungen am Glasrolltisch-Prüfstand

Bei vorgegebener Radlast, Schräglaufwinkel und Sturzwinkel wird der Reifen aufgesetzt und mit zehn bis zwanzig Zentimetern pro Sekunde eingerollt. Nach zwei Metern Rollweg werden die Sensoren für p_z, τ_x, τ_y überrollt. Darüber hinaus kann mit einem mitrotierenden Fadentetraeder die Reifenverformung in der Seitenwand und am Gürtelrand bestimmt werden. Die auftretenden Latschformen werden mittels Bildverarbeitung analysiert und die Bahnkurven der Kontaktpunkte bestimmt (Abbildung 5.3.1).

Abbildung 5.3.1: Glasrolltisch-Prüfstand.

5.3.1 Einrollverhalten

Schräglauf und/oder Umfangsschlupf des Reifens erzeugen die entsprechenden Führungskräfte erst nach einer gewissen Rollstrecke (Einlauflänge). Abbildung 5.3.2
zeigt Messungen der entstehenden Querverformung an einem acht Jahre alten
und an einem neuen Reifen. Während ersterer wegen Alterung der Mischung zu-
rückrutscht, haftet der zweite gleichmäßig. Die Einlauflängen bis zum Maximalwert
unterscheiden sich nicht wesentlich. Als Relaxationslänge wird die Rollstrecke bezeichnet, bei der 67 % des Maximalwerts erreicht werden (35 beziehungsweise 38
Zentimeter).

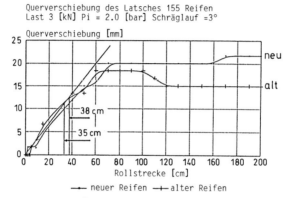

Abbildung 5.3.2: Bestimmung des Übergangsverhaltens zweier Reifen am Glasrolltisch.

5.3.2 Druck- und Schubkräfte im eingelaufenen Zustand

Abbildung 5.3.3 a zeigt die Verteilung $\tau_y(x, y)$ – Seitenkraft – am Ende der Rollstrecke, Abbildung 5.3.3 b die Verteilung $\tau_x(x, y)$ – Umfangskraft. Die Sensorflächen
sind kreisförmig mit $2\,\mathrm{cm}^2$ als Fläche. Der Bedeckungsgrad (aufliegender Gummi-
anteil) kann jedoch nicht festgestellt werden.

a)

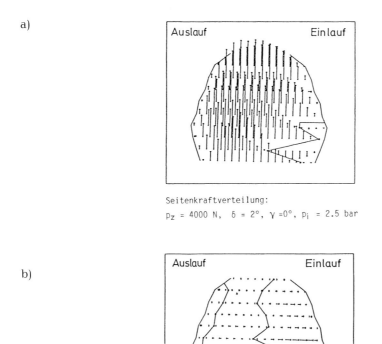

Seitenkraftverteilung:
p_z = 4000 N, δ = 2°, γ =0°, p_i = 2.5 bar

b)

Umfangskraftverteilung:
p_z = 4000 N, δ = 2°, γ = 0°, p_i = 2.5 bar

Abbildung 5.3.3: a) Messung der Kontaktkraft quer mittels Piezoquarz-Sensoren; Seitenkraft-verteilung: p_z = 4 000 N, δ = 2°, γ = 0°, p_i = 2,5 bar; b) Messung der Kontaktkräfte längs mittels Piezoquarz-Sensoren; Umfangskraftverteilung: p_z = 4 000 N, δ = 2°, γ = 0°, p_i = 2,5 bar.

5.3.3 Wirkung von Schräglauf und Sturzwinkel

Schräglauf deformiert den Reifen seitlich, so daß der Latsch nach der Einrollstrecke eine leicht birnenförmige Gestalt annimmt, siehe Abbildung 5.3.3 a und Abbildung 5.3.3 b. Umgekehrt wird ein unter einem Sturzwinkel aufgesetzter Reifen mit birnen-förmigem Latsch nach dem Einrollen deutlich völliger. Zur Simulation von Latschform und Druckgebirge für 1D- und 2D-Reifenmodelle müssen Meßreihen durchgeführt wer-den, um alle Rollzustände bei der Simulation transienter Kontaktzustände abzudecken. Zur Kontrolle wurden für den Einrollvorgang die Entwicklung von Latschlänge und Latschbreite über dem Rollweg verglichen [19], siehe Abbildung 5.3.4. Verglichen wurden auch gemessene und gerechnete Reifendeformationen entlang der Einroll-strecke, siehe Abbildung 5.3.5

99

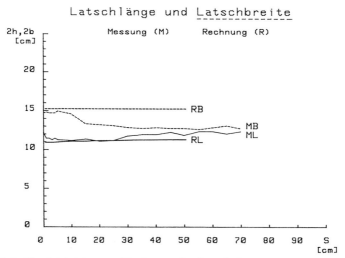

Abbildung 5.3.4: Vergleich Messung/Rechnung der Latschabmessungen.

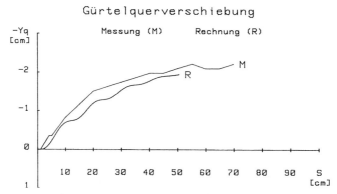

Abbildung 5.3.5: Vergleich Messung/Rechnung der Deformation durch Seitenkraft.

5.3.4 Bestimmung der Gleitwege der Stollen mittels Bildverarbeitung

Untersucht wird die Durchlaufbewegung einzelner weiß markierter Punkte auf der Lauffläche. Abbildung 5.3.6 zeigt den Einrollvorgang für 5° Schräglaufwinkel auf einer Rollstrecke von 85 cm. Man erkennt die zunächst lineare Verspannung der Stollen und anschließend die Ausbreitung des Gleitbereichs vom Latschaustritt her. Im eingerollten Zustand sind immerhin noch etwa 30 % im Latsch haftende Stollen. Dies stimmt mit dem berechneten Übergang vom Haft- in den Gleitzustand gut überein.

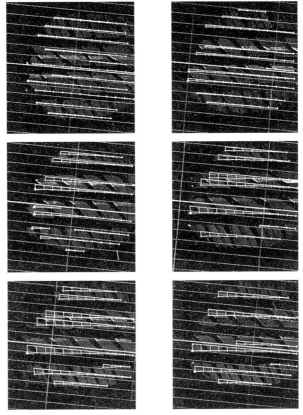

Abbildung 5.3.6: Kontaktfläche und Bahnkurven von Kontaktpunkten am Glasrolltisch entlang einer Rollstrecke von 85 cm, Radlast 4 000 N.

101

5.4 Trommelmessungen

Bei höherer Geschwindigkeit können Messungen nur auf der 2,15 m breiten Trommel des Instituts für Mechanik der Technischen Universität Berlin durchgeführt werden. Neben einem sinusförmig veränderlichen Schräglaufwinkel kann durch die Breite der Trommel auch ein hochinstationärer Spurwechselzustand untersucht werden. Die Messungen erfolgen mit einer 6-Komponenten-Meßnabe, montiert auf einem Schlitten.

5.4.1 Übergang von einem stationären Rollzustand in einen anderen

Bei diesem als Schlittenversuch bezeichneten Test wird die Radeindrückung konstant gehalten, so daß deutliche Einflüsse der Schräglaufverformung auf die Radlast sichtbar werden. Diese Kopplungen zeigen sich auch in den 3D-Modellen. Um eine möglichst hochfrequente Reifenanregung zu erreichen, erweist sich ein Entlastungssprung am geeignetsten. Dazu wird der Reifen auf dem quer, parallel zur Trommel beweglichen Schlitten montiert. Die Schlittenposition wird mittels Federn vorgespannt. Nach Auslenkung des Schlittens um 20 cm wird mittels einer Klinke diese Position festgehalten. Nach Absenken des Reifens auf die Trommel bis zu einer vorbestimmten Radlast wird die Klinke geöffnet. Das System bewegt sich in die Null-Lage, wobei der Reifen mitgeschleppt wird. Die gemessenen Reifenführungskräfte sind hochfrequent [10], siehe Abbildungen 5.4.1 a–d.

a)

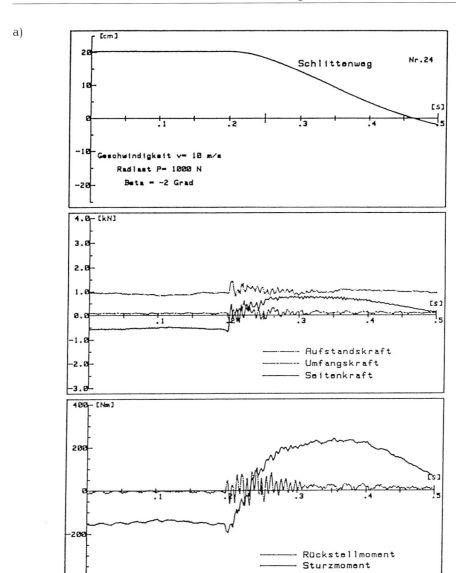

b)

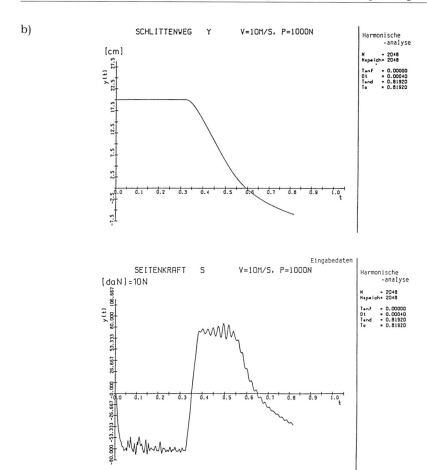

SCHLITTENWEG   Y   V=10M/S, P=1000N

Harmonische
-analyse

N   = 2048
Nspeich= 2048

Tanf = 0.00000
Dt   = 0.00040
Tend = 0.81920
To   = 0.81920

Eingabedaten

SEITENKRAFT   S   V=10M/S, P=1000N

Harmonische
-analyse

N   = 2048
Nspeich= 2048

Tanf = 0.00000
Dt   = 0.00040
Tend = 0.81920
To   = 0.81920

c)

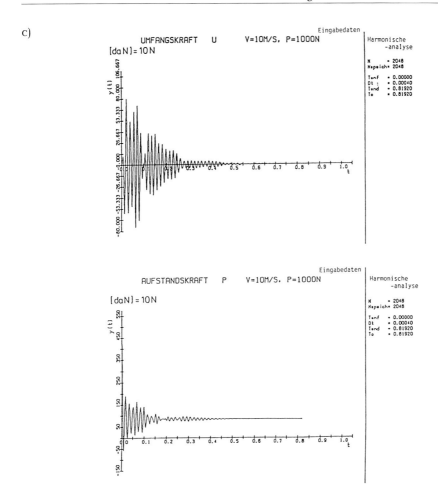

d)

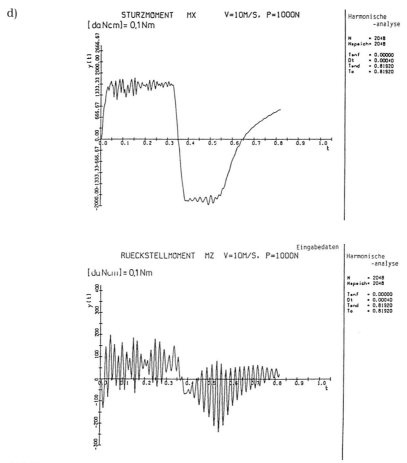

Abbildung 5.4.1: a) Messung; b) Rechnung; c) Rechnung; d) Rechnung.

5.4.2 Bestimmung des kritischen Flatterpunkts

Der kritische Flatterpunkt gibt die Grenze an, bei der der Reifen in bezug auf das Rückstellmoment keine dem Lenkwinkel direkt proportionale Antwort mehr abgibt. Das Lenkgefühl geht verloren, der Reifen schwimmt. Der kritische Punkt wurde mit Modellrechnungen verglichen und mit diesem Modell gut erreicht. Wählt man als Lenkausschlag eine zeitliche schnell veränderliche Sinusfunktion mit $\pm 4°$, so antwortet der Reifen mit verzögerten Führungskräften. Die kritische Wegwellenlänge wird erreicht, wenn die direkte Antwort des Rückstellmoments verschwindet. Auch die Seitenkraft ist dann um $90°$ phasenverschoben, siehe Abbildung 5.4.2 a–d.

Die Abbildung 5.4.3 zeigt das mit dem Programm „Breitreif" gerechnete Verhalten eines Sportwagenreifens.

a)

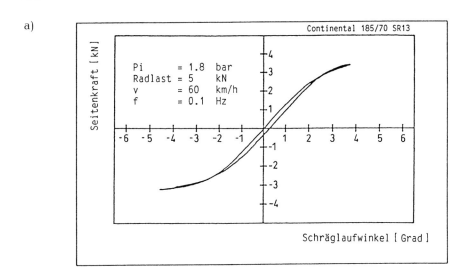

b)

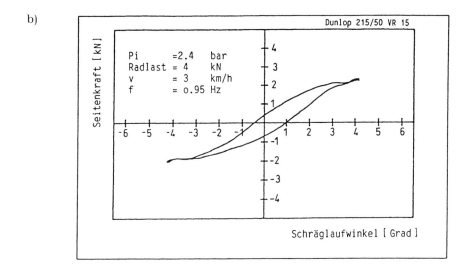

c)

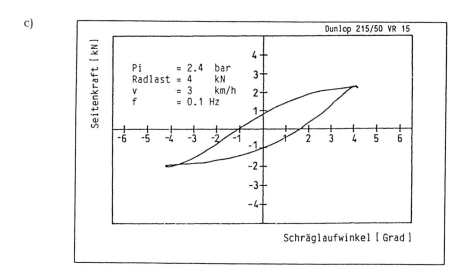

d)

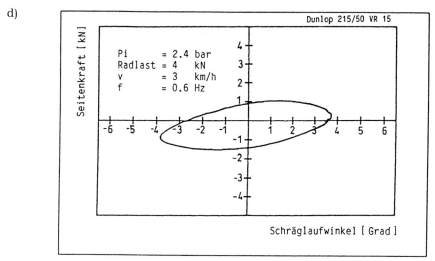

Abbildung 5.4.2: Messungen: a) Ansprechverhalten: $p_i = 1{,}8$ bar, $p_z = 5$ kN, $v = 60$ km/h, $f_\delta = 0{,}1$ Hz; b) Ansprechverhalten: $p_i = 2{,}4$ bar, $p_z = 4$ kN, $v = 3$ km/h, $f_\delta = 0{,}05$ Hz; c) Ansprechverhalten: $p_i = 2{,}4$ bar, $p_z = 4$ kN, $v = 3$ km/h, $f_\delta = 0{,}1$ Hz; d) Ansprechverhalten: $p_i = 2{,}4$ bar, $p_z = 4$ kN, $v = 3$ km/h, $f_\delta = 0{,}6$ Hz.

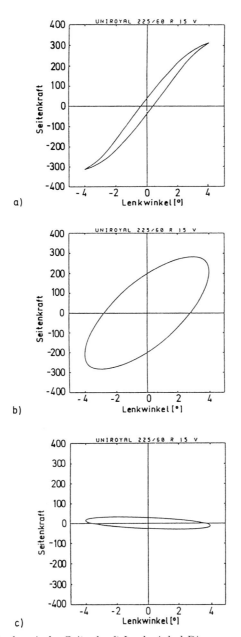

Abbildung 5.4.3: Rechnerische Seitenkraft-Lenkwinkel-Diagramme.

5.4.3 Schräglauf-Kennlinien des Reifens bis in den Gleitbereich

Selbstverständlich konnten die üblichen Kennlinien des Reifens bis in den Gleitbereich gemessen werden. Vergleichsrechnungen zeigen dann gute Übereinstimmung, wenn die Reifenbreite berücksichtigt wird sowie die Nichtlinearität der Stollendeformation. Langsam veränderliche Lenkwinkel zeigen keine Verzögerungen der Reifenantwort, jedoch beginnende Nichtlinearität (degressiv – zufolge Gleiten). Schräglaufsteife und Reibungszahlmaximum können abgeschätzt werden, siehe Abbildung 5.4.4. Die Modellrechnungen können sehr gut an diese Meßergebnisse angepaßt werden. Problematisch ist das Gleitreibungsverhalten des Rückstellmoments wegen des rauhen Schmirgelleinen-Belags der Trommel (Korund 320).

5.4.4 Überfahren von kurzen Schwellen

Das Überfahren von Schwellen zeigt geringen Oberwellengehalt, woraus geschlossen werden darf, daß die Kontaktfläche selbst quasistatisch reagiert, wenn die Unebenheitsstörung hinreichend klein ist. Bei großen Unebenheitsstörungen entstehen starke Stöße und Wellenausbreitungen am Reifen. Wegen der am Reifenumfang variablen Profillängenverteilung und dem stufenförmigen Schwellenprofil ist die Kontaktkraftentwicklung nicht voll reproduzierbar in bezug auf die Trommelumdrehung. Im Frequenzspektrum tauchen nur die Starrkörper-Modalformen auf, höhere Fre-

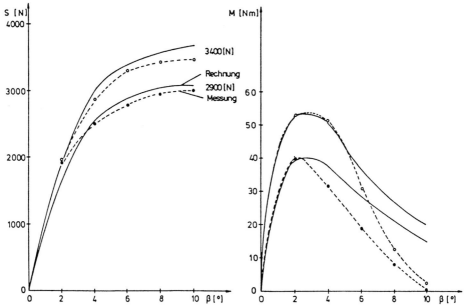

Abbildung 5.4.4: Gerechnete und gemessene Kennlinien – Reifen 205/50 VR 15.

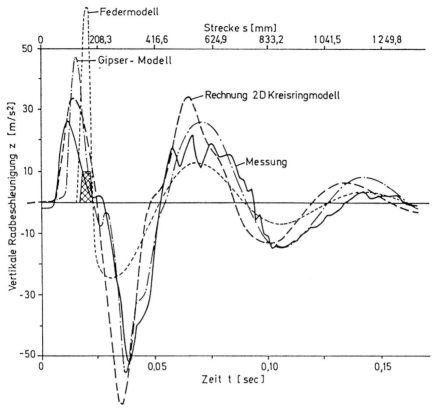

Abbildung 5.4.5: Vergleich Messung/Rechnung der vertikalen Achsbeschleunigung beim Überrollen einer Schwelle 30 × 10 mm mit v = 30 km/h.

quenzen werden scheinbar nicht angeregt; der Reifen überrollt die Schwelle (Länge 3 cm, Höhe 1 cm) mittels einer Überlagerung von örtlicher statischer Deformation und Grundschwingungsform. Diese besitzt allerdings eine beträchtliche Amplitude, siehe Abbildungen 5.4.5 und 5.4.6 a–d, es entstehen starke Stöße schon bei kleinen Hindernissen (0,5 cm bis 1,0 cm).

111

a)

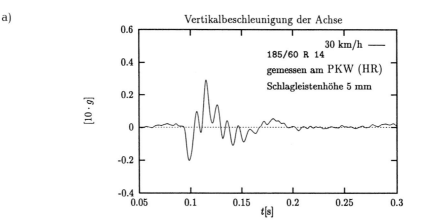

b)

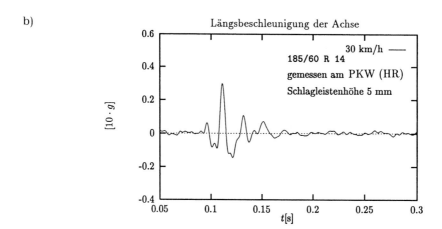

c)

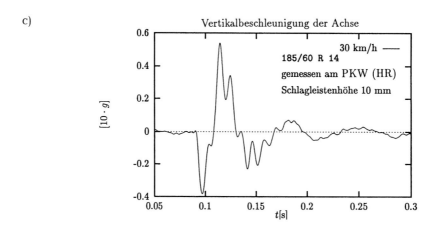

d)

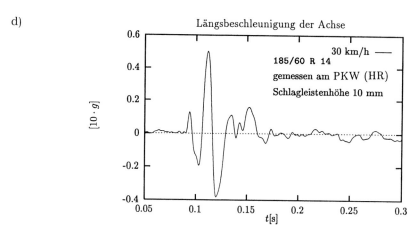

Abbildung 5.4.6: a) Vertikalbeschleunigung der Achse – Länge der Schlagleiste 15 mm – HR hinten rechts; b) Längsbeschleunigung der Achse; c) Vertikalbeschleunigung der Achse – Mittelklasse PKW; d) Längsbeschleunigung der Achse.

5.4.5 Thermographische Bestimmung der Verteilung der Reibarbeit

Die Berechnung der Reibarbeit wird stark beeinflußt durch die richtige Bestimmung der Kontaktflächenform. Diese wiederum ist abhängig von der Größe der seitlichen Verbiegung der Lauffläche in der Nähe der Kontaktzone. Nur Modelle, die diesen geometrischen Einfluß berücksichtigen, können die Verspannungswege und anschließenden Gleitwege richtig wiedergeben. Die thermographische Bestimmung der Reibarbeitsverteilung über den Laufflächenquerschnitt ist daher ein wichtiges Hilfsmittel, um die Bestimmung der Gleitgrenze zu kontrollieren, siehe Abbildung 5.4.7.

Thermografie

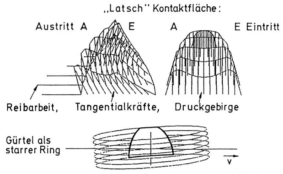

Abbildung 5.4.7: Schräglaufwinkel 5°, Sturzwinkel 5°, Radlast 3 000 N.

5.5 Literatur

1 M. Mühlmeier: Bewertung von Radlastschwankungen im Hinblick auf das Fahrverhalten von Pkw. Fortschritt-Berichte VDI, Reihe 12, Nr. 187, VDI-Verlag, Düsseldorf 1993.

2 D. Schulze: Instationäre Modelle des Luftreifens als Bindungselemente in Mehrkörpersystemen für fahrdynamische Untersuchungen. Fortschritt-Berichte VDI, Reihe 12, Nr. 88, VDI-Verlag, Düsseldorf 1987.

3 M. Kollatz: Kinematik und Kinetik von linearen Fahrzeugmodellen mit wenigen Freiheitsgraden unter Berücksichtigung von Reifen und Achsen. Fortschritt-Berichte VDI, Reihe 12, Nr. 118, VDI-Verlag, Düsseldorf 1989.

4 F. Böhm: Theorie schnell veränderlicher Rollzustände für Gürtelreifen. Ingenieur-Archiv *55* (1985), 30–44.

5 C. Oertel: Untersuchung von Stick-Slip-Effekten am Gürtelreifen. Fortschritt-Berichte VDI, Reihe 12, Nr. 147, VDI-Verlag, Düsseldorf 1990.

6 F. Böhm: Einfluß der Laufflächeneigenschaften von Gürtelreifen auf den instationären Rollkontakt. Kautschuk und Gummi Kunststoffe *41* (1988), 359–365.

7 D. H. Schulze: Zum Schwingungsverhalten des Gürtelreifens beim Überrollen kurzwelliger Bodenunebenheiten. Fortschritt-Berichte VDI, Reihe 12, Nr. 98, VDI-Verlag, Düsseldorf 1988.

8 F. Böhm, M. Kollatz: Some Theoretical Models for Computation of Tire Nonuniformities. Fortschritt-Berichte VDI, Reihe 12, Nr. 124, VDI-Verlag, Düsseldorf 1989.

9 F. Böhm: Reifenmodell für hochfrequente Rollvorgänge auf kurzwelligen Fahrbahnen. VDI-Berichte, Nr. 1088, VDI-Verlag, Düsseldorf 1993.

10 F. Böhm, M. Swierczek, G. Csaki: Hochfrequente Rolldynamik des Gürtelreifens – das Kreisringmodell und seine Erweiterung. Fortschritt-Berichte VDI, Reihe 12, Nr. 135, VDI-Verlag, Düsseldorf 1989.

11 F. Böhm: Über die Wirkung von Hysterese und Kontaktreibung auf das dynamische und thermische Verhalten von Luftreifen. Kautschuk und Gummi Kunststoffe *47* (1994), 824–827.

12 F. Böhm: Action of hysteretic and frictional forces on rolling tires. Int. Rubber Conference, Moscow 1994.

13 A. Gallrein: Berechnung hochfrequenter Stollendynamik am Gürtelreifen. Diplomarbeit, TU Berlin 1992.

14 U. Masenger: Dynamisches Verhalten von Ackerschlepper-Reifen auf der Straße und auf dem Acker – Erweiterung einer instationären Rolltheorie auf großvolumige Reifen im Einsatz auf visko-elastischen Böden. Dissertation, TU Berlin 1992.

15 M. Gipser: DNS-Tire – ein dynamisches, räumliches, nichtlineares Reifenmodell. VDI-Berichte, Nr. 650, VDI-Verlag, Düsseldorf 1987.

16 M. Gipser: Modellbildung, Numerik und Anwendungen eines komplexen Reifenmodells. VDI-Berichte, Nr. 699, VDI-Verlag, Düsseldorf 1988.

17 M. Gipser: Zur Modellierung des Reifens in CASDaDE. VDI-Berichte, Nr. 816, VDI-Verlag, Düsseldorf 1990, S. 41–57.

18 J. Klei: Rollkontaktstörung infolge Reifenungleichförmigkeit. Dissertation, TU Berlin 1995.

19 M. Eichler: Messungen des Einrollverhaltens von Gürtelreifen am Glasplatten-Rolltisch und Vergleiche mit theoretischen Ergebnissen. Diplomarbeit, TU Berlin 1987.

115

6 Zusammenwirken von Kontaktmechanik, Reifen und Achsdynamik beim instationären Rollkontakt

Friedrich Böhm*

6.1 Das Anregungspotential von Reifen und Achsdynamik beim instationären Rollkontakt

Es muß zwischen der dynamischen Einwirkung des Reifens auf die Achse, auf den Boden und auf die umgebende Luft unterschieden werden. Stellt man sich vor, daß der Reifen durch den Rollkontakt zu Eigenschwingungsformen angeregt wird, die sich am Reifenumfang als Sinus- und Kosinuswellen nullter bis etwa zehnter Ordnung (mit Frequenzen bis etwa 400 Hz) ausbreiten, dann erkennt man, daß der Schwerpunkt der Gürtelmasse für $n > 1$ in der Achsmitte bleibt. Diese Oberwellen treten zwar notwendigerweise auf, um die überrollte Unebenheit einzuhüllen, die Grundwellen $n = 0$ (in Umfangsrichtung) und $n = 1$ (radial) mit Frequenzen bis 100 Hz erfahren jedoch die massivste Anregung.

Oberwellen bis etwa 450 Hz kommen daher bei Beschleunigungsmessungen der vertikalen und horizontalen Achsdynamik kaum zum Vorschein, obwohl sie auf der Reifenoberfläche selbst auftreten. Ihre Wirkung beschränkt sich auf die Kraftverteilung auf die Straße, auf die Felge und auf den Luftraum im Radhaus. Wegen der dynamischen Generierung der Kontaktkräfte wäre es jedoch falsch, den Schluß zu ziehen, daß diese Bewegungsvorgänge des Reifens unberücksichtigt bleiben können. Selbstverständlich beeinflussen die Oberwellen am Gürtelumfang das Druckgebirge des Reifens und ändern Haft- und Gleitzustand der Stollen. Dies wird besonders deutlich auf Katzenkopfpflaster durch Einbußen an Fahrstabilität. Damit ist jedoch das Anregungspotential des Reifens keineswegs erschöpft.

Höhere Eigenformen mit Frequenzen über 450 Hz treten als Seitenwandwellen auf, die sich jedoch nur in der Nähe der Kontaktfläche entwickeln und dort am Felgenhorn reflektiert werden. Diese Membran- und Biegewellen der Seitenwand wirken bis in den Schulterstollenbereich der Lauffläche hinein und beeinflussen dort Haft- und Gleitverhalten. Biegewellen in Umfangs- und Querrichtung mit sehr kurzer Wellenlänge überlagern sich dann ab 700 Hz und höher und koppeln beziehungsweise werden angeregt durch hochfrequente Stollenreibschwingungen. Die

* Technische Universität Berlin, 1. Institut für Mechanik.

116

Achse wirkt hier durch ihre große Masse als Filter, nur der Luftschall belästigt Umgebung und durch die Fenster hindurch auch den Fahrer.

Was die Griffigkeit des Reifens anbelangt, muß dieser Bereich noch der Fahrdynamik so weit zugerechnet werden, als die Stollenreibschwingungen insbesondere durch dynamisches Stollkippen die vorhandene Reibungszahl der Straße innerlich verbrauchen, so daß für die Fahraufgabe zu wenig Reibungszahl zur Verfügung steht. Daher sind hochfrequente Reifenmodelle auch für die Fahrdynamik auf unebenem Boden notwendig. Für verschärfte Tests zur schnellen Bestimmung von Schwachpunkten sowie Verhalten auf Marterstrecken und schließlich für mißbräuchliche Benutzung in steinigem Gelände sind generell nichtlineare Achs- und Reifenmodelle erforderlich. Hohe Frequenzen und hohe Amplituden müssen darstellbar sein, um das Befahren von Stufen, Schlaglöchern und ähnlichem rechnerisch zu erfassen. Stoßvorgänge treten im Rollkontakt auf und müssen mit hoher Zeit- und Ortsauflösung integriert werden. Dickenschwingungen der Reifenschale treten bis etwa 3 000 Hz auf, sie sind aber gut gedämpft, außer bei schlechter Profilteilung.

Für das Gebiet der Geräuschentstehung auf guten Straßen genügt es, ausgehend von einem nahezu stationären Fahrzustand mit konstanten Schlupfgrößen für Geradeausfahrt, Kurvenfahrt oder Antrieb/Bremsung einen hochfrequenten quasilinearen Störungsprozeß ($\dot{\varphi}_{Felge}$ = const.) zu berechnen. Teststrecken oder Rennveranstaltungsstrecken sind dagegen mißliebige Geräuschquellen für einen kilometerweiten Umkreis. Nur für diesen Fall, daß transiente Fahrvorgänge, wie das Befahren von kurvenreichen Strecken, der rasche Wechsel von Beschleunigungs- und Bremsvorgängen an Kreuzungen, von Interesse sind, muß ein generelles hochfrequentes Reifenmodell eingesetzt werden. In allen anderen Fällen kann mit der akustischen Störungsrechnung gearbeitet werden. Für numerische Berechnungen müssen die Bewegungsgleichungen diskretisiert werden. In Kapitel 5, Abbildung 5.2.1 ist für die bei Nennlast auftretende Kontaktlänge von fünfzehn Zentimetern der Bedarf an Diskretisierungspunkten entlang einer Spur im Kontakt gezeigt.

6.1.1 Modellstrategie für das Zusammenwirken von Reifen und Achse

Im Hinblick auf universelle Anwendungen werden 2D- und 3D-Vielteilchenmodelle verwendet. Kontinuumsmodelle dienen nur zur Parameterbestimmung [1]. Damit sind die maximalen Eigenfrequenzen der Vielteilchenmodelle explizit definiert und beschränkt. Die Wirkung der Umfangs- und Radialdynamik des Reifens auf die Radachse und damit auf den Fahrkomfort beschränkt sich beispielsweise auf einen Frequenzbereich bis etwa 150 Hz. Messungen von der Radial- und der Längsbeschleunigung der Hinterachse eines Mittelklasse-PKW beim Überrollen einer schmalen Leiste zeigen ebenfalls, daß Frequenzen nur bis etwa 150 Hz von Einfluß sind. Die Abbildungen 6.1.1 a–h zeigen eine Trommelmessung mit Schlagleiste; a–d: Reifen konstant abgeplattet für Nennlast, Meßnabe bestimmt Kräfte; e–h: Reifen an Hinterachse, Messung der Achsbeschleunigung.

Wegen der Dynamik des Druckgebirges auf den Unebenheiten und der entsprechenden Folge für Seitenkraft und Rückstellmoment ergeben sich jedoch

a)

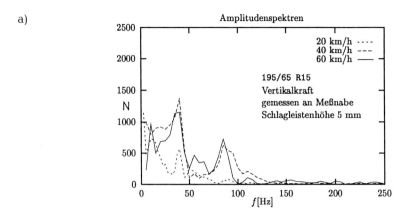

b)

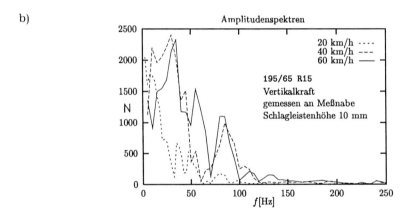

c)

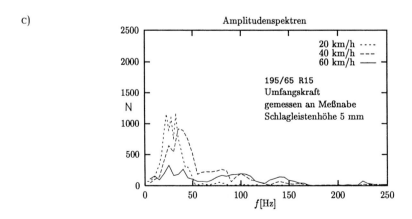

d)

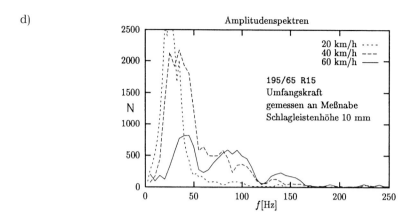

e)

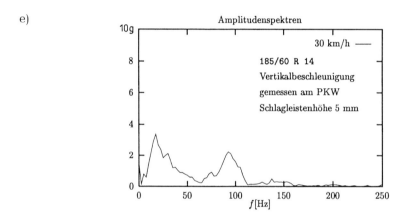

f)

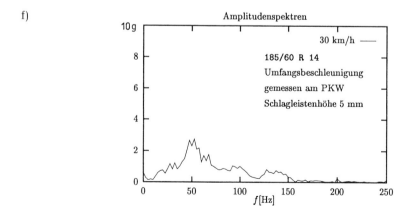

g)

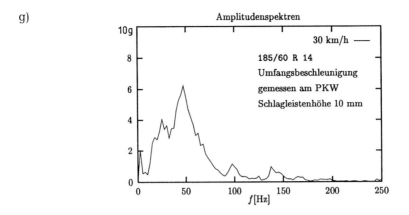

h)

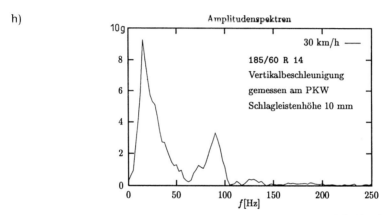

Abbildung 6.1.1: Messung auf der Trommel mit Schlagleiste; a–d: Reifen konstant abgeplattet für Nennlast, Bestimmung der Kräfte mit Meßnabe; e–h: Fahrzeuge mit Reifen, Messung der Achsbeschleunigung an Hinterachse.

bedeutende Einflüsse für die Reibungszahl der Achse, d. h. Einflüsse bis über 1 000 Hz. Dabei erleidet der Gürtel Biegeschwingungen quer, die er über die Reifenseitenwände an die Achse weitergibt, siehe Abbildung 6.1.2. Diese Seitenkraftschwankungen besitzen eine deutliche Kopplung mit den vertikalen Kontaktkräften, was bis zu örtlichem Abheben in Form eines dynamischen Durchschlags führen kann. Reifenmodelle, die diese Rollzustände zu berechnen gestatten, müssen hochfrequent als Vielteilchenmodelle berechenbar sein. Dies ist immer dann möglich, wenn auch die Querschnittsdynamik im Reifenmodell mit entsprechend feiner Auflösung abgebildet werden kann [2].

Seitliches Stollenkippen, besonders an der Reifenschulter, führt zu einem stufenförmigen Abrieb der Lauflächenmitte gegen die Laufflächenschulter und tritt hauptsächlich an der Vorderachse auf. Die Modellbildung muß hier das Lenkungs-

a)

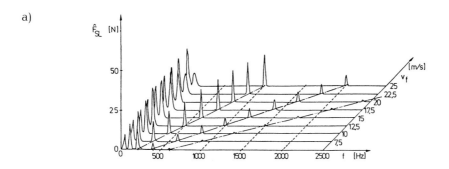

b)

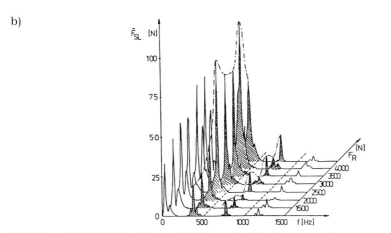

Abbildung 6.1.2: a) Gerechnetes Spektrum der Latschseitenkraft bei variierter Rollgeschwindigkeit; b) gerechnetes Spektrum der Latschseitenkraft bei variierter Radlast.

spiel, die Lenkungsdämpfung, den Biegeschlupf (Bohrschlupf) des Gürtels sowie die Einfederungsbewegung der Achse quer berücksichtigen.

Stollenkippen in Umfangsrichtung führt an Antriebsachsen zu ähnlichen Abriebformen über die ganze Lauflächenbreite verteilt, und man muß den ganzen Antriebsstrang mit modellieren. Für jeden kritischen Fall ist die praktische Erfahrung und Messung für die Modellbildung entscheidend.

6.1.2 Frequenzbereiche, die verschiedene Typen von Modalformen anregen

Anhand einer Messung an LKW-Reifen werden beispielsweise radiale und Umfangs-schwingungs-Moden dargestellt und wegen der geringen Dämpfung im Reifen zeigen sich (Abbildung 6.1.3) Formen bis $n = 10$ beziehungsweise bis $n = 4$. Wären die Modalformen der Seitenwandschwingungen klar ausgeprägt, ergäbe sich auch für höhere Frequenzen ein Spektrum mit klaren Peaks. Da jedoch die Seitenwand-schwingungen durch Reibung am Felgenhorn stark gedämpft und zusätzlich reduziert sind durch die Schubverformung stark hysteretischer Mischungen im Wulstbe-reich, kommt es zum Aufbau einer Phasendifferenz zwischen der an den Felgenrand geleiteten und reflektierten Seitenwandwelle [3]. Die radiale oder in Umfangsrich-tung wirkende Gürtelwelle entlang des Reifenumfangs verliert dadurch soviel an Energie, daß höhere Gürtelmodalformen als $n = 10$ nicht auftreten können.

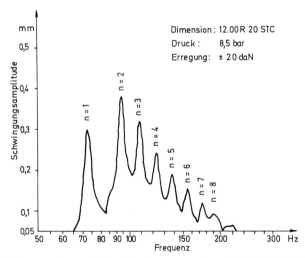

Abbildung 6.1.3: Messung der radialen Schwingungen eines LKW-Gürtelreifens bei Punktan-regung in Laufflächenmitte.

6.1.3 Frequenzbereiche mit kontinuierlichem Spektrum

Zur Untersuchung der Seitenwandschwingungen, die durch den Aufschlag und das Abheben der Schulterstollen angeregt werden, wurde eine analoge Shakeranregung verwendet. Dabei zeigt es sich, daß die Resonanzen stark gedämpft und wesentlich verbreitert auftreten. Durch die punktförmige Anregung am Laufflächenrand (radial) verlaufen die Wellen entlang der Meridianlinie, d. h. entlang der Radialstahlcord-bewehrung in die Seitenwand hinein. Die Ausbreitung dieser Randstörung durch

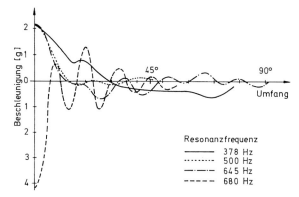

Abbildung 6.1.4: Messung der Verteilung der Seitenwandschwingung am Umfang bei Punktanregung am Lauflächenrand.

den Schulterstollen entlang des Umfangs des Reifens ist sehr gering. Ab 500 Hz erhält man daher bei dieser speziellen Anregung ein praktisch kontinuierliches Spektrum, welches ohne Berücksichtigung der Hysterese in den Corden und in Mischungen so nicht auftreten würde (Abbildung 6.1.4).

6.2 Aspekte des Fahrkomforts

Ausgangspunkt zur Analyse der Dynamik von Achse und Fahrzeugkörper ist die lineare Modellbildung und die meßtechnische Bestimmung des Übertragungsverhaltens Reifen/Radaufhängung [4]. Das Fahrzeug wird an der Hinterachse vertikal angeregt und die Indikatorfunktion der Bodengruppe bestimmt, siehe Abbildung 6.2.1.

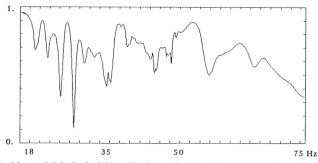

Abbildung 6.2.1: Normal-Mode-Indikatorfunktion bei Anregung an einem Anschlußpunkt bei ausgebauter Hinterachse. 1. Bereich circa 18 bis 35 Hz – ausgeprägte Eigenschwingungen; 2. Bereich circa 35 bis 50 Hz – Eigenschwingungen unscharf; 3. Bereich circa 50 bis 75 Hz – farbiges Rauschen.

Im Bereich von 35 Hz bis 50 Hz sind die Modalformen unscharf und im Bereich über 50 Hz sind viele verteilte Schwinger vorhanden, jedoch sind durch Hysterese Modalformen unterbunden. Die Schwingungsverhältnisse sind also ähnlich wie beim Reifen. Fahrzeug und Reifen bilden zusammen ein ungefesseltes System mit großen Drehungen und großen kinematisch erwünschten Bewegungen in den Achskonstruktionen. Große Federwege und Lenkeinschläge müssen modelliert werden, und die Gesamtbewegung des Fahrzeugs muß bis zum Überschlag und Crash berechenbar sein [5].

6.2.1 Fahrzeug und Achsersatzsystem für hochfrequente Störungen und nichtlineare Deformationen

Da der Reifen, wie dargestellt, auf die Achse vertikal und in Längsrichtung mit Frequenzen nur bis etwa 150 Hz einwirkt, muß die den Reifen führende Achse so modelliert sein, daß Frequenzen dieser Größenordnung eine entsprechende Kopplung vorfinden [6]. Ein mechanisches Ersatzsystem des Fahrzeugs bis etwa 150 Hz ist daher zu generieren. Damit scheiden Mehrkörpersysteme (MKS-Systeme), die nur bis etwa 20 Hz reichen, auch im Hinblick auf die Entwicklungen zum Leichtbau der Fahrzeuge aus. Auf der anderen Seite sind Finite-Element-Modelling (FEM)-Systeme deswegen ungeeignet, weil sie die freie Drehbarkeit des Fahrzeugs in den drei Raumrichtungen nicht realisieren. FEM-Systeme werden manchmal für den Sonderfall der Geradeausfahrt zur Untersuchung des Fahrkomfortproblems verwendet.

Ein universelles Fahrzeugmodell für die Fahrdynamik muß daher ein Vielteilchenmodell sein [7]. Auch wegen der Wirkung der Stollen und Seitenwandschwingungen auf den Reifengriff bei Schleuderzuständen (Fahrzuständen im Grenzbereich) muß dieser neuartige Weg beschritten werden. Das Fahrzeug wird als Massenpunktsystem, verbunden durch masselose Stäbe, dargestellt. Es hat 114 Freiheitsgrade. Der Vorteil liegt in der freien Drehbarkeit des Fahrzeugkörpers oder von Systemteilen wie Lenkung und Achsen, d. h. für beliebige Drehwinkel (ungefesseltes System) und in der Abschätzbarkeit des höchsten Eigenwerts der entstehenden Matrizengleichungen, siehe Abbildung 6.2.2.

Zufolge der Punktschweißungen der Karosserieflächen entstehen Nichtlinearitäten und Hystereseverhalten, zum Teil auch durch örtliches Beulen der Konstruk-

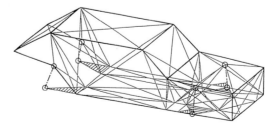

Abbildung 6.2.2: Fahrzeugersatzsystem als Raumfachwerk mit Ersatzmassen in den Knoten.

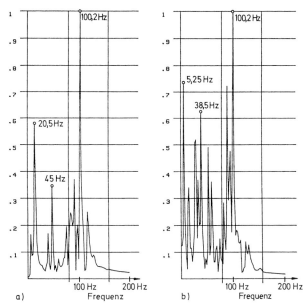

Abbildung 6.2.3: Spektrum der berechneten Beschleunigung bei Anregung an der Hinterachse;
a) an Hinterachse, b) an Dom.

tionsbleche hervorgerufen. Fahrzeugkörper und Achse werden entsprechend Abbildung 6.2.2 modelliert.

Eine Modellrechnung ergibt Frequenzen des Ersatzsystems bis etwa 150 Hz bei Anregung an einer Achse, siehe Abbildung 6.2.3. Bei ausreichender Hysterese des mechanischen Ersatzsystems ist die explizite Prediktor-Korrektor-Integration vorzuziehen, da bei impliziter Integration der Rechenaufwand bei der Inversion zu hoch wird und außerdem Fehler im Drall des Gesamtsystems bei grober Schrittweite entstehen können.

6.2.2 Elastokinematik und Dynamik der Achsen

Der Vorteil der freien Drehbarkeit von Stabsystemen mit Einzelmassen führt dazu, daß im Bereich der Achsen und der Lenkung die Modellierung den konstruktiven Vorgaben kinematisch genau folgen kann. Alle Fahrzustände einschließlich des Umkippens unter Berücksichtigung der Nachgiebigkeiten des elastischen Systems sind rechnerisch nachvollziehbar, ohne daß Einschränkungen bezüglich des Frequenzbereichs notwendig werden. Begrenzungen der Drehbewegung der Achslenker werden durch geeignete elastische Anschläge rechnerisch realisiert, sowohl für das Ein- als auch für das Ausfedern. Die Abbildungen 6.2.4 a–c zeigen die Modellierung einer Hinterachse mit Feder und Mountings sowie Dämpfer.

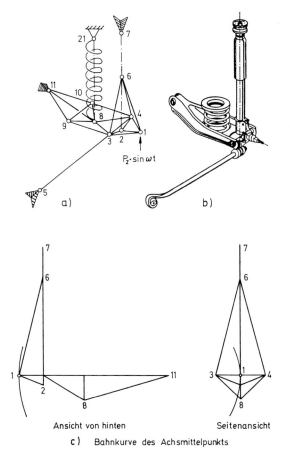

Abbildung 6.2.4: Ersatzsystem für eine Hinterachse als Raumfachwerk mit elastischer Lagerung; a) Schrägansicht des Ersatzsystems; b) reale Hinterachse; c) Bahnkurve des Achsmittelpunkts bei vertikaler Anregung.

6.2.3   Wirkung von Federn, Dämpfern und Mountings

Blattfedern werden meist im Verbund von zwei Blättern bis zu acht Blättern unterschiedlicher Länge verwendet. Ihre Biegetragwirkung wird durch eine biegeelastische Kette mit Torsionsfedern in den Gelenken nachgebildet. Die einzelnen Blätter reiben aufeinander, und es kommt durch Haft-/Gleitzustände zu einer starken Schwankung der Gesamtsteifigkeit. Die Kontaktstellen werden an den freien Blattenden angenommen und bewegen sich relativ zueinander hochfrequent. Messungen zeigen in Abhängigkeit von der Anregungsfrequenz einen sehr hohen Oberwellengehalt einschließlich Frequenzvielfachen, Abbildung 6.2.5 a. Eine Simulation mit Hilfe eines Vielteilchensystems ergibt ähnliche Verhaltensweisen. Bemerkenswert ist gegenüber der statischen Federkennlinie, daß das dynamische Verhalten negative Steigung besitzt in bezug auf die Steigung der Kennlinie im vorgegebenen Betriebspunkt, siehe Abbildung 6.2.5 b.

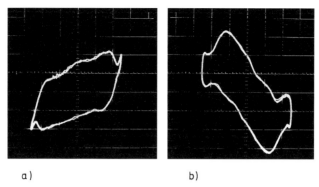

a)   b)

Abbildung 6.2.5: Federkennlinien für eine Trapezfeder bei vertikaler Anregung mit a) 8,5 Hz und b) 20 Hz.

Schraubfedern sind näherungsweise als Kontinuumsschwinger mit Grund- und Oberwellen in bezug auf die Federlänge zu betrachten. Durch teilweises Anliegen der Schraubwindungen kommt es zu nichtlinearen Effekten. Eine Messung ist in Abbildung 6.2.6 gezeigt. Beide genannten Federtypen enthalten eine unangenehme Eigendynamik analog Abbildung 6.2.5 b und sind daher nicht als optimal zu bezeichnen, während die Torsionsstabfeder vom Oberwellengehalt praktisch frei ist.

Die Dreh- oder Torsionsstabfeder reagiert linear torsionselastisch, der Oberwellengehalt ist praktisch null. Ihre Wirkung kann ganz leicht durch ein Torsionskräftepaar im Fahrzeugsystem dargestellt werden. Die Luftfeder hat ebenfalls keine dynamische Wirkung. Eine Messung zeigt, daß die Nennlast der Achse entsprechend der Konstruktionslage des Fahrzeugs unabhängig von der Federzahl eingestellt werden kann. Kleine Federzahlen und gute Hystereseeigenschaften wegen der Rollbalgreibung ermöglichen resonanzfreien Betrieb.

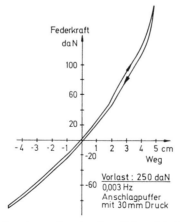

Abbildung 6.2.6: Federkennlinie einer eingebauten Schraubfeder mit Anschlagpuffer und Dämpfer bei sehr langsamer Einfederung.

Dämpfer arbeiten nach dem Prinzip der Flüssigkeitsdämpfung mittels Dämpferölen mit möglichst hohem Siedepunkt, um Blasenbildungen zu vermeiden. Da die Ölzähigkeit eine stark veränderliche Funktion der Öltemperatur ist, muß die Dämpfungswirkung als Übergangsfunktion eines instationären Temperaturgleichgewichts behandelt werden. Versuche zur Bestimmung der Dämpferleistung erfolgen bei konstanter Kühlgebläseeinstellung, wodurch eine scheinbare Abhängigkeit der Dämpferkonstanten von der vorgegebenen Schwingungsfrequenz und Amplitude entsteht, siehe Abbildung 6.2.7 a–c. Die Dämpfungskonstanten sind im Zug- und Druckbereich sehr unterschiedlich.

Mountings haben die Aufgabe, in einem steifen Achslenkersystem die großen Unterschiede von Längs-, Quer- und Vertikalsteifigkeit abzumildern. Zusätzlich wird noch ein elastisches Eigenlenkverhalten von Hinterachsen angestrebt (selbsteinstel-

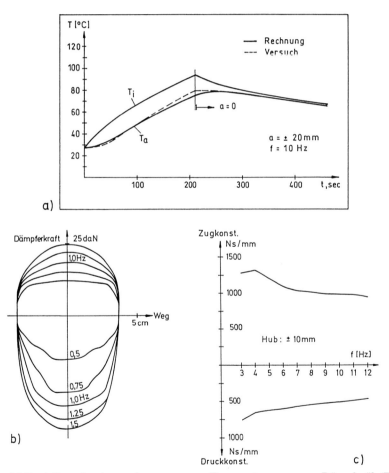

Abbildung 6.2.7: a) Berechneter und gemessener Temperaturgang von Dämpferöl (T_i) und Dämpferaußenwand (T_a) als Funktion der Zeit; Messung der Dämpfertemperatur und Berechnung der Öltemperatur; b) Messung der Dämpferkraft; c) Berechnung der Dämpferkonstanten.

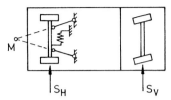

Abbildung 6.2.8: Elastokinematik an der Hinterachse zufolge Seitenkraft S_H und Drehung der Starrachse um den Momentanpol M.

lende Elastokinematik), um eine möglichst hohe Schräglaufsteifigkeit an der Hinterachse zu erreichen. Diese Maßnahme wirkt sich äußerst vorteilhaft für die Fahrstabilität des Gesamtfahrzeugs aus. Als Beispiel sei die Längslenkerlagerung einer starren Hinterachse gezeigt, siehe Abbildung 6.2.8, die bewirkt, daß sich die Achse gegenüber der Querachse des Fahrzeugs geringfügig verdreht, so daß die entstehenden Seitenkräfte sich selbsttätig verstärken.

Ein weiteres Beispiel ist die Anwendung von Mountings zur Dämpfung hochfrequenter Schwingungen im Achssystem selbst.

6.2.4 Überrollen von Bodenunebenheiten, Stoßkräfte

Zur Vermeidung von langen Rechenzeiten ist es üblich, nicht das Gesamtfahrzeug zu berechnen, sondern nur das Zusammenwirken des Reifens mit der anteiligen Achsmasse und Aufbaumasse des Fahrzeugs zu berücksichtigen (sogenannte Viertelfahrzeugrechnung). Von besonderem Interesse ist hier das Verhalten des LKW-Reifens beim Verschleißvorgang von Straßenoberflächen [8] sowie auf Bodenunebenheiten, siehe Abbildung 6.2.9. Dabei wurde das Rollen auf unebener Fahrbahn (Abbildung 6.2.10 a–d) und das Überrollen eines Schlaglochs (Abbildung 6.2.10 e–h) untersucht. Diese Beispiele wurden mit dem Vielteilchenmodell des elastischen Kreisrings von M. Eichler gerechnet.

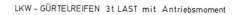

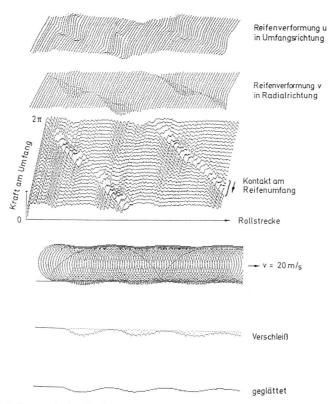

Abbildung 6.2.9: Dynamische Reifenverformungen mit Antriebsmoment entsprechend einer Umfangskraft von einer Tonne sowie verringerte Achsdämpfung.

a)

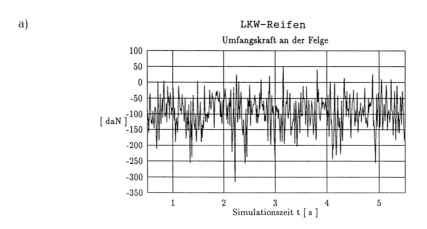

b)

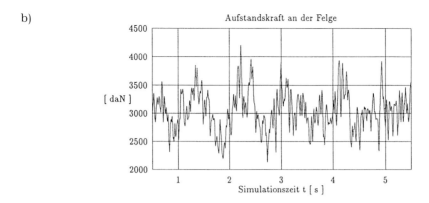

c)

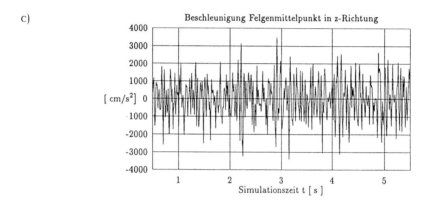

Rollen auf unebener Fahrbahn

d)

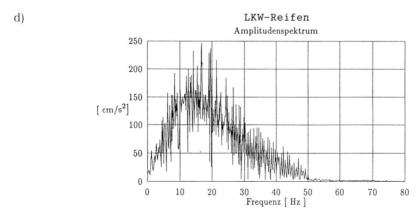

Rollen auf unebener Fahrbahn

e)

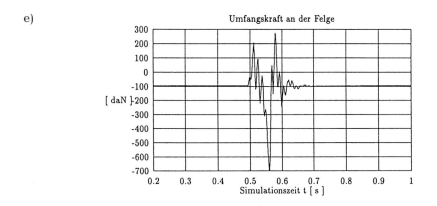

f)

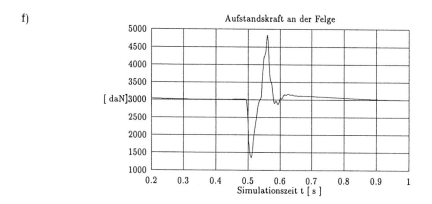

Überrollen eines Schlaglochs

g)

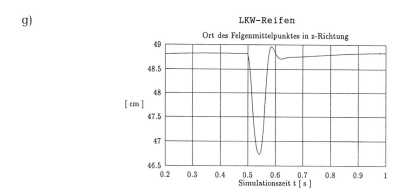

132

h)

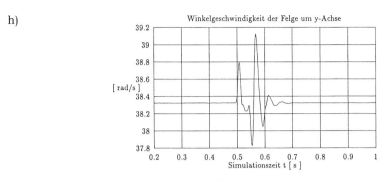

Überrollen eines Schlaglochs

Abbildung 6.2.10: Berechnung hochfrequenter Rollvorgänge auf unebener Fahrbahn. a – c: Allgemeines Unebenheitsprofil (gemessen); d – h: Schlagloch.

6.2.5 Dynamische Wirkung der Reifen-Non-Uniformity

Verwendet wird ein Starr-Körper-Fahrzeugmodell mit 30 Freiheitsgraden, mit dem Schwingungsuntersuchungen infolge Ungleichförmigkeit eines Reifens (Seitenschlag des Gürtels) durchgeführt werden [9], siehe Abbildung 6.2.11.

Bei Geradeausfahrt wird gezeigt, daß die Seitenkraftschwingung des Non-Uniformity-Reifens in der Vorderachse mit einem Anteil von 17,5 % auf den gegenüberliegenden Reifen übertragen wird. Bei Kurvenfahrt (Abbildung 6.2.12) wird im Vergleich Vorder- zur Hinterachse erläutert, daß durch die Querlenker-Aufhängung im Vorderwagen die Non-Uniformity-Störung keinen Schwingungseinfluß im Gleitbereich hat.

Bei der längsaufgehängten Hinterachse hingegen ist dieser Einfluß im gestörten Rad durchgehend auch im Gleitbereich zu verzeichnen. Dieses Verhalten wird in Abhängigkeit von der Radaufhängung auch im Sturzwinkel-γ-Verlauf des Reifens dokumentiert, siehe Abbildung 6.2.13. Weiter wird gezeigt, daß in vertikaler Richtung des Reifens nur eine geringe Kopplung mit der Non-Uniformity quer stattfindet, siehe Abbildung 6.2.14.

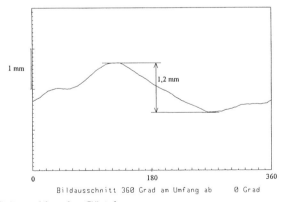

Abbildung 6.2.11: Seitenschlag des Gürtels.

a)

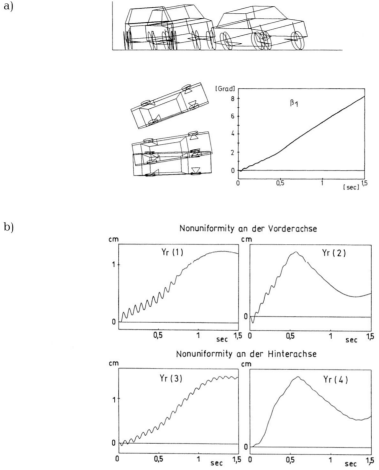

b)

Abbildung 6.2.12: a) Fahrzeugbewegung jeweils nach 1 000, 2 000 und 3 000 Zeitschritten und Lenkwinkelverlauf des kurvenäußeren Rades; b) Querverschiebung des Gürtels im Kontakt; oben an der Vorderachse, unten an der Hinterachse, jeweils mit Ungleichförmigkeit.

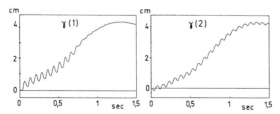

Abbildung 6.2.13: Vergleich der Sturzwinkelverläufe für Non-Uniformity im kurvenäußeren Vorder- (links) und Hinterrad (rechts).

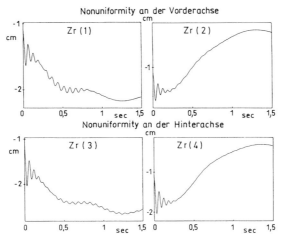

Abbildung 6.2.14: Eindrückung; oben an der Vorderachse, unten an der Hinterachse.

In allen durch Non-Uniformity des Reifens mit Schwingungen überlagerten Kurvenverläufen ist die Zwangskopplung ohne Oberwellenbildung wiederzufinden. Die Ausnahme bildet der Flatterfreiheitsgrad Ψ (Drehung um die Hochachse). Hier ergibt sich durch die Querverschiebung des Gürtels eine deutliche Oberwellenbildung bis zur vierten Ordnung, siehe Abbildung 6.2.15. Im Ergebnis zeigt also auch dieses einfachste Fahrzeugmodell Auswirkungen der Reifen-Non-Uniformity in der Schwingungsentwicklung im Rollkontakt. Diese Oberwellenbildung infolge Seitenschlag von 1,2 mm hat wohl Einfluß auf die Lenkungsdynamik, jedoch weder Einfluß auf die Fahrdynamik, noch auf das Komfortverhalten des Fahrzeugs.

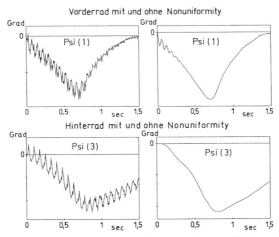

Abbildung 6.2.15: Ψ-Winkelverläufe, Non-Uniformity im kurvenäußeren Rad vorn (oben links) und hinten (unten links).

135

6.3   Literatur

1   P. Bannwitz, C. Oertel: Adaptive Reifenmodelle: Aufbau, Anwendung und Parameterbestimmung. VDI-Berichte Nr. 1224, VDI-Verlag, Düsseldorf 1995, S. 207–220.

2   A. Gallrein: Berechnung hochfrequenter Stollendynamik am Gürtelreifen. Diplomarbeit, TU Berlin 1992.

3   F. Böhm: Comfort, Vibration and Stress of the Belted Tire. 6th IAVSD-Symp., TU Berlin 1979.

4   H.-P. Willumeit, T. Zhang: Investigation of the high frequency disturbance response of vehicle suspension. Proc. XXIV FISITA Congr., SAE-P 925106, London 1992.

5   F. Böhm: Elastodynamics of vehicles and crash simulation. Nuclear Engineering and Design *150* (1994), 465–471.

6   T. Zhang: Höherfrequente Übertragungseigenschaften der Kraftfahrzeugfahrwerksysteme. Dissertation, TU Berlin 1991.

7   F. Böhm: Elastodynamik der Fahrzeugbewegung. 4. Fahrzeugdynamik-Fachtagung 1990, Essen. In: Fortschritte in der Fahrzeugtechnik 8, Schwingungen in der Fahrzeugdynamik, W. Stühler (Hrsg.), Vieweg-Verlag, Braunschweig, Wiesbaden 1991, S. 113–137.

8   F. Böhm, A. Duda: Verschleiß und Zerstörung von Fahrbahnoberflächen infolge hochfrequenter Rolldynamik von LKW-Reifen. Haus der Technik der RWTH, Vortrag 1996.

9   J. Klei: Rollkontaktstörung infolge Reifenungleichförmigkeit. Dissertation, TU Berlin 1995.

7 Rechnerische Behandlung des stationären Rollkontakts viskoelastischer Walzen

Florian Hiß[*], Klaus Knothe[**], Ulrich Miedler[**], Linan Qiao[***]
und Guangqiu Wang[**]

7.1 Vorbemerkung

Während experimentelle Untersuchungen in der Kontaktfläche von Reifen und Fahrbahn (siehe Kapitel 5) heute zum Standardrepertoire der Reifen-Kontaktmechanik gehören, sind experimentelle Untersuchungen *in* der Kontaktfläche von Rad und Schiene beim derzeitigen Stand der Meßtechnik zum Scheitern verurteilt. Messen lassen sich nur die resultierenden Kräfte und Starrkörperschlüpfe, wobei selbst hierbei in Streckenversuchen oder für instationäre Vorgänge erhebliche meßtechnische Probleme auftreten: Eine unmittelbare experimentelle Verifikation von instationären kontaktmechanischen Beziehungen für den Rad-Schiene-Kontakt ist bisher nicht gelungen. Eine derartige Verifikation ist aber notwendig, da die instationäre Kontaktmechanik eine Grundlage für die Simulation von Riffelauslösevorgängen ist.

Aus diesem Grund wurde das Kunststoffrad auf der Stahlfahrbahn ganz bewußt in die Untersuchungen des Sonderforschungsbereichs 181 einbezogen. Während der Reifenkontakt durch ein Noppen- oder Borstenmodell beschrieben werden kann, ist beim Kontakt Kunststoffrad-Stahlfahrbahn, ähnlich wie beim Rad-Schiene-Kontakt, die Verwendung eines Halbraummodells erforderlich, so daß die Ergebnisse für das Kunststoffrad unter diesem Aspekt leicht auf den Rad-Schiene-Kontakt übertragen werden können. Der Kontakt zwischen Kunststoffrad und Stahlfahrbahn bringt aber gegenüber dem Rad-Schiene-Kontakt zwei entscheidene Komplikationen: Zum einen handelt es sich um den Kontakt zweier Körper aus *ungleichem* Material, zum anderen ist der Kunststoff ein *viskoelastisches* Material. Da zu Beginn des Gesamtvorhabens selbst die Theorie des stationären Rollkontakts von Walzkörpern aus unterschiedlichen, viskoelastischen Materialien nur in unbefriedigender und nicht verifizierter Form vorlag, mußte zuerst dieses Problem behandelt werden. Nachfolgend werden die Ergebnisse zum stationären Rollkontakt vorgestellt.

---

[*] Technische Universität Berlin, Fachbereich Mathematik.
[**] Technische Universität Berlin, Institut für Luft- und Raumfahrt.
[***] Technische Universität Berlin, Institut für Fördertechnik und Getriebetechnik.

Tabelle 7.1.1: Behandelte Modelle zum stationären Rollkontakt.

Abschnitt	7.3	7.4	7.5	7.6
Symbol				
Dimension	eben (a) oder räumlich (b)	eben	eben	räumlich
Erstreckung	Halbraum	unendlicher Streifen	keine Einschränkung	
Material	viskoelastisch	viskoelastisch	elastisch	elastisch
Diskretisierung	BEM	BEM	FEM	FEM
Autoren	Wang, Knothe (a) [4] Wang, Kalker (b) [3]	Hiss, Knothe, Wang [5] Braat [6]	Haeusler [7] Miedler [8]	Qiao [9]

In Abschnitt 7.2 wird die generelle Konzeption erläutert, die bei allen behandelten Teilproblemen verfolgt wurde. Alle wesentlichen Probleme treten bereits bei der viskoelastischen Erweiterung der zweidimensionalen, elastischen Lösungen von Carter [1] und Fromm [2] auf (Abschnitt 7.3). Der Übergang auf den dreidimensionalen Fall [3] erweist sich als unproblematisch. Praktisch relevanter ist das Kontaktproblem bandagierter Walzen, das zunächst mit einer modifizierten Halbraumannahme (unendlich lange Streifen) behandelt wird (Abschnitt 7.4). Die Halbraum- oder Streifenvoraussetzung ist dann nicht mehr gültig, wenn die Kontaktlänge in Rollrichtung von gleicher Größenordnung ist wie die Walzenradien oder die Bandagendikken. Das ist bei Kunststoffwalzen zumeist der Fall. Um die in Experimenten zu erwartenden Abweichungen beurteilen zu können, mußte für die Berechnung der Einflußzahlen die Randelementmethode durch ein Finite-Element-Verfahren ersetzt werden (Abschnitt 7.5). Die Behandlung bandagierter Walzen endlicher Breite (Abschnitt 7.6) ist nur unter Einsatz eines kommerziellen Finite-Element-Programms möglich, das für diese Zwecke modifiziert wurde. In Tabelle 7.1.1 sind die einzelnen Verfahren übersichtlich dargestellt.

7.2 Konzeption des Vorgehens

Die Konzeption wird für das stationäre Rollkontaktproblem zweier viskoelastischer Walzen erläutert (Abbildung 7.2.1). Vorgegeben sind Geometrie- und Materialparameter der beiden Walzen sowie entweder Normal- und Tangentialbelastungen oder die elastische Annäherung und die Rollgeschwindigkeiten der Walzen. Gesucht sind die Abmessungen der Kontaktfläche sowie die Normal- und Tangentialspannungen in der Kontaktfläche. Die entscheidende Komplikation gegenüber älteren Arbeiten ergibt sich daraus, daß *unterschiedliches, viskoelastisches* Material betrachtet wird [10–16].

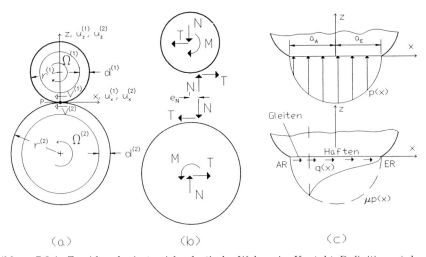

Abbildung 7.2.1: Zwei bandagierte viskoelastische Walzen im Kontakt. Definition: a) der geometrischen Größen, der Winkelgeschwindigkeiten $\Omega^{(1)}$, $\Omega^{(2)}$ und der Kontaktpunktgeschwindigkeiten $v^{(1)}$, $v^{(2)}$; b) der resultierenden Linienlasten und c) der auf Walze 1 wirkenden Flächenlasten $p(x)$ und $q(x)$; ER: Einlaufrand, AR: Auslaufrand.

7.2.1 Konstitutive Beziehungen

Man geht in der Kontaktmechanik üblicherweise von *Einflußfunktionen* aus, das sind Oberflächenverschiebungzustände $\boldsymbol{u} = \{u_x, u_y, u_z\}^T$ bei Vorgabe von konzentrierten Normal- und Tangentialkräften an der Oberfläche. Für beliebige Oberflächenbelastungen $\boldsymbol{p} = \{q_x, q_y, p\}^T$ erhält man den Oberflächenverschiebungzustand durch Superposition. Den Zusammenhang zwischen $\boldsymbol{u}$ und $\boldsymbol{p}$ bezeichnet man auch als konstitutive Beziehung. Beim Kontakt zweier in y-Richtung unendlich erstreckter Walzen oder zweier dünner Scheiben liegen Sonderfälle vor. In diesen Fällen gelten eindimensionale konstitutive Beziehungen zwischen $\boldsymbol{u} = \{u_x, u_z\}^T$ und $\boldsymbol{p} = \{p, q\}^T$, wobei alle Größen nur noch von der Ortskoordinate x abhängen.

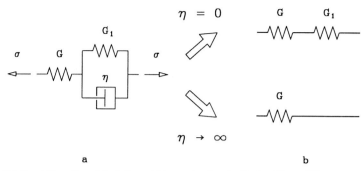

Abbildung 7.2.2: a) Poynting-Modell und b) zwei rein elastische Grenzfälle.

Zur Beschreibung des linearen, viskoelastischen Materialverhaltens wird das Poynting-Modell für den eindimensionalen Fall verwendet, das in Abbildung 7.2.2a dargestellt ist. Es enthält nur eine Zeitkonstante τ, die sogenannte Retardationszeit, wodurch die Gültigkeit auf einen kleinen Frequenzbereich beschränkt ist. Die Steifigkeiten der Federn werden mit G und G_1 bezeichnet. Die Viskosität des Dämpfers ist $\eta_1 = G_1\tau$. Durch eine Kombination von zusätzlichen Feder- und Dämpferelementen ließe sich das tatsächliche Verhalten des Kunststoffs besser beschreiben, der Aufwand zur Lösung des Kontaktproblems würde jedoch erheblich steigen. Ein Spannungssprung der Form $\hat{\sigma}H(t)$ mit der Heavisideschen Sprungfunktion $H(t)$ verursacht eine zeitabhängige Verzerrung $\epsilon(t) = \hat{\sigma}J(t)$ mit der Retardationsfunktion

$$J(t) = \begin{cases} \frac{1}{G}\left(1 + f\left(1 - e^{-t/\tau}\right)\right) & \text{für} \quad t \geq 0, \\ 0 & \text{für} \quad t < 0. \end{cases} \tag{7.1}$$

Darin bezeichnet f das Federverhältnis $f = G/G_1$. Das Verhalten des Dämpfers wird durch zwei elastische Grenzfälle begrenzt (Abbildung 7.2.2b). Für $\eta_1 = 0$ geht das 3-Parameter-Modell in ein 2-Parameter-Modell mit $J = 1/G + 1/G_1$ über. Dieser Fall läßt sich durch $\tau = 0$ realisieren. Für $\eta_1 \to \infty$ geht das 3-Parameter-Modell in ein 1-Parameter-Modell mit $J = 1/G$ über. Wegen $\eta_1 = G\tau/f$ läßt sich dieser Fall durch das Federverhältnis $f = 0$ realisieren.

Im allgemeinen, dreidimensionalen Fall lassen sich durch einen Vergleich des Materialgesetzes eines elastischen Körpers mit dem laplace- oder fouriertransformierten Materialgesetz für einen viskoelastischen Körper Analogien zwischen elastischen Größen wie Schubmodul G und Kompressionsmodul K und den entsprechenden viskoelastischen Größen $G(p)$ und $K(p)$ im Bildbereich formulieren. p ist hierbei der Parameter im Bildbereich der Laplace- oder Fouriertransformation. Es gilt die Analogie

$$G \longrightarrow pG(p), \qquad K \longrightarrow pK(p). \tag{7.2}$$

Durch die Rücktransformation in den Zeitbereich werden alle anderen Größen des viskoelastischen Materials, zum Beispiel $J(t)$ und $v(t)$, bestimmt. Zur Vereinfachung wird hier durchweg angenommen, daß $G(p)/K(p)$ konstant ist, so daß nach Rücktransformation die Querkontraktion $v(t)$ konstant ist, $v(t) = v$.

Damit können die Spannungen und Verschiebungen eines viskoelastischen Körpers im Bildbereich berechnet werden, indem in den Ausdrücken für die Spannungen und Verschiebungen des zugeordneten *elastischen* Problems die Konstanten durch die mit p multiplizierten Größen im Bildbereich ersetzt werden. Die Lösungen des *viskoelastischen* Problems ergeben sich dann durch Rücktransformation in den Zeitbereich. Die Rücktransformation ist im allgemeinen nur numerisch durchführbar, lediglich für den Halbraum läßt sie sich analytisch vornehmen. Die explizite Zeitabhängigkeit in der konstitutiven Beziehung für viskoelastisches Material entfällt, wenn sie auf ein mit der Geschwindigkeit v_0 mitbewegtes Koordinatensystem transformiert werden.

Bei Aufgaben der Rollkontaktmechanik ist zu beachten, daß die Verschiebungen und Spannungen im Kontaktgebiet unbekannt sind (sogenannte gemischte Randbedingungen). Daher kann nicht einfach die Lösung des elastischen Randwertproblems auf das viskoelastische Problem übertragen werden. Vielmehr läßt sich das oben beschriebene Analogie-Prinzip nur auf die Grundgleichungen anwenden.

7.2.2 Grundgleichungen des zweidimensionalen stationären Rollkontakts

Für jede Walze, die im Kontaktgebiet $-a_A \leq x \leq a_E$ mit der Normalspannung $p(x)$ und der Tangentialspannung $q(x)$ beansprucht wird (Abbildung 7.2.1c), kann mit Hilfe der konstitutiven Beziehungen der Oberflächenverschiebungszustand $u_x(x)$ und $u_z(x)$ angegeben werden. Da stationärer Rollkontakt vorausgesetzt wird, sind die Grenzen $-a_A$ und a_E zeitunabhängig.

Zur Lösung des Normalkontaktproblems wird die Berührbedingung im Kontaktgebiet in der Form

$$u_z^{(1)}(x) + u_z^{(2)}(x) - (\delta^{(1)} + \delta^{(2)}) + \frac{1}{2R}x^2 = 0 \qquad (7.3)$$

formuliert. Darin sind $\delta^{(1)}$ und $\delta^{(2)}$ die Annäherungen der Achsen der Walzen 1 und 2. R ist ein aus den Rollradien $r^{(1)}$ und $r^{(2)}$ gemittelter Radius $R = r^{(1)}r^{(2)}/(r^{(1)} + r^{(2)})$.

Zur Lösung des Tangentialkontaktproblems ist die kinematische Beziehung für den lokalen (wahren) Schlupf $w(x)$,

$$w(x) = s + \frac{d}{dx}(u_x^{(1)}(x) - u_x^{(2)}(x)), \qquad (7.4)$$

erforderlich. $s = (\Omega^{(1)}r^{(1)} - \Omega^{(2)}r^{(2)})/v_m$ bezeichnet den Starrkörperschlupf mit der mittleren Geschwindigkeit $v_m = -(\Omega^{(1)}r^{(1)} + \Omega^{(2)}r^{(2)})/2$. Durch Einsetzen der konstitutiven Beziehungen in die Gleichungen (7.3) und (7.4) werden zwei gekoppelte Integralgleichungen für die unbekannten Spannungen $p(x)$ und $q(x)$ erzeugt. Die Rand- und Nebenbedingungen für die Spannungen $p(x)$, $q(x)$ und den Schlupf $w(x)$ sind zum Beispiel in [4] enthalten. Das hier verwendete Coulombsche Reibgesetz tritt als Nebenbedingung für die Tangentialspannungen $q(x)$ auf.

Die Grundgleichungen (7.3) und (7.4) sind unabhängig von dem verwendeten Verfahren zur Berechnung der Einflußfunktionen gültig. Unterschiede ergeben sich aber in der Normalkontaktgleichung, da die Oberflächenverschiebungen eines Halbraums nur bis auf eine unbeschränkte Konstante bestimmt sind. Die Normalkontaktgleichung wird dann bezüglich eines festen Punkts x_0 in der Kontaktfläche aufgestellt. Die vollständig bestimmten Verschiebungen bandagierter Walzen benötigen keinen derartigen Bezugszustand.

Mit den im Abschnitt 7.2.1 eingeführten konstitutiven Beziehungen erhält man aus Gleichung (7.3) und Gleichung (7.4) zwei gekoppelte Integralgleichungen:

$$\sum_{j=1}^{2} \int_{-a_A}^{a_E} \frac{p(\xi)}{G^{(j)}} \left(h_{21}^{(j)}(x-\xi) - h_{21}^{(j)}(x_0-\xi) \right) +$$

$$\frac{(-q(\xi))^j}{G^{(j)}} \left(h_{22}^{(j)}(x-\xi) - h_{22}^{(j)}(x_0-\xi) \right) d\xi = -\frac{\pi}{R}(x^2 - x_0^2), \tag{7.5a}$$

$$s + \sum_{j=1}^{2} \int_{-a_A}^{a_E} \frac{(-p(\xi))^j}{2\pi G^{(j)}} \frac{dh_{11}^{(j)}(x-\xi)}{dx} - \frac{q(\xi)}{2\pi G^{(j)}} \frac{dh_{12}^{(j)}(x-\xi)}{dx} d\xi = w(x). \tag{7.5b}$$

Das Normalkontaktproblem kann, sofern die Verschiebungen aus der konstitutiven Beziehung vollständig bestimmt sind, unter Vorgabe der Annäherungen der Walzenachsen $\delta^{(1)} + \delta^{(2)}$ oder unter Vorgabe der resultierenden Kraft N gelöst werden. Entsprechend ist im Tangentialkontaktproblem der Starrkörperschlupf s oder die Tangentialkraft T vorgebbar. Dabei gelten keine Einschränkungen für die Verschiebungen. Bei Vorgabe der resultierenden Kräfte müssen die Gleichgewichtsbedingungen mit erfüllt werden.

Unbekannt sind in den Gleichungen (7.3) und (7.4) die Normalspannung $p(x)$, die Tangentialspannung $q(x)$, die Abmessungen a_A und a_E der Kontaktfläche und der wahre Schlupf $w(x)$ im Gleitgebiet. Auf die Methode zur Lösung der gekoppelten Integralgleichungen wird im nächsten Abschnitt eingegangen.

Für bestimmte Konstellationen lassen sich die Normalkontaktgleichung (7.5a) und die Tangentialkontaktgleichung (7.5b) voneinander entkoppelt behandeln, so daß die Normalspannungen, abgesehen von denen aus dem Reibgesetz, keinen Einfluß auf die Tangentialspannungen haben und umgekehrt.

Weitere Sonderfälle sind das freie Rollen, bei dem die in der Kontaktfläche übertragene Tangentialkraft gleich Null ist, sowie die Fälle $\mu = 0$ und $\mu \to \infty$. Für $\mu = 0$ wirken in der Kontaktfläche keine Tangentialspannungen; Lösungen dafür sind auf den Fall freien Rollens (d.h. $s = 0$) beschränkt [17]. $\mu \to \infty$ bedeutet vollständiges Haften. Für $T = \mu N$ tritt vollständiges Gleiten ein.

7.2.3 Lösungsmethode

Zur Lösung der gekoppelten Integralgleichungen (7.5) müssen die unbekannten Spannungen und der unbekannte wahre Schlupf diskretisiert werden. Dazu wird das potentielle Kontaktgebiet äquidistant in n Elemente der Länge Δx unterteilt. Da die Abmessungen des tatsächlichen Kontaktgebiets ebenfalls unbekannt sind, ist das potentielle Kontaktgebiet entsprechend zu wählen. Die Normalbelastung beispielsweise wird durch Dreiecksfunktionen mit der Amplitude p_j stückweise linear angenähert. Die Tangentialbelastung $q(x)$ und der wahre Schlupf $w(x)$ werden analog approximiert.

Die diskretisierten Integralgleichungen nehmen damit die Form

$$-\frac{1}{2R}\left(x_i^2 - x_m^2\right) =$$

$$\sum_{j=1}^{n-1} p_j \sum_{l=1}^{2}\left(h_{21}^{(l)}(x_i, x_j) - h_{21}^{(l)}(x_m, x_j)\right) + \sum_{j=1}^{n-1} q_j \sum_{l=1}^{2}(-1)^l\left(h_{22}^{(l)}(x_i, x_j) - h_{22}^{(l)}(x_m, x_j)\right),$$

$$w_i = s + \frac{1}{\Delta x}\sum_{j=1}^{n-1} q_j \sum_{l=1}^{2}\left(h_{12}^{(l)}(x_i + \Delta x, x_j) - h_{12}^{(l)}(x_i, x_j)\right)$$

$$+ \frac{1}{\Delta x}\sum_{j=1}^{n-1} p_j \sum_{l=1}^{2}(-1)^l\left(h_{11}^{(l)}(x_i + \Delta x/2, x_j) - h_{11}^{(l)}(x_i - \Delta x/2, x_j)\right) \qquad (7.6)$$

an. Darin sind die h_{ij} die Einflußkoeffizienten, die vorab ermittelt werden.

Die Kontaktspannungen, das Kontaktgebiet und der wahre Schlupf werden mit Hilfe der in [18] angegebenen Lösungsmethode berechnet.

7.3 Stationärer Rollkontakt zweier viskoelastischer Vollwalzen (Halbraumkontakt)

7.3.1 Berechnung der Einflußfunktionen

Die Einflußfunktionen werden unter der Annahme berechnet, daß die Abmessungen des Kontaktgebiets klein gegenüber den Walzenradien sind. Ausgangspunkt für die Berechnung sind die Einflußfunktionen für den *elastischen* Halbraum, die von Boussinesq und Cerruti unter Verwendung von Potentialfunktionen hergeleitet wurden [4, 17, 19]. Zur Herleitung im vorliegenden *viskoelastischen* Anwendungsfall wird das in Abschnitt 7.2.1 beschriebene Analogie-Prinzip verwendet, wobei berücksichtigt wird, daß das Kontaktgebiet in Längsrichtung der Walzen unendlich ausgedehnt ist:

$$u = \frac{1}{2\pi G} \left\{ \int_{-a_A}^{a_E} \boldsymbol{H}(x - \bar{x}) \boldsymbol{p}(\bar{x}) d\bar{x} \right.$$
$$\left. + f \int_0^\infty e^{-\xi} \int_{-a_A}^{a_E} \boldsymbol{H}(x - \bar{x} + v_0 \tau \xi) \boldsymbol{p}(\bar{x}) d\bar{x} d\xi \right\} + \boldsymbol{C}, \tag{7.7}$$

mit der Matrix $\boldsymbol{H}$ der Einflußfunktionen [4, 18]

$$\begin{bmatrix} h_{11}(x) & h_{12}(x) \\ h_{21}(x) & h_{22}(x) \end{bmatrix} = \begin{bmatrix} -\frac{\pi}{2}(1 - 2\nu)\,\text{sign}(x) & -2(1 - \nu)\ln|x| \\ -2(1 - \nu)\ln|x| & \frac{\pi}{2}(1 - 2\nu)\,\text{sign}(x) \end{bmatrix} \tag{7.8}$$

und dem unbeschränkten Konstantenvektor $\boldsymbol{C} = \{C_x, C_z\}^T$. Die Normalkontaktgleichung muß daher relativ zu einem Bezugspunkt in der Kontaktfäche formuliert werden (Abschnitt 7.2.2). Eine Verallgemeinerung auf den dreidimensionalen Rollkontakt ist in [3] vorgenommen worden.

7.3.2 Ergebnisse

Als Folge der viskoelastischen Materialeigenschaften der Halbräume sind die kontaktmechanischen Größen von der Rollgeschwindigkeit der Walzen abhängig. Anhand einer Rechnung für das gekoppelte, viskoelastische Kontaktproblem aus Tabelle 7.3.1 werden im folgenden die Wirkungen viskoelastischer Materialien im Rollkontakt erläutert. Es wird eine steife, ideal elastische Walze auf einer nachgiebigen viskoelastischen Ebene untersucht. Die Walze rollt frei ohne resultierende Tangentialkraft.

In Abbildung 7.3.1 sind die Kontaktspannungen $p(x)$ und $q(x)$ bei verschiedenen Werten des dimensionslosen Rollgeschwindigkeitsparameters $\zeta_0 = v\tau/a_h$ der Walze 2 dargestellt (a_h: Hertzscher Kontakthalbmesser für $v = 0$). Deutlich sichtbar ist die unsymmetrische, zum Einlaufrand vorverlagerte Normaldruckverteilung für $\zeta_0 = 1$. Die Kontaktfläche ist ebenfalls deutlich unsymmetrisch. Die Exzentrizitäten sind außer durch die Geschwindigkeit auch durch das Verhältnis f bestimmt.

Tabelle 7.3.1: Eingabe- und Normierungsgrößen der Rechnungen zum gekoppelten viskoelastischen Kontaktproblem mit Vollwalzen (Halbraum), (nach [19]).

Größe	Einheit	Walze 1	Walze 2	Größe	Einheit	$\zeta_0 = 0$	$\zeta_0 = \infty$
E	N/mm^2	210 000	10 500	N	N/mm	300	
ν	–	0,22	0,28	T	N/mm	0	
f	–	0	0,1; 1; 3; 9	μ	–	0,1	
ζ_0	–	0	0; 0,1; 1; 2; ∞	a	mm	2,62	1,88
r	mm	100	∞	$p_{\max}$	N/mm^2	72,82	101,71

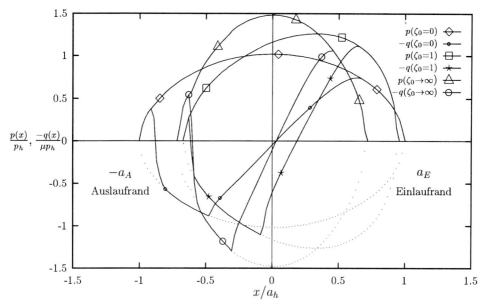

Abbildung 7.3.1: Normierte Darstellung der Spannungen $p(x)$ und $-q(x)$ in der Kontaktfläche bei verschiedenen Rollgeschwindigkeiten für die viskoelastische, gekoppelte Beispielrechnung (nach [19]).

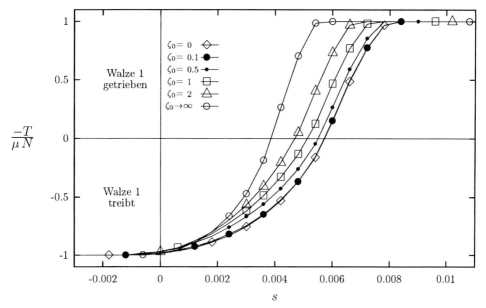

Abbildung 7.3.2: Normierte Kraftschluß-Schlupf-Kurven bei verschiedenen Rollgeschwindigkeiten für die viskoelastische gekoppelte Beispielrechnung (nach [19]).

In den beiden elastischen Grenzfällen $\zeta_0 = 0$ und $\zeta_0 \to \infty$ liegen dagegen symmetrische Kontaktflächen und Druckverteilungen vor. Die Materialeigenschaften sind dabei allein durch die Federelemente im Poynting-Modell (Abbildung 7.2.2) beschreibbar. Die elastische Lösung bei $\zeta_0 \ll 1$ ergibt sich für den Gleitmodul $G/(1 + f)$. Für $\zeta_0 \gg 1$ ist die elastische Lösung durch den Gleitmodul G bestimmt. Entsprechend den Materialwerten ist für $\zeta_0 \to \infty$ die Kontakthalblänge a kleiner und p_{max} größer. Die Tangentialspannungsverteilung bleibt für alle gezeigten Fälle qualitativ gleich. Charakteristisch für den Kontakt ungleicher Materialien ist das Auftreten mehrerer Gleit- und Haftzonen und der Vorzeichenwechsel am Auslaufrand.

Der Einfluß der Viskoelastizität der Walzen zeigt sich ebenfalls in den Schlupfkraft-Schlupf-Kurven in Abbildung 7.3.2 mit ζ_0 als Parameter. Der Leerlaufschlupf s_L bei $T = 0$ wird, ausgehend vom elastischen Grenzfall $\zeta_0 = 0$, bei kleinen Rollgeschwindigkeiten $\zeta_0 = 0{,}1 \ldots 0{,}5$ nur leicht verringert. Für $\zeta_0 = 0{,}5 \ldots 2$ nimmt s_L schnell ab und erreicht für $\zeta_0 \to \infty$ einen Minimalwert.

Die Abhängigkeit der Kontaktgrößen vom Rollgeschwindigkeitsparameter ζ_0 wird in Abbildung 7.3.3 gezeigt. Die Kontakthalblänge verringert sich ausgehend von dem elastischen Grenzfall $\zeta_0 = 0$ auf den Wert im Grenzfall $\zeta_0 = \infty$, welcher bei Kontakt einer viskoelastischen mit einer starren Walze oder bei gleichen Walzen genau durch $a_h/\sqrt{1 + f}$ gegeben ist. Die Exzentrizität der Kontaktfläche verschwindet in den elastischen Grenzfällen und ist maximal für $\zeta_0 \approx 1$.

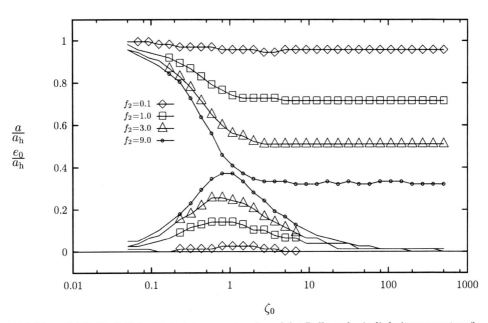

Abbildung 7.3.3: Einfluß des Materialparameters f_2 und des Rollgeschwindigkeitsparameters ζ_0 auf die normierte Kontakthalblänge a/a_h und die normierte Exzentrizität der Kontaktfläche e_0/a_h für die Kontaktsituation nach Tabelle 7.3.1.

7.4 Stationäres Kontaktproblem viskoelastischer bandagierter Walzen (Kontakt unendlicher Streifen)

7.4.1 Berechnung der Einflußfunktionen

Wie schon im vorangegangenen Abschnitt für den Halbraum wird der Zusammenhang zwischen Spannungen und Verformungen für eine ebene, unverformte Oberfläche formuliert. Als weitere Parameter im Kontaktproblem treten nun noch die Dikken der viskoelastischen Schichten beider Walzen auf.

Grundlage der Berechnung ist eine unendlich ausgedehnte Schicht aus elastischem Material der Dicke d, wobei man sich der in [20] dargestellten Methoden bedient. Am Übergang zur starren Unterlage soll die Schicht keine Verschiebungen erfahren.

Das Differentialgleichungssystem für den *elastischen* Fall wird mit Hilfe der Fouriertransformation in ein algebraisches Gleichungssystem überführt. Wie im Abschnitt 7.2.1 erläutert, werden die Materialparameter dann entsprechend substituiert. Die Rücktransformation der Lösung des algebraischen Systems von Gleichungen in den unbekannten Oberflächenverschiebungen und Oberflächenspannungen liefert die Beziehung zwischen den Verschiebungen und den Spannungen an der Oberfläche des *viskoelastischen* Streifens. Die Rücktransformation ist in geschlossener Form nicht mehr möglich. Es müssen geeignete numerische Methoden verwendet werden. Man erhält die Verschiebungen $\boldsymbol{u} = \{u_x(x), u_z(x)\}^\mathsf{T}$ an der Oberfläche des Streifens infolge der im Bereich $[-a_A, a_E]$ wirkenden Spannungen $\boldsymbol{p}\,(x) = \{p(x), q(x)\}^\mathsf{T}$ in der Form

$$\boldsymbol{u} = \int_{-a}^{b} \boldsymbol{H}(x - \xi)\boldsymbol{p}(\xi)\,d\xi \quad . \tag{7.9}$$

Beispielsweise hat $h_{11}(x)$ die Gestalt:

$$h_{11}(x) = \int_{0}^{\infty} a_{11}(\omega)[f_1(\omega)\sin\omega x + f_2(\omega)\cos\omega x]\,d\omega. \tag{7.10}$$

Die Herleitung und Bedeutung der Funktionen $a_{11}(\omega)$, $f_1(\omega)$ und $f_2(\omega)$ und die anderen Einflußfunktionen sind in [5, 21] dokumentiert. Zur Rücktransformation wird das Integral aufgespalten:

$$\int_{0}^{\infty} \ldots d\omega = \int_{0}^{\omega_c} \ldots d\omega + \int_{\omega_c}^{\infty} \ldots d\omega. \tag{7.11}$$

Die Grenze ω_c hängt von den Materialparametern ab. Für die Berechnung des ersten Integrals müssen geeignete numerische Integrationsmethoden eingesetzt werden, während das zweite Integral näherungsweise analytisch berechnet werden kann [21].

147

Eine Verallgemeinerung auf eine Bandage aus n geschichteten Streifen unterschiedlichen Materials ist in [6] vorgenommen worden. Die Berechnung der Einflußfunktionen für jede Schicht erfolgt analog zum hier geschilderten Vorgehen. Die Berechnung der Einflußfunktionen für n Schichten im Frequenzbereich wird dann mit Hilfe eines Übertragungsverfahrens realisiert. Die Rücktransformation erfolgt ebenso wie hier geschildert auf dem Intervall $\omega \in [0, \omega_c]$ numerisch, für $\omega \in [\omega_c, \infty]$ dann näherungsweise analytisch. Die Lösung des Kontaktproblems erfolgt wie in Abschnitt 7.2.3 geschildert.

7.4.2 Ergebnisse

Gegenüber dem Halbraumkontakt ist nun zusätzlich der Einfluß der Bandagendicke d auf die Kontaktgrößen zu untersuchen. Die Kontaktsituation aus Abschnitt 7.3.2 wird beibehalten, die Walze und die Ebene sind jedoch jeweils in gleicher Dicke $d = 1$, 2, 4 und 10 mm mit den Materialien aus Tabelle 7.3.1 bandagiert. Der Rollgeschwindigkeitsparameter wird zu $\zeta_0 = 1$ gewählt.

Abbildung 7.4.1 zeigt die Kontaktspannungen $p(x)$ und $q(x)$. Für $d = 10$ mm ist der Verlauf noch weitgehend übereinstimmend mit dem des Halbraums (Abbildung 7.3.1). Die abnehmende Bandagendicke vergrößert den maximalen Normaldruck und vermindert die Kontakthalblänge. Der viskoelastische Einfluß in Form der unsymmetrischen Normaldruckverteilung wird ebenfalls verringert. In der Tangential-

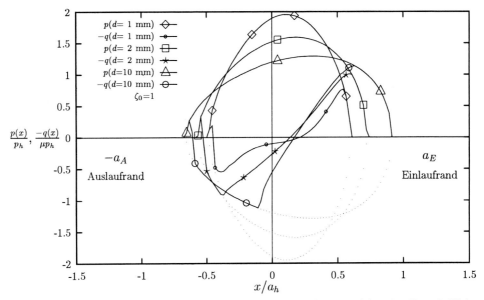

Abbildung 7.4.1: Normierte Darstellung der Spannungen $p(x)$ und $-q(x)$ in der Kontaktfläche bei verschiedenen Bandagendicken d für die viskoelastische gekoppelte Beispielsrechnung nach [21].

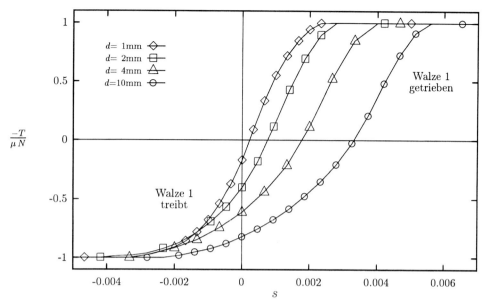

Abbildung 7.4.2: Normierte Kraftschluß-Schlupf-Kurven bei verschiedenen Bandagendicken $d_1 = d_2 = d$ für die viskoelastische gekoppelte Beispielsrechnung nach [19].

spannungverteilung ergibt eine geringere Bandagendicke eine Zunahme des Anteils des Haftgebiets an der Kontaktfläche. Für $d = 2$ mm liegt noch die bereits aus dem Halbraumkontakt bekannte Einteilung als Abfolge mehrerer Gleit- und Haftgebiete vor; bei $d = 1$ mm sind Gleitgebiete nur noch an den Rändern vorhanden. Die Schlupfkraft-Schlupf-Kurven sind in Abbildung 7.4.2 dargestellt. Die Bandagendicke ist der Parameter der Kurvenschar. Der stark unsymmetrische Verlauf für $d = 10$ mm geht mit geringerer Dicke in den fast punktsymmetrischen Verlauf für $d = 1$ mm über. Die Wirkung dünn bandagierter Walzen führt also sowohl im Normal- als auch im Tangentialkontakt zu Eigenschaften, die Halbraumwalzen erst bei steiferen Materialwerten zeigen.

7.5 Stationäres zweidimensionales Rollkontaktproblem für Walzen ohne Halbraumannahme

7.5.1 Berechnung der Einflußkoeffizienten

Während in den Abschnitten 7.3 und 7.4 bei der Berechnung der Einflußkoeffizienten die Krümmung der Walzen vernachlässigt wurde und von einem Halbraum beziehungsweise einem ebenen Streifen ausgegangen wurde, muß im Hinblick auf den Vergleich von Rechenergebnissen mit am Rollprüfstand ermittelten Meßergebnissen die Geometrie der Walzen berücksichtigt werden. Die bisher vorausgesetzte Homogenitätseigenschaft geht zum Beispiel durch die Temperaturabhängigkeit der Materialkenngrößen verloren. Diese Erweiterungen erfordern den Einsatz eines Finite-Element-Verfahrens zur Berechnung der Verschiebungen.

Als Einschränkung gegenüber den beiden vorangegangenen Fällen werden in diesem Abschnitt nur Walzen mit Schichten aus *elastischem* Werkstoff behandelt. Das Vorgehen macht jedoch klar, wie bei der Behandlung *viskoelastisch* beschichteter Walzen unter Berücksichtigung ihrer Geometrie vorzugehen ist.

Zunächst muß analog zu den Abschnitten 7.3 und 7.4 die Matrix der Einflußkoeffizienten aufgebaut werden. Für diese Berechnung wird eine Diskretisierung zugrunde gelegt, bei der die gesamte Walze in Umfangsrichtung völlig gleichförmig unterteilt wird (Abbildung 7.5.1). Anders als man vermuten möchte, führt dies nicht zu einer Erhöhung des Rechenaufwands. Zum einen braucht man nur zwei Lastfälle (eine Einheitsnormalbelastung und eine Einheitstangentialbelastung) zu lösen. Zum anderen läßt sich die spezielle zyklische Symmetrie ausnutzen [7, 22]. Die zu lösenden Gleichungssysteme enthalten nur soviele Unbekannte, wie auf einem Radius zwischen Oberfläche und Kern auftreten; bei dem Beispiel von Abbildung 7.5.1 also $2 \times 4 = 8$. Ein derartiges Gleichungssystem muß allerdings nun so oft gelöst werden wie Unterteilungen in Umfangsrichtung vorliegen. Die Einflußzahlen im karte-

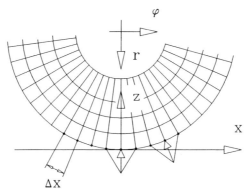

Abbildung 7.5.1: Finite-Element-Modell der Walze unter Einheitslasten im Polarkoordinatensystem (nach [7]).

sischen Koordinatensystem, das der eigentlichen Berechnung des Kontaktproblems zugrunde liegt, werden aus den Ergebnissen der FE-Rechnung für beide Walzen durch Koordinatentransformationen erzeugt und der Kontaktberechnung zur Verfügung gestellt.

Nach erfolgreicher Kontaktberechnung auf der Grundlage des in Abschnitt 7.2.3 skizzierten Lösungsverfahrens dienen die Normal- und Tangentialspannungen wiederum als Eingabegrößen für das Finite-Element-Verfahren. Dadurch können die Deformation der Kontaktfläche und die Spannungen im Inneren der Walzen ermittelt werden. Ergebnisse des FE–Verfahrens sind zusammen mit denen der zweidimensionalen elastischen und viskoelastischen Verfahren im Abschnitt 7.7 enthalten.

7.6 Allgemeines dreidimensionales Rollkontaktproblem für elastische Walzen

7.6.1 Vorbemerkungen

Will man nicht nur den Einfluß der endlichen Bandagendicke, sondern auch noch den Einfluß der endlichen Bandagenbreite erfassen, so benötigt man Einflußzahlen für eine dreidimensional modellierte Kunststoffbandage. Derartige Einflußzahlen standen im Rahmen des Vorhabens nicht zur Verfügung. Um den Einfluß der Bandagenbreite abschätzen zu können, wurde daher auf ein kommerzielles Programm zurückgegriffen. Eingesetzt wurde das von der Firma INPRO für Blechumformprozesse entwickelte dreidimensionale, nichtlineare Programm INDEED [23], mit dem Kontaktvorgänge mit Reibung behandelt werden können. Im Hinblick auf Rollkontaktvorgänge waren Programmerweiterungen[1] notwendig.

Der Vorteil beim Einsatz eines derartigen Programms ist offenkundig: Es bestehen keinerlei Beschränkungen mehr hinsichtlich der Geometrie des Rollkörpers. Die für einen Programmlauf erforderliche Rechenzeit liegt allerdings um ein Vielfaches über der aller anderen eingesetzten Verfahren. Sie betrug bis zu zwei Central-Processing-Unit (CPU)–Stunden an einer CRAY (YMP/EL). Für Parameteruntersuchungen, beispielsweise für die Berechnung mehrerer Kraftschluß-Schlupf-Kurven, ist das Verfahren daher derzeit nur sehr bedingt einsetzbar.

---

1 Die Autoren danken der Firma INPRO und insbesondere Herrn Dr. rer. nat. M. Hillmann für die großzügige Unterstützung bei der Programmerweiterung.

7.6.2 Berechnungsmodell und Parameter

Betrachtet wird der Abrollvorgang einer elastischen Bandage auf einer starren Unterlage. Die elastische Bandage sitzt auf einer Stahlnabe. An der Stahlnabe kann eine vertikale Last, eine Rollgeschwindigkeit v_0 und eine Winkelgeschwindigkeit Ω aufgebracht werden. Die gewählte Diskretisierung ist Abbildung 7.6.1 zu entnehmen. Es wurden Volumenelemente mit acht Knoten verwendet. Diskretisiert wurde nur ein halbes Rad, auf der Symmetrieebene wurden die entsprechenden Symmetriebedingungen vorgegeben. Im potentiellen Kontaktbereich wurde jetzt ein wesentlich feineres Gitternetz verwendet. Damit wird dem zu erwartenden höheren Spannungsgradienten in der Nähe der Kontaktfläche Rechnung getragen.

Für die Rechnung wurden die Abmessungen und Materialparameter nach Tabelle 7.6.1 zugrunde gelegt.

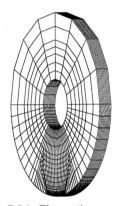
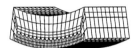

Abbildung 7.6.1: Elementierung der Bandage.

Tabelle 7.6.1: Eingabe- und Normierungsgrößen für das bandagierte Polyurethan (PUR)-Rad für zweidimensionale (2D) und dreidimensionale (3D) Rechnungen auf starrer, ebener Fahrbahn (nach [24]).

	Einheit	Bandage[a]	Nabe[b]			Einheit	2D[a]	3D
E	N/mm²	50	∞(210 000)		P	N	1 600	4 000
v	–	0,40	– (0,30)		$N = P/b$	N/mm	53,33	–
f	–	0 (0,1)	–		s	–	−0,08...0,08	0
τ	s	0 (0,5)	–		v_0	mm/s	40	≈ 0,40
					μ	–	0,45	0,01; 0,45
r_a	mm	100	55					
r_i	mm	55	0 (25)		a_h	mm	10,7 (11,2)	–
d	mm	45	–		p_h	N/mm²	31,8 (30,3)	–
b	mm	30	– (30)					
					n	–	99	–

a Werte in Klammern für viskoelastische Berechnung.
b Werte in Klammern für 3D-Rechnung.

a
b

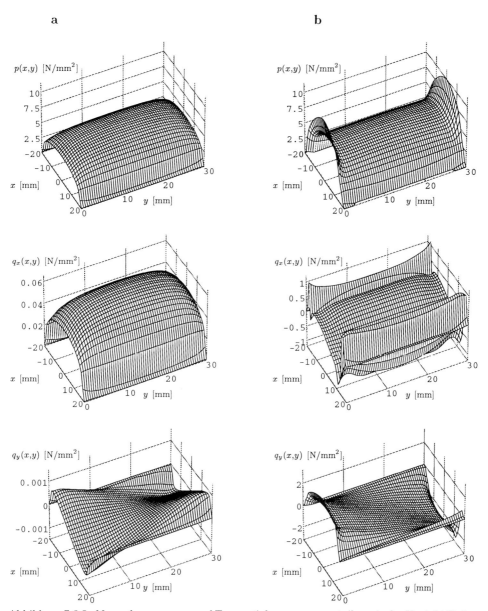

Abbildung 7.6.2: Normalspannungs- und Tangentialspannungsverteilung in der Kontaktfläche, Rollgeschwindigkeit $v_0 = 40$ mm/s, kein Starrkörperschlupf. a) Bei einer niedrigen Gleitreibungszahl ($\mu = 0{,}01$); b) bei einer hohen Gleitreibungszahl ($\mu = 0{,}45$).

Die Berechnung des stationären Endzustands ist nicht unmittelbar möglich. Auf das unbelastete Rad wird zunächst in Einzelschritten die gewählte Normalkraft aufgebracht. Anschließend fährt das Rad an, wobei zur Einhaltung des gewünschten Schlupfs s bei v_0 die Winkelgeschwindigkeit mittels $\Omega = (1 - s)(v_0/r_a)$ gewählt wird. Die außerordentlich hohe Rechenzeit ergibt sich nicht nur aus der hohen Zahl der Freiheitsgrade des dreidimensionalen Problems, sondern auch daraus, daß in jedem Schritt zum Erreichen des stationären Endzustands zusätzlich noch mehrere Newton-Iterationen zur Einhaltung der nichtlinearen Kontaktbedingungen erforderlich sind.

Um Probleme beim Einsatz des Newton-Iterationsverfahrens zu vermeiden, mußte der unstetige Übergang vom Haften zum Gleiten regularisiert werden. Dies wurde durch Einführung eines von der Gleitgeschwindigkeit v_{gleit} abhängigen Reibkoeffizienten

$$\mu_\epsilon(v_{gleit}) = (2/\pi)\arctan(v_{gleit}/\epsilon)\mu \qquad (7.12)$$

erreicht. Der Einfluß des Reibkoeffizienten wird durch die Wahl eines extrem niedrigen Werts (Abbildung 7.6.2a, $\mu = 0{,}01$) und eines relativ hohen Werts (Abbildung 7.6.2b, $\mu = 0{,}45$) deutlich.

7.6.3 Ergebnisse

Bei einer niedrigen Reibungszahl (Abbildung 7.6.2a) sinken die Normalspannungen am Bandagenrand auf einen geringeren Wert als im Inneren. Bei einem hohen Gleitreibkoeffizienten hingegen kommt es dort zur Ausbildung einer ausgeprägten Spitze der Normalspannungen (Abbildung 7.6.2b). Bei einer zweidimensionalen Behandlung geht dieser Effekt, der auch bei Messungen beobachtet wird (siehe Kapitel 8), verloren. Die Tangentialspannungen $q_x(x, y = 15\,mm)$ entsprechen denen des zweidimensionalen Falls. Zusätzlich treten jetzt aber Tangentialspannungen q_y auf.

7.7 Vergleichende Ergebnisse

In den vorangegangenen Abschnitten sind bereits typische Ergebnisse für einzelne Verfahren vorgestellt worden. Der Vergleich der Verfahren wird jetzt an dem PUR-Rad auf starrer, ebener Fahrbahn nach Tabelle 7.6.1 durchgeführt. Ergänzend hierzu wird noch ein Vergleich verschiedenener Materialien und eine Gegenüberstellung berechneter und gemessener Werte der Exzentrizität der Kontaktfläche vorgenommen.

Die Spannungen in der Kontaktfläche als Ergebnis viskoelastischer Rechnungen (Halbraum und bandagierte Walze) und elastischer Rechnungen (FEM) zeigt Abbildung 7.7.1. Das Rad wird mit einer negativen Tangentialkraft belastet, so daß ein normierter Kraftschluß $T/(\mu N) = -0{,}72$ vorliegt. Es wird ein ebener Verzerrungszustand angenommen. Die Unterschiede in den Spannungsverläufen sind trotz der verschiedenen Verfahren klein. Im Normalkontakt liefert das FE-Verfahren die

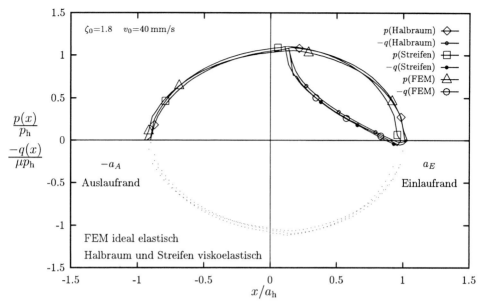

Abbildung 7.7.1: Normierte Spannungen in der Kontaktfläche für das PUR-Rad auf starrer Fahrbahn beim Rollen mit Tangentialkraft $T = -516{,}7\,\text{N}$ $(-T/(\mu N) = 0{,}72)$ aus viskoelastischer und elastischer Rechnung mit den zweidimensionalen Verfahren (ebener Verzerrungszustand).

Lösung mit der größten Kontakthalblänge und dem geringsten Scheitelwert für $p(x)$. Die Berücksichtigung der Walzenkrümmung im FE-Verfahren erzeugt somit eine geringfügig „weichere" Lösung als das Halbraum- und Streifenverfahren. Für die bandagierte Walze ist die Kontaktfläche am kleinsten. Die Verläufe für $q(x)$ sind lediglich durch die kleinen Unterschiede in der Kontaktabmessung bestimmt, die Aufteilung in Haft- und Gleitgebiet und der kleine Bereich positiver $q(x)$ am Einlaufrand sind für alle Methoden vorhanden. Die ideal elastische Berechnung der *Kontaktspannungen* für technisch eingesetzte Kunststoffe ist somit durchaus möglich.

Der Einfluß der Radkrümmung in Rollrichtung wird bei der Darstellung der Normalkraft P in Abhängigkeit von einer Annäherung δ deutlich. In Abbildung 7.7.2 sind die Normalkräfte infolge der Annäherung dargestellt, wobei die FEM und das Verfahren mit bandagierter Walze jeweils für den ebenen Verzerrungs- und den ebenen Spannungszustand eingesetzt werden. Diese Berechnungen sind mit den relativen Verschiebungen des Halbraums nicht durchführbar. Mit zunehmendem δ zeigen sich deutliche Unterschiede. Die Streifenlösung für die bandagierte Walze verhält sich gegenüber der mit FEM berechneten Lösung steifer. Eine Nichtberücksichtigung der Krümmung des Rades bei der Rechnung bewirkt also eine Erhöhung der Steifigkeit der bandagierten Walze. Eine Erhöhung der Normalkontaktsteifigkeit wird auch durch Annahme eines ebenen Verzerrungszustands erreicht. Bei einer Rechnung für den ebenen Spannungszustand ergeben sich deutlich geringere Normalkräfte. Die reale Steifigkeit eines Rades mit endlicher Breite wird zwischen diesen beiden Grenzfällen liegen.

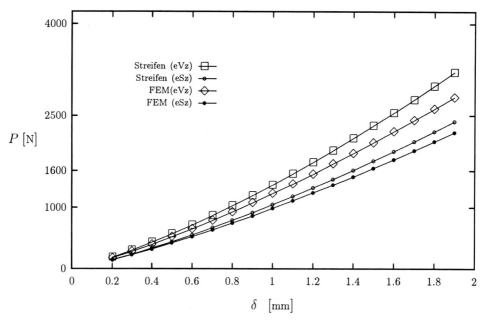

Abbildung 7.7.2: Normalkraft P bei vorgegebener Annäherung δ der Radachse aus der Rechnung mit dem Streifenmodell und dem Finite-Elemente-Modell für ebenen Spannungs- und ebenen Verzerrungszustand.

Die normierten Kraftschluß-Schlupf-Kurven des PUR-Rades sind in Abbildung 7.7.3 dargestellt. Sofort erkennbar ist, daß bei dem vorliegenden Beispiel die drei Berechnungsverfahren deutlich unterschiedliche Ergebnisse liefern. Die Unterschiede zwischen elastischer und viskoelastischer Berechnung sind bei dem vorliegenden Beispiel sowohl für die Halbraumlösung als auch für die Streifenlösung vergleichsweise gering. Wesentlich ausgeprägter sind die Unterschiede, die sich bei den unterschiedlichen Modellen ergeben. Besonders deutlich erkennt man das am Leerlaufschlupf s_L für $T = 0$. Interessiert man sich für die Kraftschluß-Schlupf-Kurven, so ist eine korrekte Modellierung unerläßlich.

Der Einfluß der Materialeigenschaften auf das Traktionsverhalten ist in Abbildung 7.7.4 anhand der Kraftschluß–Schlupf–Kurven für drei mit verschiedenen Kunststoffen bandagierte Walzen dargestellt. Die betragsmäßig größten Schlupfwerte, bei denen eine Sättigung der Tangentialspannungen eintritt, sind umgekehrt proportional zum Elastizitätsmodul der Materialien. Die sehr weiche Bandage aus PUR ergibt demzufolge die weitaus höchsten Schlupfwerte bei Übertragung einer vorgegebenen Tangentialkraft. Die Materialeigenschaften haben also nicht nur einen Einfluß auf die Spannungen in der Kontaktfläche und auf die Kontaktabmessungen, sondern beeinflussen auch deutlich das Traktionsverhalten.

Abschließend wird ein Vergleich von Rechen- und Meßergebnissen vorgestellt. Für die Spannungen in der Kontaktfläche stimmen die Rechenergebnisse meist gut mit den Meßergebnissen überein [24]. Schwieriger ist es, bei den kinematischen

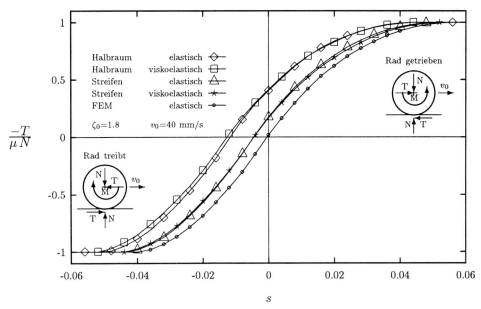

Abbildung 7.7.3: Normierte Kraftschluß-Schlupf-Kurven für das PUR-Rad mit drei Verfahren in viskoelastischer und elastischer Rechnung.

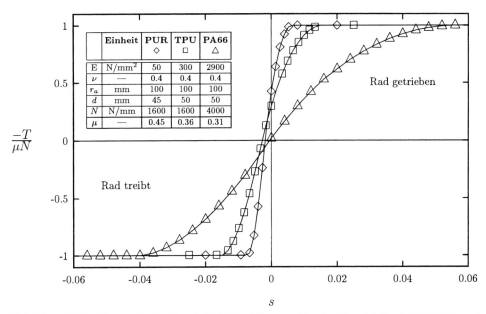

Abbildung 7.7.4: Normierte Kraftschluß-Schlupf-Kurven für die Kunststoffe PA66, TPU und PUR nach [24] als Ergebnis der FE-Rechnung.

Größen Übereinstimmung zu erreichen. Derartige Größen sind die Exzentrizität der Normaldruckverteilung e_N und die Exzentrizität der Kontaktfläche e_0 gegenüber der Nabe (siehe Abbildung 7.3.1). Von Möhler [24] wurde die Exzentrizität e_0 gemessen und mit den nach der Halbraumtheorie berechneten Werten verglichen. Die zweidimensionale Halbraumtheorie erfaßt nur den Anteil der Exzentrizität aufgrund der unsymmetrischen Spannungsverteilung $e_N = \frac{1}{N} \sum_{j=1}^{n-1} x_j p_j \Delta x$ (als Ergebnis viskoelastischen Verhaltens und unterschiedlichen Materials). Die Verschiebung der Kontaktfläche $u_x(x)$ gegenüber der Nabe ist als Absolutverschiebung im Rahmen der zweidimensionalen Halbraumtheorie prinzipiell nicht berechenbar, sondern erst für das bandagierte Rad. Dann kann auch die vollständige Exzentrizität $e_N = \frac{1}{N} \sum_{j=1}^{n-1} \left[x_j + u_x(x_j) \right] p_j \Delta x$ berechnet werden.

In Abbildung 7.7.5 sind für das bandagierte, ideal elastische PUR-Rad die mit dem Streifenmodell berechneten Exzentrizitäten e_N und die gemessenen Exzentrizitäten der Kontaktfläche e_0 dargestellt. Beide Exzentrizitäten sind im vorliegenden Beispiel qualitativ vergleichbar. Die Berechnung von e_N allein aus der unsymmetrischen Normaldruckverteilung $p(x)$ liefert eine entgegengesetzte Tendenz im Vergleich mit den Meßwerten. Die unter Einbeziehung der Verschiebungen berechneten vollständigen Exzentrizitäten weisen zwar immer noch Unterschiede zu den Meßwerten auf, die Tendenz der gemessenen Exzentrizitäten ist aber richtig erfaßt. Eine korrekte Modellierung gestattet mithin auch die Ermittlung kinematischer Größen.

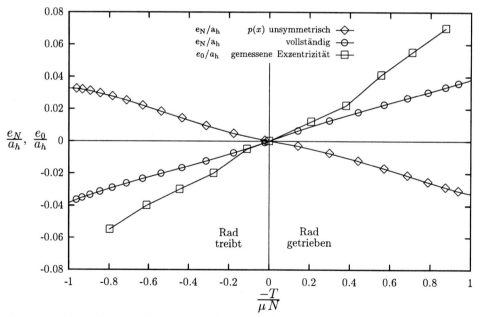

Abbildung 7.7.5: Normierte Exzentrizität des Normaldrucks e_N/a_h für das PUR-Rad, berechnet aus der unsymmetrischen Verteilung $p(x)$ sowie unter Einbeziehung der Kontaktflächenverschiebung $u_x(x)$ im Vergleich mit normierten Meßwerten für e_0/a_h nach [24].

7.8 Schlußfolgerungen und offene Fragen

Zur Behandlung des stationären Rollkontakts viskoelastischer Walzen stehen eine Reihe von Modellen zur Verfügung. Zweifelsohne am genausten, wegen des hohen Rechenaufwands für Parameteruntersuchungen aber kaum einsetzbar, ist das dreidimensionale FE-Modell der bandagierten Kunststoffwalze (Abschnitt 7.6). In vielen Fällen reichen aber einfachere, zweidimensionale Modelle aus. Die Erfassung einer endlichen Bandagendicke, sei es durch ein Streifenmodell oder durch ein zweidimensionales FE-Modell, ist aber in jedem Fall erforderlich, da nur dann die Kontaktflächenabmessung, die Normalspannungsverteilung und die Exzentrizität der resultierenden Normalkraft richtig erfaßt werden können. Viskoelastisches Material führt zu unsymmetrischer Normalspannungsverteilung und beeinflußt dadurch die Exzentrizität. Viskoelastisches Materialverhalten beeinflußt zusätzlich stark die Kraftschluß-Schlupf-Beziehung. Auf die Tangentialspannungsverteilung bei gegebener Tangentialkraft hingegen hat viskoelastisches Material kaum einen Einfluß. Für praktische Rechnungen wird man also möglichst ein Streifenmodell oder ein zweidimensionales FE-Modell verwenden.

In vielen Fällen ist auch eine derartige Rechnung noch zu aufwendig, zumal oft ein solches Programm nicht vorhanden sein dürfte. Dann muß man auf semianalytische Näherungsformeln zurückgreifen, wie sie sich beispielsweise in [8] finden.

Das zweidimensionale FE-Modell hat gegenüber dem Streifenmodell einen entscheidenden Vorteil: Es läßt sich unmittelbar für beliebig geschichtete Bandagen einsetzen. Das wird beispielsweise dann erforderlich, wenn sich die Materialkonstanten aufgrund von Erwärmungsvorgängen beim Rollkontakt ändern. Man kann dann schichtweise temperaturabhängige Materialkonstanten einführen. Notwendig ist hierzu natürlich ein zweidimensionales FE-Modell für viskoelastisches Material. Ein schnell und zuverlässig arbeitendes dreidimensionales FE-Modell für viskoelastische Walzen ist weiterhin eine große Herausforderung, da bei Erwärmungsvorgängen auch veränderliche Temperaturen über die Bandagenbreite zu erwarten sind. Für praktische Fragestellungen bei der Auslegung von Kunststoffwalzen spielen instationäre Vorgänge keine Rolle, so daß man sich auf Modelle für das stationäre Rollkontaktproblem beschränken kann.

7.9 Literatur

1   F. W. Carter: On the action of a locomotive driving wheel. Pro. Roy. Soc. *A112* (1926), 151–157.

2   H. Fromm: Berechnung des Schlupfes beim Rollen deformierbarer Scheiben. ZAMM *7* (1927), 27–58.

3   G. Wang, J. J. Kalker: Three-dimensional rolling contact of two viscoelastic bodies. In: Proc. Contact Mechanics Int. Symp., A. Currier (Ed.), Presse Polytechnique Universitaire Romandes, Lausanne 1992, S. 477–492.

4   G. Wang, K. Knothe: Theorie und numerische Behandlung des allgemeinen rollenden Kontaktes zweier viskoelastischer Walzen. Fortschritt-Berichte VDI, Reihe 1, Nr. 165, VDI-Verlag, Düsseldorf 1988.

5   F. Hiss, K. Knothe, G. Wang: Stationärer Rollkontakt für Walzen mit viskoelastischen Bandagen. Konstruktion *44* (1992), 105–112.

6   G. F. M. Braat: Theory and Experiments on Layered Viscoelastic Cylinders in Rolling Contact. Dissertation, TU Delft 1993.

7   F. Haeusler: Kontaktmechanische Berechnung von elastischen Walzen unter Zugrundelegung eines Finite-Element Modells mit zyklisch rotationssymmetrischer Struktur, Diplomarbeit, TU Berlin 1993.

8   U. Miedler, K. Knothe: Analytische Näherungsformeln für den Rollwiderstand elastischer und viskoelastischer Walzen, Konstruktion *47* (1995), 118–124.

9   L. Qiao, M. Hillmann, R. Sünkel: Tangential loading transportation between roller and flat with modified Coulomb friction – a three-dimensional roll-contact calculation with the finite element method. Computers & Structures *58*/5 (1996), 1031–1043.

10 R. Bentall, K. L. Johnson: Slip in the rolling contact of two dissimiliar elastic rollers. Int. J. Mech. Sci. *9* (1967), 389-404.

11 H. Bufler: Beanspruchung und Schlupf beim Rollen elastischer Walzen. Forschung auf dem Gebiet des Ingenieurwesens *27* (1961), 121–126.

12 S. C. Hunter: The rolling contact of a rigid cylinder with a viscoelastic halfspace. J. Appl. Mech. *28* (1961), 611–617.

13 J. Margetson: Rolling contact of a rigid cylinder over a smooth elastic or viscoelastic layer, Acta Mechanica *13* (1972), 1–9.

14 L. W. Morland: Exact solutions for rolling contact between viscoelastic cylinders. Q. J. Mech. Appl. Math. *20* (1967), 73–106.

15 D. Novell, D. A. Hills: Tractive Rolling of Tyred Cylinders. Int. J. Mech. Sci. *30* (1988), 945–957.

16 D. A. Spence: The Hertz problem with finite friction. J. Elasticity *5* (1975), 297–319.

17 K. L. Johnson: Contact Mechanics. Cambridge University Press, Cambridge, London, New York 1985.

18 J. J. Kalker: Three-Dimensional Elastic Bodies in Rolling Contact. Kluwer Academic Publishers, Dordrecht, Boston, London 1990.

19 G. Wang: Rollkontakt zweier viskoelastischer Walzen mit Coulombscher Reibung. Dissertation, TU Berlin 1991.

20 I. N. Sneddon (Hrsg.): Application of Integral Transforms in the Theory of Elasticity. CISM Courses and Lectures, Nr. 220, Springer-Verlag, Wien 1975.

21 F. Hiss: Stationärer Rollkontakt für Walzen mit viskoelastischen Bandagen. Diplomarbeit, TU Berlin 1990.

22 K. Knothe, H. Wessels: Finite Elemente, 2. Auflage, Springer-Verlag, Berlin, Heidelberg, New York 1992.

23 M. Hillmann et al.: Mathematische Modellierung und numerische Simulation des Blechumformprozesses mit INDEED. VDI-Berichte Nr. 1007, VDI-Verlag, Düsseldorf 1992, S. 645–666.

24 P. Möhler: Lokale Kraft- und Bewegungsgrößen in der Berührungsfläche zwischen Kunststoffrad und Stahlfahrbahn. Fortschritt-Berichte VDI, Reihe 1, Nr. 228, VDI-Verlag, Düsseldorf 1993.

8 Überprüfung der Theorien des stationären Rollkontakts durch Messung lokaler Kraftgrößen in der Kontaktfläche von Kunststoffrädern

Dietrich Severin*, Winfried Hammele*, Peter Möhler* und Stefan Tromp*

8.1 Einleitung und Zielsetzung

Die wissenschaftliche Behandlung kontaktmechanischer Aufgabenstellungen hat mit Heinrich Hertz begonnen. In seiner bekannten Schrift „Über die Berührung fester elastischer Körper" [1] berechnet er die Form und die Größe der Kontaktfläche zweier unter Normalkraft stehender fester elastischer Körper mit beliebigen Krümmungsverhältnissen im Kontaktgebiet, deren gegenseitige Annäherung und die Verteilung der Normalspannungen über der Berührungsfläche. Die Hertzschen Gleichungen gehören heute zu den Fundamenten der Kontaktmechanik. Andere Forscher haben später analytische Lösungen zur Bestimmung der Schubspannungsverteilung und des lokalen und globalen Schlupfs in der Kontaktfläche vorgelegt und die Spannungsverteilung im Inneren der Kontaktkörper berechnet [2, 3].

Um mit analytischen Berechnungsverfahren zu geschlossenen Lösungen zu kommen, sind bestimmte Voraussetzungen anzunehmen, die möglicherweise die Wirklichkeit so stark vereinfachen, daß sie das Ergebnis in Frage stellen. Manche Aufgabenstellungen, wie zum Beispiel der Rollkontakt zweier Körper aus ungleichen Werkstoffen, lassen sich analytisch nur für Sonderfälle behandeln [4]. Der Einsatz des Rechners und die dadurch möglich gewordene numerische Behandlung hat neue Möglichkeiten zur Lösung kontaktmechanischer Problemstellungen erschlossen.

1967 stellt Kalker [5] ein solches Verfahren vor, mit dem sich die globale Tangentialkraft und das Bohrmoment in der Kontaktfläche einer Rad-Schiene-Paarung bestimmen lassen. Die Erweiterung dieser Theorie führt zu dem Rollkontaktprogramm CONTACT [6], mit dem die lokalen Spannungs- und Schlupfverteilungen sowie die Kraftschluß-Schlupf-Beziehungen zweier homogener Wälzkörper aus unterschiedlichen elastischen Werkstoffen bestimmt werden können. Aufbauend auf die Theorie von Kalker ermöglicht das Programm VISCON [7, 8] die Berücksichtigung der viskoelastischen Eigenschaften der Wälzkörper und des inhomogenen Radaufbaus. In Kapitel 7 werden die einzelnen Theorien ausführlich vorgestellt.

---

* Technische Universität Berlin, Institut für Fördertechnik und Getriebetechnik.

Relativ wenig bekannt sind Experimente, die die Gültigkeit und Grenzen der heute bestehenden Theorien überprüfen. Auf diesem Gebiet will das Kapitel 8 durch Messung lokaler Kraftgrößen in der Kontaktfläche einen Beitrag leisten. Rollende oder angetriebene Räder aus Polymerwerkstoffen und eine ebene Fahrbahn aus Stahl bilden dabei die Wälzpaarung.

Der Einsatz von Polymerwerkstoffen ist für das Experiment in dreifacher Hinsicht günstig:

- Durch ihren relativ kleinen Elastizitätsmodul ergeben sich bei Rädern aus Polymerwerkstoffen unter Normalbelastung relativ große Kontaktflächen im Vergleich zu Radpaarungen aus metallischen Werkstoffen. Dies ermöglicht die Messung der Spannungsverteilungen in der Kontaktfläche.
- Die Paarung Polymerwerkstoff/Stahl erlaubt die experimentelle Überprüfung von Theorien für unterschiedliche Kontaktwerkstoffe.
- Es läßt sich zeigen, welchen Einfluß die Viskoelastizität der Radkörperwerkstoffe auf die Rollkontaktgrößen ausübt und inwieweit die bestehenden Theorien des Rollkontakts auch für elastomere Kunststoffe wie Polyurethan (PUR) und Gummi Gültigkeit haben.

Mit diesen Zielsetzungen befaßt sich das Kapitel 8 des Berichts. Zur Bestimmung der lokalen und globalen Kontaktgrößen wurden spezielle Meßsysteme entwickelt, die nachfolgend vorgestellt werden.

8.2 Meßsysteme

Die in der Kontaktfläche zu messenden Größen lassen sich in lokale Spannungen und Relativbewegungen sowie in globale Kräfte und Schlüpfe unterteilen, wobei unter einer globalen Kraft das Integral aller in der Kontaktzone in gleicher Richtung wirkenden Spannungen zu verstehen ist. Aus diesem Grund muß stets das Integral der Druckspannungen über der Kontaktzone der von außen aufgebrachten Normalkraft entsprechen. Die Schubspannungen bilden entsprechend die durch die Kontaktzone übertragene Tangentialkraft. Bei den Schubspannungen ist zwischen denen in Rollrichtung (q_x) und denen quer zur Rollrichtung (q_y) zu unterscheiden. Das auf die Kontaktfläche bezogene Koordinatensystem offenbart sich durch die Richtungen der Kräfte in Abbildung 8.2.1. Es zeigt das Herz der Versuchseinrichtung, nämlich den Meßtisch, der als Fahrbahn für ein Kunststoffrad dient und – eingebaut in den in Abbildung 8.2.2 dargestellten Prüfstand – in Rollrichtung des Rades hin und her bewegt und in Querrichtung stufenweise verschoben werden kann. Auf diese Weise ist es dem im Meßtisch eingebauten Kraftsensor möglich, die auf seine Tastfläche wirkende Normalkraft f_z und die beiden Tangentialkräfte f_x und f_y zu messen, wenn der Sensor die Kontaktfläche durchläuft. So entstehen die in Kapitel 8.3.2 (als Abbildung 8.3.4) gezeigten dreidimensionale Diagramme, die die Verteilung der drei Kraftgrößen f_x, f_y und f_z über die Kontaktfläche darstellen.

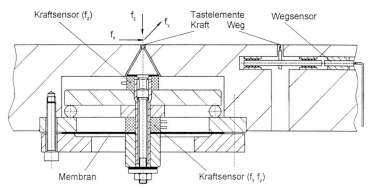

Abbildung 8.2.1: Meßsystem zur Bestimmung lokaler Kraft- und Verschiebungsgrößen in der Kontaktfläche.

Ein Wegsensor im Meßtisch (Abbildung 8.2.1) kann die Relativverschiebung in der Kontaktfläche bestimmen.

Das frei rollende oder mit einem konstanten Moment belastete Rad ist über einen weiteren Kraftsensor in einem in Wälzlagern geführten Schlitten gelagert (Abbildung 8.2.2), auf den über eine Schraubenfeder die durch einen hydraulischen Speicher einstellbare globale Normalkraft F_z in die Kontaktzone geleitet wird. Ein in Abbildung 8.2.2 nicht dargestelltes Wegmeßsystem bestimmt die Lage des Kraftsensors relativ zur Wirkungslinie der Normalkraft mit einer Genauigkeit von 5 μm.

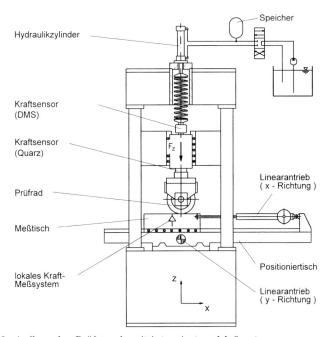

Abbildung 8.2.2: Aufbau des Prüfstands mit integriertem Meßsystem.

Dadurch lassen sich die gemessenen lokalen Kräfte den entsprechenden Flächenelementen in der Berührungsfläche zuordnen und beispielsweise eine kleine Verschiebung der Kontaktfläche aus der Radmitte infolge des viskoelastischen Einflusses oder infolge der Schubspannungen meßtechnisch erfassen.

Der Ablauf eines Meßzyklus ist folgender: Der Meßtisch wird bei konstanter Geschwindigkeit unter dem mit der Normalkraft F_z belasteten Rad hin und her gefahren. Dabei zeichnet der Kraftsensor beim Durchfahren der Kontaktfläche die drei Kraftkomponenten in Abhängigkeit der Kontaktflächenlänge $2a$ auf. Wird der Meßschlitten nach jeder Fahrt um einen bestimmten Betrag quer zur Fahrtrichtung verschoben, läßt sich schrittweise die Spannungsverteilung auch über die Berührungsflächenbreite B bestimmen.

In den folgenden Kapiteln sind Meßergebnisse vorgestellt, die mit Hilfe des hier beschriebenen Meßsystems erzielt werden. Die Messungen werden bei folgenden Betriebszuständen durchgeführt:

– Rollen unter natürlichem Fahrwiderstand,
– Rollen bei Längskraftübertragung und
– Rollen unter Querkraft.

8.3   Rollen unter natürlichem Fahrwiderstand

8.3.1   Einfluß der viskoelastischen Werkstoffeigenschaften auf den Rollkontakt

Bei rollenden Kunststoffrädern ist die Druckspannungsverteilung über der Kontaktflächenlänge $2a$ wegen des viskoelastischen Materialverhaltens asymmetrisch, d. h. die Druckspannungskurve ist zum Radeinlauf hin geneigt. In Abbildung 8.3.1 sind die in Radbreitenmitte bei verschiedenen Normalbelastungen F_z gemessenen Druckspannungskurven $p(x)$ einer Radpaarung aus PUR/Stahl gezeigt. Mit zunehmender Normalkraft wandern das Druckmaximum p_{max} und die Kontaktfläche $2a$ aus der Radmitte zum Einlauf hin aus, während sich gleichzeitig die Form der Druckverteilungskurve $p(x)$ verändert. Bei kleinen Normalbelastungen entspricht die Form der Druckspannungsverteilung relativ gut dem nach der Theorie von Hertz beziehungsweise Bufler berechneten halbelliptischen Verlauf. Die gedrungene Form bei relativ großen Normalbelastungen ist dadurch zu erklären, daß hier die grundlegenden Voraussetzungen für die Theorie, wie kleine Verformungen, linearelastisches Materialverhalten und homogener Aufbau des Radkörpers, nicht mehr erfüllt sind. Die Gültigkeit der Homogenitätsbedingung wird in Abschnitt 8.3.3 durch Messungen an Rädern mit verschiedenen Bandagendicken ausführlich untersucht.

Bei Kunststoffrädern werden wegen des viskoelastischen Materialverhaltens die Druckspannungsverteilung und die Kontaktflächenlänge auch von der Rollgeschwindigkeit beeinflußt. Abbildung 8.3.2 zeigt ein derartiges Meßergebnis an einer

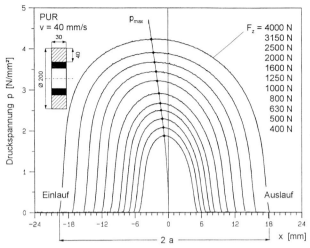

Abbildung 8.3.1: Einfluß der Viskoelastizität des Radwerkstoffs auf die Form der Druck-spannungskurve bei unterschiedlichen Radnormalkräften F_z.

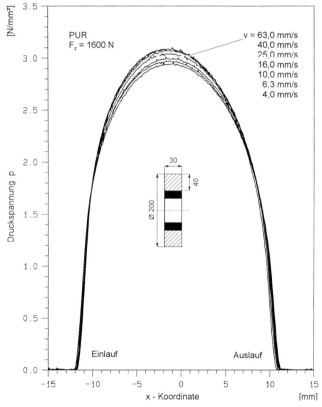

Abbildung 8.3.2: Einfluß der Rollgeschwindigkeit auf die Form der Druckspannungskurve bei einem Rad aus viskoelastischem Werkstoff (PUR).

165

PUR/Stahl-Paarung. Die Messung der Druckspannung erfolgt in Radbreitenmitte, da nur hier näherungsweise ein ebener Formänderungszustand herrscht, was im nachfolgenden Kapitel nachgewiesen wird. Die Rollgeschwindigkeit wird in einem Bereich von 4 bis 63 mm/s variiert. Das entspricht einem Verhältnis von $v_{min}/v_{max} < 1/15$. Mit zunehmender Rollgeschwindigkeit steigt die maximale Druckspannung p_{max} leicht an und die Kontaktflächenlänge $2a$ wird kleiner. In Abbildung 8.3.3 ist die auf den Hertzschen Wert a_H bezogene halbe Kontaktflächenlänge a in Abhängigkeit von der Rollgeschwindigkeit v dargestellt. Das Verhältnis a/a_H zeigt mit zunehmender Rollgeschwindigkeit einen leicht abfallenden Verlauf, jedoch streben die Meßpunkte bereits ab einer relativ kleinen Geschwindigkeit einem Grenzwert zu. Dies zeigt, daß der Einfluß der Viskoelastizität auf die Kontaktgrößen bei PUR, ebenso wie bei anderen technischen Kunststoffen [9], nur im Bereich relativ kleiner Rollgeschwindigkeiten merkbar vorhanden ist. Der Unterschied zwischen der größten und der kleinsten gemessenen halben Kontaktflächenlänge ist kleiner als 5 %.

Die gewonnenen Meßergebnisse können dazu verwendet werden, die viskoelastischen Materialparameter eines Kunststoffs unter Verwendung der Theorie von Wang und Knothe (Kapitel 7), der ein Drei-Parameter-Modell zugrunde liegt, zu bestimmen. Die kennzeichnenden Größen dieses Modells sind das Steifigkeitsverhältnis $f^{(1)}$ und die Retardationszeit τ. Als Eingabeparameter für das Rollkontaktprogramm VISCON dient eine dimensionslose Geschwindigkeit, die sogenannte Deborah-Zahl

$$\zeta = \frac{v\tau}{a_H}.$$ (8.1)

Aus numerischen Ergebnissen, die mit Hilfe von VISCON gewonnen wurden, leiten Wang und Knothe eine analytische Näherungslösung für die geschwindigkeitsabhängige halbe Berührungsflächenlänge a ab:

$$\frac{a}{a_H} = \frac{1}{\sqrt{1 + f^{(1)}}} + \left(1 - \frac{1}{\sqrt{1 + f^{(1)}}}\right) e^{-0,89836\zeta}$$ (8.2)

Die zur Berechnung des viskoelastischen Kontakts notwendigen Werkstoffparameter lassen sich bestimmen, indem in Gleichung (8.2) die beiden Größen $f^{(1)}$ und τ solange variiert werden, bis das damit erzielte Rechenergebnis mit den gemessenen a/a_H-Werten in Abbildung 8.3.3 übereinstimmt.

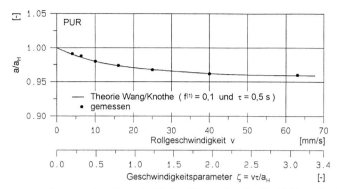

Abbildung 8.3.3: Veränderung der Kontaktflächenlänge durch die Rollgeschwindigkeit bei einem Rad aus viskoelastischem Werkstoff.

8.3.2 Gültigkeit der Annahme eines ebenen Formänderungszustands

Die zweidimensionalen analytischen und numerischen Berechnungsverfahren zur Lösung kontaktmechanischer Probleme setzen im allgemeinen voraus, daß in den Kontaktkörpern ein ebener Formänderungszustand vorliegt. Der ebene Formände-rungszustand ist nach Bufler [4] in zylindrischen Rädern aber nur dann gegeben, wenn die Breite B des Rades wesentlich größer ist als die Kontaktflächenlänge. Diese Bedingung ist bei Rädern mit relativ weichem Kunststoffbelag nicht immer zu erfül-len, denn aufgrund des kleinen Elastizitätsmoduls ergeben sich bei den zulässigen Radlasten relativ große Kontaktflächenlängen. Damit stellt sich die Frage, unter wel-chen Voraussetzungen bei der Berechnung für zylindrische Kunststoffräder der ebe-ne Formänderungszustand angenommen werden kann. Zur Klärung dieser Frage sollen Messungen der lokalen Druck- und Schubkraftverteilung über die Radbreite beitragen, die bei zwei verschiedenen zylindrischen Rädern durchgeführt werden. Beide Räder besitzen Bandagen aus PUR. Bei dem einen Prüfrad, dem sogenannten Halbraumrad, sind die Seitenflächen gestützt, so daß beim Aufbringen der Normal-belastung keine Verformungen in axialer Richtung auftreten können. Bei dem ande-ren Prüfrad, dem sogenannten Scheibenrad, das den gleichen Durchmesser D = 200 mm und die gleiche Lauffflächenbreite B = 30 mm hat, fehlen die stützenden Bereiche. Fast alle in der Praxis eingesetzten zylindrischen Räder besitzen diese Form.

In Abbildung 8.3.4 sind die am seitlich gestützten Rad gleichzeitig gemessenen Verläufe der lokalen Normalkraft f_z und der lokalen Schubkräfte f_x (in Rollrichtung) und f_y (quer zur Rollrichtung) dargestellt. Der Abstand zweier über die Kontaktflä-chenlänge 2a aufgenommenen Meßkurven beträgt 0,5 mm.

Die Druckkraftverteilung f_z ist über die Radbreite nahezu konstant (Abbildung 8.3.4a), abgesehen von geringen Abweichungen infolge von Inhomogenitäten des Werkstoffs und der Laufffläche. Im Bereich der beiden seitlichen Radbegrenzungen steigt die Druckkraft stark an. Schubkräfte quer zur Rollrichtung f_y (Abbildung 8.3.4b) wirken nur im Bereich der beiden Radränder. Sie entstehen, weil sich dort

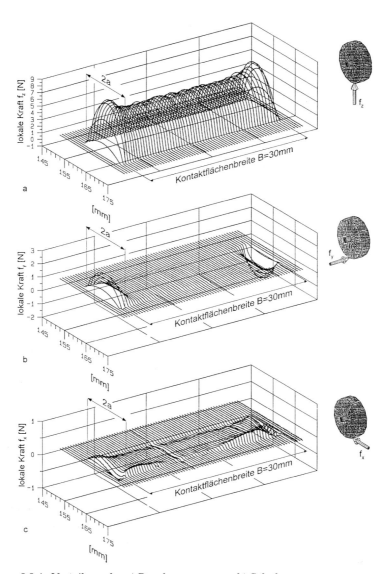

Abbildung 8.3.4: Verteilung der a) Druckspannungen; b) Schubspannungen quer zur Rollrichtung und c) Schubspannungen in Rollrichtung bei einem seitlich gestützten, zylindrischen Rad.

der Radwerkstoff axial verformen kann, wobei die Schubspannungen die Querverschiebung des Radwerkstoffs im Kontaktbereich zu verhindern suchen. Infolge der unterschiedlichen Kontaktwerkstoffe (PUR/Stahl) entstehen auch beim frei rollenden Rad in der Berührungsfläche Schubspannungen in Rollrichtung (Abbildung 8.3.4c), die an die Normalkräfte gekoppelt und deswegen an den Randbereichen größer sind als in der Mitte. Um die Meßergebnisse besser mit den nach der Theorie von Kalker (Programm CONTACT) berechneten Ergebnissen vergleichen zu können, werden die einzelnen Kraftkurven in Rollrichtung in Spannungen umgerechnet und über die Kontaktflächenlänge 2a integriert. Die Integralwerte

$$f_z^* = \int p(x) \ dx; \ f_y^* = \int q_y(x) \ dx; \ f_x^* = \int q_x(x) \ dx \qquad (8.3)$$

werden über die Radbreite aufgetragen. In der zweiten Spalte von Abbildung 8.3.5 sind die so aufbereiteten Meßergebnisse aus Abbildung 8.3.4 dargestellt, zusammen mit den Ergebnissen weiterer Messungen mit anderen Radlasten. Die entsprechenden mit dem Programm CONTACT ermittelten Rechenergebnisse sind in der ersten Spalte von Abbildung 8.3.5 den Meßergebnissen gegenübergestellt. Ferner sind in der dritten Spalte von Abbildung 8.3.5 die aus den Messungen am Scheibenrad gewonnenen Integralwerte f_z^*, f_y^* und f_x^* dargestellt.

Der Vergleich der gemessenen Kraftgrößen zeigt die grundsätzlichen Unterschiede der Kontaktbeanspruchungen beider Radarten. Im Kontaktbereich des seitlich nicht gestützten Scheibenrades wirken von der Mitte zum Rand hin ansteigende Schubspannungen (Abbildung 8.3.5 f), da der Werkstoff das Bestreben hat, bei Normalbelastung seitlich auszuweichen. Nur die Radmitte ist schubspannungsfrei, weil sie an der seitlichen Verschiebung behindert ist. Deswegen sind die Normalkräfte in der Radmitte am größten (Abbildung 8.3.5 c). Sie fallen nach beiden Seiten ab, um am Rand wieder anzusteigen. Dieser Anstieg läßt sich damit erklären, daß es dort infolge einer relativ großen Reibungszahl nicht zu entspannenden Gleitvorgängen im Kontaktgebiet kommen kann. Infolge der Verformungsbehinderung am seitlich gestützten Rad sind die Normalkräfte in einem großen Bereich um die Radmitte konstant (Abbildung 8.3.5 b) und die Schubkräfte dort relativ klein (Abbildung 8.3.5 e). Stark ausgeprägt sind die Kraftspitzen an den Rändern.

Zwischen der am seitlich gestützten Rad gemessenen (Abbildung 8.3.5 b) und der nach dem Programm CONTACT gerechneten Normalkraftverteilung (Abbildung 8.3.5 a) besteht eine gute Übereinstimmung. Bei den Querkräften sind die gerechneten Randkräfte kleiner als die gemessenen (vergleiche Abbildung 8.3.6 d und Abbildung 8.3.5 e unter Beachtung des Maßstabs).

Eine besondere Aufmerksamkeit verdient die Verteilung der Schubkräfte in Rollrichtung f_x^*. Die gerechneten Schubkräfte (Abbildung 8.3.5 g) sind, abgesehen von den Randbereichen, über die Radbreite konstant. Beim seitlich gestützten Rad (Abbildung 8.3.5 h) findet sich diese Tendenz bei kleinen Radlasten wieder, während bei größeren die Schubkräfte zum Rand hin ansteigen. Interessante Aussagen liefern die am ungestützten Scheibenrad gemessenen Schubkräfte in Rollrichtung (Abbildung 8.3.5 i), denn hier wechseln die Kräfte an den Rändern das Vorzeichen. Das bedeutet, daß sich das Rad, über die Breite gesehen, in zwei treibende Bereiche an den Rändern und in einen getriebenen Bereich in der Mitte aufteilt.

Noch deutlicher läßt sich dieses Phänomen an einer Radpaarung mit ellipsenförmiger Kontaktfläche beobachten (Abbildung 8.3.6 a). Das Integral der Schubkraftverteilung ergibt einen Restanteil an Tangentialkraft in Rollrichtung, der am Rad treibend wirkt, obwohl doch das Rad selbst durch den Meßtisch getrieben wird. Zur Aufklärung dieses scheinbaren Perpetuum-Mobile-Effekts dienen die weiteren Diagramme in Abbildung 8.3.6. In Abbildung 8.3.6 b ist die in Radbreitenmitte auf-

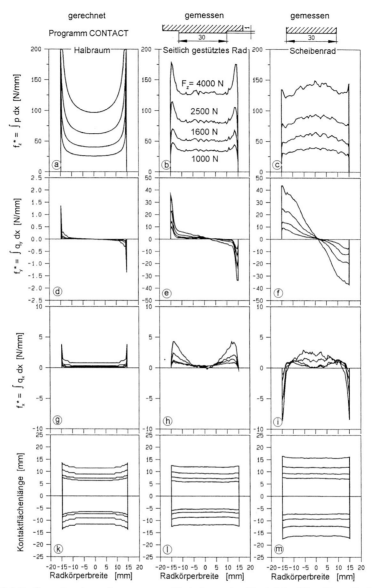

Abbildung 8.3.5: Gerechnete und gemessene Verteilung der Kontaktgrößen über die Radbreite bei einem seitlich gestützten Rad (Spalte 2) und einem seitlich nicht gestützten Rad (Spalte 3).

tretende Verschiebung des Schwerpunkts der Druckspannungskurve um den Betrag f bezüglich der Radachse (Punkt 0) schematisch dargestellt. Diese Verschiebung f ist nicht konstant, sondern sie verändert sich über die Radbreite und kann sogar ihr Vorzeichen wechseln, wie Abbildung 8.3.6 c zeigt. Die Analyse des Zusammenwirkens dieser Größe mit den Spannungen in der Kontaktfläche führt zu folgenden Überlegungen:

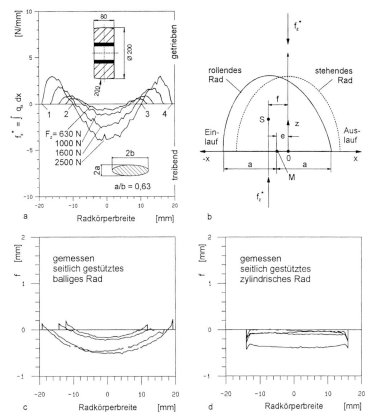

Abbildung 8.3.6: a) Schubkraftverteilung in Rollrichtung im Leerlauf; b) Auswanderung f des Schwerpunkts der Fläche unter der Druckspannungskurve und Verschiebung der Kontaktflächenlänge zum Einlauf hin infolge der Normalbelastung des viskoelastischen Rades. Verteilung der Auswanderung f über die Radkörperbreite; c) bei balliger; d) bei zylindrischer Lauffläche.

Teilt man den Radkörper gedanklich in eine Vielzahl von Radscheibenelementen, so gilt für jedes Element ein anderer Hebelarm f, eine andere Druckverteilung f_z^*, ferner eine andere Schubkraft f_x^*. Die resultierende Druckkraft f_z^* in der Kontaktzone des Scheibenelements bildet, multipliziert mit dem zugehörigen Hebelarm f, ein Moment um den Radmittelpunkt 0. Ein weiteres Moment bildet die am Radradius R wirkende Schubkraft f_x^*. Das gesamte, durch die Kontaktgrößen und deren Verschiebung entstehende Moment M_D ergibt sich durch Integration aller Einzelmomente an den Radscheiben über die Radbreite und wirkt entgegengesetzt zur Bewegungsrichtung, ist also ein Abtriebsmoment, obwohl sich das Radinnere in treibende und getriebene Bereiche aufteilt:

$$M_D = R \int_2^3 f_x^* dy - R \int_1^2 f_x^* dy - R \int_3^4 f_x^* dy - \int_1^4 f_z^* f \; dy. \tag{8.4}$$

171

Wie der Vergleich der beiden Diagramme der Abbildung 8.3.6c und der Abbildung 8.3.6d zeigt, verändert sich der Hebelarm f über die Radbreite unterschiedlich, je nachdem, ob das Rad eine doppelt gekrümmte Lauffläche (Abbildung 8.3.6c) oder eine zylindrische Lauffläche (Abbildung 8.3.6d) besitzt. Beim zylindrischen Halbraumrad ist die Schwerpunktverschiebung f über die gesamte Radbreite negativ, da infolge der Verformungsbehinderung in axialer Richtung die einzelnen Radquerschnitte sich gegenseitig nicht in dem Maße wie beim balligen Rad gegeneinander verdrehen können.

Die Vorzeichenänderung von f_x^* in Abbildung 8.3.5i entsteht durch die über die Breite ungleichmäßig verteilte Druckkraft, was wiederum ungleiche Leerlaufschlüpfe in der Kontaktzone im Bereich der einzelnen Radquerschnitte hervorruft. Der Mittenbereich der Kontaktfläche möchte der Drehbewegung des Rades vorauseilen, während die Randbereiche zurückbleiben möchten. Auf diese Weise stellt sich ein mittlerer Rollzustand ein, der die Kontaktzone in treibende und bremsende Bereiche aufteilt.

In Abbildung 8.3.5k–m sind zusätzlich die am Halbraum- und Scheibenrad bei den verschiedenen Normalbelastungen gemessenen Kontaktflächen dargestellt und den mit CONTACT gerechneten Kontaktflächen gegenübergestellt. Die Kontaktflächen des Halbraumrades stimmen sehr gut mit den gerechneten überein, während die Kontaktflächen des Scheibenrades bei hohen Normalbelastungen wesentlich größer sind.

8.3.3 Gültigkeit der Homogenitätsbedingung

Die analytischen Beziehungen von Hertz [1], Carter [2], Föppl [3], Bufler [4] und Johnson [10] gelten für homogene, isotrope und elastische Körper, die sich ins Unendliche ausdehnen und deswegen als elastische Halbräume bezeichnet werden. Einem realen Körper kann ein Halbraumcharakter dann zugesprochen werden, wenn die Kontaktflächenabmessungen im Vergleich zu den Hauptabmessungen des Körpers klein sind [4]. Die Spannungen konzentrieren sich dann in einem relativ kleinen Bereich um die Kontaktstelle herum und nehmen mit zunehmender Entfernung davon rasch ab.

Zylindrische Kunststoffräder besitzen einen inhomogenen Aufbau. Sie bestehen im allgemeinen aus einem Stahlkern, auf dem eine Bandage aus Kunststoff befestigt ist. Die Anwendung der Halbraumtheorien auf diese Räder ist nur dann möglich, wenn das Verhältnis von Bandagendicke h zur halben Kontaktflächenlänge a genügend groß ist. Da die Kontaktflächenlängen $2a$ bei Kunststoffrädern im Betrieb relativ groß und die Bandagendicken h im Verhältnis zum Radradius relativ klein sind, ist auch das Verhältnis h/a relativ klein. Da in der Literatur keine Angaben zu finden sind, wie groß h/a sein muß, um die Halbraumtheorien bei Bandagenrädern anwenden zu dürfen, werden zur Klärung dieser Frage experimentelle Untersuchungen an zylindrischen Rädern mit verschiedenen Bandagendicken aus PUR und Gummi durchgeführt. Um das h/a-Verhältnis in einem breiten Bereich variieren zu können, werden die Untersuchungen bei jedem Prüfrad mit mehreren Normalkräften durch-

geführt. Um den ebenen Formänderungszustand (siehe Abschnitt 8.3.2) zu gewährleisten, erfolgt die Messung in Radbreitenmitte, wobei die maximale Druckspannung
p_{max} und die Kontaktflächenlänge $2a$ bei der dort auftretenden Normalkraft [N/mm]
gemessen werden.

Zur Berechnung der Kontaktgrößen bei rollenden Kunststofffrädern mit beliebiger Bandagendicke haben Knothe, Wang und Hiss [8] ein numerisches Berechnungsverfahren entwickelt, das in Form des Programms VISCON vorliegt. Die damit berechneten Werte werden den gewonnenen Meßergebnissen gegenübergestellt, um
zu überprüfen, ob diese Theorie auf Räder mit Bandagen aus PUR und Gummi an-
wendbar ist.

Abbildung 8.3.7 zeigt die mit dem Programm VISCON in Abhängigkeit von der
Bandagendicke h berechneten halben Kontaktflächenlängen a für ein Rad aus Gummi, das einen Durchmesser von 150 Millimetern und eine Breite von 50 Millimetern
besitzt. Als Parameter ist die Normalkraft N gewählt. Die entsprechenden gemessenen Kurven ergäben sich durch Verbindung der entsprechenden Meßpunkte. Im Bereich der kleineren Normalkräfte, wo ein lineares Werkstoffgesetz vorausgesetzt
werden kann, stimmen die gerechneten und die gemessenen Werte gut überein.
Die Abweichungen im Bereich der großen Radlasten betragen bis etwa 10 %, wobei
die gemessenen a-Werte stets größer sind als die gerechneten. Dieser Vergleich
zeigt, daß mit dem Programm VISCON ein Berechnungsverfahren zur Verfügung
steht, das auch bei relativ dünnen Radbandagen, wo die Halbraumbedingung nicht
mehr zutrifft, die Kontaktgrößen relativ genau bestimmt.

Eine weitere Erkenntnis, die sich auf die Grenzen der Halbraumtheorien bei
Rädern aus weichelastischen Werkstoffen bezieht, läßt sich aus der Steigung der

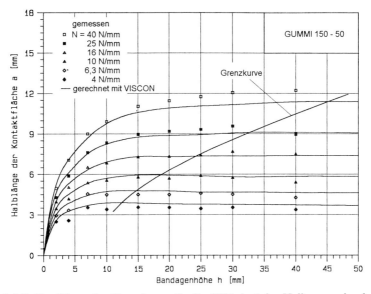

Abbildung 8.3.7: Ermittlung der Grenzkurve für die Gültigkeit des Halbraums durch Messung
der Kontaktflächenlänge $2a$ bei verschiedenen Bandagendicken h und Normalkräften N.

Kurven in Abbildung 8.3.7 gewinnen. Bei gleicher Radnormalkraft wächst nämlich die halbe Kontaktflächenlänge zunächst mit der Bandagendicke auf einen bestimmten Wert an und verändert sich von dort an nicht mehr. Verbindet man diese Grenzwerte auf den einzelnen Kurven miteinander, so entsteht eine Grenzkurve, die das Diagramm in zwei Bereiche teilt. Rechts von der Grenzkurve sind die Halbraumbedingungen erfüllt, d. h. ab hier gelten die Hertzschen Gleichungen.

Dies zeigt noch deutlicher Abbildung 8.3.8. Dort ist das Verhältnis der gemessenen und der nach der Hertzschen Theorie gerechneten halben Kontaktflächenlänge, nämlich a/a_H, in Abhängigkeit von dem Verhältnis der Bandagendicke zur gemessenen halben Kontaktflächenlänge a dargestellt, wobei die eingetragene Punkteschar sämtliche Meßwerte aus Abbildung 8.3.7 einschließt. Durch die Punkteschar läßt sich von unten nach oben verlaufend eine mit VISCON gerechnete Kurve einzeichnen, die innerhalb des Streubereichs der Meßwerte verläuft. Bedeutungsvoll ist, daß die Kurve dem Grenzwert $a/a_H = 1$ zustrebt, was aussagt, daß ab hier die mit VISCON gerechneten und die nach der Theorie von Hertz berechneten Werte übereinstimmen.

In Abbildung 8.3.8 ist eine entgegengesetzt verlaufende Kurve eingetragen, die die gemessene maximale Druckspannung p_{max} bezogen auf die nach der Hertzschen Theorie gerechnete maximale Pressung p_H in Abhängigkeit von h/a zeigt. Die mit VISCON berechnete Kurve paßt sich gut den Meßwerten an.

Zusammenfassend läßt sich anhand der Messungen sagen, daß bei Rädern mit weichelastischen Bandagenwerkstoffen bei einem Verhältnis h/a rechts der Grenzkurve in Abbildung 8.3.7 die Kontaktgrößen nach der Hertzschen Theorie berechnet werden dürfen und bei h/a links der Grenzkurve das Programm VISCON von Knothe, Wang und Hiss eingesetzt werden sollte.

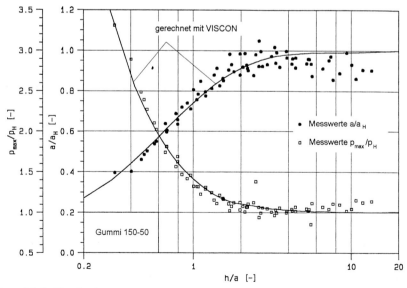

Abbildung 8.3.8: Vergleich gerechneter und gemessener a/a_H- und p_{max}/p_H-Werte bei unterschiedlichen h/a-Verhältnissen.

8.3.4 Ermittlung des Elastizitätsmoduls und der Querkontraktionszahl von Polymerwerkstoffen durch Rollkontaktversuche

Die Berechnungsverfahren zur Lösung kontaktmechanischer Probleme setzen die Kenntnis der Werkstoffparameter Elastizitätsmodul E und Querkontraktionszahl v voraus. Bei einem Polymerwerkstoff können beide Kennwerte in einem breiten Bereich variieren. Die vom Werkstoffhersteller oder in der Literatur angegebenen Werte reichen daher für genaue Berechnungen nicht aus. Im folgenden wird eine Methode vorgestellt, mit der sich diese beiden Kennwerte über die Messung rollkontaktmechanischer Größen bestimmen lassen. Die theoretische Grundlage für diese Methode bilden die zweidimensionalen Halbraumtheorien von Hertz [1], Bufler [4] und Johnson [10].

Bufler untersucht mit analytischen Methoden zwei aufeinander abrollende, achsparallele Walzen aus unterschiedlichen elastischen Werkstoffen. Für den Fall, daß im gesamten Kontaktgebiet Haften herrscht und dort keine resultierende Längskraft F_x übertragen wird, findet er Lösungen für die Druckspannungsverteilung $p(x)$ und die Schubspannungsverteilung $q(x)$ in der Kontaktfläche. Bei diesem Rollzustand tritt, in Abhängigkeit von der Normalbelastung, ein globaler Schlupf auf, der dadurch entsteht, daß die tangentialen Randdehnungen der beiden Kontaktkörper beim Durchlaufen der Kontaktfläche unterschiedlich groß sind. Da es sich dabei um reinen Formänderungsschlupf handelt, entsteht dieser sogenannte Leerlaufschlupf s_L, ohne daß es zum Gleiten im Kontaktbereich kommt. Damit in der Kontaktfläche vollständiges Haften herrscht, muß bei der Theorie von Bufler die Reibungszahl unendlich groß sein.

Unter Annahme von Reibungsfreiheit hat Hertz bereits im Jahre 1881 die Druckspannungsverteilung im Kontaktgebiet zweier gegeneinander gepreßter Walzen aus verschiedenen elastischen Werkstoffen berechnet. Infolge der Reibungsfreiheit kann sich im Kontaktgebiet keine Schubspannung aufbauen.

Abbildung 8.3.9 soll zeigen, daß der Unterschied der nach Bufler und Hertz errechneten Druckspannungen für reale Werkstoffpaarungen, in diesem Fall PUR gegen Stahl, relativ klein ist. Infolge der bei der Theorie von Bufler berücksichtigten Reibung kommt es gegenüber der Hertzschen Druckverteilung zu einer geringfügigen Druckerhöhung und in Verbindung damit zu einer geringfügig kleineren Kontaktflächenlänge.

Ausgehend von der Hertzschen Druckverteilung und unter Annahme vollständigen Haftens im Kontaktgebiet leitet Johnson analytische Näherungsformeln ab für die Schubspannungsverteilung im Kontaktgebiet und für den Leerlaufschlupf von zwei tangentialkraftfrei aufeinander abrollenden Walzen aus unterschiedlichen elastischen Werkstoffen. In Abbildung 8.3.9 sind die für die Kontaktpaarung PUR-Rad/Stahlfahrbahn nach Bufler und Johnson gerechneten Schubspannungsverläufe einander gegenübergestellt. Für reale Werkstoffpaarungen sind auch hier die Abweichungen zwischen den exakten Lösungen von Bufler und den Näherungslösungen von Johnson sehr klein.

Da die analytischen Beziehungen von Hertz und Johnson einfacher zu handhaben sind als die Gleichungen von Bufler, und da die Abweichungen der Rechenergebnisse, wie gezeigt, vernachlässigbar klein sind, stützen sich die weite-

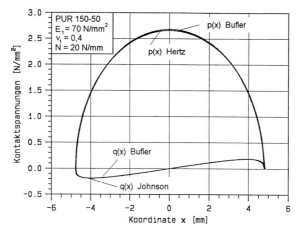

Abbildung 8.3.9: Vergleich der nach Bufler und Hertz berechneten Normalspannungen und der nach Bufler und Johnson berechneten Schubspannungen.

ren Überlegungen auf die beiden erstgenannten Theorien. Sie liefern die nachfolgend abzuleitenden Gleichungen, aus denen später unter Verwendung experimentell ermittelter Größen die Materialkennwerte E und v bestimmt werden.

Aus der Hertzschen Gleichung zur Berechnung der halben Kontaktflächenlänge

$$a = \sqrt{\frac{2NR^{\star}}{\pi}\left(\frac{1-v_1}{G_1} + \frac{1-v_2}{G_2}\right)} \qquad (8.5)$$

mit

$$\frac{1}{R^{\star}} = \frac{1}{R_1} + \frac{1}{R_2} \qquad (8.6)$$

und der Gleichung von Johnson zur Bestimmung des Leerlaufschlupfes

$$s_L = \frac{2\beta}{\pi}\frac{a}{R^{\star}} \qquad (8.7)$$

mit

$$\beta = \frac{1}{2}\left\{\frac{\dfrac{1-2v_1}{G_1} - \dfrac{1-2v_2}{G_2}}{\dfrac{1-v_1}{G_1} + \dfrac{1-v_2}{G_2}}\right\} \qquad (8.8)$$

lassen sich zwei Gleichungen zur Berechnung der elastischen Konstanten v_1 und G_1 des Prüfrades ableiten:

$$v_1 = \frac{Z-1}{Z-2}, \tag{8.9}$$

$$G_1 = \frac{1-v_1}{a^2 X - W} \tag{8.10}$$

mit

$$Z = \frac{\dfrac{a\, s_L\, \pi^2}{2N} + \dfrac{1-2v_2}{G_2}}{a^2 X - W}, \tag{8.11}$$

$$X = \frac{\pi}{2NR^*}, \tag{8.12}$$

$$W = \frac{1-v_2}{G_2}. \tag{8.13}$$

Der Elastizitätsmodul E_1 des Prüfrades läßt sich über Gleichung (8.9) und Gleichung (8.10) bestimmen gemäß der Beziehung:

$$E_1 = 2\, G_1 (1 + v_1). \tag{8.14}$$

Der hier vorgeschlagenen Methode [12] liegt der Gedanke zugrunde, die halbe Kontaktflächenlänge a und den Leerlaufschlupf s_L in Abhängigkeit von der Radnormalkraft N möglichst genau zu messen, und mit diesen Meßwerten aus den Gleichungen (8.9) bis (8.14) die beiden werkstoffabhängigen Kennwerte E_1 und v_1 für ein Rad aus Polymerwerkstoff zu bestimmen. Die Vorgehensweise erklärt Abbildung 8.3.10.

Die Geometrie und Belastung des Prüfrades müssen so gewählt sein, daß die Halbraumbedingungen in radialer und axialer Richtung erfüllt sind. Gemessen wird lokal in der Radbreitenmitte ($y = 0$) die halbe Kontaktflächenlänge a und die dort wirkende Normalbelastung n^*, wobei n^* die über die Fläche der Länge $2a$ und der Breite 1 integrierte Normalspannung in Radbreitenmitte ist ($n^* = f_z^*(y = 0)$). Ferner wird durch globale Messungen der Leerlaufschlupf s_L bestimmt. Die drei durch Extrapolation der Kurven gewonnenen Größen $a(v = 0)$, $n^*(v = 0)$ und $s_L(v = 0)$ sind die Eingangsgrößen in den Gleichungen (8.9) bis (8.14) zur Bestimmung von E_1 und v_1. Nach der beschriebenen Methode werden für je ein PUR-Rad und ein Polyoxymethylen (POM)-Rad diese beiden Kennwerte bestimmt. Die Diagramme in Abbildung 8.3.11 dienen der experimentellen Überprüfung der Ergebnisse. Zu diesem Zweck werden die Leerlaufschlupfwerte s_L ($v = 0$) bei verschieden großen Normalkräften N experimentell ermittelt und nach der Theorie von Johnson berechnet. Die gemessene und die berechnete Kurve stimmen für die gesuchte Querkontraktionszahl v_1 bis zu einer bestimmten Normalbelastung gut überein. Wenn die Halbraumbedingungen nicht mehr erfüllt sind, weichen die Kurven zunehmend voneinander ab.

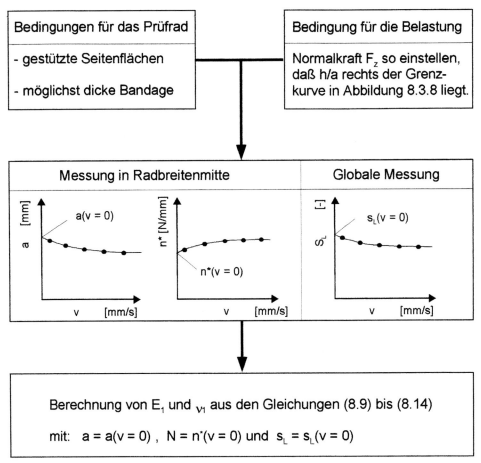

Abbildung 8.3.10: Vorgehensweise zur genauen Bestimmung der Werkstoffkennwerte E und v durch Rollkontaktmessungen.

Die Methode nutzt den Vorteil, daß die Leerlaufschlupfkurven bereits bei kleiner Veränderung der Werkstoffkennwerte relativ stark auseinanderfächern. Dadurch lassen sich der Elastizitätsmodul und die Querkontraktionszahl mit hoher Auflösung ermitteln. Dies gilt nicht nur für die hier vorgestellten Vertreter der elastomeren und thermoplastischen Kunststoffe, sondern auch für Gummi.

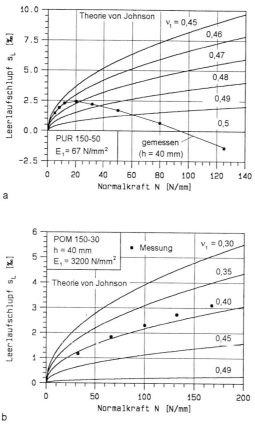

Abbildung 8.3.11: Vergleich gerechneter und gemessener Leerlaufschlupfkurven; a) Radwerkstoff PUR, B = 50 mm; b) Radwerkstoff POM, B = 30 mm.

8.4 Rollen bei Längskraftübertragung

Wie in Abschnitt 8.3.2 gezeigt, herrscht bei zylindrischen Rädern nur in Radbreitenmitte der reine ebene Formänderungszustand, da dort keine Schubspannungen in axialer Richtung wirken, und der Radquerschnitt an dieser Stelle unverzerrt ist. Damit der Vergleich zwischen den zweidimensionalen Theorien und den experimentellen Ergebnissen möglich ist, werden die folgenden Kontaktgrößenmessungen in Radbreitenmitte durchgeführt.

Um zunächst den Sonderfall des tangentialkraftfreien Rollens untersuchen zu können, wird das Moment an der Prüfradwelle solange feinfühlig verstellt, bis sich die negativen und positiven Flächenanteile unter der gemessenen Schubspannungskurve $q_x(x)$ aufheben. In Abbildung 8.4.1 b sind solche Schubspannungskurven für die Radpaarung PUR/Stahl und in Abbildung 8.4.1 a die gleichzeitig gemessenen

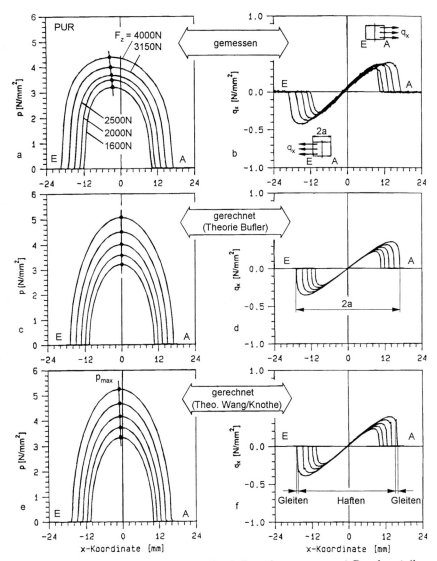

Abbildung 8.4.1: In Radmitte bei Tangentialkraft $F_X = 0$ gemessene a) Druckverteilung und b) Schubspannungsverteilung in Rollrichtung. Entsprechende Verteilungen gerechnet c) und d) nach Bufler sowie e) und f) nach Wang/Knothe.

Druckspannungskurven $p(x)$ dargestellt. Zum Vergleich dienen die nach der Theorie von Bufler für den Sonderfall „Vollständiges Haften in der Kontaktfläche" berechneten Druck- und Schubspannungsverteilungen (Abbildung 8.4.1 c und Abbildung 8.4.1 d) und die mit Hilfe des Programms VISCON numerisch ermittelten Spannungsverteilungen im Kontaktgebiet (Abbildung 8.4.1 e und Abbildung 8.4.1 f). Die nach Bufler und nach Wang/Knothe gerechneten Normal- und Tangentialspannungsverteilungen unterscheiden sich nur geringfügig. Bufler setzt rein elastisches Werkstoffverhalten voraus und erhält daher symmetrische Druckspannungskurven (Abbildung 8.4.1 c). Wang und Knothe berücksichtigen dagegen das viskoelastische Werkstoffverhalten und erhalten so asymmetrische, zum Einlauf hin leicht geneigte Druckspannungskurven (Abbildung 8.4.1 e). Diese Tendenz bestätigt sich durch das Experiment (Abbildung 8.4.1 a).

Eine sehr gute Übereinstimmung ergibt sich bei den gemessenen und den analytisch und numerisch berechneten Schubspannungsverteilungen. Bei der Theorie von Bufler gehen die q_x-Kurven für alle Belastungsstufen durch den Symmetriepunkt, während bei den gemessenen und den nach Wang/Knothe gerechneten Kurven der gemeinsame Schnittpunkt mit der x-Achse infolge des viskoelastischen Einflusses geringfügig zum Einlauf hin verschoben ist.

Bei relativ kleinen Reibungszahlen ergeben sich nach der Theorie von Wang und Knothe drei durch die Nullinie getrennte Flächenbereiche unter der Schubspannungskurve (Abbildung 8.4.2 b), wobei die Schubspannungen in benachbarten Bereichen jeweils entgegengesetzte Richtungen haben. Bei relativ großen Reibungszahlen existieren nur zwei unterschiedliche Flächenbereiche (Abbildung 8.4.1 b, d und f). Folglich bilden sich nur zwei Gleitgebiete aus, nämlich eins am Einlauf und eins am Auslauf. Im größten Bereich der Kontaktzone haften die Kontaktpartner aufeinander. Dort, wo infolge der kleinen Reibungszahl drei Schubspannungsbereiche mit wechselnden Vorzeichen auftreten (Abbildung 8.4.2 b), lassen sich auch drei Gleitgebiete ausmachen, nämlich jeweils eines unmittelbar im Einlauf- und Auslaufgebiet und ein weiteres in der Nähe des Auslaufbereichs. Der Einfluß der relativ kleinen Reibungszahl in der beschriebenen Weise konnte experimentell bestätigt werden (Abbildung 8.4.2 a), mit einem Radwerkstoff Polytetrafluorethylen (PTFE, Teflon), der eine besonders kleine Reibungszahl ($\mu = 0{,}1$) bringt.

Die folgenden Ausführungen beziehen sich auf die Untersuchung des Betriebszustands „Treiben" und „Getrieben". Zu diesem Zweck wird das Prüfrad mit einem von außen in die Radwelle eingeleiteten, konstanten positiven beziehungsweise

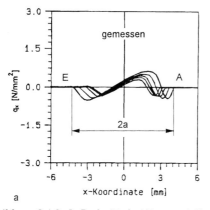
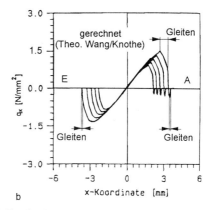

a   b

Abbildung 8.4.2: In Radmitte bei Tangentialkraft $F_x = 0$; a) gemessene und b) errechnete Schubkraftverteilung in Rollrichtung mit drei Gleitgebieten in der Kontaktzone.

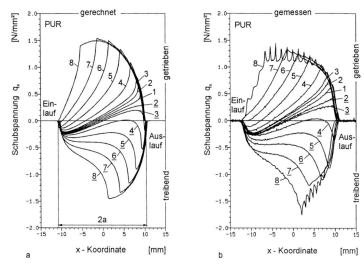

Abbildung 8.4.3: Schubverteilung in Rollrichtung bei unterschiedlichen treibenden und bremsenden Tangentialkräften; a) gerechnet nach Wang/Knothe; b) gemessen.

negativen Moment beaufschlagt. Die am Rad treibend wirkenden Schubspannungen q_x in der Kontaktfläche haben ein negatives Vorzeichen, die bremsend wirkenden entsprechend ein positives Vorzeichen. In Abbildung 8.4.3 b sind die bei der Paarung PUR/Stahl gemessenen Schubspannungsverteilungen für verschiedene positive und negative Tangentialkräfte und in Abbildung 8.4.3 a die nach der Theorie von Wang/Knothe gerechneten gezeigt.

Die mit 1 gekennzeichnete Kurve stellt den Schubspannungsverlauf beim Rollen mit natürlichem Fahrwiderstand dar. Mit steigendem Antriebsmoment (Kurven 2 bis 4) verkleinern sich die positiven Flächenanteile unter den Schubspannungskurven im Auslaufbereich, während sich die negativen Flächenanteile im Einlaufbereich zunächst nur unmerklich verändern (Kurven 2 und 3). In der weiteren Laststufe (Kurve 4) teilt ein zweiter Vorzeichenwechsel die Gesamtfläche unter der Schubspannungskurve in drei Flächenanteile, wobei die Flächenanteile im Ein- und Auslaufbereich jeweils negativ sind. Mit steigender Tangentialkraft vergrößern sich die Maximalwerte der gemessenen Schubspannungsverläufe und entsprechend die Flächenanteile unter den Kurven 5 bis 8.

Der unter größter globaler Tangentialkraft gemessene Schubspannungsverlauf (Kurve 8) fügt sich bis zum Erreichen seines maximalen Werts vom Einlauf aus gesehen in das charakteristische Gesamtbild der anderen ein, jedoch ist dieser Meßkurve im Auslaufbereich eine Schubspannungsschwankung überlagert. Es ist zu vermuten, daß diese Spannungsschwankungen durch Reibschwingungen entstehen, denn es handelt sich hier um „Stick-Slip-ähnliche" Vorgänge, die allerdings nur im Gleitgebiet der Kontaktfläche auftreten können.

In der oberen Hälfte der Abbildung 8.4.3 b sind die Schubspannungskurven für den Betriebszustand „Rad wird getrieben" dargestellt. Der Aufbau der Schubspannungskurven erfolgt in ähnlicher Weise wie gerade beschrieben. Auch hier treten in der höchsten Belastungsstufe Reibschwingungen auf.

Ein Vergleich der gemessenen und der gerechneten Ergebnisse zeigt eine gute Übereinstimmung in bezug auf die Form zugeordneter Kurven. Die gerechneten Spannungsverteilungen werden mit einer Reibungszahl von 0,45 bestimmt. In den nach Wang/Knothe ermittelten Spannungsverläufen sind überlagerte Schwingungen und Überhöhungen im Spannungsmaximum nicht zu beobachten, da für die Rechnung ein stationärer Rollkontakt mit konstanter Reibungszahl zugrunde gelegt wurde.

8.5 Rollen unter Querkraft

Rollt ein Rad unter einem Spurwinkel a, so entsteht in der Berührungsfläche eine Querkraft F_y, wobei tan a dem Querschlupf s_y und das Verhältnis der Querkraft F_y zur Normalkraft F_z dem Querkraftschluß k_y entspricht. Die Veränderung von k_y bei steigendem Querschlupf s_y und bei jeweils konstanter Normalkraft zeigen die Querkraftschluß-Querschlupf-Kurven in Abbildung 8.5.1. Diese Kurven gelten

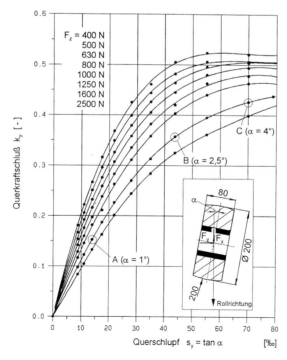

Abbildung 8.5.1: Querkraftschluß als Funktion des Querschlupfes bei verschiedenen Normalkräften.

für ein Rad aus PUR mit doppelt gekrümmter Lauffläche, für das sich eine elliptische Kontaktfläche mit einem Halbachsenverhältnis von a/b = 0,63 einstellt. Bemerkenswert ist, daß der maximale Kraftschluß in den einzelnen Kurven nicht den gleichen Wert erreicht. D. h. im vorliegenden Fall: Mit größer werdender Normalkraft wird die Reibungszahl, die im Bereich großer Schlüpfe dem Kraftschluß entspricht, kleiner.

Nachfolgend wird der Frage nachgegangen, wie sich die lokalen Kontaktgrößen bei gleicher Normalkraft F_z mit steigender Querkraftbelastung verändern. Zu diesem Zweck werden die Normalkraftverteilung f_z^* sowie die Schubkraftverteilungen f_y^* (quer zur Rollrichtung) und f_z^* (in Rollrichtung) bei drei unterschiedlich großen Schräglaufwinkeln a gemessen. Der jeweilige Belastungszustand ist in Abbildung 8.5.1 durch die drei Punkte A, B und C auf der Kennlinie F_z = 1 600 N gekennzeichnet. Für diese drei Belastungszustände sind in Abbildung 8.5.2 b die gemessene Normalkraftverteilung f_z^* über die Berührungsflächenbreite und in Abbildung 8.5.2 a die gemessenen Kontaktflächenbegrenzungen dargestellt. Der Einfluß des Spurwinkels auf diese Größen ist relativ klein. Die steigende Querkraftbelastung hat eine leichte Verringerung der maximalen Druckkraft zur Folge. Das Koordinatenkreuz der elliptischen Kontaktfläche verdreht sich um den jeweiligen Spurwinkel a.

Abbildung 8.5.3 a gibt Auskunft über die Veränderung der Schubkraftverteilung in der Kontaktfläche quer zur Rollrichtung. Bei geradeaus laufendem Rad (a = 0) wirken die Schubkräfte infolge der Radkörperquerverformung von der Radmitte aus gesehen in beide Richtungen (siehe auch Kapitel 8.3.2). Beim schräggestellten Rad überlagert sich dem Ausgangszustand eine symmetrische Schubkraftverteilung, so daß für die einzelnen Schräglaufwinkel in Abbildung 8.5.3 a die leicht asymmetrischen Schubkraftkurven entstehen. Den prinzipiellen Verlauf geben die mit CONTACT gerechneten Kurven (Abbildung 8.5.3 b) relativ gut wieder. Die Asymmetrie ist hier nicht vorhanden, da der Ausgangszustand (a = 0) nahezu keine Axialschubkräfte aufweist.

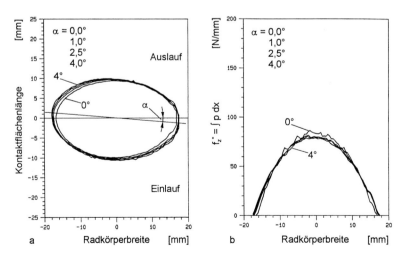

Abbildung 8.5.2: Veränderung der a) Form der Kontaktfläche; b) Druckkraftverteilung über die Radbreite durch den Spurwinkel.

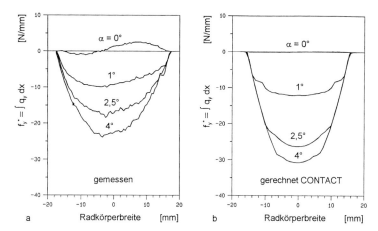

Abbildung 8.5.3: Einfluß des Spurwinkels auf die Schubkraftverteilung quer zur Bewegungsrichtung.

Interessant ist die Veränderung der Schubkraftverteilung f_x^* in Rollrichtung, wie
sie in Abbildung 8.5.4 mit stufenweise wachsendem Spurwinkel verfolgt werden
kann. Bei dem geradeaus rollenden Rad ($\alpha = 0$) teilt die Schubkraftkurve die Kontaktfläche symmetrisch in zwei bremsende und einen dazwischenliegenden treibenden Bereich (siehe auch Abschnitt 8.3.2). Mit steigendem Schräglaufwinkel werden
die gemessenen Kurven unsymmetrischer, wobei der mittlere, treibende Bereich sich
zunehmend bis zum linken Rand hin ausdehnt. Infolge der ungleich verteilten
Schubkraftverteilung f_x^* – bei großem Schräglaufwinkel besonders ausgeprägt (Abbildung 8.5.4 d) – entsteht ein Bohrmoment in der Kontaktzone.

Bemerkenswert ist, daß bei noch größeren Schräglaufwinkeln die Asymmetrie
der gemessenen Kurve wieder kleiner wird (Abbildung 8.5.4 d). Dies läßt sich über
den relativ großen, von außen aufgeprägten Querkraftanteil F_y in axialer Richtung
erklären, der in den einzelnen Flächenelementen der Kontaktzone aufgrund der Beziehung

$$f_x^2 + f_y^2 = (\mu \cdot f_z)^2 = const. \tag{8.15}$$

die Kraft F_X in Rollrichtung begrenzt. Den Zustand bei relativ großer Querkraftbelastung (Abbildung 8.5.4 d) bildet das Programm CONTACT gut ab.

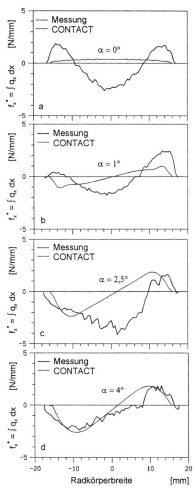

Abbildung 8.5.4: Einfluß des Spurwinkels auf die Schubkraftverteilung in Fahrtrichtung.

8.6 Zusammenfassung und Ausblick

Mit Hilfe der im Kontaktgebiet zwischen Kunststoffrädern und einer Stahlfahrbahn durchgeführten Spannungsmessungen können die Theorien des stationären Rollkontakts weitgehend verifiziert werden.

Die Berechnung der Kontaktgrößen bei zylindrischen Kunststoffrädern mit beliebiger Bandagendicke ist mit Hilfe des Programms VISCON möglich, wenn die Seitenflächen des Rades gestützt sind, so daß in axialer Richtung keine Materialverschiebungen auftreten können. Das Programm CONTACT berechnet darüberhinaus auch die Randeffekte. Es setzt allerdings Halbraumbedingungen, d. h. eine genügend dicke Bandage voraus. Halbraumbedingungen liegen vor, wie die Messungen zeigen, wenn das Verhältnis der Bandagendicke zur halben Kontaktflächenlänge $h/a > 5$ ist. Unter dieser Bedingung liefern die analytischen Beziehungen von Hertz, Bufler und Johnson gute Näherungslösungen.

Bei zylindrischen Rädern mit ungestützten Seitenflächen ist die Berechnung mit VISCON nur in Radbreitenmitte möglich, da nur dort die Bedingungen des ebenen Formänderungszustands erfüllt sind. Da bei seitlich ungestützten Rädern die lokalen Kräfte in der Kontaktfläche über die Radbreite stark variieren, ist es notwendig, für zylindrische Räder ein dreidimensionales Berechnungsverfahren zu entwickeln, das neben dem Einfluß der Bandagendicke auch den Einfluß der Radbreite berücksichtigt.

Der Einfluß der Viskoelastizität der Kunststoffe ist relativ gering, so daß Berechnungen mit elastischem Materialverhalten recht gute Näherungslösungen ergeben. Mit den Programmen VISCON und CONTACT kann das viskoelastische Materialverhalten unter Zugrundelegung eines Drei-Parameter-Modells relativ gut simuliert werden. Dieses Verhalten führt beim Rollkontakt dazu, daß die Druckverteilung asymmetrisch ist, die Kontaktfläche aus der Mitte auswandert und die Kontaktgrößen von der Rollgeschwindigkeit abhängen.

Es wird ein Verfahren vorgestellt, das mit Hilfe von Rollkontaktmessungen die für Berechnungen wichtigen elastischen und viskoelastischen Werkstoffkennwerte mit großer Genauigkeit bestimmt.

Zur Bestimmung lokaler Schlüpfe in der Kontaktzone sind Verschiebewegmessungen mit mechanischen Systemen nicht ausreichend. Daher ist es empfehlenswert, ein Lasermeßsystem zu entwickeln, das die Verschiebungen in der Kontaktfläche gleichzeitig in zwei Richtungen bestimmt.

8.7 Verwendete Kurzzeichen

Zeichen	*Einheit*	*Bedeutung*
a	mm	Halblänge der Kontaktfläche in Rollrichtung
a_H	mm	Halblänge der Kontaktfläche nach Hertz
b	mm	Halblänge der Radkörperbreite
e	mm	Verschiebung der Mitte der Kontaktflächenlänge 2a (Exzentrizität)
f	mm	Verschiebung des Flächenschwerpunkts unter der Druckspannungskurve in Rollrichtung
$f^{(1)}$	–	Steifigkeitsverhältnis (Theorie Wang/Knothe)
f_x, f_y, f_z	N	lokale (auf Sensor wirkende) Kräfte in der Kontaktfläche
f_x^*	N/mm	in Rollrichtung aufintegrierte gemessene radiale Schubspannung $f_x^* = \int q_x(x)dx$

f_y	N/mm	in Rollrichtung aufintegrierte gemessene axiale Schubspannung $f_y^* = \int q_y(x)dx$
f_z^*	N/mm	in Rollrichtung aufintegrierte gemessene Druckspannung $f_z^* = \int p(x)dx$
h	mm	Bandagenhöhe des Radkörpers
k_y	–	Querkraftschluß: $k_y = F_y/F_z$
n^*	N/mm	Normalbelastung in Radbreitenmitte: $n^* = f_z^*(y = 0)$
p	N/mm^2	Druckspannung im Kontaktgebiet
p_{max}	N/mm^2	maximale Druckspannung im Kontaktgebiet
p_H	N/mm^2	maximale Druckspannung im Kontaktgebiet nach Hertz (Hertzsche Pressung)
q_x	N/mm^2	Schubspannung in Rollrichtung im Kontaktgebiet
q_y	N/mm^2	Schubspannung quer zur Rollrichtung im Kontaktgebiet
s_y	–	Starrkörperschlupf quer zur Rollrichtung (Querschlupf): $s_y = \tan \alpha$
s_L	–	Leerlaufschlupf
t	s	Zeit
v	m/s	Rollgeschwindigkeit des Rades
v_1	m/s	lokale Geschwindigkeit des Radkörpers im Kontaktgebiet
v_2	m/s	lokale Geschwindigkeit des Gegenrades im Kontaktgebiet
x, y, z	–	kartesische Koordinaten
B	mm	Radkörperbreite beim zylindrischen Rad
D	mm	Radkörperdurchmesser
E	N/mm^2	Elastizitätsmodul
F_x	N	globale Tangentialkraft in Rollrichtung (Längskraft)
F_y	N	globale Tangentialkraft quer zur Rollrichtung (Querkraft)
F_z	N	globale Normalkraft
G_1	N/mm^2	Schubmodul der Radkörperbandage
G_2	N/mm^2	Schubmodul des Gegenrades (Fahrbahn)
M	–	Mittelpunkt der Kontaktflächenlänge $2a$
M_D	Nm	entstehendes Drehmoment am Radkörper
N	N/mm	Normalkraft pro Radkörperbreite: $N = F_z/B$
R, R_1	mm	Radkörperradius
R_2	mm	Radius des Gegenrades (Fahrbahn)
R^*	mm	Ersatzradius: $\frac{1}{R^*} = \frac{1}{R_1} + \frac{1}{R_2}$
S	–	Schwerpunkt der Fläche unter der Druckspannungskurve $p(x)$
α	–	Spurwinkel (Schräglaufwinkel)
β	–	Dundurs-Konstante: $\beta = \frac{1}{2}\left\{\dfrac{\frac{1-2v_1}{G_1} - \frac{1-2v_2}{G_2}}{\frac{1-v_1}{G_1} + \frac{1-v_2}{G_2}}\right\}$
μ	–	Coulombsche Reibungszahl
v_1	–	Querkontraktionszahl der Radkörperbandage
v_2	–	Querkontraktionszahl des Gegenrades (Fahrbahn)
τ	s	Retardationszeit
ζ	–	dimensionsloser Geschwindigkeitsparameter $\zeta = \frac{v\tau}{a_H}$

8.8 Literatur

1 H. Hertz: Über die Berührung fester elastischer Körper. J. reine u. angew. Math. *92* (1881), 156–171.

2 F. W. Carter: On the action of a locomotive driving wheel. Proc. Royal Soc. *A112* (1926), 151–157.

3 L. Föppl: Der Spannungszustand und die Anstrengung des Werkstoffs bei der Berührung zweier Körper. Forsch. Ing. Wes. *7*/5 (1936), 209–221.

4 H. Bufler: Beanspruchung und Schlupf beim Rollen elastischer Walzen. Forsch. auf d. Geb. d. Ing. wes. *27*/4 (1961), 121–126.

5 J. J. Kalker: On the rolling contact of two elastic bodies in the presence of dry friction. Dissertation, TH Delft 1967.

6 J. J. Kalker.: User's manual of the Fortran program CONTACT, Version CONPC 92/93. Delft University of Technology, 1993.

7 K. Knothe, G. Wang: Zur Theorie der Rollreibung zylindrischer Kunststofflaufräder. Konstruktion *41*/6 (1989), 193–200.

8 F. Hiss, K. Knothe, G. Wang: Stationärer Rollkontakt für Walzen mit viskoelastischen Bandagen. Konstruktion *44* (1992), 105–112.

9 P. Möhler: Lokale Kraft- und Bewegungsgrößen in der Berührungsfläche zwischen Kunststoffrad und Stahlfahrbahn. Fortschritt-Berichte VDI, Reihe 1, Nr. 228, VDI-Verlag, Düsseldorf 1993.

10 K. L. Johnson: Contact Mechanics. University Press, Cambridge 1989.

11 D. Severin, W. Hammele: Zur Kraftübertragung zwischen Kunststoffrad und Stahllaufbahn. Konstruktion *11*/4 (1989), 123–129 und Konstruktion *41*/5 (1989), 163–171.

12 W. Hammele: Ermittlung der elastischen und viskoelastischen Kennwerte von Polymerwerkstoffen durch Rollkontaktversuche. Fortschritt-Berichte VDI, Reihe 5, Nr. 492, VDI-Verlag, Düsseldorf 1997.

9 Linearisierte, instationäre Rollkontakttheorie und ihre experimentelle Überprüfung an Kunststoffrädern

Xuejun Yin[*] und Arnold Groß-Thebing[**]

9.1 Einführung

Für eine Reihe von technischen Fragestellungen des Rad-Schiene-Systems ist eine rein stationäre Betrachtung der Kontaktvorgänge nicht mehr zulässig. Um eine theoretische Behandlung der Kontaktvorgänge auch in diesen Fällen zu ermöglichen, wurde eine linearisierte, instationäre Rollkontakttheorie erarbeitet. Eine experimentelle Überprüfung dieser instationären Rollkontakttheorie wurde an einem eigens für diesen Zweck konzipierten Prüfstand durchgeführt. Durch die Wahl eines mit Kunststoff bandagierten Laufrades wurden die Bedingungen für einen instationären Rollkontakt schon bei geringen Anregungsfrequenzen und bei geringen Radlasten erreicht. Die Anregung wurde durch eine Radlastschwankung, durch eine Schlupfschwankung und auch durch eine wellenförmige Radoberfläche realisiert.

Zunächst werden in diesem Kapitel die Anwendungsgebiete der instationären Kontaktmechanik im Rad-Schiene-System beschrieben, und es wird auf die Notwendigkeit der instationären Betrachtungsweise hingewiesen. Nach einer kurzen Beschreibung des instationären Kontaktmodells, die in [1] ausführlicher dargestellt ist, wird die experimentelle Überprüfung dieses Kontaktmodells beschrieben.

---

[*] Technische Universität Berlin, Institut für Fördertechnik und Getriebetechnik.
[**] Technische Universität Berlin, Institut für Luft- und Raumfahrt.

9.2 Anwendungsgebiete instationärer Rollkontakttheorien im Rad-Schiene-System

Da die Einbindung einer instationären Kontakttheorie in eine Modellierung des Rad-Schiene-Systems höheren Aufwand als die Einbindung einer stationären Kontakttheorie erfordert, stellt sich die Frage, für welche Problemstellungen dieser zusätzliche Aufwand gerechtfertigt ist? Die zur Beschreibung der Vorgänge im Rad-Schiene-Kontakt notwendigen Kontaktgrößen sind unter anderem die Kontaktkräfte, die Schlüpfe und die Kontaktabmessungen. Diese Kontaktgrößen unterliegen zeitlichen Schwankungen. Eine stationäre Behandlung der Kontaktmechanik ist zulässig, falls sich die Kontaktgrößen beim Durchlauf eines Flächenelements durch die Kontaktfläche nur um einen vernachlässigbar kleinen Wert ändern. Dies ist bei im Verhältnis zur Kontaktlänge langwelligen Änderungen der Fall. Dagegen ist eine instationäre Betrachtung der Kontaktmechanik notwendig, falls sich die Kontaktgrößen beim Durchlauf eines Flächenelements durch die Kontaktfläche merklich ändern, wie es bei kurzwelligen Änderungen der Fall ist. Als charakteristischer Parameter für die Unterscheidung zwischen instationärer und stationärer Beschreibung der Kontaktmechanik kann das Verhältnis aus Wellenlänge L des Bewegungsvorgangs und Halblänge a der Kontaktfläche verwendet werden. Eine instationäre Kontaktmechanik liegt vor, wenn das Verhältnis L/a kleiner als 20 ist.

Wo treten im Rad-Schiene-System solche kurzwelligen Bewegungsvorgänge auf? Die Art der im Rad-Schiene-System auftretenden Störanregungen und ihre Wellenlängen sind in Abbildung 9.2.1 angegeben. Die Kontaktlänge von etwa einem Zentimeter liegt im Bereich der Profilirregularitäten und in der Nähe der Riffelwellenlängen. Untersuchungen von Riffelentstehungsmechanismen erfordern daher eine instationäre Kontaktmechanik. Für Untersuchungen der klassischen Fahrdynamik mit Störanregungen aus Gleislagefehlern ist dagegen eine stationäre Kontaktmechanik ausreichend.

Untersucht man auch die Struktureigenfrequenzen und Strukturresonanzen des Rad-Schiene-Systems auf entsprechende Weise, indem die Wellenlänge mit $L = f/v$ berechnet wird, so sind weitere potentielle Anwendungsgebiete der instationären Rollkontakttheorie die Behandlung „unrunder Räder", die Geräuschentwicklung beim Rollvorgang, das Kurvenkreischen, die „Stick-Slip-Phänomene" in der Antriebsdynamik und Untersuchungen der hochfrequenten Beanspruchungen von Radsatz und Gleis.

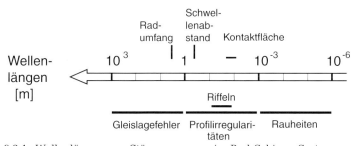

Abbildung 9.2.1: Wellenlängen von Störanregungen im Rad-Schiene-System.

9.3 Konzept für ein lineares, instationäres Kontaktmodell

Das Konzept für die Modellierung der instationären Kontaktmechanik besteht aus einem modularen Aufbau und einer linearen Beschreibung der Kontaktmechanik. Der modulare Aufbau der Kontaktmechanik wurde im Kapitel 3 eingehend behandelt. Die lineare Beschreibung der Kontaktmechanik wurde gewählt, um die hohen Rechenzeiten zu vermeiden, wie sie zum Beispiel das instationäre, nichtlineare Verfahren im Programm CONTACT [2] erfordert.

Die für die Anwendung des Kontaktmodells einschränkenden Voraussetzungen ergeben sich zunächst aus den zugrundeliegenden Kontakttheorien. Dies sind zum einen die Hertzsche Theorie [3] und zum anderen die Theorie von Kalker für elliptische Kontaktflächen [2]. Weitere Einschränkungen ergeben sich aus der linearisierten Betrachtungsweise der Kontaktmechanik. So wird gefordert, daß ein stationärer Referenzzustand existiert und die zeitlichen Schwankungen um diesen Referenzzustand als klein angenommen werden können.

Welche Schwankungen müssen nun bei der Überrollung von kurzwelligen Schienenunebenheiten berücksichtigt werden? Was sind die Eingangsgrößen des Kontaktmodells? In Abbildung 9.3.1 wird ein auf kurzwelligen Schienenunebenheiten abrollendes Rad dargestellt.

Die Schienenunebenheit soll zunächst als sinusförmige Störung mit der Amplitude beschrieben werden können. Die für diese Störung wesentlichen Kontaktgrößen sind die Schlüpfe, die sich aus den durch die Profilstörung angeregten Strukturschwingungen in Längs- und Querrichtung ergeben, die elastische Einsenkung in vertikaler Richtung und die Krümmungsradien, mit denen die sich ändernde Kontaktgeometrie beim Überrollvorgang erfaßt wird. Für die Zeitverläufe der Eingangsgrößen erhält man

$$\left\{ \begin{array}{c} v_{\xi}(t) \\ v_{\eta}(t) \\ v_{\zeta}(t) \end{array} \right\} = \left\{ \begin{array}{c} v_{\xi 0} \\ v_{\eta 0} \\ v_{\zeta 0} \end{array} \right\} + \left\{ \begin{array}{c} \hat{v}_{\xi} \\ \hat{v}_{\eta} \\ \hat{v}_{\zeta} \end{array} \right\} \mathrm{e}^{j\Omega t} \quad \text{und} \quad \left\{ \begin{array}{c} A(t) \\ B(t) \\ d(t) \end{array} \right\} = \left\{ \begin{array}{c} A_0 \\ B_0 \\ d_0 \end{array} \right\} + \left\{ \begin{array}{c} \hat{A} \\ \hat{B} \\ \hat{d} \end{array} \right\} \mathrm{e}^{j\Omega t} . \tag{9.1}$$

Wie gehen diese Eingangsgrößen in das Kontaktmodell ein? Der Rechenablauf für die instationäre Kontaktmechanik, wie er in Abbildung 9.3.2 angegeben ist, glie-

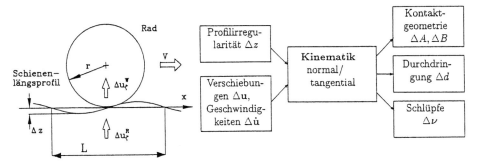

Abbildung 9.3.1: Eingangsgrößen für ein auf kurzwelligen Profilstörungen abrollendes Rad.

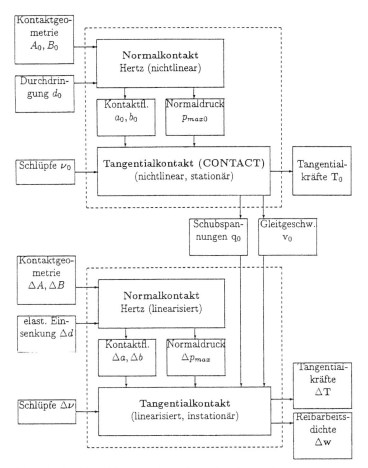

Abbildung 9.3.2: Prinzipieller Ablauf der kontaktmechanischen Rechnung.

dert sich in zwei Schritte. Im ersten Schritt wird die nichtlineare Lösung des stationären Referenzzustands ermittelt. Als Eingänge werden die zeitlich konstanten Anteile der Eingangsgrößen benötigt. Nachdem im Normalkontakt die Kontaktfläche
und die Normaldruckverteilung nach Hertz berechnet worden sind, können mit
den Programm CONTACT von Kalker die Tangentialkräfte des Referenzzustands
und der Referenzustand für die Spannungsverteilung und Gleitgeschwindigkeitsverteilung für den zweiten Schritt berechnet werden. Die Rechnung im folgenden Schritt
erfolgt analog zum ersten Schritt nur mit dem Unterschied, daß in diesem Fall die
linearisierten, instationären Beziehungen der Kontaktmechanik ausgewertet werden.
Als Ergebnis der Rechnung liegen dann die Zeitverläufe der Kontaktkräfte vor:

$$\left\{\begin{array}{c} T_\xi(t) \\ T_\eta(t) \\ M_\zeta(t) \end{array}\right\} = \left\{\begin{array}{c} T_{\xi 0} \\ T_{\eta 0} \\ M_{\zeta 0} \end{array}\right\} + \left\{\begin{array}{c} \hat{T}_\xi \\ \hat{T}_\eta \\ \hat{M}_\zeta \end{array}\right\} \mathrm{e}^{i\Omega t} . \tag{9.2}$$

193

9.4 Ergebnisse des Kontaktmodells im Frequenzbereich und im Zeitbereich

Ergebnisse des Kontaktmodells sind Linearkoeffizienten für die Kontaktkräfte, die sich aus den Beziehungen zwischen den Ausgangs- und Eingangsgrößen ergeben:

$$
\left\{\begin{array}{c} \hat{T}_\xi \\ \hat{T}_\eta \\ \hat{M}_\zeta \end{array}\right\} = \begin{bmatrix} \dfrac{\partial T_\xi}{\partial v_\xi} & \dfrac{\partial T_\xi}{\partial v_\eta} & \dfrac{\partial T_\xi}{\partial v_\zeta} \\ \dfrac{\partial T_\eta}{\partial v_\xi} & \dfrac{\partial T_\eta}{\partial v_\eta} & \dfrac{\partial T_\eta}{\partial v_\zeta} \\ \dfrac{\partial M_\zeta}{\partial v_\xi} & \dfrac{\partial M_\zeta}{\partial v_\eta} & \dfrac{\partial M_\zeta}{\partial v_\zeta} \end{bmatrix} \left\{\begin{array}{c} \hat{v}_\xi \\ \hat{v}_\eta \\ \hat{v}_\zeta \end{array}\right\} + \begin{bmatrix} \dfrac{\partial T_\xi}{\partial A} & \dfrac{\partial T_\xi}{\partial B} & \dfrac{\partial T_\xi}{\partial d} \\ \dfrac{\partial T_\eta}{\partial A} & \dfrac{\partial T_\eta}{\partial B} & \dfrac{\partial T_\eta}{\partial d} \\ \dfrac{\partial M_\zeta}{\partial A} & \dfrac{\partial M_\zeta}{\partial B} & \dfrac{\partial M_\zeta}{\partial d} \end{bmatrix} \left\{\begin{array}{c} \hat{A} \\ \hat{B} \\ \hat{d} \end{array}\right\} \quad (9.3)
$$

Die Linearkoeffizienten sind abhängig von dem dimensionslosen Parameter a/L, den Schlüpfen ($v_{\xi 0}, v_{\eta 0}, v_{\zeta 0}$), den Krümmungen ($A_0, B_0$) und der elastischen Einsenkung d des Referenzzustands. Ein Übergang zu stationärer Kontaktmechanik ($a/L = 0$) und zu einem schlupffreien Referenzzustand ($v_{\xi 0} = 0$, $v_{\eta 0} = 0$, $v_{\zeta 0} = 0$) liefert für die Linearkoeffizienten der linken Matrix in Gleichung (9.3) nach einer Normierung die stationären Schlupfkoeffizienten der linearen Theorie von Kalker [2].

Werden die Linearkoeffizienten in Abhängigkeit des a/L-Parameters dargestellt, erhält man die Übertragungsfunktionen des instationären Kontakts. Als Beispiel ist in Abbildung 9.4.1 der Linearkoeffizient für eine Querschlupfkraft infolge einer Querschlupfschwankung als Amplituden- und Phasengang und als Ortskurve in der komplexen Ebene mit dem a/L-Verhältnis als Parameter wiedergegeben.

Die numerische Rechnung liefert diskrete Punkte der Übertragungsfunktion. Für die Weiterverarbeitung dieser Werte in Modellierungen des Rad-Schiene-Sytems ist eine analytische Beschreibung der Übertragungsfunktion von Vorteil. Verwendet man als Approximationansätze die gebrochen rationalen Polynome

$$
\frac{\partial T_\eta}{\partial v_\eta} \simeq \frac{\sum\limits_{j=0}^{J_Z} (i4\pi \frac{a}{L})^j Z_j}{1 + \sum\limits_{j=1}^{J_N} (i4\pi \frac{a}{L})^j N_j} \ , \quad (9.4)
$$

so ergibt sich für die in Abbildung 9.4.1 dargestellte Übertragungsfunktion

$$
\hat{T}_\eta = \frac{Z_0 + i4\pi \frac{a}{L} Z_1}{1 + i4\pi \frac{a}{L} N_1 + (i4\pi \frac{a}{L})^2 N_2} \hat{v}_\eta \ . \quad (9.5)
$$

Die Approximation durch gebrochen rationale Polynome hat noch einen weiteren, nicht zu unterschätzenden Nebeneffekt. Die Ergebnisse des linearen, instationären Kontaktmodells lassen sich damit in den Zeitbereich überführen und somit in Zeitbereichsverfahren (zum Beispiel Zeitschrittverfahren) anwenden, indem die gebrochen rationalen Polynome (Gleichung (9.4)), in Differentialgleichungen umgewandelt werden. Im Fall der Gleichung (9.5) ergibt sich

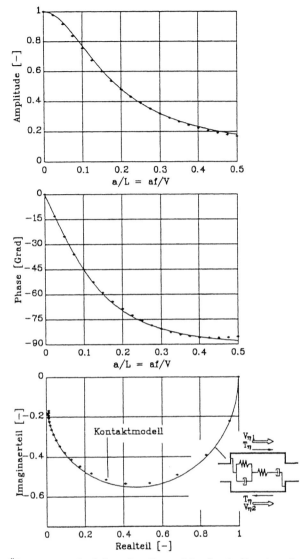

Abbildung 9.4.1: Übertragungsfunktion der Querschlupfkraft für eine Querschlupfschwankung bei einem Referenzschlupf von 0,1 %.

$$\left(1 + \frac{2a}{v}N_1\frac{\mathrm{d}}{\mathrm{d}t} + \left(\frac{2a}{v}\right)^2 N_2\frac{\mathrm{d}^2}{\mathrm{d}t^2}\right)\Delta T_\eta(t) = \left(Z_0 + \frac{2a}{v}Z_1\frac{\mathrm{d}}{\mathrm{d}t}\right)\Delta v_\eta(t)\,. \tag{9.6}$$

Weiterhin gehört zur angegebenen analytischen Übertragungsfunktion ein mechanisches Ersatzmodell, wie es zum Beispiel in Abbildung 9.4.1 dargestellt ist. Während die stationäre Kontaktmechanik durch einen Dämpfer charakterisiert wird, wird die instationäre Kontaktmechanik durch eine Kombination von mehreren Dämpfern und Federn beschrieben.

195

9.5 Konzept für eine meßtechnische Überprüfung

9.5.1 Prüfstandaufbau

Das lineare, instationäre Kontaktmodell wurde für Modellierungen des Rad-Schiene-Kontakts entwickelt. Eine Überprüfung des Modells im Streckenversuch wäre zunächst naheliegend. Hierbei sind aber Messungen der Kontaktkräfte und der Schlüpfe im Radaufstandspunkt erforderlich, die mit vertretbarem Aufwand bisher nicht durchführbar waren. Daher soll eine Überprüfung des Modells unter wohl definierten Bedingungen auf einen Prüfstand erfolgen.

Um auf einem Prüfstand instationäre Kontaktvorgänge untersuchen zu können, muß als wesentliche Anforderung das Verhältnis L/a aus Wellenlänge und halber Kontaktlänge kleiner als 20 sein. Diese Anforderung konnte auf den herkömmlichen Prüfständen mit Stahlrädern aufgrund der zu geringen Abmessungen der Radaufstandsflächen nicht erreicht werden [4]. Leichter realisierbar sind die erforderlichen Kontaktflächen auf Rollprüfständen mit der Kontaktpaarung Kunststoff und Stahl, die am Institut für Förder- und Getriebetechnik der Technischen Universität Berlin eingesetzt werden [5, 6, 7, 8].

Welche Ergebnisse des instationären Kontaktmodells aus Abschnitt 9.4 kommen nun für die experimentelle Überprüfung in Frage? Wie in Abbildung 9.5.1 zu erkennen ist, wurden hierzu die Übertragungsfunktionen für die Querkraft infolge einer Radlastschwankung, einer Querschlupfschwankung und einer Radradienschwankung ausgewählt. Experimentelle Ergebnisse bei Schwankung der Radlast

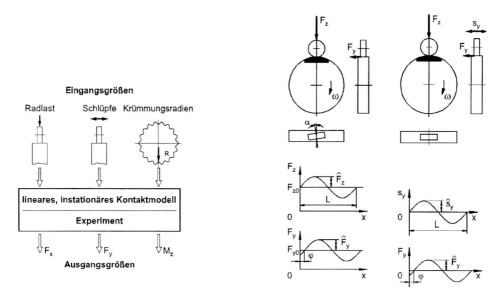

Abbildung 9.5.1: Vorgehensweise bei der experimentellen Überprüfung des Kontaktmoduls.

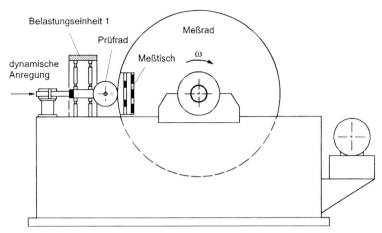

Abbildung 9.5.2: Schematischer Prüfstandaufbau.

und des Querschlupfes werden hier veröffentlicht, die Ergebnisse für eine Radien-änderung bleiben einer weiteren Veröffentlichung vorbehalten [9].

Zur Untersuchung der instationären Rollkontaktvorgänge wurde am Institut für Fördertechnik und Getriebetechnik der Technischen Universität Berlin ein Radprüf-stand mit Kunstofffrädern entwickelt.

Der Prüfstand, dargestellt in Abbildung 9.5.2, besteht aus einem Prüfrad mit Kunststoffbandage und einem massiven Meßrad aus Stahl mit einem Durchmesser von zwei Metern. Um eine vielfältige Nutzung der Versuchsanlage zu ermöglichen, wurde ein modularer Prüfstandaufbau angestrebt. Wesentlich hierbei ist die Erfas-sung der Kontaktkräfte durch einen im Meßrad integrierten Meßtisch. Die unter-schiedlichen Anregungen und Referenzzustände werden durch spezielle Belastungs-einheiten realisiert, in denen das Kunstoffrad geführt und durch die es belastet wird.

9.5.2 Belastungseinheit für die Radlastschwankung

Die Vorgehensweise zur Ermittlung der Übertragungsfunktionen für die Querkraft bei einer vorgegebenen Radlastschwankung ist in Abbildung 9.5.1b dargestellt. Die Querkraft wird hierzu durch eine konstante Schrägstellung des Prüfrades er-zeugt. Wird nun mit Hilfe eines Hydropulszylinders das Prüfrad normal zur Radauf-standsfläche dynamisch belastet, wird die Querkraft einen schwankenden, dynami-schen Anteil aufweisen. Bei einer sinusförmig vorgegebenen Schwankung um einen konstanten Wert ergeben sich folgende Zeitverläufe für die Kontaktkräfte

$$F_y(t) \simeq F_{y0} + \hat{F}_y \sin(2\pi ft + \varphi_{F_y}) \,, \tag{9.7}$$

$$F_z(t) \simeq F_{z0} + \hat{F}_z \sin(2\pi ft + \varphi_{F_z}) \,. \tag{9.8}$$

Beim stationären Rollkontakt wird der Zusammenhang zwischen der Tangentialkraft im Radaufstandspunkt und den Schlüpfen üblicherweise in einer normierten Form als Kraftschluß-Schlupf-Kurve dargestellt. Diese Form der Ergebnisdarstellung kann auch für den instationären Rollkontakt gewählt werden. Der Kraftschluß für den stationären Rollkontakt wird durch das Verhältnis der zeitlich konstanten Anteile F_{y0}/F_{z0} gebildet, der Kraftschluß für den instationären Rollkontakt aus dem Verhältnis der dynamischen Anteile von Querkraft und Radlast

$$f_{yd}(t) = \frac{\partial F_y}{\partial F_z} \simeq \hat{f}_{yd} \sin(2\pi f t + \varphi_{f_{yd}}) \,, \tag{9.9}$$

mit den Abkürzungen

$$\hat{f}_{yd} = \frac{\hat{F}_y}{\hat{F}_z} \,, \tag{9.9a}$$

$$\varphi_{f_{yd}} = \varphi_{F_y} - \varphi_{F_z} \,. \tag{9.9b}$$

Zur Unterscheidung dieser beiden Definitionen des Kraftschlusses wird im stationären Rollkontakt von einem statischen Kraftschluß f_{y0} und im instationären Rollkontakt von einem dynamischen Kraftschluß f_{yd} gesprochen.

Wird der dynamische Querkraftschluß über den Frequenzparameter a/L dargestellt, wie es zum Beispiel in Abschnitt 9.7.1 geschehen ist, erhält man die Übertragungsfunktion des Querkraftschlusses für eine Radlastschwankung.

Die Variation des Frequenzparameters a/L erfolgt durch Variation der Frequenz f oder der Rollgeschwindigkeit v mit

$$a/L = af/v \,. \tag{9.10}$$

9.5.3 Belastungseinheit für die Querschlupfschwankung

In Abbildung 9.5.1c wird die Vorgehensweise zur Ermittlung der Übertragungsfunktion für eine Querkraft bei vorgegebener Querschlupfschwankung dargestellt. Das Prüfrad läuft hierbei unter konstanter Radlast ohne Schräglaufwinkel. Wird mit Hilfe eines Hydropulszylinders die Prüfradachse periodisch axial verschoben, entstehen folgende Zeitverläufe von Querschlupf und Querkraft:

$$s_y(t) \simeq \hat{s}_y \sin(2\pi f t + \varphi_{s_y}) \,, \tag{9.11}$$

$$F_y(t) \simeq \hat{F}_y \sin(2\pi f t + \varphi_{F_y}) \,. \tag{9.12}$$

Ein Maß für die Steigung der Kraftschluß-Schlupf-Kurve erhält man nun, indem der Querkraftschluß auf den Querschlupf bezogen wird:

$$c_{yy}(t) = \frac{1}{F_{z0}} \frac{\partial F_y}{\partial s_y} \simeq \hat{c}_{yy} \sin(2\pi f t + \varphi_{c_{yy}}) \,, \tag{9.13}$$

wobei

$$\hat{c}_{yy} = \frac{1}{F_{z0}} \frac{\hat{F}_y}{\hat{s}_y}, \qquad\qquad (9.13\,\text{a})$$

$$\varphi_{c_{yy}} = \varphi_{F_y} - \varphi_{c_y} \qquad\qquad (9.13\,\text{b})$$

Werden die Amplituden $\hat{c}_{yy}$ und Phasenlagen $\varphi_{c_{yy}}$ über den Parameter a/L aufgetragen, erhält man die Übertragungsfunktion des Querkraftschlusses für eine Querschlupfschwankung, wie sie in Abschnitt 9.7.2 dargestellt sind.

9.6 Gemessene Kraftschluß-Schlupf-Funktionen für den stationären Rollkontakt

Bevor der instationäre Rollvorgang experimentell untersucht wird, muß zunächst geklärt werden, welche Zustände sich beim stationären Rollvorgang einstellen. In Abbildung 9.6.1 ist die gemessene und die gerechnete Kraftschluß-Schlupf-Funktion für den stationären Rollkontakt dargestellt.

Im Bereich kleiner Schlüpfe ist eine gute Übereinstimmung der beiden Kurven zu erkennen, wobei die Steigungen beider Kurven sich im Ursprung nur um sechs Prozent unterscheiden. Größere Unterschiede lassen sich im höheren Schlupfbereich feststellen. Während die theoretische Funktion schnell die Sättigung erreicht, steigt die gemessene Funktion auch bei den aufgebrachten hohen Schlüpfen noch an. Ein Maximalwert konnte im Experiment nicht erreicht werden.

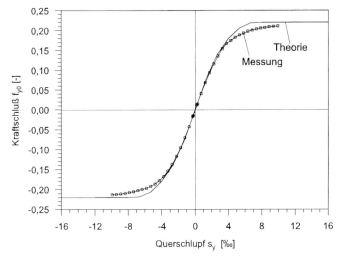

Abbildung 9.6.1: Vergleich der gemessenen und gerechneten Kraftschluß-Schlupf-Funktion.

9.7 Gemessene Übertragungsfunktionen

9.7.1 Ergebnisse für eine Radlastschwankung

In Abbildung 9.7.1 werden die gemessenen Übertragungsfunktionen für unterschiedliche Referenzschlüpfe (Abbildung 9.7.2) wiedergegeben. Es wird dabei der gesamte Bereich vom linearen Anstieg bis zur Kraftschlußsättigung abgedeckt.

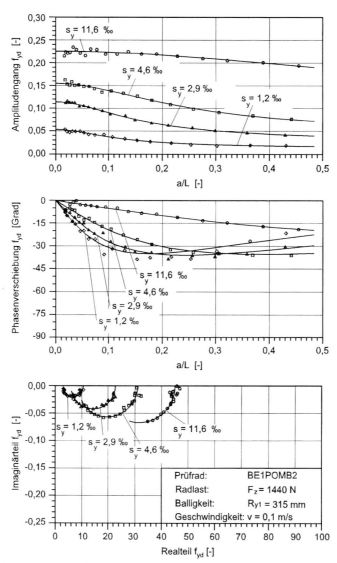

Abbildung 9.7.1: Gemessene Übertragungsfunktionen der Querkraft aufgrund einer Radlastschwankung.

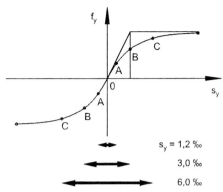

Abbildung 9.7.2: Variation der Amplituden des Querschlupfs.

Die Meßpunkte werden durch gebrochen rationale Polynome, wie sie in Gleichung (9.4) angegeben sind, approximiert. Die Meßergebnisse lassen erkennen, daß bei Erhöhung des Parameters a/L die Amplitude abfällt. Die Phase nimmt zuerst zu und dann wieder ab. Die Ortskurven können in erster Näherung als Halbkreise beschrieben werden. Bei Erhöhung des Querschlupfes verschiebt sich der Amplitudengang zu höheren Werten, die Phasenverschiebung wird geringer.

Zum Vergleich der Messung mit den Ergebnissen des Kontaktmodells wurden die entsprechenden theoretischen Übertragungsfunktionen berechnet und in Abbildung 9.7.3 dargestellt. Die gemessenen und gerechneten Verläufe stimmen qualitativ überein. Der Unterschied zwischen Messung und Rechnung wächst je größer der Querschlupf wird. Die Abweichung in der Übertragungsfunktion korrespondiert mit der schon bei der stationären Kraftschluß-Schlupf-Funktion sichtbaren Abweichung bei hohen Schlüpfen.

Zum quantitativen Vergleich zwischen Messung und Theorie werden die Übertragungsfunktionen bei einem Querschlupf von 2,9 % in Abbildung 9.7.4 dargestellt. Hierbei kann man erkennen, daß zwar die Abweichungen im Amplitudengang klein, im Phasengang aber beträchtlich sind.

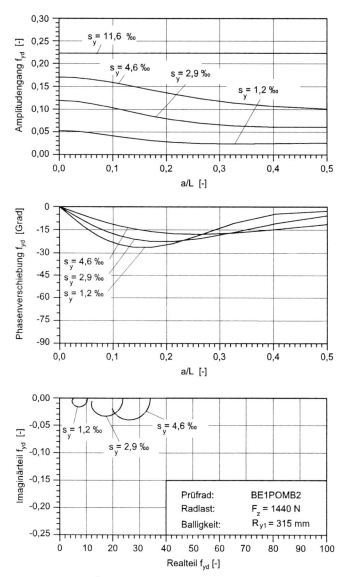

Abbildung 9.7.3: Theoretische Übertragungsfunktionen der Querkraft aufgrund einer Radlast-schwankung.

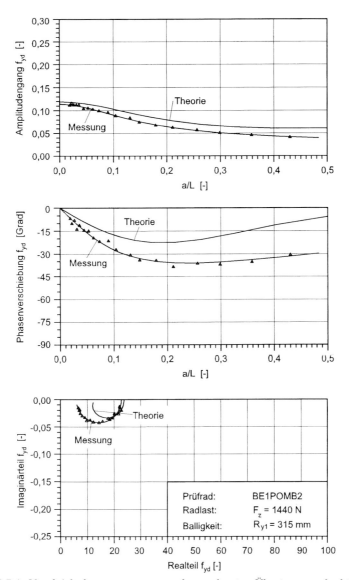

Abbildung 9.7.4: Vergleich der gemessenen und gerechneten Übertragungsfunktionen.

9.7.2 Ergebnisse für eine Querschlupfschwankung

Bei der theoretischen Berechnung der Übertragungsfunktion c_{yy} wird von einer unendlich kleinen Amplitude der Schlupfschwankung ausgegangen. Um den Einfluß der Nichtlinearitäten im Rollkontakt zu untersuchen, werden im Experiment die Amplituden der Schwankung variiert. Aus den Ergebnissen dieser Vorgehensweise in

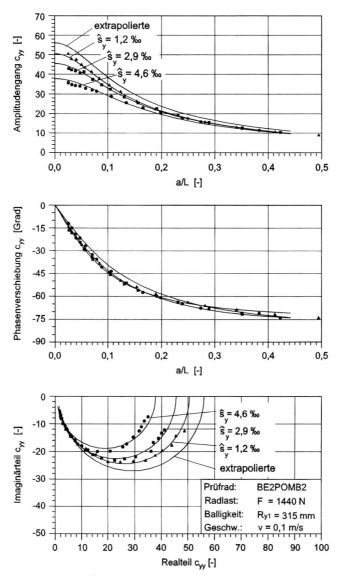

Abbildung 9.7.5: Gemessene Übertragungsfunktion der Querkraft aufgrund einer Querschlupfschwankung.

Abbildung 9.7.5 erkennt man, daß bei großen a/L-Verhältnissen die Amplituden geringer und die Phasen betragsmäßig größer werden. Während bei kleinem a/L-Verhältnis der Amplitudengang von den Amplituden der Schwankung abhängig ist, sind die Phasen unempfindlich gegen eine Amplitudenänderung.

Mit den Übertragungsfunktionen bei unterschiedlich hohen Amplituden läßt sich eine Übertragungsfunktion extrapolieren, welche die Übertragungsfunktion bei unendlich kleiner Amplitude näherungsweise repräsentiert. Ein Vergleich dieser extrapolierten und der gerechneten Funktion in Abbildung 9.7.6 zeigt eine qualitativ gute Übereinstimmung.

Quantitativ besteht bei den Amplituden eine Abweichung von bis zu 20 % und bei der Phasenverschiebung eine maximale Abweichung von 15°. Dabei ist zu beachten, daß diese Abweichung schon für die Steigung der Kraftschluß-Schlupf-Kurve des stationären Rollkontakts zu beobachten ist, siehe Abbildung 9.6.1. Berücksichtigt man, daß die gemessene Steigung für einen konstanten Querschlupf in Abbildung 9.6.1 nur eine Abweichung von sechs Prozent von dem theoretisch ermittelten Wert aufwies, verbliebe zwischen der aus den Meßwerten für den dynamischen Querschlupf extrapolierten stationären Steigung und der für einen stationären Querschlupf gemessenen Steigung eine Differenz von 14 %.

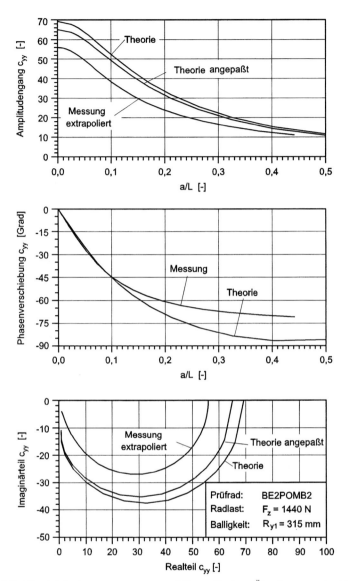

Abbildung 9.7.6: Vergleich der gemessenen und theoretischen Übertragungsfunktion.

9.8   Gemessene Kraftschluß-Schlupf-Kurven für den instationären Rollkontakt

Abbildung 9.8.1 zeigt eine Kurvenschar der gemessenen dynamischen Kraftschluß-Schlupf-Funktionen f_{yd}, wie sie in Gleichung (9.9) definiert wurde. Zum Vergleich ist ebenfalls die stationäre Kraftschluß-Schlupf-Funktion f_{y0} dargestellt. Hierbei kann festgestellt werden, daß die dynamische Kraftschluß-Schlupf-Funktion sich bei höherem Schlupf dem stationären Kraftschluß annähert. Bei steigendem Querschlupf nehmen die Phasenverschiebungen betragsmäßig zunächst zu und dann ab. Die dynamische Kraftschluß-Schlupf-Funktion ist a/L-abhängig. Bei größer werdender Frequenz a/L nimmt die Amplitude des dynamische Kraftschlusses zu und die Phasenverschiebung ab. Mit dem linearen, instationären Kontaktmodell können entsprechende dynamische Kraftschluß-Schlupf-Funktionen berechnet werden. Die Ergebnisse in Abbildung 9.8.2 lassen erkennen, daß die Ergebnisse qualitativ ähnlich sind. Den Amplituden des dynamischen Kraftschlusses wird im instationären Kon-

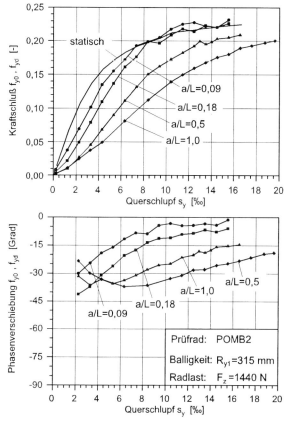

Abbildung 9.8.1: Gemessene dynamische Kraftschluß-Schlupf-Funktion.

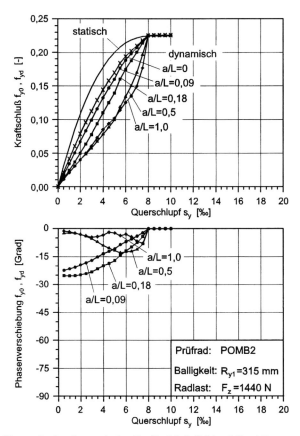

Abbildung 9.8.2: Theoretische dynamische Kraftschluß-Schlupf-Funktion.

taktmodell in der Kraftschlußsättigung bei Vorliegen nur eines Querschlupfs unabhängig vom a/L-Parameter der gleiche Wert zugewiesen. Die gemessenen Werte des dynamischen Kraftschlusses zeigen dagegen bei den selben Querschlupfwerten des Referenzzustands noch eine ansteigende Tendenz mit zunehmendem Querschlupf. Die Phasenverschiebungen weisen in dem Schlupfbereich, in dem nach den theoretisch ermittelten Kraftschlußverlauf die Kraftschlußsättigung erreicht sein müßte, noch wesentliche höhere Werte auf.

9.9 Schlußfolgerungen und Ausblick

Mit den linearisierten, instationären Beziehungen der Kontakttheorien nach Hertz und Kalker läßt sich ein instationäres Kontaktmodell für den dreidimensionalen Rad-Schiene-Kontakt ableiten. Zur experimentellen Überprüfung der Ergebnisse des Kontaktmodells wurde ein Rollprüfstand mit einem Kunststoffrad entwickelt, auf dem instationäre Rollkontaktvorgänge simuliert werden können. Die durchgeführten Messungen auf diesem Prüfstand haben gezeigt, daß die experimentellen Ergebnisse für den stationären und instationären Rollkontakt in einem hohen Maße reproduzierbar sind. Dies gilt durchweg für alle realisierten Referenzzustände und Anregungsarten. Hierbei hat sich die Meßaufnahme der Kontaktkräfte in einem Meßtisch des sehr steifen und trägen Stahlrades bewährt. Die Kontaktkräfte auf das kleine dynamisch angeregte Prüfrad konnten somit direkt ohne umständliches Herausrechnen der Trägheitskräfte meßtechnisch ermittelt werden.

Der Vergleich zwischen den gemessenen und den durch das instationäre Kontaktmodell vorhergesagten Ergebnissen läßt sich wie folgt zusammenfassen: Der Verlauf der Meßwerte in Abhängigkeit des a/L-Parameters konnte bis auf wenige Ausnahmen qualitativ durch das instationäre Kontaktmodell bestimmt werden. Quantitativ bestehen zwischen Theorie und Experiment noch eine Reihe von Abweichungen. Dabei wurden die größten Abweichungen für Referenzzustände in der Nähe oder im Sättigungsbereich der Kraftschluß-Schlupf-Kurve festgestellt. Für diese Abweichungen können die unterschiedlichen Voraussetzungen von Theorie und Experiment ursächlich sein. Die vermuteten Gründe hierfür sind:

– Die Theorie setzt einen Halbraum voraus, bei der Messung liegt aber ein endlich breites Prüfrad vor.
– Die Werkstoffkennwerte Elastizitätsmodul und Querkontraktionszahl des Versuchswerkstoffs sind auch meßtechnisch nur ungenau bestimmbar, da das bei der Bestimmung der Werkstoffkennwerte vorausgesetzte lineare Materialverhalten bei den verwendeten Kunstoffen nicht vorliegen muß.

Zur Klärung der quantitativen Abweichungen zwischen den gemessenen und gerechneten Verläufen können für die Überprüfung der Halbraumbedingungen Rechnungen des Kontakts zwischen Prüfrad und Stahlrad mit der Finite-Elemente (FE)-Methode dienen. Weiterhin ist eine Bestimmung der Materialparameter unter möglichst realen Bedingungen notwendig, wobei auch ein nichtlineares Materialverhalten ins Auge gefaßt werden muß.

9.10   Literatur

1   A. Groß-Thebing: Lineare Modellierung des instationären Rollkontaktes von Rad und Schiene. Fortschritt-Berichte VDI (zugleich Dissertation TU Berlin), Reihe 12, Nr. 199, VDI-Verlag. Düsseldorf 1992.

2   J. J. Kalker: Three-Dimensional Elastic Bodies in Rolling Contact. Kluwer Academic Publishers, Dordrecht 1990.

3   H. Hertz: Über die Berührung fester, elastischer Körper. Journal für die reine und angewandte Mathematik *92* (1882), 156–171.

4   A. Groß-Thebing: Anforderungen an einen Prüfstand für Kunststoffrollen zur Verifizierung instationärer Kraftschlußgesetze. ILR-Mitteilung 176, Institut für Luft- und Raumfahrt, TU Berlin 1987.

5   D. Severin, H. Lütkebohle: Wälzreibung zylindrischer Räder aus Kunststoff. Konstruktion *38* (1986), 173–179.

6   D. Severin, W. Hammele: Zur Kraftübertragung zwischen Kunststoffrad und Stahlfahrbahn, Teil 1: Theoretische Behandlung kontaktmechanischer Probleme. Konstruktion *41* (1989), 123–129.

7   D. Severin, W. Hammele: Zur Kraftübertragung zwischen Kunststoffrad und Stahlfahrbahn, Teil 2: Experimentelle Überprüfung auf einen Radprüfstand. Konstruktion *41* (1989), 163–171.

8   P. Möhler: Lokale Kraft- und Bewegungsgrößen in der Berührfläche zwischen Kunststoffrad und Stahlfahrbahn. Dissertation, TU Berlin 1993.

9   X. Yin: Experimentelle Untersuchung des instationären Rollkontakts zwischen Rad und Fahrbahn. Fortschritt-Berichte VDI (zugleich Dissertation TU Berlin), Reihe 12, Nr. 313, VDI-Verlag, Düsseldorf 1997.

10 Gleismodelle im Frequenzbereich

Heike Ilias[*] und Steffen Müller[*]

10.1 Einleitung

Will man das Schwingungsverhalten des Systems Fahrzeug-Gleis während des Überrollvorgangs untersuchen, so kommen unterschiedliche Verfahren in Frage. Eine
Finite-Element-Formulierung und eine Zeitbereichsrechnung bieten sich immer
dann an, wenn im Gleis Irregularitäten oder eine Vielzahl von Nichtlinearitäten vorhanden sind. Solange alles linear bleibt und das diskret gestützte Gleis vollständig
periodisch ist, ist als Alternative [1, 2] ein allgemeiner Fourier-Ansatz und eine Frequenzbereichsbehandlung möglich. Das soll im vorliegenden Kapitel erfolgen. Außerdem gibt es noch die Möglichkeit eines Wellenansatzes, der von anderen Autoren
eingesetzt wird (zum Beispiel [3] und [4]).

Der reine Zeitbereichsansatz trägt sicherlich am weitesten. Man kann mit ihm
nahezu jedes Problem behandeln, der rechnerische Aufwand ist aber erheblich. Man
hat sich also Rechenschaft darüber abzulegen, ob die hier vorgeschlagene Alternative mehr ist als eine theoretische Spielerei. Es gibt zwei Gründe für eine Frequenzbereichsbehandlung und für den Einsatz eines allgemeinen Fourier-Ansatzes:

- Zum einen kann man das Verfahren zur Kontrolle einsetzen. Das empfiehlt sich
  beispielsweise dann, wenn man mit der Fahrgeschwindigkeit in kritische Bereiche, also beispielsweise in die Nähe einer Wellenausbreitungsgeschwindigkeit,
  kommt. Auch wenn derartige Geschwindigkeiten praktisch kaum vorkommen,
  liefert das Verfahren Aussagen darüber, was dem System in solchen kritischen
  Situationen „alles einfällt".
- Wichtiger ist ein zweiter Aspekt: Man ist vielfach daran interessiert, sich erst einmal einen Überblick zu verschaffen, wie sich das System bei Parameterveränderungen verhält, zum Beispiel bei einer Veränderung der Fahrgeschwindigkeit
  oder der Anregungsfrequenz. Es sind aber eine Vielzahl weiterer Parameter
  von Interesse, beispielsweise die Steifigkeiten der Zwischenlage und des Schot-

---

[*] Technische Universität Berlin, Institut für Luft- und Raumfahrt.

ters. Wollte man für all diese Parameter nichtlineare Finite-Element-Rechnungen durchführen, so stößt man schnell an Kapazitätsgrenzen. Eine vorgezogene lineare Rechnung mit einem einfacheren Verfahren grenzt erst einmal den Parameterbereich ein, in dem dann ein Zeitschrittverfahren einzusetzen ist.

10.2   Lösungsalgorithmen für Frequenzbereichslösungen

Für eine Behandlung der Gleismodelle im Frequenzbereich kann für die Verschiebungsgrößen entweder ein allgemeiner Fourier-Ansatz oder ein Wellenansatz gewählt werden. Trotz des völlig unterschiedlichen Ansatzes ergeben sich für beide Vorgehensweisen im Prinzip die gleichen Ergebnisse. Einen Vergleich beider Verfahren findet man zum Beispiel in [5].

Im Fall des allgemeinen Fourier-Ansatzes kann die Erregung eine harmonisch schwankende, bewegte Kraft (wie in Abbildung 10.2.1) oder ein über eine Profilstörung abrollender Radsatz (wie in Abbildung 10.2.2) sein. Eine ausführliche Behandlung dieser beiden Lastfälle findet sich in [6–8]. Eine Erweiterung dieser Modelle, zum Beispiel die Berücksichtigung eines Drehgestells und eines Wagenkastens oder die Berücksichtigung von Schottermassen, ist ohne größere Probleme möglich.

Das Flußdiagramm in Abbildung 10.2.3 zeigt die mathematische Vorgehensweise für die bewegte Last und den abrollenden Radsatz unter Verwendung eines allgemeinen Fourier-Ansatzes. In beiden Fällen sind zwei partielle Differentialgleichungen für die vertikalen Verschiebungen und die Verdrehungen der Schiene und zwei gewöhnliche Differentialgleichungen für die vertikalen Verschiebungen und die Verdrehungen der Schwellen zu lösen. Im Fall des abrollenden Radsatzes ergibt sich noch eine gewöhnliche Differentialgleichung für den Radsatz, der als starre Masse angenommen wird. Für die vier Verschiebungsgrößen der Schiene und der Schwellen wird ein Ansatz gemacht, der zum einen die Periodizität der harmonisch schwankenden Erregungskraft auf die Schiene berücksichtigt, zum anderen aber auch das periodische Verhalten beschreibt, das sich bei der Überfahrt der Schwellen bemerk-

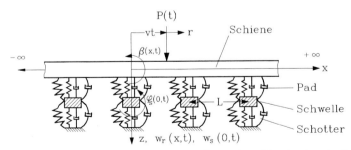

Abbildung 10.2.1: Modell der Rechnung mit einem allgemeinen Fourier-Ansatz für das krafterregte System.

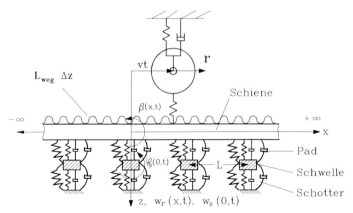

Abbildung 10.2.2: Modell der Rechnung mit einem allgemeinen Fourier-Ansatz für den abrollenden Radsatz.

bar macht. Über einer Schwelle verhält sich das Gleis nämlich steifer als zwischen zwei Schwellen. Durch diesen Ansatz verschwindet die Zeitabhängigkeit der partiellen Differentialgleichungen und sie gehen in gewöhnliche Differentialgleichungen über. Beim abrollenden Radsatz wird noch vorab die Differentialgleichung des Radsatzes gelöst und diese Lösung in die Bewegungsgleichung der Schiene eingesetzt. Diese vier gewöhnlichen, nur noch vom Ort abhängigen Differentialgleichungen werden mit Hilfe einer Fourier-Integral-Transformation in den Fourier-Raum transformiert, wodurch sie in algebraische, gekoppelte Gleichungen übergehen. Um diese analytisch lösen zu können, wird das Gleichungssystem bimodal entkoppelt, so daß sich entkoppelte Gleichungen ergeben, die unmittelbar gelöst werden können. Die Lösungen im Fourier-Raum werden mit Hilfe des Residuensatzes analytisch zurücktransformiert. Hiermit sind dann sämtliche Verschiebungen bekannt, wobei im Fall des abrollenden Radsatzes noch eine Zusatzüberlegung angestellt werden muß, da die Lösung der gewöhnlichen Differentialgleichung des Radsatzes von der Schienenverschiebung unterhalb des Radsatzes abhängt, die in der Rechnung zunächst als bekannt angenommen wurde. Neben den Verschiebungen sind jetzt natürlich auch die Kräfte in den Zwischenlagen und im Schotter bekannt, da diese sich aus dem Produkt der Relativverschiebungen und Relativgeschwindigkeiten mit den jeweiligen Federsteifigkeiten und Dämpfungen ergeben. Für den abrollenden Radsatz kann man außerdem noch die Kontaktkraft zwischen Rad und Schiene über die Hertzsche Kontaktsteifigkeit berechnen.

Eine Möglichkeit zur Ermittlung der Schienenantwort mit Hilfe eines Wellenansatzes für eine durch eine bewegte Kraft belastete Schiene findet sich zum Beispiel bei Krzyżyński [3]. Abbildung 10.2.4 beschreibt die in [3] verwendete mathematische Vorgehensweise zur Ermittlung der Schienenantwort.

Ausgangspunkt ist die partielle Differentialgleichung der vertikalen Schienenverschiebung. Mit Hilfe eines Wellenansatzes für die vertikale Schienenverschiebung, mit dem angenommen wird, daß sich die Schienenverschiebung wie eine sich ausbreitende Welle verhält, wird die Zeitabhängigkeit erfaßt. Die partielle

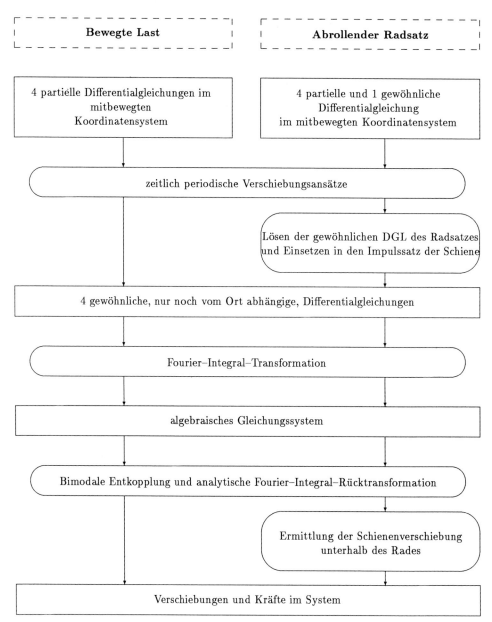

Abbildung 10.2.3: Schematische Gegenüberstellung der Vorgehensweise bei bewegter Last und abrollendem Radsatz.

Differentialgleichung geht über in eine gewöhnliche Differentialgleichung. Unter Ausnutzung des Floquet-Theorems reicht es hierbei aus, nur ein Schwellenfach zu betrachten, da mit Hilfe des Floquet-Theorems aus dem Verhalten eines Schwellenfachs auf das Verhalten aller anderen Schwellenfächer geschlossen werden kann,

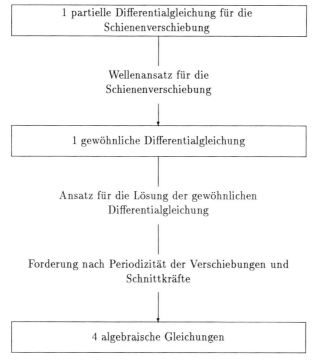

Abbildung 10.2.4: Schematische Darstellung der Vorgehensweise unter Verwendung eines Wellenansatzes.

solange ein gleichmäßiger Schwellenabstand vorliegt. Diese gewöhnliche Differentialgleichung kann gelöst werden, wobei noch freie Konstanten zu bestimmen sind. Sie werden über die Forderung ermittelt, daß sich in einer periodischen Struktur auch die Verschiebungen und Schnittkräfte periodisch verhalten müssen. Die sich hieraus ergebenden vier Gleichungen für die Verschiebung, die Verdrehung, das Moment und die Querkraft in der Schiene werden gelöst, und die Schienenverschiebung ist damit bekannt.

10.3 Ergebnisse von Frequenzbereichsrechnungen

Nachfolgend werden nun Ergebnisse von Frequenzbereichsrechnungen präsentiert, die mit der Vorgehensweise des allgemeinen Fourier-Ansatzes ermittelt wurden. Als erstes werden Ergebnisse einer theoretischen Voruntersuchung gezeigt, die verdeutlichen sollen, was dem Gleis prinzipiell „einfallen" kann. Hierzu werden Berechnungen des nahezu ungedämpften Gleismodells für unterschiedliche Frequenzen und Geschwindigkeiten durchgeführt. Im Anschluß hieran wird das real gedämpfte Gleis untersucht, und es werden Ergebnisse für die unterschiedlichen Modellierungen miteinander verglichen. Da, wie eingangs erwähnt, der große Vorteil einer Frequenzbereichsrechnung in der Parametervariation liegt, wird dann beispielhaft der Einfluß der Steifigkeit der Zwischenlagen auf die Kontaktkraft zwischen Rad und Schiene untersucht.

10.3.1 Theoretische Voruntersuchungen

Ein reales Gleis wird im allgemeinen stark gedämpft sein. Diese Dämpfung ergibt sich zum einen aus den Materialeigenschaften der Schiene, der Zwischenlagen und des Schotters und zum anderen aus der Abstrahlung entlang der Schiene ins Unendliche. Realistische Fahrgeschwindigkeiten bewegen sich heutzutage etwa zwischen 0 m/s und 150 m/s. Die nachfolgenden Berechnungen für ein nahezu ungedämpftes Gleis und Geschwindigkeiten bis zu 2 500 m/s haben daher nur theoretischen Charakter, tragen jedoch viel zum Verständnis des prinzipiellen Verhaltens eines Gleises bei einer Zugüberfahrt bei.

Abbildung 10.3.1 zeigt den Höhenlinienverlauf der Nachgiebigkeit einer als schubstarrer Balken modellierten Schiene, über die sich eine harmonisch schwankende Kraft bewegt. Die Frequenz der oszillierenden Kraft wurde von 0 Hz bis 2 000 Hz und die Geschwindigkeit, mit der sich die Kraft entlang der Schiene bewegt, von 0 m/s bis 2 500 m/s variiert. Das Gleismodell ist nahezu ungedämpft. Für den Fall, daß sich die Kraft nicht bewegt, die Fahrgeschwindigkeit also Null ist, sind fünf Resonanzfrequenzen in dem betrachteten Frequenzbereich zu erkennen. In der

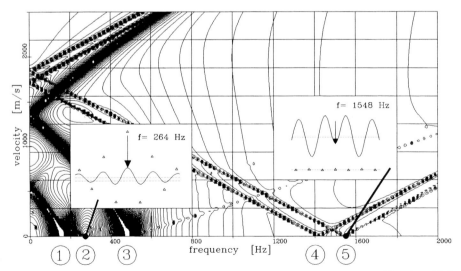

Abbildung 10.3.1: Höhenlinienverlauf der Nachgiebigkeit eines nahezu ungedämpften Gleises bei Krafterregung.

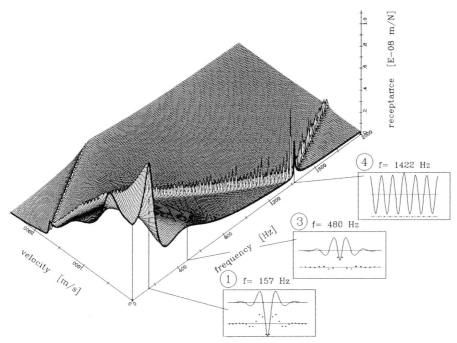

Abbildung 10.3.2: Nachgiebigkeitsverlauf eines real gedämpften Gleises bei Krafterregung.

ersten Resonanz bei $f \cong 157$ Hz schwingen Schiene und Schwellen in Phase. In der dritten Resonanz bei $f \cong 480$ Hz schwingen Schiene und Schwellen in Gegenphase. Die vierte Resonanz bei $f \cong 1\,422$ Hz ist die sogenannte Pinned-Pinned-Mode, hier schwingt die Schiene sinusförmig, die Knotenpunkte der Schwingungsform befinden sich am Ort der Schwellen. Die Wellenlänge dieser Schwingungsform entspricht also dem doppelten Schwellenabstand. Diese drei Schwingungsformen sind in Abbildung 10.3.2 dargestellt. In der zweiten Resonanz bei $f \cong 264$ Hz schwingt die Schiene mit der Wellenlänge der Pinned-Pinned-Mode, die Knotenpunkte befinden sich aber nicht am Ort der Schwellen, sondern genau in der Mitte eines Schwellenfachs. Schiene und Schwellen schwingen hierbei in Phase. Für die fünfte Resonanzfrequenz bei $f \cong 1\,548$ Hz schwingt die Schiene mit derselben Wellenlänge und derselben Position der Knotenpunkte wie für 264 Hz, die Schwellen schwingen nun jedoch in Gegenphase zur Schiene. In Abbildung 10.3.1 sind diese beiden zuletzt beschriebenen Schwingungsformen dargestellt.

Wenn sich die harmonisch schwankende Kraft bewegt, werden die Wellenlängen der jeweiligen Schwingungsformen in Bewegungsrichtung verkürzt und hinter der Kraft werden sie verlängert. Dieses Verhalten wird auch als *Doppler-Effekt* bezeichnet und führt zu einer Resonanzaufspaltung. Das bedeutet, daß für eine konstante Bewegungsgeschwindigkeit statt einer Resonanzfrequenz zwei Resonanzfrequenzen auftreten. Eine niedrigere, für die sich die jeweilige Schwingungsform vor der bewegten Kraft ausbildet, und eine höhere, für die sich die Schwingungsform hinter der bewegten Kraft ausbildet.

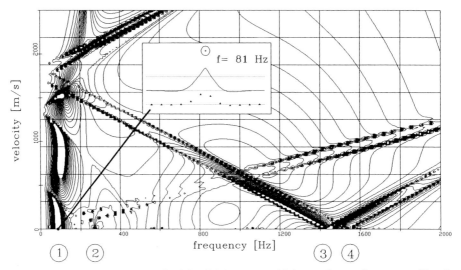

Abbildung 10.3.3: Höhenlinienverlauf der Schienenverschiebung eines nahezu ungedämpften Gleises für einen abrollenden Radsatz.

In [5] wurde von Krzyżyński die gleiche theoretische Voruntersuchung für das von einer harmonisch schwankenden, bewegten Kraft angeregte Gleis unter Verwendung eines Wellenansatzes durchgeführt, und es wurde gezeigt, daß die Ergebnisse sehr gut übereinstimmen.

In Abbildung 10.3.3 ist der Höhenlinienverlauf der Schienenverschiebung für ein nahezu ungedämpftes Gleis, über das ein Radsatz abrollt, dargestellt. Die Frequenz, mit der das Gleis erregt wird, ergibt sich aus einer harmonischen Profilstörung auf der Schienenoberfläche, über die sich der Radsatz bewegt. Die Frequenz wird von 0 Hz bis 2 000 Hz variiert. Der untersuchte Geschwindigkeitsbereich der Radsatzbewegung über das Gleis liegt zwischen 0 m/s und 2 500 m/s. Für kleine Fahrgeschwindigkeiten liegt die erste Resonanzfrequenz bei $f \cong 81$ Hz, für die Radsatz, Schiene und Schwellen in Phase schwingen. Diese Resonanzfrequenz ist bis etwa 300 m/s, und somit auch im realistischen Geschwindigkeitsbereich, praktisch unabhängig von der Geschwindigkeit des Radsatzes. Die erste und die zweite Resonanzfrequenz der Nachgiebigkeit des durch eine bewegte Kraft erregten Gleises bei $f \cong 157$ Hz und $f \cong 480$ Hz (vergleiche Abbildungen 10.3.1 und 10.3.2) sind bei einer Erregung durch einen abrollenden Radsatz keine Resonanzfrequenzen mehr. Für diese Frequenzen verhält sich das Teilsystem Schiene-Schwellen wie ein dynamischer Tilger, da es hier sehr nachgiebig im Vergleich zu dem Teilsystem Kontaktfeder-Rad-Primärfesselung wird. Die zweite Resonanzfrequenz bei $f \cong 264$ Hz, die vierte bei $f \cong 1\,422$ Hz und die fünfte bei $f \cong 1\,548$ Hz, wo die Schiene sinusförmig mit einer Wellenlänge oszilliert, die dem doppelten Schwellenabstand entspricht, sind im Fall eines abrollenden Radsatzes in Abbildung 10.3.3 ebenfalls sichtbar.

Versteht man unter einer kritischen Geschwindigkeit die Fahrgeschwindigkeit, für die sehr große Schienenverschiebungen allein aufgrund der Vorwärtsbewegung der Kraft oder des Radsatzes auftreten, dann treten beim krafterregten Gleis kritische Geschwindigkeiten erst für Fahrgeschwindigkeiten auf, die weit über den heutzutage erreichbaren Maximalgeschwindigkeiten liegen. Für den abrollenden Radsatz scheint es nach Abbildung 10.3.3 für Fahrgeschwindigkeiten bis zu 2 500 m/s überhaupt keine kritischen Geschwindigkeiten zu geben.

Die Resonanzfrequenzen, d. h. die Frequenzen für die für $v \approx 0$ sehr große Schienenverschiebungen auftreten, werden bei Erhöhung der Fahrgeschwindigkeit zum Teil deutlich beeinflußt, insbesondere die Resonanzfrequenz der Pinned-Pinned-Mode. Überraschenderweise wird für den Fall des Gleises mit bewegtem Radsatz die erste Resonanzfrequenz aber kaum von der Fahrgeschwindigkeit beeinflußt.

10.3.2 Untersuchung des real gedämpften Gleises

Obwohl eine theoretische Voruntersuchung durch Berechnungen eines ungedämpften Gleises viel zum Verständnis des prinzipiellen Systemverhaltens beitragen kann, ist die Betrachtung des real gedämpften Gleises unumgänglich. Erst hier zeigt sich, wie sich das Gleis wirklich verhalten wird.

Abbildung 10.3.2 zeigt das Nachgiebigkeitsverhalten eines real gedämpften Gleises, über das sich eine harmonisch schwankende Kraft bewegt. Dargestellt ist diesmal nicht der Höhenlinienverlauf der Nachgiebigkeit, sondern deren dreidimensionaler Verlauf. Hierdurch sind nicht nur Maxima ersichtlich, sondern man erhält auch einen besseren Eindruck vom qualitativen Verlauf der Nachgiebigkeit. Die Modellparameter entsprechen bis auf die Dämpfungsgrößen denen, für die der Nachgiebigkeitsverlauf in Abbildung 10.3.1 ermittelt wurde. Im Fall eines real gedämpften Gleises tauchen die zweite und fünfte Resonanz bei $f \cong 264$ Hz und $f \cong 1\,548$ Hz nicht mehr auf. Sie sind durch die starken Verformungen der Zwischenlagen und des Schotters für die zu diesen Frequenzen gehörenden Schwingungsformen völlig gedämpft. Für die erste und dritte Resonanz bei $f \cong 157$ Hz und $f \cong 480$ Hz ist nur noch ein Ast der Resonanzaufspaltung aufgrund des Doppler-Effekts hin zu niedrigeren Frequenzen sichtbar. Auch hier macht sich die Dämpfung des Gleises stark bemerkbar. Nur für die vierte Resonanzfrequenz bei $f \cong 1\,422$ Hz, die klassische Pinned-Pinned-Mode, ist der Doppler-Effekt in beide Frequenzrichtungen deutlich sichtbar. Dies liegt daran, daß für diese Schwingungsform die Zwischenlagen und der Schotter nahezu unverformt bleiben und die Schwingungsform somit sehr schwach gedämpft ist.

Die Modellierung eines Zugs, der sich über das Gleis bewegt, ist sicherlich realitätsnaher, wenn man statt einer bewegten, harmonisch schwankenden Kraft einen über eine Profilstörung abrollenden Radsatz annimmt. Die Ergebnisse einer Berechnung der Nachgiebigkeit des Gleises für diesen Fall zeigt Abbildung 10.3.4. Die Fahrgeschwindigkeit des Radsatzes beträgt 40 m/s. Es wurde der Nachgiebigkeitsverlauf des Gleises in Abhängigkeit von der Frequenz ermittelt, die sich durch das Überrollen der harmonischen Profilstörung auf der Schienenoberfläche mit unterschiedlichen Wellenlängen ergibt. Die dünne Linie gibt die Nachgiebigkeit des Gleises unterhalb des Radsatzes wieder, wenn dieser sich gerade zwischen zwei Schwel-

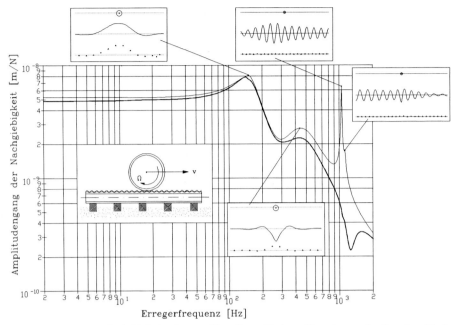

Abbildung 10.3.4: Nachgiebigkeit des gedämpften Gleises für einen abrollenden Radsatz (v = 40 m/s).

len befindet, die dicke Linie gibt die Nachgiebigkeit des Gleises unterhalb des Radsatzes wieder, wenn dieser sich über einer Schwelle befindet. Wie beim krafterregten Gleis treten drei Resonanzfrequenzen auf. In der ersten Resonanz zwischen 100 Hz und 200 Hz schwingen Schiene und Schwellen in Phase, in der zweiten Resonanz zwischen 400 Hz und 500 Hz schwingen Schiene und Schwellen in Gegenphase zueinander und zwischen 1 000 Hz und 2 000 Hz liegt die Resonanzfrequenz der klassischen Pinned-Pinned-Mode. Da sich der Radsatz bewegt, kommt es zu einer Resonanzaufspaltung der Pinned-Pinned-Mode: für die niedrigere Frequenz bildet sich die Schwingungsform der Pinned-Pinned-Mode vor dem Radsatz und für die höhere Frequenz hinter dem Radsatz aus. Bis etwa 300 Hz unterscheiden sich die Nachgiebigkeitsverläufe der beiden Fälle, ob sich das Rad zwischen zwei Schwellen oder über einer Schwelle befindet, nur geringfügig. Das liegt daran, daß in diesem Frequenzbereich die Verformungsfiguren der Schiene sehr große Wellenlängen haben und es somit kaum einen Unterschied macht, ob diese Verformungsfiguren über oder zwischen zwei Schwellen angeregt werden. Für Frequenzen über 300 Hz stellen sich Verformungsfiguren mit kleineren Wellenlängen ein, für die Pinned-Pinned-Mode entspricht die Wellenlänge zum Beispiel dem doppelten Schwellenabstand. Für Anregungsfrequenzen über 300 Hz verhält sich das Gleis deutlich steifer, wenn sich das Rad und somit die Anregung über einer Schwelle befindet. Im Extremfall der Schwingungsform der Pinned-Pinned-Mode befindet sich das Rad, wenn es sich über einer Schwelle befindet, im Knotenpunkt der Schwingungsform, so daß sich das Gleis für diesen Fall sehr steif verhält.

Vergleicht man den Nachgiebigkeitsverlauf des Gleises, über das ein Radsatz abrollt, mit dem Nachgiebigkeitsverlauf des Gleises, über das sich eine harmonisch schwankende Kraft bewegt (siehe auch [9]), so stimmen diese Verläufe bis etwa 800 Hz überein, unterscheiden sich aber quantitativ für höhere Frequenzen, insbesondere im Bereich der Pinned-Pinned-Mode. Dies liegt daran, daß sich im höheren Frequenzbereich bemerkbar macht, daß beim abrollenden Radsatz im Gegensatz zur harmonisch schwankenden, bewegten Kraft die Amplitude und Frequenz der auf die Schiene wirkenden Kraft nicht konstant sind. Beim abrollenden Radsatz ist die auf die Schiene wirkende Kraft die Kontaktkraft zwischen Rad und Schiene. Sie ist umso größer, je größer die Relativverschiebung zwischen Rad und Schiene ist. Oberhalb von 800 Hz ergeben sich bei der Überfahrt eines Schwellenfachs über der Schwelle deutlich größere und in Schwellenfachmitte kleinere Kontaktkräfte, da sich hier die Schiene entweder sehr steif oder sehr weich verhält (vergleiche Abbildung 10.3.5). Dieses periodische Verhalten, überlagert mit der Frequenz, die sich beim Abrollen über die Profilstörung ergibt, sorgt dann auch noch für eine Frequenzmodulation der Kontaktkraft. Sowohl die unterschiedlichen Kraftamplituden als auch die Frequenzmodulation werden vom krafterregten System nicht erfaßt.

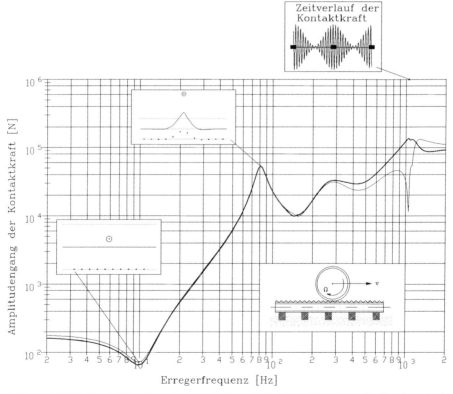

Abbildung 10.3.5: Kontaktkraft zwischen Rad und Schiene für den abrollenden Radsatz (40 m/s).

Abbildung 10.3.5 zeigt den Kontaktkraftverlauf des abrollenden Radsatzes für unterschiedliche Frequenzen. Die dünne Linie beschreibt den Verlauf, der sich ergibt, wenn sich das Rad gerade in Schwellenfachmitte befindet, die dicke Linie beschreibt den Verlauf, der sich ergibt, wenn sich das Rad über einer Schwelle befindet. Die Geschwindigkeit, mit der sich der Radsatz vorwärtsbewegt, beträgt 40 m/s. Bei $f \cong 10$ Hz befindet sich die Resonanzfrequenz des Teilsystems Rad-Primärfesselung. Sie wirkt dort für die Schienenverschiebung wie ein dynamischer Tilger. Hierdurch erfahren Rad und Schiene praktisch keine Relativverschiebung und die Kontaktkraft zwischen Rad und Schiene wird minimal. Das gleiche geschieht bei den beiden Resonanzfrequenzen des Teilsystems Schiene-Schwellen zwischen 100 Hz und 200 Hz sowie zwischen 400 Hz und 500 Hz. Diese Frequenzen sind bei einer Anregung durch einen abrollenden Radsatz Tilgerpunkte für die Radsatzverschiebung und haben minimale Relativverschiebungen und somit minimale Kontaktkräfte zur Folge.

Besonders hohe Kontaktkräfte treten zwischen 80 Hz und 90 Hz und über den Schwellen zwischen 1 000 Hz und 1 200 Hz auf. Zwischen 80 Hz und 90 Hz befindet sich eine Resonanzfrequenz, für die der Radsatz, die Schiene und die Schwellen in Phase auf dem Schotter schwingen und somit sämtliche Verschiebungen und die Kontaktkraft Maximalwerte annehmen. Zwischen 1 000 Hz und 1 200 Hz befindet sich die Resonanzfrequenz der Pinned-Pinned-Mode. Da sich für diese Frequenz die Knotenpunkte der Schwingungsform am Ort der Schwellen befinden, verhält sich die Schiene über den Schwellen sehr steif, und es treten hier große Kontaktkräfte zwischen Rad und Schiene auf. Zwischen den Schwellen ist das Teilsystem Schiene-Schwellen hingegen sehr weich, die Kontaktkräfte sind niedrig.

10.3.3 Variation der Systemparameter

Neben der Untersuchung des Verhaltens des Gleises für unterschiedliche Frequenzen und Fahrgeschwindigkeiten läßt sich mit einer Frequenzbereichsrechnung mit relativ geringem Aufwand auch eine Parametervariation von Gleiskomponenten durchführen. Anhand der Variation der Steifigkeit der Zwischenlagen (Pads) soll dies nachfolgend gezeigt werden.

In Abbildung 10.3.6 ist der Verlauf der Kontaktkraft zwischen Rad und Schiene für Steifigkeiten der Zwischenlagen zwischen $1 \cdot 10^7$ N/m und $1 \cdot 10^9$ N/m sowie für unterschiedliche Anregungsfrequenzen dargestellt. Über das Gleis rollt ein Radsatz ab, so daß sich die unterschiedlichen Anregungsfrequenzen dadurch ergeben, daß unterschiedliche Wellenlängen einer harmonischen Profilstörung angenommen werden. Die Fahrgeschwindigkeit des Radsatzes beträgt 40 m/s, und der Radsatz befindet sich zum betrachteten Zeitpunkt gerade über einer Schwelle.

Für Zwischenlagen mit Steifigkeiten in der Größenordnung von 10^7 N/m treten erst bei höheren Frequenzen große Kontaktkräfte zwischen Rad und Schiene mit maximalen Werten für die Resonanzfrequenz der Pinned-Pinned-Mode zwischen 1 000 Hz und 1 200 Hz auf. Für Zwischenlagen mit Steifigkeiten von $2 \cdot 10^7$ N/m und höher treten auch im niedrigeren Frequenzbereich (50 Hz bis 800 Hz) hohe Normalkräfte

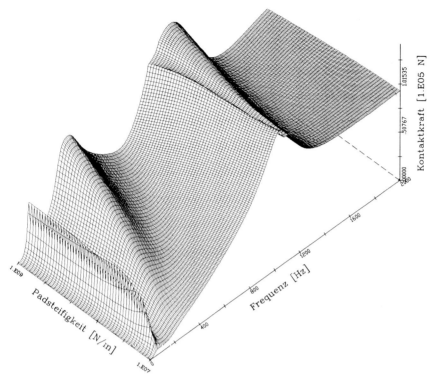

Abbildung 10.3.6: Variation der Steifigkeit der Zwischenlagen für den abrollenden Radsatz.

auf. Zum einen ergeben sich hohe Normalkräfte für die Resonanzfrequenz in der der Radsatz, die Schiene und die Schwellen in Phase auf dem Schotter schwingen, also bei etwa 80 Hz. Zum anderen treten hohe Normalkräfte zwischen 200 Hz und 500 Hz auf. Abbildung 10.3.6 macht deutlich, daß für Zwischenlagen mit Steifigkeiten in der Größenordnung von 10^7 N/m im Frequenzbereich von 0 Hz bis 800 Hz deutlich kleinere Kräfte zwischen Rad und Schiene zu erwarten sind als für Zwischenlagen mit Steifigkeiten in der Größenordnung von 10^8 N/m bis 10^9 N/m.

10.4 Frequenzbereichslösungen und Zeitbereichsverfahren

Der Rechenaufwand für eine Frequenzbereichsbehandlung mit einem allgemeinen Fourier-Ansatz, wie es in den Abschnitten 10.2 und 10.3 dargestellt wird, ist deutlich niedriger als der Rechenaufwand bei einem Zeitbereichsverfahren. Beide Verfahren haben einen eindeutigen Mangel: Sie existieren bisher nur für Vertikalschwingungsvorgänge. Die Entwicklung eines reinen Zeitbereichsverfahrens für kombinierte Vertikal-Lateralschwingungsvorgänge des diskret gestützten Gleises erfolgte bisher nicht, da der anfallende Rechenaufwand mit den verfügbaren Rechenanlagen nicht zu bewältigen gewesen wäre. Da die Berücksichtigung von lateralen Bewegungsmöglichkeiten des diskret gestützten Gleises zumindest bei der Untersuchung von Riffelauslösemechanismen zwingend erforderlich ist, mußte ein anderer Weg beschritten werden. Man beschränkt sich auf harmonisch schwankende aber ortsfeste Lasten, vernachlässigt also den Einfluß der Geschwindigkeit. Hierfür lassen sich mit einem kombinierten Finite-Elemente-Übertragungsmatrizen-Verfahren alle gewünschten Systemantworten des diskret gestützten Gleises in Form von Frequenzgängen ermitteln (Abschnitt 10.4.1), die dann für die Untersuchung von Riffelauslösemechanismen eingesetzt werden können. Es gelingt zudem, diese Frequenzgänge im gesamten interessierenden Frequenzbereich analytisch zu approximieren (Abschnitt 10.4.2) und in gewöhnliche Differentialgleichungen zu transformieren (Abschnitt 10.4.3), die dann im Rahmen von Zeitbereichsverfahren weiterverwendet werden können.

10.4.1 Ein FE-Übertragungsmatrizen-Verfahren für diskret gestützte Gleise

Während Frequenzbereichslösungen mit einem allgemeinen Fourier-Ansatz bisher nur das Vertikalverhalten beschreiben, konnten mit Hilfe eines Übertragungsmatrizen-Verfahrens die Frequenzgänge des Vertikal-, Lateral- und Longitudinalverhaltens ermittelt werden. Die Schiene wird mit Hilfe der Finite-Elemente-Methode (FEM) beschrieben, was eine nahezu beliebig komplexe Modellierung der Schienenstruktur ermöglicht. Man spricht daher von einem FE-Übertragungsmatrizen-Verfahren.

Die Last wird als ruhend angenommen, so daß Einflüsse aus der Bewegung der Last nicht berücksichtigt werden. Die Schiene ist ein unendlich langer Balken, der durch die Schwellen diskret gestützt wird. Zwischen der Schiene und den Schwellen befinden sich die Zwischenlagen. Unterhalb der Schwellen befindet sich der Schotter. Sowohl die Zwischenlagen als auch der Schotter werden durch Federn und Dämpfer modelliert. Das Modell zeigt Abbildung 10.4.1.

Um das Verhalten des Gleises mit Hilfe des Übertragungsmatrizen-Verfahrens zu beschreiben, wird das Gleis in gleichartige Abschnitte unterteilt. Ein Abschnitt besteht aus einem Schienenabschnitt mit der Länge des Schwellenabstands und einer diskreten Stützung. Die Stützung setzt sich zusammen aus einer Zwischenlage,

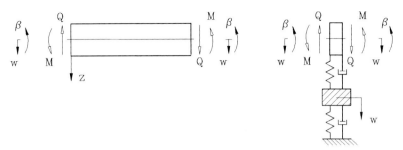

Abbildung 10.4.1: Modell des FE-Übertragungsmatrizen-Verfahrens.

einer Schwelle und dem unter einer Schwelle befindlichen Schotteranteil. Am linken und rechten Ende dieses Abschnitts werden Zustandsgrößen eingeführt. Dies sind die Verschiebungen und die Schnittkräfte. Der Schienenabschnitt wird bei Bedarf weiter unterteilt und mit Finiten-Elementen modelliert. Die sich so ergebende FE-Matrix des Schienenabschnitts kann durch Teilinversion in eine Übertragungsmatrix überführt werden. Aus dieser Übertragungsmatrix und der Übertragungsmatrix der Stützung läßt sich leicht eine Übertragungsmatrix der beiden Abschnitte aus Abbildung 10.4.1 aufbauen [10, 11]. Mit dieser Übertragungsmatrix läßt sich beschreiben, wie sich die Zustandsgrößen von einem Ende des Abschnitts zum anderen ändern. Kennt man also die Zustandsgrößen am Ort i, dann kennt man sie mit Hilfe der Übertragungsmatrix auch am Ort $(i+1)$. Diese wiederum ergeben die Zustandsgrößen am Ort $(i+2)$, und somit lassen sich die Zustandsgrößen für jeden beliebigen Ort angeben. Die Gesamtübertragungsmatrix vom Ort i zu einem beliebigen Ort n ergibt sich hierbei aus der Multiplikation aller Übertragungsmatrizen der einzelnen dazwischenliegenden Abschnitte. Die Dimension der Gesamtübertragungsmatrix ist dabei unabhängig von der Anzahl der dazwischenliegenden Abschnitte und hängt nur von der Anzahl der Zustandsgrößen ab.

Neben der Beschreibung des Übertragungsverhaltens eines einzelnen Abschnitts muß zudem gewährleistet sein, daß die Lösung im Unendlichen abklingt. Dies wird über eine modale Beschreibung der Zustandsgrößen erreicht. Für die Übertragung werden nur solche Eigenvektoren berücksichtigt, deren Eigenwerte ein abklingendes Lösungsverhalten beschreiben.

Zur Ermittlung der unbekannten Koeffizienten der modalen Beschreibung werden die Übergangsbedingungen an der Krafteinleitungsstelle formuliert. Einzelheiten sind [10, 11] zu entnehmen. Die sich mit Hilfe des Übertragungsmatrizen-Verfahrens ergebenden vertikalen Schienennachgiebigkeiten sind in Abbildung 10.4.2 dargestellt. Sie zeigen im wesentlichen dasselbe Verhalten wie die Lösung mit Hilfe eines allgemeinen Fourier-Ansatzes (vgl. Abschnitt 10.3.2). Lediglich die Resonanzaufspaltung der Pinned-Pinned-Mode aufgrund des Geschwindigkeitseinflusses kann nicht erfaßt werden. Dieser ist für reale Geschwindigkeiten allerdings auch nicht sehr groß.

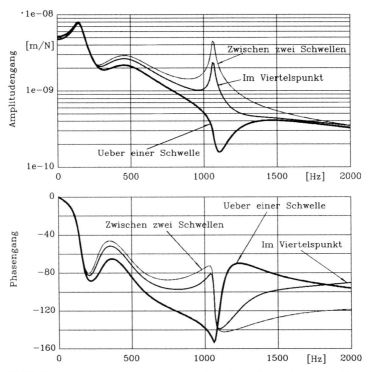

Abbildung 10.4.2: Vertikale Schienennachgiebigkeit unterhalb der Anregung für unterschiedliche Anregungsorte.

10.4.2 Analytische Beschreibung der Frequenzgänge

Abhängig vom Gleistyp und Untersuchungszweck gibt es für die Modellierung des Gleises eine Reihe von Möglichkeiten. Ein guter Überblick hierüber findet sich in [12] und [13]. Ein Einschichtmodell, bei dem die Schiene auf einer elastischen und dämpfenden Bettung liegt, läßt sich mit analytischen Verfahren erfassen. Bildet man die Schwellen auf ein eigenes Kontinuum ab, ergibt sich ein ebenfalls analytisch lösbares Zweischichtmodell. Dieses wird in [14] ausführlich behandelt. Die analytischen Beschreibungen des Ein- und Zweischichtmodells haben aber zwei Nachteile. Erstens sind sie nur im Frequenzbereich gültig, lassen sich also nicht unmittelbar für Verfahren im Zeitbereich einsetzen, zweitens sind alle Effekte einer diskreten Lagerung verlorengegangen.

Ein detailliertes Gleismodell, mit dem das zeitvariante Verhalten des Gleises aufgrund einer diskreten Lagerung erfaßt wird, ist im allgemeinen numerisch sehr aufwendig. Es wurde daher mit verschiedenen Verfahren versucht, ein kompliziertes Gleismodell durch ein vereinfachtes Modell zu ersetzen. Valdivia stellt in [15] zum Beispiel das Vertikal-, Lateral- und Longitudinalmodell der Schiene als Mehrmassenmodelle dar. Diese Modelle weisen jedoch relativ große Abweichungen zu kontinuierlichen Modellen auf. Die von Fingberg in [16] vorgestellten Modalmodelle benötigen zur Nachbildung der longitudinalen Rezeptanz bis 1 500 Hz drei modale Freiheitsgrade und für die laterale Rezeptanz fünf modale Freiheitsgrade. Es wurde allerdings nur der Frequenzgang bei einer Anregung zwischen zwei Schwellen nachgebildet. Ein Ersatzmodell in Form eines Dreimassenschwingers, der aus einem Radsatz, einer modalen Schienenmasse und einer Schwelle besteht und in dem abgesehen von der Schienenmasse die originalen Gleisparameter eingesetzt wurden, hat Müller in [8] angegeben. Der Gültigkeitsbereich beschränkt sich auf den Frequenzbereich bis etwa 600 Hz, Einflüsse einer diskreten Lagerung werden nicht erfaßt.

Bei der Approximation von Frequenzgängen der Kontaktmechanik ist von Groß-Thebing [17] eine gebrochen rationale Funktion verwendet worden, deren Koeffizienten mit der Methode der kleinsten Fehlerquadrate ermittelt wurden. Diese Vorgehensweise wurde in [18] für die analytische Beschreibung der Frequenzgänge des Gleises übernommen.

In Abbildung 10.4.2 sind vertikale Schienennachgiebigkeiten unterhalb der Anregung für unterschiedliche Anregungsorte dargestellt. Es ist deutlich zu erkennen, daß die Nachgiebigkeiten abhängig vom Ort der Anregung sind. Insbesondere im Bereich der Pinned-Pinned-Mode bei etwa 1 100 Hz treten deutliche Unterschiede auf. Bei einer Anregung zwischen zwei Schwellen tritt ein Maximum auf, während für eine Anregung über einer Schwelle die Nachgiebigkeit minimal wird. Die Erklärung für dieses Verhalten findet sich in Abschnitt 10.3.

Berücksichtigt man in einem ersten Schritt nur den Einfluß der ersten beiden Resonanzen bei etwa 150 Hz und 480 Hz, wo der Einfluß der diskreten Lagerung noch gering ist, lassen sich die Frequenzgänge im Frequenzbereich von 0 Hz bis 600 Hz durch die Funktion

$$R(\mathrm{i}\Omega, \xi) = \underbrace{\frac{A_1(\xi)\,(\mathrm{i}\Omega) + B_1(\xi)}{(\mathrm{i}\Omega)^2 + \lambda_1(\xi)\,(\mathrm{i}\Omega) + \omega_1^2(\xi)}}_{erster\ Anteil} + \underbrace{\frac{A_2(\xi)\,(\mathrm{i}\Omega) + B_2(\xi)}{(\mathrm{i}\Omega)^2 + \lambda_2(\xi)\,(\mathrm{i}\Omega) + \omega_2^2(\xi)}}_{zweiter\ Anteil} \qquad (10.1)$$

approximieren, wobei ξ für die Anregungsstelle im Schwellenfach steht. Für $\xi = 0$ befindet sich die Anregung über einer Schwelle und für $\xi = 0{,}5$ befindet sich die Anregung zwischen zwei Schwellen.

In Abbildung 10.4.3 sind die originalen und die mit Gleichung (10.1) angepaßten Frequenzgänge der vertikalen Schienennachgiebigkeit bis 600 Hz sowohl für eine Anregung über einer Schwelle als auch für eine Anregung zwischen zwei Schwellen wiedergegeben. In beiden Fällen ist eine sehr gute Übereinstimmung zu erkennen.

Die in Abbildung 10.4.2 dargestellten originalen Frequenzgänge lassen sich also bis 600 Hz durch die Summe zweier Partialbrüche sehr genau darstellen. Diese beiden Anteile lassen sich selbst wieder als Frequenzgänge zweier einzelner Freiheitsgrade auffassen. Der erste Anteil beschreibt hierbei die erste Eigenform des Gleises, in der die Schiene und die Schwellen bei etwa 150 Hz in Phase zueinander schwingen, der zweite Anteil beschreibt die zweite Eigenform des Gleises, in der die Schiene und die Schwellen bei etwa 480 Hz in Gegenphase zueinander schwingen (vergleiche Abschnitt 10.3). Die Frequenzgänge der beiden Anteile sind in Abbil-

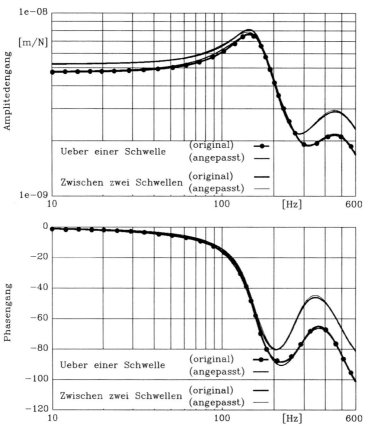

Abbildung 10.4.3: Originale und angepaßte Frequenzgänge der vertikalen Schienennachgiebigkeit für unterschiedliche Anregungsorte.

dung 10.4.4 für den Fall einer Anregung über einer Schwelle und für den Fall einer Anregung zwischen zwei Schwellen dargestellt. Sowohl über einer Schwelle als auch zwischen zwei Schwellen sind beide Anteile stark gedämpft. Der Dämpfungsgrad des ersten Anteils beträgt 0,289 und der Dämpfungsgrad des zweiten Anteils beträgt 0,387 [18].

Die Approximation der vertikalen Schienennachgiebigkeit bei diskreter Lagerung der Schiene bis 2 000 Hz muß zusätzlich die Resonanz für die Pinned-Pinned-Mode bei etwa 1 100 Hz erfassen. Dies erschwert die Approximation, ist aber möglich. Eine sukzessive Approximation des Frequenzgangs unter Einbeziehung der Pinned-Pinned-Mode wurde in [18] vorgenommen.

Das laterale Gleismodell hat prinzipiell einen ähnlichen Frequenzgang wie das vertikale Gleismodell. Die Entwicklung einer Approximation dieses Frequenzgangs, einschließlich der lateralen Pinned-Pinned-Mode, ist ein ähnlicher Prozeß wie für die vertikale Richtung. Auch hier erreicht man zumindest unterhalb der ersten Pinned-Pinned-Mode eine gute Übereinstimmung zwischen dem originalen und dem approximierten Frequenzgang (vergleiche [18]).

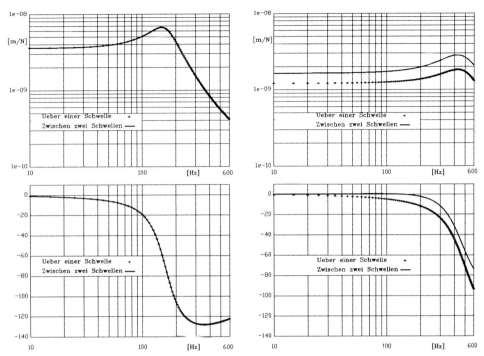

Abbildung 10.4.4: Frequenzgänge des ersten und zweiten Anteils der Funktion (10.1) zur Approximation der vertikalen Schienennachgiebigkeit bis 600 Hz. Amplitudengang (oben) und Phasengang (unten).

10.4.3 Transformation der analytischen Frequenzgänge in den Zeitbereich

Im vorherigen Abschnitt wurde gezeigt, daß es möglich ist, die vertikalen und lateralen Frequenzgänge im interessierenden Frequenzbereich mit Hilfe der Addition einzelner Partialbrüche darzustellen. Für jeden dieser Partialbrüche läßt sich dann eine äquivalente Differentialgleichung im Zeitbereich formulieren. Es sind gewöhnliche Differentialgleichungen zweiter Ordnung. Die Koeffizienten sind ortsabhängig. Diese können nun im Rahmen von Zeitbereichslösungen weiterverwendet werden [19]. Eine ausführliche Darstellung findet sich in [21].

10.5 Ausblick

Es wurde in diesem Kapitel gezeigt, daß die Behandlung von Gleismodellen im Frequenzbereich einen guten Einblick in das prinzipielle Systemverhalten liefert. Frequenzbereichslösungen sind insbesondere zur Untersuchung von Parameterveränderungen hervorragend geeignet, da hier der numerische Aufwand im Vergleich zu Zeitbereichslösungen erheblich geringer ist. Dies wurde beispielhaft in Abschnitt 10.3 für die Variation der Fahrgeschwindigkeit und der Steifigkeit der Zwischenlagen gezeigt. Eine Erweiterung der Modellierung, insbesondere in Hinblick auf die Scherwellenausbreitung im Schotter und die Wechselwirkungen zwischen dem Fahrzeug, dem Gleis und dem Untergrund [20] im nieder- und mittelfrequenten Bereich zwischen 0 Hz und 300 Hz, könnte neue Einblicke in bisher noch unzureichend untersuchte Phänomene wie unrunde Räder und Schottersetzungen liefern.

Die Verwendung von transformierten Frequenzbereichslösungen im Zeitbereich sorgt für eine erhebliche Reduzierung des numerischen Aufwands, da das Gleis nicht mehr als kontinuierliche Struktur berücksichtigt werden muß, sondern auf gewöhnliche Differentialgleichungssysteme, allerdings mit zeit- oder ortsvarianten Koeffizienten, abgebildet wird. Hierdurch ist auch ein Einbau in Mehrkörperalgorithmen und die Berücksichtigung des elastischen Gleises in der Antriebsregelung eines Zugs möglich. Der Einbau der in den Zeitbereich transformierten Frequenzbereichslösung in ein FEM-Programm zur Berechnung der Lateraldynamik unter Berücksichtigung nichtlinearer Kontaktvorgänge wird in [22] behandelt.

Da neben der Beschreibung der Strukturmechanik auch noch die Beschreibung der Kontaktmechanik im Frequenzbereich vorliegt, kann eine sehr genaue Stabilitätsuntersuchung im Frequenzbereich durchgeführt werden. Darüber wird an anderer Stelle berichtet.

10.6 Literatur

1 L. Jezequel: Response of periodic systems to a moving load. Journal of Applied Mechanics *48* (1981), 613–618.

2 J. Kisilowski, B. Sowinski, Z. Strzyżakowski: Application of discrete-continuous model systems in investigating dynamics of wheelset-track system vertical vibration. ZAMM *68* (1988), 70–71.

3 T. Krzyżyński: On continuous subsystem modelling in the dynamic interaction problem of a train-track-system. In: Interaction of Railway Vehicle with the Track and its Substructure, Supplement to Vehicle System Dynamics, Bd. 24, K. Knothe, S. L. Grassie, J. Elkins (Eds.), Swets & Zeitlinger, Lisse 1994.

4 D. J. Mead: Vibration response and wave propagation in periodic structures. Journal of Engineering for Industry *93* (1971), 783–792.

5 S. Müller, T. Krzyżyński, H. Ilias: Comparison of semi-analytical methods of analysing periodic structures under a moving load. In: Interaction of Railway Vehicle with the Track

and its Substructure, Supplement to Vehicle System Dynamics, 24, K. Knothe, S. L. Grassie, J. Elkins (Eds.), Swets & Zeitlinger, Lisse 1994, S. 325–339.

6 Z. Sibaei: Vertikale Gleisdynamik beim Abrollen eines Radsatzes – Behandlung im Frequenzbereich. Fortschritt-Berichte VDI, Reihe 11, Nr. 165, VDI-Verlag, Düsseldorf 1992.

7 H. Ilias: Ein diskret-kontinuierliches Gleismodell unter Einfluß schnell bewegter, harmonisch schwankender Wanderlasten. Fortschritt-Berichte VDI, Reihe 12, Nr. 171, VDI-Verlag, Düsseldorf 1992.

8 S. Müller: Abrollen eines Radsatzes oder eines Drehgestells über eine mit sinusförmigen Profilstörungen versehene Schiene. Diplomarbeit, TU Berlin 1993.

9 H. Ilias, S. Müller: A discrete-continuous track-model for wheelsets rolling over short wavelength sinusoidal rail irregularities. In: The Dynamics of Vehicles on Road and on Tracks, Supplement to Vehicle System Dynamics, 23, Swets & Zeitlinger, Lisse 1994, S. 221–233.

10 B. Ripke, K. Knothe: Die unendlich lange Schiene auf diskreten Schwellen bei harmonischer Einzellasterregung. Fortschritt-Berichte VDI, Reihe 11, Nr. 155, VDI-Verlag, Düsseldorf 1991.

11 R. Gasch, K. Knothe: Strukturdynamik – Kontinua und ihre Diskretisierung, Bd. 2. Springer-Verlag, Berlin 1989, S. 83–89.

12 S. L. Grassie: Dynamic models of the track and their uses. In: J. J. Kalker, D. F. Cannon, O. Ohringer (Eds.), Rail quality and maintenance for modern railway operation, Int. Conf. Delft 1992. Kluwer Academic Publishers, Dordrecht, Boston, London 1993, S. 185–202.

13 K. Knothe, S. L. Grassie: Modelling of railway track and vehicle/track interaction at high frequencies. Vehicle System Dynamics *22* (1993), 209–262.

14 S. L. Grassie et al.: The dynamic response of railway track to high frequency vertical excitation. J. Mechanical Engineering Science *24*/2 (1982), 77–90.

15 A. Valdivia: Die Wechselwirkung zwischen hochfrequenter Rad-Schiene-Dynamik und ungleichförmigem Schienenverschleiß – ein lineares Modell, Fortschritt-Berichte VDI, Reihe 12, Nr. 93, VDI-Verlag, Düsseldorf 1988.

16 U. Fingberg: Ein Modell für das Kurvenquietschen von Schienenfahrzeugen. Fortschritt-Berichte VDI, Reihe 11, Nr.140, VDI-Verlag, Düsseldorf 1990.

17 A. Groß-Thebing: Lineare Modellierung des instationären Rollkontaktes von Rad und Schiene. Fortschritt-Berichte VDI, Reihe 12, Nr.199, VDI-Verlag, Düsseldorf 1993.

18 Y. Wu, K. Knothe: Die semi-analytische Beschreibung des Gleismodells in vertikaler und lateraler Richtung. ILR-Mitteilung 288, TU Berlin 1994.

19 K. Knothe, Y. Wu, A. Groß-Thebing: Simple, semi-analytical models for discrete-continuous railway track and their use for time-domain solutions. In: Interaction of Railway Vehicle with the Track and its Substructure, Supplement to Vehicle System Dynamics, 24, K. Knothe, S. L. Grassie, J. Elkins (Eds.), Swets & Zeitlinger, Lisse 1994, S. 340–352.

20 J. P. Wolf: Foundation Vibration Analysis Using Simple Physical Models. Englewood Cliffs, New Jersey 1994.

21 Y. Wu: Semianalytische Gleismodelle zur Simulation der mittel- und hochfrequenten Fahrzeug/Fahrweg-Dynamik. Fortschritt-Berichte VDI, Reihe 12, Nr. 325, VDI-Verlag, Düsseldorf 1997.

22 H. Ilias: Nichtlineare Wechselwirkungen von Radsatz und Gleis beim Überrollen von Profilstörungen. Fortschritt-Berichte VDI, Reihe 12, Nr. 297, VDI-Verlag, Düsseldorf 1996.

11 Gleisbeanspruchungen bei hochfrequenten, nichtlinearen Rollkontaktvorgängen

Heike Ilias* und Burchard Ripke*

11.1 Einleitung

Die Simulation der Belastungen der Gleis- und Fahrzeugkomponenten der Eisenbahn erfordert Berechnungsmodelle, die die dynamischen Fahrzeug-Fahrweg-Interaktionen in weiten Frequenzbereichen richtig erfassen. Mit Hilfe von Frequenzbereichsmodellen, die in der Regel eine absolut reguläre und homogene Gleisstruktur voraussetzen, kann der Einfluß von Gleisparametern auf die *mittlere Belastung* des Systems untersucht werden (siehe zum Beispiel [1]). Da jedoch lokale Störungen wie beispielsweise Hohllagen von Schwellen oder physikalische Gleisfehler die *maximale Belastung* und somit die Unterhaltungskosten des Systems maßgeblich bestimmen, sind diskrete Modelle erforderlich, die neben solchen Fehlern auch ein Abheben des Rades beim Überfahren einer Flachstelle oder kurzwelliger Riffeln ermöglichen.

Das nachfolgend beschriebene hochfrequente Fahrzeug-Fahrweg-Modell besteht aus einem linearen, diskreten Gleismodell, basierend auf Finiten-Elementen, einem linearen Fahrzeugmodell und einer nichtlinearen Kontaktmechanik. Aufgrund der gewählten Modellierung ist das Modell bis zu Frequenzen von 3 000 Hz gültig. Durch ein semianalytisches Integrationsverfahren wird es möglich, auch große Systeme mit mehr als 50 Schwellen zu behandeln.

* Technische Universität Berlin, Institut für Luft- und Raumfahrt.

11.2 Das dynamische Fahrzeug-Fahrweg-Modell

11.2.1 Das Modell des Gleises

Bei der Schiene handelt es sich um ein praktisch unendlich lang erstrecktes System, das diskret auf Schwellen gestützt ist. Frequenzbereichsverfahren, mit denen sich sowohl die unendliche Erstreckung als auch die diskrete Stützung der Schiene erfassen lassen, setzen einen homogenen, periodischen Aufbau des Gleises mit konstanten Schwellenabständen voraus. Das reale Gleis ist jedoch keine periodische Struktur, da Schwellenabstände variieren, physikalische Gleisfehler und Einzelstörungen, wie beispielsweise lose Schienenbefestigungen und Hohllagen von Schwellen, auftreten können. Abweichungen vom periodischen Aufbau und Einzelstörungen können nur mit diskreten Gleismodellen behandelt werden. Da im Hinblick auf Beanspruchungsrechnungen der Komponenten des Oberbaus oder auf Riffelwachstumsuntersuchungen der Einfluß der Vertikal-/Longitudinaldynamik überwiegt, wird hierfür ein komplexes Finite-Element-Modell zur Gleismodellierung gewählt. Um die Zahl der Freiheitsgrade und damit die Rechenzeit bei der Zeitschrittintegration möglichst gering zu halten, wird die Lateraldynamik der Schiene derzeit nur näherungsweise, mit Hilfe der in den Zeitbereich transformierten Frequenzgänge der lateral kontinuierlich gebetteten Schiene, erfaßt [2].

Vertikal-/Longitudinalmodell des Gleises

Die Schiene wird als FE-Modell, mit kombinierten schubweichen Balken- und Dehnstabelementen modelliert. Sie ist diskret auf Schwellen gestützt. Die Schwellen werden entweder als starre Massen mit je zwei translatorischen und einem rotatorischen Freiheitsgrad [2] oder als schubweiche Balken [3] erfaßt. Das viskoelastische Verhalten der Zwischenlage und des Schotters wird mit frequenzunabhängigen Feder- und Dämpferelementen beschrieben. Die Kopplung der Schwellen über dem Untergrund und die mitschwingende Schottermasse können nährungsweise durch zusätzliche Schottermassen, die miteinander gekoppelt sind, berücksichtigt werden.

Das reale System und eine mögliche FE-Modellierung des Gleises zeigt Abbildung 11.2.1 [3]. Um den Einfluß der Trägheitskräfte und der bewegten Belastung hinreichend gut zu erfassen, ist bei klassischen FE-Verfahren für den interessierenden Frequenzbereich eine Unterteilung von vier Elementen pro Schwellenfach erforderlich [3]. Man kommt ohne eine weitere Unterteilung zwischen zwei Schwellen aus, wenn man das dynamische Verhalten im Elementinneren über Eigenformen des beidseitig eingespannten, schubweichen Balkens beziehungsweise Dehnstabs erfaßt [2]. Die Anzahl der Freiheitsgrade läßt sich dann gegenüber einem klassischen FE-Verfahren für Balkenstrukturen bei dem hier verwendeten Gleismodell um 40 % reduzieren.

Ein Nachteil der FE-Modellierung gegenüber Frequenzbereichsmodellen ist, daß nur eine endliche Zahl von Schwellen berücksichtigt werden kann. Damit ist das Gleis kein unendlich erstrecktes System mehr, wie zum Beispiel in [4]. Man

233

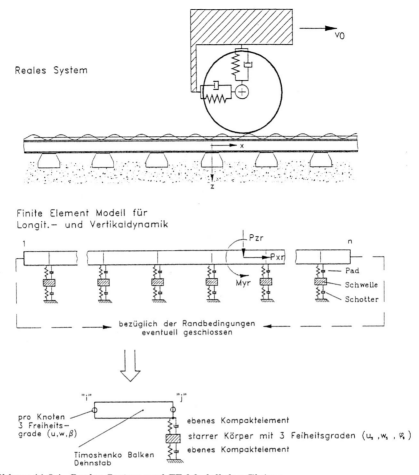

Abbildung 11.2.1: Reales System und FE-Modell des Gleises.

kann zeigen, daß für die Gültigkeit eines Gleismodells mit dem Schienentyp UIC 60 im Frequenzbereich zwischen 0 und 2 000 Hz mindestens 30 Schwellen berücksichtigt werden müssen [3]. Dabei muß die Anzahl der Schwellen – in Abhängigkeit der Gleisparameter – so gewählt werden, daß das Verhalten des realen Gleises näherungsweise erfaßt werden kann. Für ein Longitudinalmodell werden noch wesentlich mehr Schwellen benötigt.

Um längere Integrationszeiten zu ermöglichen und Reflektionen an den Enden des Modells zu vermeiden, sind die Enden des Modells bezüglich der Randbedingungen geschlossen, d. h. die Freiheitsgrade am Anfang und Ende des Modells werden gleichgesetzt.

Das für das Vertikal-Longitudinalmodell entstehende gewöhnliche Differentialgleichungssystem

$$M^* \ddot{u}^* + D^* \dot{u}^* + S^* u^* = P^*$$ (11.1)

234

kann entweder mit einem klassischen Zeitschrittintegrationsverfahren (zum Beispiel Runge-Kutta oder Gear) numerisch integriert oder aber in modaler Form analytisch integriert werden, was letztlich auf ein modales Übertragungsverfahren führt [2, 3]. Die nichtlinearen Kontaktkräfte gehen dann zunächst als Näherung in Form einer transienten, äußeren Belastung in die Bewegungsgleichungen von Radsatz und Gleis ein und müssen anschließend iterativ mittels sukzessiver Approximation [3] oder unter Verwendung eines Newton-Verfahrens [2] an die Teilsysteme von Radsatz und Gleis angepaßt werden.

Lateralmodell des Gleises [2]

Um die Anzahl der Freiheitsgrade des Gleises so gering wie möglich zu halten, wird die Lateraldynamik des Gleises nur näherungsweise erfaßt. Es werden dazu zunächst mittels eines Frequenzbereichsverfahrens, wie zum Beispiel dem semianalytischen Verfahren von Ilias [4] oder dem Übertragungsmatrizenverfahren von Ripke [5], die lateralen Frequenzgänge der zunächst kontinuierlich gebetteten Schiene (Querverschiebung, Drehung um die Hochachse und Torsion) berechnet. Der Einfluß der Lateraldynamik wird damit bis etwa 400 Hz korrekt wiedergegeben, für höhere Frequenzen nur im Mittel. Anschließend werden die Frequenzgänge mit einem von Wu [6] entwickelten Verfahren durch gebrochen-rationale Polynome approximiert und eine Partialbruchzerlegung durchgeführt. Man erhält modale Frequenzgänge der Form:

$$F(\mathrm{i}\Omega) = \sum_{j=0}^{N} \frac{A_j(\mathrm{i}\Omega) + B_j}{(\mathrm{i}\Omega)^2 + 2\delta_j(\mathrm{i}\Omega) + \omega_{0j}^2} . \tag{11.2}$$

Eine Transformation in den Zeitbereich führt auf modifizierte, modale Einmassenschwingergleichungen

$$\ddot{u}_j + 2\delta_j \dot{u}_j + \omega_{0j}^2 u_j = B_j P(t) + A_j \dot{P}(t). \tag{11.3}$$

Gleichung (11.3) unterscheidet sich von der Bewegungsgleichung eines gewöhnlichen Einmassenschwingers dadurch, daß neben der Belastung $P(t)$ auch noch ein Term auftaucht, der proportional zur zeitlichen Änderung der Belastung $\dot{P}(t)$ ist. Dieser Term erfaßt den Einfluß der unendlich langen Schiene auf die Verschiebungen und Verdrehungen unterhalb der Last. Für diesen Typus von Differentialgleichung läßt sich ein modifiziertes Übertragungsverfahren entwickeln [2], womit sich die modalen Bewegungsgleichungen (Gleichung (11.3)) ebenfalls analytisch zeitschrittintegrieren lassen. Das laterale Schwingungsverhalten im Kontaktpunkt zwischen Rad und Schiene wird somit durch drei Freiheitsgrade (Lateralverschiebung, Torsion, Drehung um die Hochachse der Schiene) beschrieben, die sich jedoch aus mehreren modalen Anteilen, gemäß Gleichung (11.2) zusammensetzen. Ein Nachteil ist, daß man in der derzeitigen Form keine Aussagen mehr über das örtliche Abklingverhalten der Schwingung in Schienenlängsrichtung machen kann, da man das laterale Gleismodell gedanklich auf einen mitgeführten Mehrmassenschwinger im Kontaktpunkt zwischen Rad und Schiene reduziert hat. Als weiterer Nachteil ist zu sehen, daß mit diesem Verfahren bezüglich der lateralen Richtung nur reguläre Strukturen behandelt werden können.

11.2.2 Das Modell des Rades

Ziel dieses Abschnitts ist es, Klarheit über die Modellierung und die Aufstellung der Bewegungsgleichungen des elastischen Rades zu gewinnen. Um die Anzahl der Freiheitsgrade für die Zeitschrittintegration möglichst gering zu halten, werden zunächst nur die Bewegungsgleichungen des starren Radsatzes aufgestellt. Der dynamische Einfluß des elastischen Rades im Kontaktpunkt wird über Eigenformen des elastischen Radsatzes erfaßt, wobei nur die Komponenten der Eigenformen im *nominellen Kontaktpunkt* K_{nom} (siehe Kapitel 3) berücksichtigt werden.

Modell des starren Rades

Das Modell des starren Rades zeigt Abbildung 11.2.2. Es soll Symmetrie des Gleises in Schienenlängsrichtung ausgenutzt werden, womit nur das halbe System (eine Schiene, ein Kontaktpunkt) betrachtet werden muß. Der starre Radsatz befindet sich dann in zentrischer Stellung auf dem Gleis, der Mittelpunkt des Radsatzes ist lateral unverschieblich entlang der Symmetrieebene des Gleises geführt. Die zu dieser Symmetrierandbedingung im Radsatzmittelpunkt (K_w) gehörenden Vektoren der „Führungskräfte und -momente" werden mit $\boldsymbol{P}_F$ und $\boldsymbol{M}_F$ bezeichnet und sind nur mit antimetrischen Kraftgrößen besetzt, die eine räumliche Lateralbewegung des starren Radsatzes verhindern.

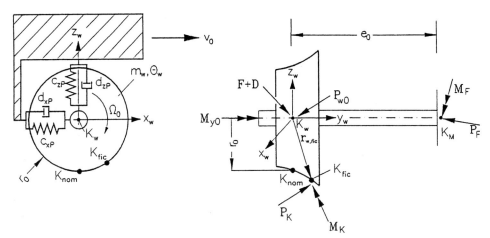

Abbildung 11.2.2: Modell des starren Rades, Bezeichnungen.

Neben den Trägheitskräften und -momenten ($m_w\,\ddot{u}_{w,st}$, $\Theta\ddot{\varphi}_{w,st}$) wirken auf den Radschwerpunkt noch die Feder- und Dämpferkräfte (F, D) aus der Primäraufhängung des Rades am mit konstanter Geschwindigkeit v_0 mitgeführten Drehgestellrahmen. Im *fiktiven Kontaktpunkt* K_{fic} (siehe Kapitel 3) wirken die Normalkraft N, die Längsschlupfkraft T_x, die Querschlupfkraft T_y und das Bohrmoment M_z. Die Kontaktkräfte und -momente werden in den Vektoren $\boldsymbol{P}_K$ und $\boldsymbol{M}_K$ zusammengefaßt.

Als konstante Belastung wirken auf den Radschwerpunkt (K_w) die statische Radlast Z_0 und aus Gleichgewichtsgründen bei Vorgabe von Starrkörperlängsschlüpfen das Antriebs- beziehungsweise Bremsmoment M_{y0}. Die auf den Radschwerpunkt wirkenden, zeitlich konstanten Belastungen der Referenzkonfiguration sind in den Vektoren $\boldsymbol{P}_{w0}$ und $\boldsymbol{M}_{w0}$ zusammengefaßt.

Entsprechend des Modells von Abbildung 11.2.2 können die Bewegungsgleichungen des starren Rades aufgestellt werden. Es handelt sich um lineare Einmassenschwingergleichungen, die über die rechte Seite, d. h. über die Kontaktkräfte und -momente gekoppelt sind. Einzelheiten können aus [2, 3] entnommen werden.

Modell des elastischen Rades

Der elastische Anteil der radseitigen Verschiebung im Kontaktpunkt wird mit Hilfe von modalen Freiheitsgraden des elastischen Radsatzes erfaßt, siehe Abbildung 11.2.3. Das Radsatzmodell wird von Hempelmann [7] übernommen. Er berechnet Eigenfrequenzen und Eigenformen des freien, nicht rotierenden Radsatzes.

Es werden alle (symmetrischen) Eigenformen berücksichtigt, die im betrachteten Frequenzbereich Verschiebungen oder Verdrehungen im nominellen Kontaktpunkt zur Folge haben. Das dynamische Verhalten des elastischen Radsatzes im Kontaktpunkt kann anschließend über modale Einmassenschwingergleichungen, die nur über die Kontaktkräfte gekoppelt sind, beschrieben werden [2, 3]. Die physikalischen Verschiebungen und Verdrehungen des elastischen Rades im Kontaktpunkt ergeben sich aus der Überlagerung der modalen Anteile. Diese Vorgehensweise hat den Vorteil, daß die Anzahl der Freiheitsgrade für das elastische Rad

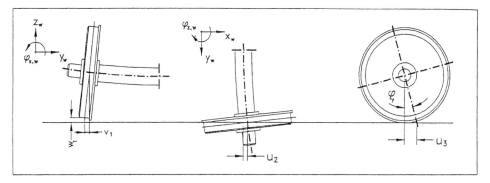

Abbildung 11.2.3: Der elastische Radsatz.

gering bleibt. Außerdem brauchen die modalen Größen für einen Radsatztyp nur einmal vorab berechnet werden.

Vernachlässigt werden bei der Eigenschwingungsbewegung nach Hempelmann [7] die Einflüsse der Primäraufhängung des Rades und der Kontaktsteifigkeit im Kontaktpunkt zwischen Rad und Schiene sowie Gyroskopieeffekte des rotierenden Rades. Die Erfassung der Radelastizität mit Eigenformen des freien Radsatzes liefert brauchbare Ergebnisse, wenn die Kontaktsteifigkeit klein ist gegenüber den generalisierten Steifigkeiten des Rades bezogen auf den Kontaktpunkt. Bei Berücksichtigung gyroskopischer Effekte kommt es zu Frequenzaufspaltungen, d. h. bei Vernachlässigung der Gyroskopie kann es im Bereich von Struktureigenfrequenzen zu Abweichungen im Schwingungsverhalten zwischen dem „stehenden" und dem rotierenden Rad kommen. Eine spätere Erweiterung auf ein Radsatzmodell mit Gyroskopie ist vorgesehen. An der prinzipiellen mathematischen Behandlung des elastischen Radsatzes ändert sich jedoch nichts.

11.2.3 Modellierung des Kontaktvorgangs [2]

Die wesentlichen Nichtlinearitäten des Systems sind auf den „Kontaktvorgang" zwischen Rad und Schiene beschränkt. Der Kontaktvorgang umfaßt die *Kontaktgeometrie* und die *Kontaktmechanik*. Als Kontaktgeometrie wird die Ermittlung der Berührpunktlage zwischen Rad und Schiene bezeichnet, die Kontaktmechanik beinhaltet die Ermittlung der auftretenden nichtlinearen Kontaktkräfte.

Kontaktgeometrie

Die Aufstellung der Bewegungsgleichungen von Rad und Schiene erfolgt bezüglich einer Referenzlage, die als *Nominalkonfiguration* bezeichnet wird. Die Nominalkonfiguration wird so definiert, daß keine Profilstörung vorliegt und zwischen Rad und Schiene keine Belastungen und damit Verschiebungen wirken. Der Radsatz bewegt sich mit konstanter Geschwindigkeit v_0 über das ungestörte Gleis. Aufgrund einer geometrischen Profilstörung auf der Schienenoberfläche, aber auch aufgrund von

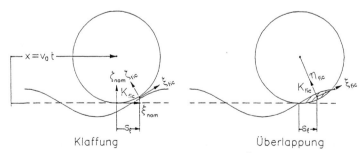

Abbildung 11.2.4: Fiktiver Kontaktpunkt bei Klaffung und Überlappung.

elastischen Verschiebungen von Rad und Schiene im Kontaktbereich kommt es zu einer longitudinalen Vor- oder Rückverlagerung sowie einer lateralen Verlagerung des Berührpunkts gegenüber der Nominallage (siehe Kapitel 3). Der Anteil der Berührpunktverlagerung, der nichtlinear von der Geometrie der beiden sich berührenden Körper abhängt, wird als *geometrische Berührpunktverlagerung* bezeichnet, während der Anteil, der von den linearen Relativverschiebungen von Rad und Schiene im Kontaktbereich abhängt, als *elastische Berührpunktverlagerung* bezeichnet wird. Der elastische und der geometrische Anteil der Berührpunktverlagerung werden getrennt voneinander ermittelt und anschließend superponiert. Bei der Ermittlung der Kontaktpunktlage handelt es sich rechnerisch um eine Fiktion, da die eigentlich deformierbaren Körper im Kontaktbereich zunächst vereinfachend als starr angenommen werden. Damit können im Zuge der Rechnung Durchdringungen beziehungsweise Klaffungen auftreten. Als fiktiver Kontaktpunkt (K_{fic}) wird der Punkt bezeichnet, der in der Mitte zwischen den Profilfunktionen von Rad und Schiene am Ort maximaler Durchdringung beziehungsweise minimaler Klaffung liegt (siehe Abbildung 11.2.4). Der Abstand zwischen fiktivem und nominellem Kontaktpunkt wird als Berührpunktverlagerung bezeichnet. Sind die Körper elastisch, kommt es zur Ausbildung einer Kontaktfläche und zur Abplattung der sich berührenden Körper. Die Durchdringungsfläche der Profilfunktionen wird dann rechnerisch der elastischen Einsenkung der beiden Körper zugerechnet.

Die Oberflächengeometrie des Rades und der Schiene im Kontaktbereich werden durch *Profilfunktionen* beschrieben. Beim räumlichen Kontakt von Rad und Schiene handelt es bei den Profilfunktionen um Flächen zweiten Grades, die in Kontakt gebracht werden. Vereinfachend kann man beim Laufflächenkontakt die horizontale und laterale Berührpunktbestimmung entkoppeln, womit die Profilfunktionen von Rad und Schiene in der (x, z)-Ebene und in der (y, z)-Ebene jeweils durch ebene Kurven beschrieben werden können. Ein Berührpunkt zwischen den oberflächenbeschreibenden Profilfunktionen der beiden Körper liegt vor, wenn der Wert der Profilfunktionen von Rad und Schiene und die Neigungen der Profilfunktionen gleich sind.

Kontaktmechanik

Der nichtlineare *Normalkontakt* wird mit der Theorie von Hertz behandelt. Damit kommt es zur Ausbildung elliptischer Kontaktflächen, deren Abmessungen von der Normalkraft zwischen Rad und Schiene und den Hauptkrümmungsradien von Rad und Schiene im fiktiven Kontaktpunkt abhängen. Aufgrund der Profilstörung ist der Hauptkrümmungsradius der Schiene in Längsrichtung eine Funktion des Orts. Eingabegrößen des Normalkontakts sind somit die elastische Einsenkung im fiktiven Kontaktpunkt sowie die Hauptkrümmungsradien der beiden Körper im Kontaktpunkt. Ausgabegrößen des Normalkontakts sind die zugehörige elastische Einsenkung und die Abmessungen der Kontaktellipse.

Eine Voraussetzung der Hertzschen Theorie ist es, daß die Krümmungsradien von Rad und Schiene im Kontaktbereich konstant sind. Diese Voraussetzung ist insbesondere für kurzwellige Profilstörungen verletzt, wobei es zu einer drastischen

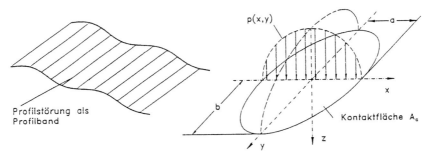

Abbildung 11.2.5: Kontaktsituation.

Überschätzung der durch das Rad wahrgenommenen Krümmung und Höhe der Profilstörung kommen kann. Für kurzwellige Vorgänge ist es daher notwendig, die Profilstörung und die Krümmung des Profils über die aktuelle Kontaktfläche zu mitteln. Dabei wird der lokale Profilverlauf, gewichtet mit der Druckverteilung $p(x, y)$, über die aktuelle Kontaktfläche integriert und der Wert des Integrals durch die Normalkraft $N(t)$ und die Fläche der Kontaktellipse $A_c(t)$ geteilt (zur Erklärung siehe auch Abbildung 11.2.5):

$$\Delta z_e(x^*) = \frac{1}{A_c N(t)} \int\limits_{(x^*-a(t))}^{(x^*+a(t))} \int\limits_{-b(t)}^{b(t)} \Delta z(x)\, p(x, y)\, dx\, dy. \tag{11.4}$$

Diese Vorgehensweise entspricht einem Remingtonfilter im Zeitbereich. In den meisten Fällen ist eine Vereinfachung der Gleichung (11.4) möglich, bei der die Integration nur über die aktuelle Erstreckung der Kontaktellipse in Fahrtrichtung durchgeführt und die Berücksichtigung der Druckverteilung vernachlässigt wird:

$$\Delta z_e(x^*) = \frac{1}{2a(t)} \int\limits_{x^*-a(t)}^{x^*+a(t)} \Delta z(x)\, dx. \tag{11.5}$$

Für harmonische Profilstörungen kann der Kontaktfilter analytisch berechnet werden [8, 9].

Der dreidimensionale *Tangentialkontakt* wird nichtlinear, jedoch stationär mit einem von Zhang [10] entwickelten Verfahren behandelt, das auf der Theorie von Vermeulen-Johnson [11] beziehungsweise Shen, Hedrick und Elkins [12] aufbaut und die Behandlung großer Bohrschlüpfe erlaubt. Eingabegrößen des Tangentialkontakts sind die Normalkraft, die Abmessungen der Kontaktellipse sowie der Längs-, Quer- und Bohrschluß im fiktiven Kontaktpunkt. Als Ausgabe erhält man die zugehörigen Schlupfkräfte und das Bohrmoment. Einzelheiten zum Tangentialkontakt können [2] entnommen werden.

11.2.4 Prinzipielle numerische Vorgehensweise

An dieser Stelle soll kurz die prinzipielle numerische Umsetzung skizziert werden [2, 3]. Insgesamt handelt es sich bei dem beschriebenen Fahrzeug-Gleis-Modell um zwei lineare Teilsysteme mit nichtlinearer Kopplungsstelle (Kontaktpunkt). Die linearen Bewegungsgleichungen von Rad und Gleis werden modal zerlegt, womit man eine endliche Anzahl von modalen Einmassenschwingergleichungen erhält, die über die rechte Seite und damit über die zunächst unbekannten Kontaktkräfte gekoppelt sind. Bezüglich der Belastung handelt es sich um eine transiente Erregung. Die Verschiebungen und Verdrehungen von Rad und Schiene sowie deren Geschwindigkeiten können effizient mittels eines Übertragungsverfahrens für jeden Zeitschritt rekursiv aus den Verschiebungen und Verschiebungsgeschwindigkeiten des letzten Zeitschritts und dem Verlauf der Erregerkräfte im aktuellen Zeitintervall ermittelt werden. Es werden zunächst Startwerte für die unbekannten nichtlinearen Kontaktkräfte und die Berührpunktlage zwischen Rad und Schiene vorgegeben. Die (modalen) Belastungen gehen in die Bewegungsgleichungen der linearen Teilsysteme Rad und Schiene ein. Es werden die zugehörigen Verschiebungen und Verschiebungsgeschwindigkeiten von Rad und Schiene im fiktiven Kontaktpunkt ermittelt. Das *Bindeglied* zwischen Rad und Schiene ist der *Kontaktvorgang* mit seinen zugehörigen nichtlinearen Beziehungen. Aus den ermittelten Verschiebungen und Verschiebungsgeschwindigkeiten von Rad und Schiene lassen sich die elastische Einsenkung und die Schlüpfe im fiktiven Kontaktpunkt bestimmen. Mittels der nichtlinearen Beziehungen der Kontaktmechanik werden die zugehörigen Normalkräfte, Schlupfkräfte und Bohrmomente berechnet. Stimmen diese Größen mit den vorgegebenen Kontaktkräften überein, folgt der nächste Zeitschritt, wenn nicht, werden beispielsweise mit dem Newton-Verfahren [2] oder durch sukzessive Approximation [3] neue Kontaktkräfte vorgegeben, und die beschriebene Prozedur beginnt von neuem. Im Verfahren von Ripke [3] werden auf diese Weise auch andere Nichtlinearitäten, so zum Beispiel Hohllagen der Schwellen im Schotter, erfaßt.

11.3 Theoretische Ergebnisse und Parameteridentifikation

11.3.1 Schwellenanzahl bei endlichen Gleismodellen

Bei endlichen Gleismodellen muß die Schwellenanzahl so gewählt werden, daß das Abstrahlverhalten des realen Gleises in Schienenlängsrichtung näherungsweise erfaßt wird. Abbildung 11.3.1 zeigt den Abstand vom Erregerort in Schienenlängsrichtung, für den die longitudinalen beziehungsweise vertikalen Schwingungsamplituden um 90% abgeklungen sind. Dieses Übertragungsverhalten wurde mit einem Gleismodell mit unendlich vielen Schwellen berechnet [3, 5]. Im Frequenzbereich

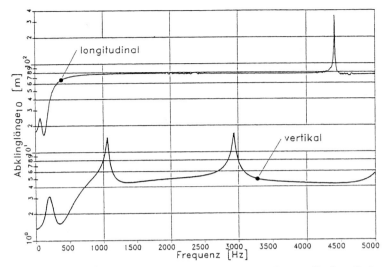

Abbildung 11.3.1: Abstand vom Erregerort in Schienenlängsrichtung, für den die longitudinalen und vertikalen Schwingungsamplituden auf 10 % abgeklungen sind.

der Pinned–Pinned-Moden ist die Vertikalschwingungsamplitude nach circa 18 m auf 1/10 des Ausgangswerts abgeklungen. Im restlichen Frequenzbereich sind die vertikalen Schwingungen nach 2 m bis 5 m auf ein 1/10 abgeklungen. Ein geschlossenes Gleismodell mit 30 Schwellen ist daher ausreichend um das vertikale Abstrahlverhalten des realen Gleises hinreichend genau zu erfassen.

Kritischer erweist sich das Abklingverhalten für die longitudinalen Schwingungen. Bereits im unteren Frequenzbereich ist die Abklinglänge größer als 15 m. Oberhalb von 500 Hz bis 4 000 Hz liegt die Abklinglänge dann bei 78 m, was 130 Schwellen entspricht. Die erste longitudinale Pinned–Pinned-Mode (4 400 Hz) ist nahezu ungedämpft, so daß die Amplituden erst nach über 350 m auf 1/10 abgeklungen sind. Dieses Ergebnis zeigt, daß ein hochfrequentes Gleismodell für die Longitudinaldynamik etwa 130 Schwellen haben muß, um das Abstrahlverhalten des unendlich langen Gleises richtig zu erfassen. Da eine solch hohe Anzahl von Schwellen in einem diskreten Gleismodell derzeit nicht möglich ist, stellt ein endliches Longitudinalmodell immer einen Kompromiß zwischen Rechenaufwand und Genauigkeit dar. Die schlecht gedämpften Longitudinalschwingungsmoden sind aufgrund der geschlossenen Randbedingungen im Kreisringmodell umlaufend. Man kann diese umlaufenden Schwingungen identifizieren und die zugehörigen Moden herausfiltern [2]. Insgesamt wird das longitudinale Verhalten des Gleises dadurch etwas zu steif erfaßt. Eine andere Möglichkeit, die genannten Schwierigkeiten zu umgehen, ist die Behandlung des Longitudinalmodells der Schiene in Form von in den Zeitbereich transformierten Frequenzgängen der longitudinal kontinuierlich gebetteten Schiene, also eine zum Lateralmodell der Schiene analoge Vorgehensweise (siehe Abschnitt 11.2.1). Da die erste longitudinale Pinned–Pinned-Mode erst bei circa 4 410 Hz liegt, ist die Behandlung als kontinuierliches Modell sogar im gesamten interessierenden Frequenzbereich zulässig.

11.3.2 Einfluß der Berührpunktverlagerung [2]

Die Berücksichtigung der Berührpunktverlagerung führt, wie auch der Kontaktfilter, zu einer Veränderung der durch das Rad wahrgenommenen Profilstörung. Die durch das Rad im fiktiven Kontaktpunkt wahrgenommene Profilstörung wird als *wirksame Profilstörung* bezeichnet.

Im rechten Teilbild von Abbildung 11.3.2 ist der Zeitverlauf von geometrischer und wirksamer Profilstörung für eine kosinusförmige Profilstörung mit 33 mm Wellenlänge und einer Amplitude von 40 μm dargestellt. Man sieht, daß die wirksame Profilstörung zum Teil erheblich von dem kosinusförmigen Verlauf abweicht, was für das Rad eine mehrharmonische Erregung mit allen Vielfachen der Grundwellenlänge der Profilstörung bedeutet. Anhand dieses Beispiels lassen sich sowohl der Einfluß der Berührpunktverlagerung als auch der des Kontaktfilters verdeutlichen. Die longitudinale Berührpunktverlagerung ist maximal, wenn der fiktive Kontaktpunkt am Ort maximaler Steigung der Profilfunktion liegt. Hier ist der Wert der geometrischen Profilstörung gleich Null, die wirksame Profilstörung hingegen beträgt 20 μm. Auf dem Riffelberg und im Riffeltal ist die Berührpunktverlagerung gleich Null. Hier zeigt sich der Einfluß des Kontaktfilters, der eine Reduzierung der wahrgenommenen Profilstörung gegenüber der geometrischen Profilstörung bewirkt. Dabei ist die Abminderung im Riffeltal stets größer als auf dem Riffelberg, da im Riffeltal die Kontaktlänge in Rollrichtung maximal und auf dem Riffelberg minimal ist. Der somit größere Integrationsbereich im Riffeltal führt zu einer stärkeren Abminderung der durch das Rad wahrgenommenen Profilstörung. Der Mittelwert der wirksamen Profilstörung liegt bei circa 15 μm, d.h. die Berücksichtigung der Berührpunktverlagerung und des Kontaktfilters führen im Mittel zu einem Anheben des Radschwerpunkts. Dieser Mittelwert steigt nichtlinear mit steigender Amplitude der Profilstörung (siehe Abbildung 11.3.2, rechts).

Beispielrechnungen zeigen [2], daß der Einfluß der Berührpunktverlagerung auf die Maximalwerte der Kontaktkräfte eher als gering zu bezeichnen ist, hingegen ergeben sich zum Teil beachtliche Unterschiede bei der Lage der entsprechenden Maxima innerhalb eines Schwellenfachs. Dieser Effekt hat insbesondere im Hinblick auf Riffelwachstumsberechnungen eine große Bedeutung.

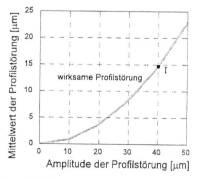 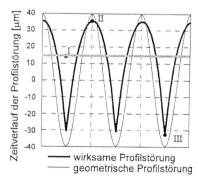

Abbildung 11.3.2: Geometrische und wirksame Profilstörung bei Variation der Amplitude der Profilstörung.

11.3.3 Parameterbestimmung des Gleismodells

Um die unbekannten Parameter des Gleismodells, wie beispielsweise die Steifigkeit und Dämpfung der Zwischenlage oder des Schotters, zu bestimmen, können Rezeptanzmessungen herangezogen werden. Eine Anpassungsrechnung kann zudem dazu verwendet werden, die Gültigkeit des Gleismodells nachzuweisen. Abbildung 11.3.3 zeigt den Vergleich zwischen einer gemessenen und nach Parameteranpassung berechneten vertikalen Eingangsrezeptanz der Schiene im Frequenzbereich von 100 bis 1 600 Hz.

Die Rezeptanzmessungen wurden unter Mitwirkung der Deutschen Bahn AG und der Technischen Universität Berlin auf einem Streckenabschnitt der ehemaligen Reichsbahn in der Nähe von Calau durchgeführt [3, 13]. Im oberen Teil des Bilds ist der Betrag und im unteren Teil ist der Phasenverlauf der Rezeptanz dargestellt. Es ergibt sich nahezu im gesamten Frequenzbereich eine gute bis sehr gute Übereinstimmung zwischen der gemessenen und berechneten Rezeptanz. In Tabelle 11.3.1 sind die gefundenen Gleisparameter zusammengefaßt.

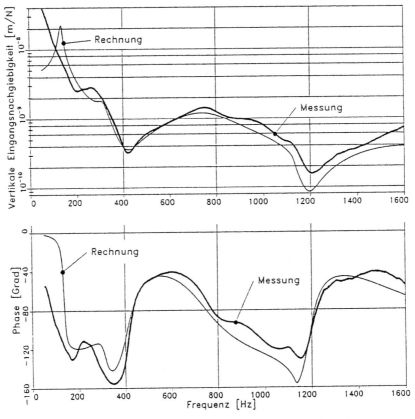

Abbildung 11.3.3: Vergleich zwischen gemessener (dicke Linie) und berechneter (dünne Linie) vertikaler Eingangsrezeptanz der Schienen bei Anregung über die Schwelle.

Tabelle 11.3.1: Daten der Anpassungsrechnung in Calau.

Schiene	R 65	
Schwelle	B 58	
mittlerer Schwellenabstand	59,6	[cm]
vertikale Steifigkeit der Zwischenlage	754	[MN/m]
vertikale Dämpfung der Zwischenlage	69	[kNs/m]
vertikale Steifigkeit des Schotters	126	[MN/m]
vertikale Dämpfung des Schotters	22	[kNs/m]

11.4   Praktische Anwendungen

Das vorgestellte hochfrequente Fahrzeug-Fahrweg-Modell stellt zum einen die Grundlage für weitergehende Untersuchungen, wie zum Beispiel die ungleichförmige Schottersetzung oder Optimierung von Fahrzeug- und Fahrwegkomponenten, dar und dient zum anderen dem besseren Verständnis des dynamischen Verhaltens von Fahrzeug und Fahrweg. Eine Fülle von Einzelergebnissen sind in [2, 3] wiedergegeben. Zwei dieser Beispiele werden im folgenden exemplarisch dargestellt.

Abbildung 11.4.1 zeigt beispielhaft eine Momentaufnahme aus einer Simulation, die als Animation auf einer Graphikworkstation dargestellt werden kann [14]. Bei dem Gleis handelt es sich um ein Standardgleis, mit einer Schiene vom Typ UIC 60 und Stahlbetonschwellen vom Typ B 70. Als Fahrzeugmodell wurde ein ICE-Mittelwagen mit MD 530-Drehgestell und Radsätzen mit vier Bremsscheiben gewählt. Als Profilstörung wurde ein von der DB gemessener Gleislagefehler verwendet [13]. Man erkennt deutlich die starke Biegung der Radsatzwelle und die mitgeführte Biegelinie der Schiene, welche allerdings stark vergrößert dargestellt sind.

Nachfolgend werden anhand von Beispielen Anwendungsmöglichkeiten des hochfrequenten Fahrzeug-Fahrweg-Modells aufgezeigt.

Abbildung 11.4.1: Momentaufnahme einer Simulation.

11.4.1 Einfluß der Amplitude der Profilstörung auf die Reibleistungsdichte [2]

Als Reibleistungsdichte wird das auf die Kontaktfläche bezogene Produkt aus den Tangentialkräften und Bohrmoment mit den zugehörigen Relativgeschwindigkeiten im fiktiven Kontaktpunkt bezeichnet. Die Reibleistungsdichte ist ein Maß für den Verschleiß der Schienenlauffläche. Schwankt die Reibleistungsdichte, so kommt es zu ungleichförmigem Verschleiß, der zur Ausbildung von Riffeln führen kann. Bisherige Riffelentstehungsmodelle setzen Linearität von Gleis- und Fahrzeugmodell sowie der Kontaktmechanik voraus (zum Beispiel [9]). Mit dem hochfrequenten Fahrzeug-Fahrweg-Modell ist es nun möglich, auch eine nichtlineare Riffelüberrollung durchzuführen. Damit kann in zukünftigen Untersuchungen zum einen die Gültigkeit der linearen Riffelentstehungsmodelle nachgewiesen und zum anderen die Stabilität des Systems überprüft werden.

Das folgende Beispiel soll den Einfluß der Amplitude einer kosinusförmigen Profilstörung auf Verlauf und Größe der Reibleistungsdichte verdeutlichen. Dazu

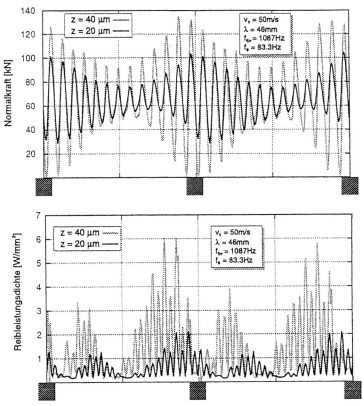

Abbildung 11.4.2: Zeitverlauf der Normalkraft und der Reibleistungsdichte bei Variation der Amplitude der Profilstörung für eine Wellenlänge von 46 mm.

wird eine Profilstörung mit 46 mm Wellenlänge und zwei verschiedenen Amplituden (20 μm und 40 μm) mit einer Fahrgeschwindigkeit von 50 m/s überrollt. Die zugehörige Schwellenüberrollfrequenz beträgt damit 83 Hz, aufgrund der Riffelüberrollfrequenz wird gerade die erste vertikale Pinned–Pinned-Mode bei 1 087 Hz angeregt. Die zugehörigen zeitlichen Verläufe von Normalkraft und Reibleistungsdichte sind in Abbildung 11.4.2 dargestellt. Die Position der Schwellen sind durch graue Quadrate symbolisiert. Man sieht, daß eine Verdopplung der Amplitude der Profilstörung ungefähr zu einer Verdreifachung der maximalen Reibleistungsdichte führt. Des weiteren zeigt sich hier sehr schön der Einfluß der Berührpunktverlagerung auf den Verlauf der Normalkraft beziehungsweise der Reibleistungsdichte. Eine Verdopplung der Amplitude der Profilstörung bewirkt eine Verdopplung der maximalen Berührpunktverlagerung. Diese hat, wie bereits erwähnt, einen merklichen Einfluß auf die Lage der Maxima innerhalb des Schwellenfachs. So liegt die maximale Normalkraft für die Amplitude von 20 μm ungefähr über der Schwelle, wo das Gleis dynamisch gesehen besonders steif ist, wandert jedoch bei Vergrößerung der Amplitude auf 40 μm weiter zur Schwellenfachmitte. Noch deutlicher ist dieses in der unterschiedlichen Phasenlage in der Reibleistungsdichte zu sehen. Weiter fällt auf, daß der Verlauf der Reibleistungsdichte nicht symmetrisch bezüglich der Schwellenfachmitte ist, d. h. die Reibleistungsdichte kurz vor einer Schwelle ist bei angetriebenem Radsatz, insbesondere für 40 μm Amplitude der Profilstörung, wesentlich größer als kurz nach der Schwelle.

11.4.2 Einfluß der Zwischenlage auf die Normalkraft und die Schwellenbiegespannung [3]

Die elastische Zwischenlage zwischen Schiene und Schwelle hat unter anderem die Funktion, die Belastung der Schwelle zu reduzieren und die Schiene und den Unterbau (Schwelle, Schotter und Planum) zu entkoppeln. Ein für die Schwellen kritischer Fall liegt vor, wenn ein Fahrzeug mit einer Flachstelle auf der Radlauffläche über ein Gleis fährt. Überschreitet die Flachstelle eine gewisse Tiefe, so kann es zu einem Bruch der Schwellen oder zu einer Schädigung der Schienenoberfläche in einem Abstand, der dem Radumfang entspricht, kommen.

Die nachfolgenden Ergebnisse zeigen nun den Einfluß der Zwischenlage und der Fahrgeschwindigkeit auf die maximale Normalkraft zwischen Rad und Schiene und die maximalen Biegespannungen in der Schwelle, wenn ein Rad mit einer aus-

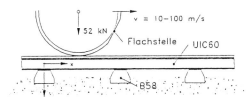

Abbildung 11.4.3: Rad mit Flachstelle.

Tabelle 11.4.1: Daten der Zwischenlagen.

Typ der Zwischenlage	dyn. Steifigkeit [MN/m]	Dämpfung [kNs/m]
sehr weich	100	43
weich	200	54
Referenz	280	63
steif	400	74
sehr steif	800	93

geprägten Flachstelle über das Gleis fährt. Die Flachstelle hat eine extreme Tiefe von drei Millimetern und eine Länge von 150 mm und trifft kurz vor der Schwelle auf die Schiene (siehe Abbildung 11.4.3).

Aufgrund der Fahrzeug- und Gleissymmetrie haben die linke und rechte Radscheibe die gleiche Flachstelle. Für diese Simulation wurde ein ICE-Mittelwagen mit elastischem Radsatz und einer Achslast von elf Tonnen sowie ein Gleis mit einer Schiene vom Typ UIC 60 und Stahlbetonschwellen B 58 gewählt.

Abbildung 11.4.4 zeigt die maximale Kontaktkraft zwischen Rad und Schiene, die während der Flachstellenüberfahrt auftritt, für fünf verschiedene Zwischenlagen, deren Daten in Tabelle 11.4.1 zusammengefaßt sind, im Geschwindigkeitsbereich von 10 bis 100 m/s. Für niedrige Fahrgeschwindigkeiten verhält sich die maximale Normalkraft umgekehrt proportional zur Steifigkeit der Zwischenlage. Bei einer Fahrgeschwindigkeit von 30 m/s ergeben sich für alle Zwischenlagen in etwa die gleichen maximalen Normalkräfte. Bei höheren Fahrgeschwindigkeiten führt dagegen eine weiche Zwischenlage zu einer höheren maximalen Normalkraft als eine steife Zwischenlage.

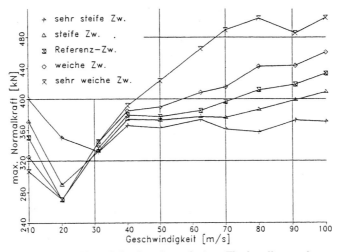

Abbildung 11.4.4: Maximale Kontaktkraft aufgrund einer Flachstelle von 3 mm.

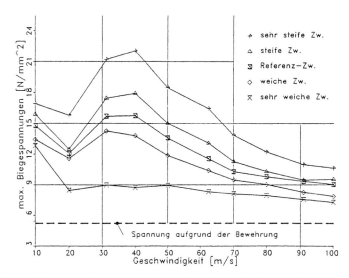

Abbildung 11.4.5: Maximale Biegespannung in der Schwelle für eine Flachstelle von 3 mm.

Abbildung 11.4.5 zeigt nun die maximale Biegespannung in der Schwellen-mitte, die während der Radsatzüberfahrt auftritt, für die fünf verschiedenen Zwischenlagen und Fahrgeschwindigkeiten. Für den gesamten Geschwindigkeitsbereich führt eine weichere Zwischenlage zu einer Reduzierung der maximalen Biegespannung in der Schwelle. Für diesen konkreten Fall könnte jedoch auch die weichste Zwischenlage den Bruch der Schwelle nicht verhindern, da die Biegespannung oberhalb der Vorspannung der Stahlbetonschwellen liegt.

Diese Ergebnisse zeigen zum einen, wie Gleiskomponenten die Belastungen des Systems verändern können, und zum anderen zeigen sie die Problematik, die sich bei der Optimierung des Systems ergeben kann. Eine sehr weiche Zwischenlage reduziert zwar die maximalen Biegespannungen in der Schwelle, führt jedoch bei hohen Fahrgeschwindigkeiten zu deutlich höheren Kontaktkräften zwischen Rad und Schiene und damit zu höheren Laufflächenschäden.

11.5   Zusammenfassung und Ausblick

In der vorliegenden Arbeit wurde ein hochfrequentes Fahrzeug-Fahrweg-Modell beschrieben, das durch die aufwendige Modellierung des Gleises und des Radsatzes sowie durch die Verwendung einer nichtlinearen Kontaktmechanik bis zu Frequenzen von 3 000 Hz gültig ist. Aufgrund des semianalytischen Integrationsverfahren können auch große Systeme mit mehr als 50 Schwellen behandelt werden. Der Einsatzbereich solcher diskreten Zeitbereichsmodelle liegt in der Behandlung von

Gleisen mit lokalen Einzelfehlern oder physikalischen Fehlern und in der Simulation von nichtlinearen Vorgängen bis zum kurzzeitigen Abheben des Rades.

Da das diskrete Zeitbereichsmodell trotz semianalytischer Integration sehr rechenzeitintensiv ist, ist es nur bedingt für Parametervariationen geeignet. Ziel muß es daher sein, von dem komplexen Modell wieder zu einfacheren Modellen zu gelangen, die in der Lage sind, das für die jeweilige Untersuchung Wesentliche zu erfassen. Als Beispiel sei hier die Transformation der Schienenfrequenzgänge in dem Zeitbereich zu nennen [6], die zu einer Reduzierung des Gleismodells auf fünf bis zehn Freiheitsgrade führt. Geklärt werden muß allerdings noch, inwieweit solche Modelle in der Lage sind, auch lokale Störungen hinreichend genau zu erfassen.

Die Hauptaufgabe für die Zukunft dürfte sein, derartige Modelle für praktische Untersuchungen einzusetzen, die mit einfacheren Modellen nicht hinreichend genau beschrieben werden können. Dazu gehören im nieder- und mittelfrequenten Bereich die Untersuchung der Vorgänge beim Überrollen von Hohllagen, im hochfrequenten Bereich die nichtlineare Simulation von Riffelüberrollvorgängen.

11.6   Literatur

1 S. L. Grassie, S. J. Cox: The dynamic response of railway track with flexible sleepers to high frequency vertical excitation. Proc. Instn. Mech. Engrs, 198D: 7 (1984), 117–124.

2 H. Ilias: Nichtlineare Wechselwirkungen von Radsatz und Gleis beim Überrollen von Profilstörungen. Fortschritt-Berichte VDI (zugleich Dissertation, TU Berlin 1996), Reihe 12, Nr. 297, VDI-Verlag, Düsseldorf 1996.

3 B. Ripke: Hochfrequente Gleismodellierung und Simulation der Fahrzeug-Gleis-Dynamik unter Verwendung einer nichtlinearen Kontaktmechanik. Dissertation, TU Berlin 1995.

4 H. Ilias, K. Knothe: Ein diskret-kontinuierliches Gleismodell unter Einfluß schnell bewegter, harmonisch schwankender Wanderlasten. Fortschritt-Berichte VDI, Reihe 12, Nr. 171, VDI-Verlag, Düsseldorf 1992.

5 B. Ripke, K. Knothe: Die unendlich lange Schiene auf diskreten Schwellen bei harmonischer Einzellastanregung. Fortschritt-Berichte VDI, Reihe 11, Nr. 155, VDI-Verlag, Düsseldorf 1991.

6 Y. Wu: Die semi-analytische Beschreibung des Gleismodells in vertikaler und lateraler Richtung. ILR-Mitteilung 288, Institut für Luft- und Raumfahrt, TU Berlin 1994.

7 K. Hempelmann, K. Knothe: Eigenschwingungsberechnungen von Eisenbahnradsätzen mit optimalen Ansatzfunktionen. Fortschritt-Berichte VDI, Reihe 11, Nr. 114, VDI-Verlag, Düsseldorf 1989.

8 P. J. Remington: Wheel-rail-noise, part I-IV. Journal of Sound and Vibration *46*/3 (1976), 359–451.

9 K. Hempelmann: Corrugation On Railway Rails – A Linear Model for Prediction. Dissertation, TU Berlin 1995.

10 J. Zhang, K. Knothe: Berechnungsmodell für Tangentialschlupfkräfte beim Kontakt in der Hohlkehle. ILR-Mitteilung 294, Institut für Luft- und Raumfahrt, TU Berlin 1995.

11 J. Vermeulen, K. L. Johnson: Contact of nonspherical elastic bodies transmitting tangential forces. Journal of Applied Mechanics *31* (1964), 338–340.

12 Z. Y. Shen, J. K. Hedrick, J. A. Elkins: A comparison of alternative creep force models for rail vehicle dynamics analysis. In: The Dynamics of Vehicles on Roads and on Tracks, Proc. 8th IAVSD-Symp., Cambridge, UK 1983, Swets & Zeitlinger, Lisse, S. 591–605.

13 B. Ripke: Gleisexperimente in Calau und ihre numerische Auswertung. Abschlußbericht zu den Gleisexperimenten auf DR-Strecken, Technischer Bericht, Institut für Luft- und Raumfahrt, TU Berlin 1993.

14 K. Hempelmann, B. Ripke, S. Dietz: Modelling the dynamic interaction of wheelset and track. Railway Gazette International *148*/9 (1992), 591–595.

12 Wirkungsketten zur Riffelbildung

Klaus Hempelmann* und Klaus Knothe*

12.1 Das Phänomen Riffeln

Kurzwellige Riffeln auf Eisenbahnschienen (englisch: short pitch corrugation) sind quasiperiodische Profilirregularitäten mit Wellenlängen von 2–8 cm, die bei sinusförmigen Profilstörungen mit Wellenlängen von drei Zentimetern Riffeltiefen von etwa 100 µm besitzen. Sie treten überwiegend im geraden Gleis auf und weisen im voll ausgebildeten Zustand ein sehr typisches Erscheinungsbild auf. Die Riffelberge sind glatt und hell glänzend, die Riffeltäler sind matt und rauh. Abbildung 12.1.1 zeigt eine stark verriffelte Eisenbahnschiene, bei der die Wellenlänge etwa 4 cm beträgt.

Kurzwellige Riffeln sind nicht die einzigen derartigen Profilirregularitäten auf Eisenbahnschienen. Einen Überblick über andere Formen quasiperiodischer Irregu-

Abbildung 12.1.1: Stark verriffelte Eisenbahnschiene an einer Hauptstrecke von British Rail.

---

* Technische Universität Berlin, Institut für Luft- und Raumfahrt.

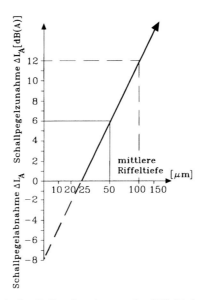

Abbildung 12.1.2: Abhängigkeit des Rollgeräuschs von der Riffeltiefe nach Hölzl.

laritäten bei Schienen geben Grassie und Kalousek [1]. Das Phänomen kurzwelliger Schienenriffeln wird im englischen in Anlehnung an den beim Überfahren durch schnelle Züge hervorgerufenen Lärm (Grammophon-Effekt) auch als *roaring rails* bezeichnet. Abbildung 12.1.2 verdeutlicht, wie der Lärm von der Riffeltiefe abhängt [2]. Ein Anwachsen der Riffeltiefe von 50 auf 100 µm führte zu einer Schallpegelzunahme um sechs Dezibel. Da eine derartige Zunahme des Rollgeräuschs inakzeptabel ist, werden die Schienen im Netz der Deutschen Bundesbahn (DB) spätestens von einer Riffeltiefe von 80 µm an geschliffen.

Riffelbildung, im verallgemeinerten Sinn die Ausbildung periodischer Irregularitäten an der Grenzfläche zweier gegeneinander bewegter Medien, ist nicht auf Eisenbahnschienen beschränkt. Sie findet sich bei einer Vielzahl anderer technischer und natürlicher Systeme. Wellenförmige Irregularitäten auf unbefestigten Pisten in der Wüste sind ein weiteres Beispiel [3]. Das englische Äquivalent zum deutschen Wort *Riffeln (ripples)* wird für die Riffeln im ufernahen Bereich eines Sandstrands verwendet, die ein Beispiel für periodische Irregularitäten in einem natürlichen System bilden. Mit diesen Riffeln läßt sich leicht ein Experiment ausführen: Glättet man den Sandboden in einem Bereich von etwa 1 m² und überläßt das Ganze einige Minuten dem Spiel der Wellen, dann stellt sich annähernd der ursprüngliche „verriffelte" Zustand wieder ein. Zwei Komponenten sind hierfür notwendig: Zum einen ist eine *dynamische Interaktion* zwischen beiden Medien erforderlich; bei dem Beispiel ist das die Hydrodynamik des gegenüber dem Sandboden bewegten Wassers. Zum anderen benötigt man einen *oberflächenverändernden Mechanismus*; bei dem Beispiel ist das der Transport von Sandkörnern aus dem späteren Riffeltal hin zum Riffelberg. Beide Komponenten werden uns auch bei dem Modell für die Bildung von Schienenriffeln wieder begegnen.

12.2 Ein Modell zur Riffelbildung auf Eisenbahnschienen

Das im folgenden dargestellte Konzept zur Beschreibung des Auslösemechanismus von Schienenriffeln findet sich zuerst in einer Arbeit von Engl et al. [4], in der die Riffelbildung auf Lagerringen von Druckwalzen untersucht wurde. Das Konzept wurde übernommen von Valdivia [5] und Frederick [6]. Frederick hat auch eine Reihe von Weiterentwicklungen vorgenommen [7]. Das bisher umfassendste Modell wurde im Rahmen des Sonderforschungsbereichs 181 von Hempelmann [8] entwickelt.

Mit Abbildung 12.2.1 wird das Riffelmodell bildlich erläutert. Die beiden doppelt umrahmten Kästen stellen hierbei die beiden Modellkomponenten dar, die uns bereits bei den Riffeln im Flachwasser eines Sandstrands begegnet sind. Die *kurzzeitdynamische Komponente* wird repräsentiert durch die Strukturdynamik des Radsatzes und des Gleises, die über einen Anregungsmechanismus und über kontaktmechanische Beziehungen miteinander verknüpft sind. Aufgrund einer stets vorhandenen, wenn auch sehr kleinen Profilirregularität kommt es beim Überrollen des Radsatzes zu Strukturschwingungen und damit zu Schwankungen der Kontaktkräfte. In der Kontaktfläche treten Reibungsvorgänge auf, die ebenfalls Schwankungen unterworfen sind. Aufgrund von schwankenden Tangentialkräften und schwankenden Schlüpfen ergibt sich eine schwankende Reibarbeit. Nun kommt als zweite Komponente ein *oberflächenverändernder Schädigungsmechanismus* ins Spiel. Aufgrund der Reibungsvorgänge in der Kontaktfläche kommt es zum Energieeintrag in die

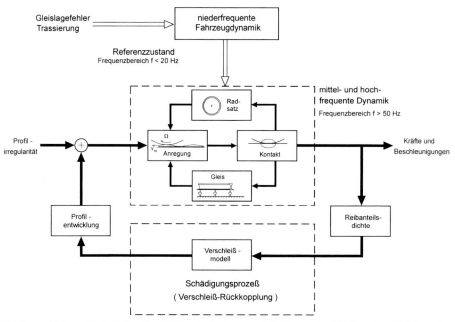

Abbildung 12.2.1: Modell für die Riffelentwicklung auf Schienenlaufflächen in Rückkopplung zwischen Kurzzeitdynamik und Verschleiß.

Laufflächen von Rad und Schiene, der sich zu einem geringen Teil auch als *Materialabtrag (Verschleiß)* auswirkt. Schwankungen der Reibarbeit beim Überrollen von Profilstörungen bedeuten dann auch Schwankungen beim Verschleiß und somit eine veränderliche Profilentwicklung. Eine derartige schwache Profiländerung wird dem Ausgangsprofil überlagert, das Spiel kann von vorn beginnen.

Während die strukturdynamischen Vorgänge beim Überrollen des Radsatzes über die Profilstörung in Sekundenbruchteilen ablaufen *(kurzzeitdynamische Vorgänge)*, werden Profiländerungen aufgrund von Verschleiß erst nach vielen tausend Überrollungen sichtbar (*Langzeitverhalten*). Der *Rückkopplungsmechanismus* zwischen Kurzzeitdynamik und Langzeitverhalten kann dazu führen, daß Profilstörungen einer bestimmten Wellenlänge bevorzugt verstärkt werden und sich nach Millionen von Überrollungen als Riffelmuster auf der Eisenbahnschiene zeigen.

Der in Abbildung 12.2.1 beschriebene Rückkopplungsmechanismus läßt sich in der geschilderten Form auch programmtechnisch umsetzen. Zunächst werden die nichtlinearen Bewegungsgleichungen beim Überrollen von Profilstörungen gelöst, es werden Reibarbeitsdichten in der Kontaktfläche ermittelt und der Schienenlauffläche zugeordnet, über eine Reibarbeitshypothese wird der Abtrag ermittelt und dem Ausgangsprofil überlagert. Das nach einer bestimmten Zahl von Überrollungen geringfügig verränderte Profil wird dann als neue Eingangsgröße verwendet. Diese Vorgehensweise wird von Walloschek [9] und Piotrowski und Kalker [10] für die Untersuchung der Riffelentwicklung auf Eisenbahnschienen, von Gajdar [11] und Pascal [12] für die Entwicklung von Profilirregularitäten auf Radlaufflächen eingesetzt. Das Verfahren ist außerordentlich zeitaufwendig und läßt sich aufgrund dessen für Parameteruntersuchungen praktisch nicht einsetzen. Engl, Valdivia, Frederick, Hempelmann und andere haben daher eine Reihe von Zusatzvoraussetzungen und -annahmen eingeführt, die eine vollständige Linearisierung und damit eine außerordentlich rechenzeitökonomische Umsetzung des Verfahrens ermöglichen.

Die Modelle von Engl, Valdivia, Frederick, Hempelmann und anderen wollen nicht den gesamten Verriffelungsprozeß beschreiben, sondern nur den Beginn der Verriffelung, die *Riffelauslösephase*, erfassen. Ausgangszustand ist die Schienenlauffläche im eingelaufenen Zustand, die durch ein zusammenhängendes, helles Laufflächenband charakterisiert wird. Auch diese Lauffläche ist nicht ideal glatt, sondern besitzt Irregularitäten, wobei die Abstände zwischen Maxima und Minima im Bereich weniger μm liegen. Diese schwachen Profilstörungen wirken als Anregung für hochfrequente Strukturschwingungen, aus denen wiederum schwankender Verschleiß resultiert. Wenn auch sehr langsam bilden sich in der *Riffelauslösephase* auf dem hellen Laufflächenband die späteren *Riffelmuster* aus. Dieser Vorgang soll mit möglichst einfachen theoretischen Modellen beschrieben werden. Irgendwann kommt es bei fortschreitendem Verschleiß zum Durchbrechen der hellen Randschichten in den Tälern. Der daran anschließende Prozeß des *Riffelwachstums* bis zu einer Sättigung läßt sich durch die einfachen Modelle nicht mehr beschreiben. Ein Endzustand (*Sättigungszustand*), der sich im Bahnbetrieb der DB AG heute allerdings aufgrund von Schleifmaßnahmen nur noch selten beobachten läßt, ist erreicht, wenn das Rad gerade noch in das Riffeltal paßt.

12.3 Annahmen und Voraussetzungen für ein Modell zur Beschreibung des Riffelauslösevorgangs

Verschleiß als einziger Schädigungsmechanismus

Den einfachen und den komplizierten Modellen ist gemeinsam, daß als einziger Schädigungsmechanismus Verschleiß eingesetzt wird, wobei zudem eine einzige Verschleißart und eine einzige Proportionalitätskonstante zwischen Reibarbeit und Materialabtrag verwendet werden. Schliffbilder von veriffelten Schienen (siehe Abschnitt 13.3) zeigen, daß zusätzlich sicherlich auch plastische Umlagerungen wirksam sind. Sobald in den Tälern das matte, graue Grundmaterial erscheint, sind auf dem Berg und im Tal andere Materialkonstanten (Reibkoeffizienten, Verschleißwiderstand) zu erwarten. Hinsichtlich des Verschleißwiderstands wurde dies von Baumann nachgewiesen (Abschnitt 13.3). Denkbar ist auch, daß im Tal durch Verschleiß abgetragenes Material auf den Riffelbergen wieder aufgetragen wird. Je mehr die Verriffelung zunimmt, um so stärker wird im Riffeltal zusätzlich auch noch Korrosion wirksam sein.

Prinzipiell bereitet die Berücksichtigung derartiger und weiterer Zusatzmechanismen in der Rückkopplungsschleife von Abbildung 12.2.1 keine Probleme. Schwierigkeiten entstehen allerdings dadurch, daß für andere oberflächenverändernde Mechanismen bisher keine ähnlich einfachen Gesetze wie die Reibarbeitshypothese für den Verschleiß bekannt sind und daß jeder Zusatzmechanismus die Einführung einer weiteren Konstanten erfordert, die man ebenfalls nicht kennt. Solange Verschleiß als einziger Mechanismus verwendet wird, wirkt sich eine fehlerhafte Wahl der Konstanten nur dadurch aus, daß die Verriffelung im Modell schneller oder langsamer abläuft als in der Realität. Kritisch wird es, sobald zwei Mechanismen wirksam sind.

Linearitätsvoraussetzung

Die Grundvoraussetzung aller einfachen Modelle ist, daß sowohl die kurzzeitdynamischen Vorgänge als auch die Verschleißvorgänge *linearisiert* beschrieben werden können. Bei den kurzzeitdynamischen Vorgängen darf es also keinesfalls zum Abheben des Rades kommen, Schlupfschwankungen dürfen nicht so groß werden, daß die Kraftschluß-Schlupf-Kurve vom schlupffreien Zustand bis zur Sättigung durchlaufen wird. Auch die Vorverlagerung oder Rückverlagerung des fiktiven Kontaktpunkts beim Überrollen einer Profilstörung ist ein nichtlinearer Effekt (vergleiche hierzu Kapitel 11).

Die hochfrequente Kurzzeitdynamik wird um einen niederfrequenten, quasistationären *Referenzzustand* linearisiert. Arbeitspunkt ist hierbei zum Beispiel die statische Achslast. Da die Reibleistung sich aus dem Produkt von Schlupfkraft und Schlupf ergibt, setzt eine Linearisierung im Langzeitverhalten zwingend voraus, daß ein von Null verschiedener Referenzschlupf vorhanden ist. Ein stationärer beziehungsweise niederfrequenter Referenzschlupf stellt sich zum Beispiel aufgrund langwelliger Gleislagefehler ein.

Die Profilstörungen müssen so klein bleiben, daß Linearisierungsgrenzen eingehalten werden. Dies ist im Zuge der Rechnung fortlaufend zu kontrollieren.

Stabilitätsvoraussetzung

Als Folge der Linearitätsvoraussetzung kann die gesamte kurzzeitdynamische Rechnung im Frequenzbereich erfolgen. Man betrachtet dabei nur eingeschwungene Zustände. Hierbei wird zusätzlich vorausgesetzt, daß die linearen Bewegungsvorgänge stabil sind, daß also keine hochfrequenten Selbsterregungsvorgänge nach Art des Sinuslaufes im niederfrequenten Bereich auftreten. Es ist nicht auszuschließen, daß es auch bei hochfrequenten Vorgängen eine Stabilitätsgrenze gibt, nach deren Überschreiten selbsterregte Schwingungen einsetzen. In der veröffentlichten Literatur wurde dieses Problem bisher allerdings kaum behandelt. Die von Gasch [13] und anderen angegebenen Stabilitätsgrenzen verschwinden, sobald man gleisseitig realistische Dämpfungswerte einsetzt. Auch in Untersuchungen von Brommundt und Mitarbeitern [14, 15] sowie Johnson et al. [16] konnten für realistische Parameterkonstellationen keine Stabilitätsgrenzen gefunden werden. Es kann also davon ausgegangen werden, daß die *Stabilitätsvoraussetzung* erfüllt ist.

Anregungsannahme: bewegte Profilirregularität

Bei allen Einfachmodellen wird anstelle des numerisch außerordentlich aufwendigen Modells eines bewegten Radsatzes (Abbildung 12.3.1a) das Modell einer bewegten Profilirregularität (Abbildung 12.3.1b) verwendet. Die Radsatzaufhängung wird hierbei an einer festen Stelle im Schwellenfach fixiert, der Radsatz kann sich um seine Achse drehen und Strukturschwingungen ausführen. Die Profilstörung wird mit der Geschwindigkeit v_m zwischen dem rotierenden Radsatz und dem Gleis durchgezogen. Der Vorteil eines derartigen Modells ist, daß unmittelbar die Frequenzgänge der

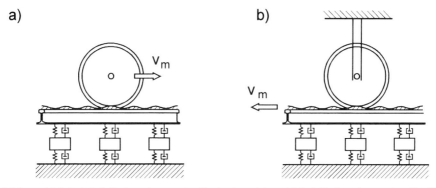

Abbildung 12.3.1: Modell eines bewegten Radsatzes (a) und Modell einer bewegten Profilirregularität (b).

diskret gestützten Schiene (Abschnitt 10.4.1) verwendet werden können, wodurch sich näherungsweise unterschiedliche Stellungen des Radsatzes im Schwellenfach berücksichtigen lassen. Vernachlässigt wird dabei der Einfluß der Fahrgeschwindigkeit, der sich aber nur in der Nähe der Resonanzfrequenz der Pinned-Pinned-Mode relevant auswirkt. Von Sibaei [17] wurde gezeigt, daß sich Vorgänge in der Riffelauslösephase auch mit dem falschen Modell einer bewegten Profilirregularität qualitativ richtig erfassen lassen.

12.4   Umsetzung des Modells

12.4.1   Umsetzung des strukturdynamischen Modells

Die Beschreibung der hochfrequenten, dynamischen Vorgänge beim Überrollen von Profilirregularitäten setzt voraus, daß Modelle für die Gleisdynamik, für die Radsatzdynamik und für die Kontaktmechanik vorhanden sind.

Für die Erfassung der vertikalen und lateralen Gleisdynamik wird das *Gleismodell TRACK* von Ripke [18] verwendet, siehe Abschnitt 10.4.1. Es ist bis etwa 2 500 Hz gültig und berücksichtigt die unendlich lange Schiene und die diskrete Lagerung des Gleises auf den Schwellen. Zwischenlage und Schotter werden als viskoelastische Komponenten (Translationsmöglichkeiten in drei Raumrichtungen und Rotationen um die drei Raumachsen) modelliert. Erweiterungen dahingehend, daß die Schiene auch für weit höhere Frequenzen bis etwa zehn Kilohertz richtig erfaßt wird, sind möglich [19]. Die Radsatzdynamik wird durch das *Radsatzmodell* von Hempelmann [20] beschrieben. Das Modell ist ebenfalls bis mindestens 2 500 Hz gültig. Die Achse wird als Balken mit Biegesteifigkeit, Schubsteifigkeit, Dehnsteifigkeit und Torsionssteifigkeit modelliert, das Rad und die Bremsscheiben werden aus Kreisringen aufgebaut, die die Eigenschaft schubweicher Platten und Scheiben besitzen. Die Exzentrizität des Spurkranzes wird berücksichtigt. Die Ergebnisse beider Modelle werden in Form von Rezeptanzen im Riffelmodell weiterverarbeitet.

Für die Erfassung der kontaktmechanischen Vorgänge findet das *Kontaktmodell* von Groß-Thebing [21] Anwendung, siehe Abschnitt 9.2. An die Stelle der Kalkerschen Schlupfkoeffizienten treten frequenzabhängige Linearkoeffizienten, die mit kürzer werdender Wellenlänge eine Änderung der Amplitude und der Phasenlage erfahren. Das Modell liefert zusätzlich Linearkoeffizienten, mit denen sich die Verschleißvorgänge in der Kontaktfläche beschreiben lassen.

Nach der Linearisierung um den Referenzzustand ergibt sich für die komplexen Amplituden der Schwankungsgrößen aufgrund einer Profilstörung $\Delta\hat{z}$ folgendes Gleichungssystem:

$$\begin{bmatrix} -1 & 0 & 0 & \frac{\partial p_0}{\partial A} & \frac{\partial p_0}{\partial d} & 0 & 0 & 0 & 0 & 0 \\ 0 & -1 & 0 & \frac{\partial c}{\partial A} & \frac{\partial c}{\partial d} & 0 & 0 & 0 & 0 & 0 \\ 0 & 0 & -1 & \frac{\partial g}{\partial A} & \frac{\partial g}{\partial d} & 0 & 0 & 0 & 0 & 0 \\ 0 & 0 & 0 & -1 & 0 & 0 & 0 & 0 & 0 & 0 \\ 0 & 0 & 0 & 0 & -1 & 0 & -1 & 0 & 0 & 0 \\ \frac{\partial N}{\partial p_0} & \frac{\partial N}{\partial c} & 0 & 0 & 0 & -1 & 0 & 0 & 0 & 0 \\ 0 & 0 & 0 & 0 & 0 & F_{\zeta\zeta} & -1 & F_{\eta\zeta} & 0 & 0 \\ \frac{\partial T_\eta}{\partial p_0} & \frac{\partial T_\eta}{\partial c} & \frac{\partial T_\eta}{\partial g} & 0 & 0 & 0 & 0 & -1 & 0 & \frac{\partial T_\eta}{\partial v_\eta} \\ 0 & 0 & 0 & 0 & 0 & F_{\zeta\eta} & 0 & F_{\eta\eta} & -1 & 0 \\ 0 & 0 & 0 & 0 & 0 & 0 & 0 & 0 & \frac{i2\pi f}{v_m} & -1 \end{bmatrix} \begin{Bmatrix} \Delta\hat{p}_0 \\ \Delta\hat{c} \\ \Delta\hat{g} \\ \Delta\hat{A} \\ \Delta\hat{d} \\ \Delta\hat{N} \\ \Delta\hat{u}_\zeta \\ \Delta\hat{T}_\eta \\ \Delta\hat{u}_\eta \\ \Delta\hat{v}_\eta \end{Bmatrix} = \begin{Bmatrix} 0 \\ 0 \\ 0 \\ -\frac{\partial A}{\partial z} \\ -1 \\ 0 \\ 0 \\ 0 \\ 0 \\ 0 \end{Bmatrix} F(L/z)\Delta\hat{z}$$

$$(12.1)$$

Die hierbei verwendeten Bezeichnungen haben die folgende Bedeutung:

$2a$ Kontaktdurchmesser in Rollrichtung,

$2b$ Kontaktdurchmesser senkrecht zur Rollrichtung,

c mittlerer Kontakthalbmesser ($c = \sqrt{ab}$),

d elastische Einsenkung der beiden Kontaktkörper,

g Verhältnis der Kontakthalbmesser ($g = \frac{a}{b}$),

p_0 maximaler Normaldruck in der elliptischen Kontaktfläche,

u_η laterale Relativverschiebung zwischen rad- und schienenseitigem Kontaktpunkt bei Annahme starrer Kontaktpartner,

u_ζ vertikale Relativverschiebung zwischen rad- und schienenseitigem Kontaktpunkt bei Annahme starrer Kontaktpartner,

v_m Fahrgeschwindigkeit,

A mittlere Krümmung in Rollrichtung,

$F_{\eta\eta}$ laterale Eingangsrezeptanz von Rad und Schiene (überlagert),

$F_{\zeta\zeta}$ vertikale Eingangsrezeptanz von Rad und Schiene (überlagert),

$F_{\eta\zeta}$ vertikal/laterale Transferrezeptanz von Rad und Schiene (überlagert),

L Wellenlänge der Profilstörung,

N Normalkraft,

T_η Tangentialkraft quer zur Rollrichtung (Querschlupfkraft),

v_η Querschlupf,

Δ Schwankungsgröße,

$\hat{}$ komplexe Amplitude einer harmonisch veränderlichen Größe.

Das Gleichungssystem ist in drei Teile aufgeteilt. Der erste Teil beschreibt die *Hertzsche Kontaktmechanik*, der zweite die *vertikale Kinematik* und *Dynamik* und der dritte Teil die *laterale Kinematik* und *Kontaktmechanik* sowie die *laterale Strukturmechanik*.

Die Anregung des Systems ist auf der rechten Seite zu finden, einerseits die Profilhöhenschwankung $\Delta\hat{z}$, andererseits die in Schienenlängsrichtung schwankende Krümmung des Profils $\Delta\hat{A}$. Da bei kurzwelligen Profilstörungen nicht die Anregung im Kontaktpunkt maßgebend ist, sondern die über die Kontaktfläche gemittelte Anregung, muß die rechte Seite mit einer Filterfunktion $F(L/a)$ multipliziert werden [8], mit der, wie auch beim Remington-Filter in der Akustik, berücksichtigt wird, daß Profilirregularitäten mit Wellenlängen von der Größe des Kontaktflächenhalbmessers in Rollrichtung vom Rad nur im Integralmittel zur Kenntnis genommen werden.

Unterschiedliche Stellungen des Radsatzes drücken sich in unterschiedlichen strukturdynamischen Frequenzgängen $F_{\zeta\zeta}, F_{\zeta\eta}$ und $F_{\eta\eta}$ aus. Unterschiedliche quasistatische Referenzzustände (Radlast, Referenzschlüpfe) gehen in die Linearkoeffizienten in Zeile 6 und Zeile 8 ein.

Die Lösung dieses Gleichungssystems ist einfach, sie muß allerdings für eine Vielzahl unterschiedlicher Anregungsfrequenzen $f = v_m/L$ erfolgen. Als Ergebnis erhält man alle interessierenden Schwankungsgrößen.

12.4.2 Umsetzung des Verschleißmodells

Die harmonisch schwankenden Zustandsvariablen des hochfrequenten Modells werden nun benutzt, um den Schädigungsprozeß zu simulieren, wobei Verschleiß als einziger Schädigungsmechanismus berücksichtigt wird. Zur Verschleißberechnung wird die *Reibarbeitshypothese* [22, 23] herangezogen. Die Masse des Materialabtrags m ist danach proportional zur *Reibarbeit* W_F[1]

$$m = k_0 W_F. \tag{12.2}$$

Die Proportionalitätskonstante k_0 ist selbst wieder von der *Reibleistungsdichte*, d. h. von der pro Flächen- und Zeiteinheit in die Oberfläche eingebrachten Energie abhängig [23]. Man unterscheidet einen Bereich *milden* und einen Bereich *heftigen* Verschleißes. Aufgrund einer in [21] angegebenen Abschätzung kann angenommen werden, daß bereits bei Reisezugwagen beide Verschleißarten vorliegen. Bei angetriebenen Achsen dürfte es sich durchwegs um heftigen Verschleiß handeln. Die Reibarbeitshypothese soll nun auf den Fall des Rad-Schiene-Kontakts angewandt werden. Wir betrachten hierzu den Massenabtrag bei einer Überrollung, den wir, da die Zahl der Überrollungen n anschließend als kontinuierliche Variable angesehen wird, als $\partial m/\partial n$ bezeichnen. Aus dem Massenabtrag läßt sich ohne Schwierigkeiten die Höhenänderung ermitteln

$$\frac{\partial m}{\partial n} = -\frac{\partial z}{\partial n}\rho A, \tag{12.3}$$

mit ρ als spezifischem Gewicht und A als Kontaktfläche. Also gilt

$$\frac{\partial z}{\partial n} = -\frac{k_0}{\rho}\frac{W_F}{A}. \tag{12.4}$$

---

1 Der Proportionalitätsfaktor k_0 heißt bei Krause I_{WG} und wird als massenmäßiger Energieverschleiß bezeichnet.

Die Reibarbeitsdichte $w_F = W_F/A$ während einer Überrollung wird zunächst als gleichverteilt angenommen:

$$w_F = \frac{(T v v_m)^{\frac{2\bar{a}}{v_m}}}{4 b \bar{a}}. \tag{12.5}$$

Im Zähler steht die Reibleistung $P_F = T v v_m$ bei reinem Querschlupf oder Längsschlupf, multipliziert mit der Aufenthaltsdauer eines Partikels bei einem mittleren Kontaktdurchmesser $\bar{a} = \frac{1}{b} \int_0^b a(y) dy$ in Rollrichtung. Im Nenner steht die Kontaktfläche. Somit verbleibt

$$\frac{\partial z}{\partial n} = -\frac{k_0}{\rho} \frac{T v}{2b}. \tag{12.6}$$

Die Größen z, T, v und b bestehen aus einem konstanten und einem zeitlich schwankenden Anteil, zum Beispiel

$$z(t, n) = z_0(n) + \Delta z(t, n). \tag{12.7}$$

Damit wird aus Gleichung (12.6)

$$\frac{\partial(z_0 + \Delta z)}{\partial n} = -\frac{k_0}{\rho} \frac{(T_0 + \Delta T)(v_0 + \Delta v)}{2(b_0 + \Delta b)} \tag{12.8}$$

Diese Beziehung wird nun linearisiert. Hierzu muß angenommen werden, daß stets ein Referenzschlupf v_0 vorhanden ist und daß Produkte aus Schwankungsgrößen (mit Δ gekennzeichnet) vernachlässigt werden dürfen. Es ergibt sich dann für den konstanten Anteil

$$\frac{\partial z_0(n)}{\partial n} = -\frac{k_0}{\rho} \frac{T_0 v_0}{2 b_0} \tag{12.9}$$

und für den schwankenden Anteil

$$\frac{\partial \Delta z(t, n)}{\partial n} = -\frac{k_0}{2\rho b_0} \left[\Delta T(t, n) v_0 + T_0 \Delta v(t, n) - T_0 v_0 \frac{\Delta b(t, n)}{b_0} \right] \tag{12.10}$$

Für alle Schwankungsgrößen wird ein mit der Frequenz kf schwankender harmonischer Verlauf angenommen, zum Beispiel

$$\Delta z_k(t, n) = \Delta \hat{z}_k(n) e^{2i\pi kft}. \tag{12.11}$$

Der Zusammenhang zwischen $\Delta \hat{T}_k, \Delta \hat{v}_k, \Delta \hat{b}_k$, und $\Delta \hat{z}_k$ kann aus dem Gleichungssystem (12.1) entnommen werden. Formal schreiben wir

$$\Delta \hat{T}_k = \frac{d\hat{T}_k}{d\hat{z}} \Delta \hat{z}_k(n) \tag{12.12}$$

etc., wobei wegen der angenommenen Linearität $d\hat{T}_k/dz = \hat{T}_{k,z}$ nicht mehr von n abhängt, und erhalten somit schließlich

$$\frac{d\Delta\hat{z}_k(n)}{dn} = -\frac{k_0}{2\rho b_0}\left[\Delta\hat{T}_{k,z}v_0 + T_0\Delta\hat{v}_{k,z} - T_0v_0\frac{\Delta\hat{b}_{k,z}}{b_0}\right]\Delta\hat{z}_k(n), \qquad (12.13)$$

mithin eine lineare Differentialgleichung für das Anwachsen oder Abklingen harmonischer Profilstörungen der Wellenlänge $L_k = v_m k f$. Zu $k = 1$ gehört die größte bei der Berechnung berücksichtigte Wellenlänge. Als Differentialgleichung ergibt sich somit

$$\frac{d\Delta\hat{z}_k(n)}{dn} = \lambda_k\Delta\hat{z}_k(n), \qquad (12.14)$$

wobei

$$\lambda_k = -\frac{k_0}{2\rho b_0}\left[\Delta\hat{T}_{k,z}v_0 + T_0\Delta\hat{v}_{k,z} - T_0v_0\frac{\Delta\hat{b}_{k,z}}{b_0}\right] \qquad (12.15)$$

als *lokaler Verschleißeigenwert* bezeichnet werden kann. λ_k ist komplex. Die Lösung der Gleichung (12.14) lautet

$$\Delta\hat{z}_k(n) = \Delta\hat{z}_k(0)e^{\mathrm{Re}\lambda_k n}e^{\mathrm{i}\,\mathrm{Im}\lambda_k n}. \qquad (12.16)$$

Der Realteil von λ_k erfaßt ein mit der Zahl der Überrollungen exponentielles Anwachsen einer Anfangsstörung der Amplitude $\Delta\hat{z}_k(0)$; der Imaginärteil, wie man beim Übergang von komplexer zu reeller Schreibweise erkennt, eine mit der Zahl der Überrollungen linear veränderliche Phasenlage und somit ein Riffelwandern.

Der primär interessierende Realteil $\mathrm{Re}\lambda_k$ wird als *Riffelwachstumsrate* bezeichnet. Für $\mathrm{Re}\lambda_k > 0$ wachsen Anfangsstörungen an, für $\mathrm{Re}\lambda_k < 0$ klingen sie im Laufe der Zeit ab. λ_k und damit die Riffelwachstumsrate $\mathrm{Re}\lambda_k$ hängen von einer Vielzahl von Parametern ab, von denen die wesentlichen nachfolgend angegeben sind:

$$\lambda_k = \lambda_k(f_k, x, v_m, N_0, v_{x0}, v_{y0}, \text{Profilparameter, Strukturparameter}).$$

Bevor wir uns den Ergebnissen zuwenden, sollen zunächst einige grundsätzlich offene Fragen erörtert werden.

Verschleißmechanismus, Reibarbeitshypothese

Größter Schwachpunkt des Modells ist zweifelsohne, daß Verschleiß als einziger oberflächenveränderter Mechanismus betrachtet wird und daß hierfür eine sehr einfache Reibarbeitshypothese angesetzt wird. Die experimentellen Untersuchungen von Walf und Baumann (Abschnitt 13.3) zeigen, daß die Ausbildung extrem harter

Randschichten auf der Schienenlauffläche eine maßgebliche Rolle spielt und daß zumindest unterhalb dieser Randschichten auch plastische Umformungen auftreten. In der harten Randschicht sind plastische Umformungen unwahrscheinlich. Der extremen Härte entspricht eine extrem hohe Verfestigungsspannung, Beanspruchungen aus dem Übrollvorgang werden in der Regel von der Randschicht rein elastisch aufgenommen werden. Abschätzungen hierzu finden sich in [24], siehe auch Abschnitt 13.4. Da experimentell als gesichert gilt, daß es während des Einlaufvorgangs erst einmal zur Ausbildung einer zusammenhängenden, hellen, harten Randschicht kommt, ist in der anschließenden *Riffelauslösephase* an der Oberfläche sicher Verschleiß maßgebend. Plastische Umformungen müßten als Materialumlagerungen unter der harten Randschicht betrachtet werden. Ähnlich einfache Modelle wie die Reibarbeitshypothese für Verschleiß liegen nicht vor. In keiner der Arbeiten mit Überlegungen zu plastischen Umformprozessen [25, 26] wird die harte Randschicht berücksichtigt. Eine Finite-Elemente (FE)-Rechnung wie bei Ronda et al. [25] ist bei weitem zu aufwendig. Durchaus noch berücksichtigbar erscheint eine Schwankung der Proportionalitätskonstanten k, d.h.

$$k(x) = k_0 + \Delta k(x).$$ (12.17)

Hierbei könnte man auf Messungen von Baumann zurückgreifen, aus denen sich ergibt, daß im Riffeltal ein deutlich niedrigerer Verschleißwiderstand als auf dem Riffelberg vorliegt, siehe Abschnitt 12.3. Weitere experimentelle Untersuchungen und theoretische Überlegungen sind allerdings erforderlich, ehe das Modell entsprechend erweitert werden kann.

Gleichförmiger Verschleiß

Die Annahme eines gleichförmigen Verschleißes in der Kontaktfläche, Gleichung (12.5), ist sicher nicht gerechtfertigt, da Verschleiß nur in der Gleitzone auftritt und da sich bei hochfrequenten, instationären Vorgängen weitere Komplikationen ergeben. Von Groß-Thebing [21] wurde gezeigt, daß man auch für diese Fälle Linearkoeffizienten angeben kann, mit denen sich ein reiner Höhenverschleiß (konstant in Querrichtung), ein Neigungsverschleiß (linear) und ein Krümmungsverschleiß (parabolisch in Querrichtung) aus schwankenden Kontaktkenngrößen ausrechnen lassen. Von Valdivia [5] wurde dies im Rahmen einer vereinfachten Kontaktmechanik berücksichtigt, wobei sich ergab, daß der Höhenverschleiß dominiert.

Linearität, Gültigkeitsgrenzen

Eine linearisierte Verschleißberechnung setzt einen im Mittel konstanten Referenzzustand voraus. Für N_0 und b_0 ist das stets gegeben. Ein konstanter Referenzschlupf v_0 ergibt sich beispielsweise aus sinuslaufähnlichen Bewegungen aufgrund langwelliger Gleislagefehler [27], aufgrund eines Einbaufehlers der Radsatzachse oder aufgrund von Antriebs- und Bremsvorgängen sowie beim Kurvenlauf.

Linearität ist aber auch verletzt, wenn Gültigkeitsgrenzen überschritten werden. Dies wird ausführlich in [8] dargestellt. Als Gültigkeitsgrenze ist zumeist die Normalkraftschwankung ausschlaggebend. Es darf sicher nicht zum Abheben des Radsatzes kommen.

Harmonische Bewegungsvorgänge

Profilstörungen werden durchwegs als *harmonisch* angenommen. Eine Behandlung periodischer Profilstörungen ist unproblematisch, als Grundwellenlänge L wird der einfache, doppelte oder ein vielfacher Schwellenabstand angenommen. In gleicher Weise werden auch Einzelstörungen (Flachstellen, nicht korrekt bearbeitete Schweißstöße) behandelt.

Abhängigkeit des lokalen Verschleißeigenwerts λ_k von x

Eine weitere Komplikation ergibt sich daraus, daß der lokale Verschleißeigenwert (wie schon der Name sagt) von der Koordinate x und damit von der Stellung des Radsatzes im Schwellenfach abhängt. Die Profiländerung $\partial \Delta z / \partial n$, die sich zu einer harmonischen Profilstörung einstellt, ist aufgrund dessen nicht mehr harmonisch. Jede Profiländerung muß daher, bevor sie einem weiteren Verschleißprozeß unterworfen wird, fourieranalysiert werden [28]. Ausgehend von einer angenommenen schwachen Ausgangsprofilirregularität lassen sich dann in Abhängigkeit von der Zahl der Überrollungen *Riffelmuster* ausrechnen. Dies ist eine sehr anschauliche Art der Darstellung, die allerdings keine allgemeinen Schlußfolgerungen erlaubt. Die Berechnung von Riffelmustern erfolgt nicht im Sinne einer Zeitschrittintegration, sondern durch Lösen einer Eigenwertaufgabe und modale Zerlegung der Profilirregularitäten.

12.5 Ergebnisse

Exemplarisch sollen nun einige Ergebnisse der Berechnung dargestellt werden. Hinsichtlich weiterer Ergebnisse wird auf vorliegende Veröffentlichungen verwiesen [8, 28–32].

Lokale Riffelwachstumsraten liefern ein Maß für das Riffelwachstum an einer bestimmten Stelle im Schwellenfach in Abhängigkeit von der Erregerfrequenz $f = v_m / L$. Abbildung 12.5.1 zeigt die vertikalen Gleisrezeptanzen und die zugehörigen lokalen Riffelwachstumsraten bei Anregung im Schwellenfach oder über der Schwelle. Deutlich erkennbar ist, daß eine hohe vertikale Rezeptanz (links oben bei 1 050 Hz) zu einem absoluten Minimum der Riffelwachstumsraten führt, eine niedrige dynamische Nachgiebigkeit (rechts oben bei etwa 1 050 Hz) hingegen zu

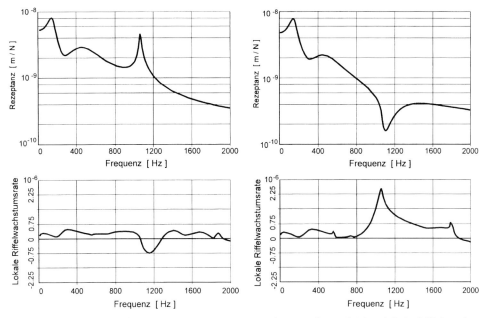

Abbildung 12.5.1: Vertikale Eingangsrezeptanzen (oben) und zugehörige lokale Riffelwachstumsraten (unten) bei Anregung im Schwellenfach (links) und über der Schwelle (rechts). Deutsches Gleis, UIC 60-Schiene, Schwellenabstand 0,6 m, Reisezugwagen, Profilkombination UIC 60/S 1 002, $v_m = 40$ m/s, Achslast 100 kN, Referenzschlupf $\nu_{y0} = 0,05\%$.

einem absolutem Maximum der Riffelwachstumsraten. Mechanisch läßt sich dies folgendermaßen erklären: Bei 1 050 Hz liegt die Resonanzfrequenz der Pinned-Pinned-Mode (siehe Kapitel 10); zwischen den Schwellen ist diese Schwingungsform extrem leicht anregbar, über der Schwelle nur außerordentlich schwer. Erfolgt die Anregung nun durch ein Rad und eine sinusförmige Profilstörung, so treten bei dieser Frequenz zwischen den Schwellen sehr geringe, über den Schwellen hingegen extrem hohe Normalkraftschwankungen auf (siehe auch Kapitel 10, Abbildung 10.3.5). In Verbindung mit einem angenommenen Referenzschlupf führt das zwischen (über) den Schwellen zu sehr geringen (hohen) Schwankungen der Reibarbeit und zu entsprechendem Verschleiß.

Für das Auftreten hoher Riffelwachstumsraten ist zusätzlich eine mittlere bis hohe Rezeptanz in Richtung des Referenzschlupfs (bei dem Beispiel ist das der Querschlupf) erforderlich: Ausgeprägte Relativbewegungen zwischen Rad und Schiene in lateraler Richtung bewirken Reibleistungsschwankungen, die sich verstärkend auf das Riffelwachstum auswirken. Dies ist beispielsweise bei 1 800 Hz in Abbildung 12.5.1 (rechts unten) der Fall. Über der Schwelle liegt bei dieser Frequenz der Schwingungsbauch eines lateralen Pinned-Pinned-Mode.

Weniger ausgeprägt als dieser Effekt der *Strukturmechanik* ist der Effekt der *Kontaktmechanik*. Man erkennt ihn erst dann deutlich, wenn man die Strukturdynamik völlig ausschaltet, indem man für die Gleissteifigkeiten extrem hohe Werte einsetzt. Bei den lokalen Riffelwachstumsraten zeigt sich dann ein breites Maximum zwischen Wellenlängen $0,05 < a/L < 0,2$, siehe Abbildung 12.5.2. Von besonderem Interesse ist, daß die lokalen Riffelwachstumsraten für $a/L > 0,23$ negativ werden. Für Kontaktellipsen mit einem typischen Halbmesser $a = 0,46$ cm bedeutet dies, daß Profilstörungen mit Wellenlängen unter zwei Zentimetern stets abgebaut werden. Dies ist das Ergebnis eines Zusammenwirkens von zwei Effekten. Aufgrund des in Gleichung (12.1) eingeführten modifizierten Remingtonfilters werden sehr kleine Wellenlängen von der Kontaktfläche „verschluckt"; verstärkend wirkt sich das „Atmen" der Kontaktfläche aus, d. h. die Schwankung der Kontaktflächengröße und der Kontaktflächengestalt bei der Riffelüberrollung.

Das Absinken der Riffelwachstumsrate bei sehr kleinen Wellenlängen wird überwiegend von der vertikalen Kontaktmechanik bestimmt. Für die Verringerung bei sehr großen Wellenlängen sind hingegen laterale kontaktmechanische Vorgänge verantwortlich. Die Effekte der lateralen Kontaktmechanik sind proportional zu den Relativgeschwindigkeiten und nehmen daher mit größer werdenden Frequenzen (kleineren Wellenlängen) zu.

Überlagert ergibt sich als Bereich maximalen Riffelwachstums $0,05 < a/L < 0,2$, der bei einem angenommenen Kontakthalbmesser $a = 0,46$ cm auf 2.3 cm $< L <$ 9,2 cm führt. Dieser auf den Kontakthalbmesser bezogene, im wesentlichen *wellenlängenkonstante Mechanismus* öffnet eine Art von „Fenster", in dem die *frequenzkonstanten Mechanismen* der Strukturmechanik sich auswirken können.

Wir haben gezeigt, daß zwischen 1 000 und 1100 Hz über der Schwelle ein Maximum, im Schwellenfach ein Minimum der lokalen Riffelwachstumsrate auftritt. Dies wird noch klarer, wenn man sich die lokale Riffelwachstumsrate als „Gebirge" darstellt (Abbildung 12.5.3). Es fragt sich nun, wie sich die riffelverstärkende Ten-

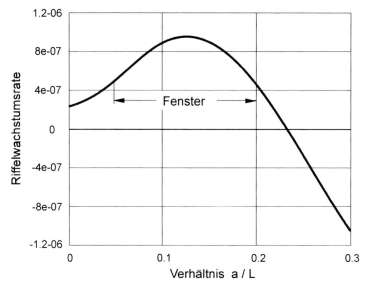

Abbildung 12.5.2: Lokale Riffelwachstumsrate als Funktion von a/L nach Ausschalten strukturdynamischer Effekte. Profilkombination UIC 60/S 1 002, Achslast 100 kN, Referenzschlupf $v_{y0} = 0,05\%$.

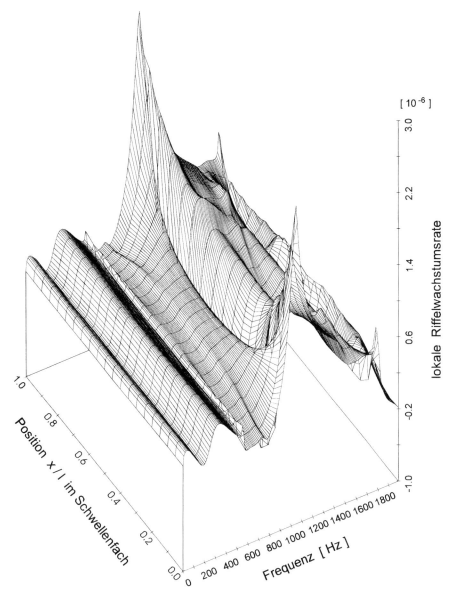

[10⁻⁶]

Abbildung 12.5.3: Lokale Riffelwachstumsrate als Funktion von Erregerfrequenz und Stellung im Schwellenfach. Daten siehe Abbildung 12.5.1.

denz über den Schwellen und die abschwächende Tendenz zwischen den Schwellen gegenseitig beeinflussen. Zur Beantwortung dieser Frage muß man für eine definierte Anfangsprofilstörung den in [28] geschilderten Weg zur Berechnung von *Riffelmustern* einschlagen. Ein Beispiel einer Riffelmusterentwicklung zeigt Abbildung 12.5.4, wobei zusätzlich zu den Riffelmustern auch noch die zugehörigen *Amplitu-*

denspektren angegeben wurden. Die diskreten Amplitudenwerte wurden hierbei zu einer zusammenhängenden Kurve verbunden. Das Ausgangsprofil hat Randomcharakter, die Phasenlage wurde durch einen Zufallsgenerator erzeugt. Die Rechnung wird abgebrochen, wenn die Gültigkeitsgrenze der linearen Rechnung erreicht ist; bei dem Beispiel ist das bei 2,8 Millionen Überrollungen der Fall. Man erkennt mehrere Effekte: Ein Maximum der Riffelwachstumsrate (rechts unten) ergibt sich bei Wellenlängen von etwa 3,3 cm; das zugehörige Muster (links unten) ist aufgrund der Antiresonanz der Pinned-Pinned-Mode über den Schwellen besonders ausgeprägt[2]. Ein zweites, schwächeres Maximum zeigt sich bei etwa 12 cm. Ursache ist ebenfalls eine Antiresonanzstelle (Tilgerpunkt) der Strukturmechanik, siehe Abbildung 12.3.1. Etwa bei 300 Hz tritt ein relatives Minimum der vertikalen Rezeptanz auf.

Wenn die Steifigkeit der Zwischenlage erhöht wird, dann verschieben sich das zweite Maximum der Rezeptanzkurve und ebenso die erste Antiresonanz zu höheren Frequenzen; die Antiresonanz wird zudem deutlich ausgeprägter. Dies kann soweit gehen, daß für die Verriffelung nur noch diese erste Antiresonanz verantwortlich ist (vergleiche Seite 96 in [8]).

Riffelmuster und *Amplitudenspektren* sind außerordentlich anschaulich, die *lokalen Riffelwachstumsraten* bieten aber eine viel komprimiertere Information. Die Amplitudenspektren zu den Riffelmustern lassen sich zu *globalen Riffelwachstumsraten* γ_k komprimieren. Nimmt man ein exponentielles Riffelwachstum an, so erhält man aus dem Amplitudenverhältnis $A_{k,n}/A_{k,0}$

$$\gamma_k = \frac{1}{n}\ln\left(\frac{A_{k,n}}{A_{k,0}}\right). \qquad (12.18)$$

Die *globale Riffelwachstumsrate* erfaßt im Gegensatz zur *lokalen Riffelwachstumsrate* das mittlere Riffelwachstum im gesamten Schwellenfach. In Abbildung 12.5.5 ist ein Beispiel für eine globale Riffelwachstumsrate dargestellt, wobei gleichzeitig die Steifigkeit der Zwischenlage variiert wurde. Im Interesse der Übersichtlichkeit werden die globalen Riffelwachstumsraten als Terzspektren angegeben. Der Referenzwert 1 für die Steifigkeit der Zwischenlage bedeutet $k_p = 280$ MN/m, ein Dämpfer mit $d_p = 63$ kNs/m ist parallel geschaltet. Bei einer Variation der Steifigkeit wird gleichzeitig die Dämpfung variiert, wobei die Relaxationszeit konstant gehalten wird. Die wird durch vorliegende Meßwerte [8] bestätigt[3].

Die Ergebnisse in Abbildung 12.5.5 bestätigen, daß sehr weiche Zwischenlagen sich in doppelter Hinsicht günstig auswirken: Zum einen kann die globale Riffelwachstumsrate bei Wellenlängen von 3,3 cm um 20% abgesenkt werden, zum anderen wird das zweite Maximum der Wellenlänge nahe 8 cm völlig unterdrückt, da der erste Tilgerpunkt verschwindet.

---

2 Dieser Effekt ist auf deutschen Gleisen nur selten, in englischen Gleisen aufgrund des höheren Schwellenabstands aber sehr ausgeprägt zu beobachten, siehe zum Beispiel [33].

3 Es sei ausdrücklich darauf hingewiesen, daß die angenommenen Werte für die Zwischenlage nur im Frequenzbereich nahe der zweiten Resonanzstelle gültig sind.

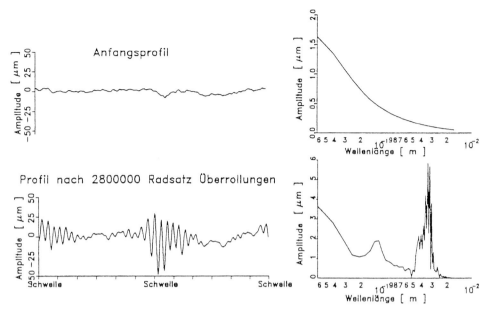

Abbildung 12.5.4: Ausgangsprofilstörung (oben links) und Riffelmuster nach 2,8 Millionen Überrollungen (unten links), zugehörige Amplitudenspektren auf der rechten Seite. Daten siehe Abbildung 12.5.1.

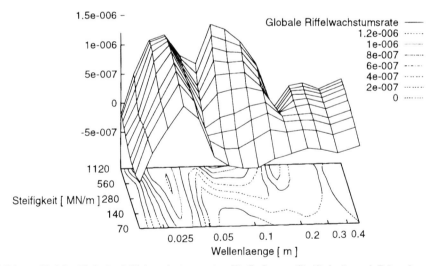

Abbildung 12.5.5: Globale Riffelwachstumsrate: Einfluß von Steifigkeit und Dämpfung der Zwischenlage bei konstanter Relaxationszeit (Referenzwert 1 bedeutet k_p = 280 MN/m und d_p = 63 kNs/m, andere Daten siehe Abbildung 12.5.1).

12.6 Schlußfolgerungen und offene Probleme

Das Problem kurzwelliger Schienenriffeln ist mit der vorliegenden Arbeit der end-gültigen Lösung ein beträchtliches Stück näher gekommen.

- Das linearisierte Modell mit einer Rückkopplung zwischen hochfrequenten, kurz-zeitdynamischen Vorgängen und Verschleiß ist in der Lage, den Auslösevorgang von Schienenriffeln zu beschreiben. Hierbei überlagern sich zwei Effekte.
- Kontaktmechanische Vorgänge bilden einen wellenlängenkonstanten Mechanis-mus, durch den ein „Fenster" geöffnet wird: Riffeln des hier behandelten Typs können sich nur für Wellenlängen zwischen zwei und zehn Zentimetern ausbil-den.
- Die überlagerten strukturmechanischen Vorgänge bilden einen frequenzkonstan-ten Mechanismus. Durch ihn wird festgelegt, welche Wellenlängen besonders stark anwachsen. Besonders kritisch sind Konstellationen, bei denen das Gleis dy-namisch steif reagiert, d. h. Antiresonanzen oder Tilgerpunkte.
- Eine eindeutige Erklärung dafür, wieso es zur Verriffelung einer Strecke kommt, ist wegen der Vielzahl von Einflußparametern schwierig und erfordert die genaue Kenntnis aller Strukturparameter (insbesondere auf Seiten des Gleises), aller Kon-taktparameter (Profilgeometrie) und aller Betriebsparameter (Fahrgeschwindig-keit, Normalkräfte, Referenzschlüpfe).
- Zuverlässige Daten für die zu untersuchenden Streckenabschnitte sind notwendi-ge Voraussetzung jeder Modellrechnung. Ein Simulationsergebnis ist nur so gut wie die zugrunde gelegten Eingabedaten.
- Die endgültige Klärung erfordert die Lösung einiger noch offener Probleme.
- Die Ausbildung flächenhafter Riffelmuster auf Schienenlaufflächen kann mit dem derzeit eingesetzten Modell nicht simuliert werden. Bei einer Erweiterung müßten neben Vertikal- und Lateralbewegungen gleichzeitig auch Längs- und Drehbewe-gungen berücksichtigt werden; die Verschleißberechnung müßte neben Höhen-verschleiß auch Neigungs- und Krümmungsverschleiß beinhalten.
- Instabilitäten nach Art des niederfrequenten Sinuslaufs können im Hochfrequenz-bereich nicht mit Sicherheit ausgeschlossen werden. Daher ist für das vollständige Modell eine umfassende Stabilitätsanalyse erforderlich.
- Nichtlineare Rechnungen (Kapitel 11) zeigen, daß ein Abheben des Rades schon bei Riffeltiefen auftreten kann, bei denen im Netz der DB AG noch nicht geschlif-fen wird. Es ist daher erforderlich, derartige Zustände beispielhaft mit einer nicht-linearen Berechnung von Kurzzeitdynamik und Langzeitverhalten zu simulieren, um festzustellen, ob dabei der frequenzkonstante Mechanismus der Strukturme-chanik merklich beeinflußt wird.
- Verschleiß als einziger Rückkopplungsmechanismus (zudem mit einem konstanten Verschleißparameter) wird den experimentellen Befunden nicht gerecht. Es sollte weiter versucht werden, für andere oberflächenverändernde Mechanismen (pla-stische Deformation, Randschichtveränderung) ähnlich einfache Gesetzmäßigkei-ten zu finden wie für Verschleiß und sie dann in die Rückkopplungsschleife zu integrieren.

12.7 Literatur

1 S. L. Grassie, J. Kalousek: Rail corrugations. Characteristics, causes, and treatments. Proc. Instn. Mech. Engrs., Part F, Journal of Rail and Rapid Transit, *207* (1993), 57–68.

2 G. Hölzl, M. Redmann, P. Holm: Entwicklung eines hochempfindlichen Schienenoberflächenmeßgerätes als Beitrag zu weiteren möglichen Lärmminderungsmaßnahmen im Schienenverkehr. ETR *39* (1990), 685–689.

3 G. K. Misoi, F. J. Gichaga, R. M. Carson: Corrugations of unmetalled roads. Part 2: wheel soil interaction. Proc. Inst. Mech. Engrs., part D, Journal of Automobile, *203* (1989), 215–220.

4 A. Engl, P. Meinke, H. Stöckel: Corrugations on bearers as effects of short time dynamics investigated in the long term process. In: Symp. on Rail Corrugation Problems, ILR-Bericht 56, K. Knothe, R. Gasch (Eds.), Institut für Luft- und Raumfahrt, TU Berlin 1983, S. 41–70.

5 A. Valdivia: Die Wechselwirkung zwischen hochfrequenter Rad-Schiene-Dynamik und ungleichförmigem Schienenverschleiß – ein lineares Modell. Fortschritt-Berichte VDI, Reihe 12, Nr. 93. VDI-Verlag, Düsseldorf 1988.

6 C. O. Frederick: A rail corrugation theory. Proc. of the Second International Symp. on Contact Mechanics and Wear of Rail/Wheel Systems, Kingston/RI 1986, University of Waterloo Press, Waterloo/Ontario 1987, S. 181–211.

7 C. O. Frederick, J. C. Sinclair: A rail corrugation theory which allows for contact patch size. In: Rail Corrugations. Papers presented at the Symposium on Rail Corrugation Problems held at Berlin on April 17, 1991, ILR-Bericht 59, K. Knothe (Ed.), Institut für Luft- und Raumfahrt, TU Berlin 1992, S. 1–27.

8 K. Hempelmann: Short Pitch Corrugation on Railways Rails – A Linear Model for Prediction. Fortschritt-Berichte VDI, Reihe 12, Nr. 231. VDI-Verlag, Düsseldorf 1995.

9 P. U. Walloscheck: Beitrag zur Ermittlung der Ursachen der Riffelbildung beim Rad-Schiene-System. Fortschritt-Berichte VDI, Reihe 12, Nr. 102, VDI-Verlag, Düsseldorf 1988.

10 J. Piotrowski, J. J. Kalker: A non-linear mathematical model for finite, periodic rail corrugations. In: Contact Mechanics – Computational Techniques. First Int. Conf. on Contact Mechanics, 1993, M. H. Aliabadi, C. A. Brebbia (Eds.), Computational Mechanics Publications, Southampton, Boston 1993, S. 413–424.

11 T. Gajdar: Investigation into the dynamical and wear process of a railway wheelset having two wheels with gravity point eccentricities. Periodica Poltechnica, Ser. Transportation Engineering, *22/2* (1994), 69–81.

12 B. Soua: Étude de l'usure et de l'endommagement du roulement ferroviaire avec des modeles d'essieux non-rigides. Thèse de Doctorat de l'Ecole Nationale des Ponts et Chaussées, 1997.

13 R. Gasch, A. Groß-Thebing, K. Knothe, A. Valdivia: Linear, self-excited vibrations as initiating mechanism of corrugations. In: Rail Corrugations. Papers presented at the Symp. on Rail Corrugation Problems, Berlin 1983, ILR-Bericht 56, K. Knothe, R. Gasch (Eds.), Institut für Luft- und Raumfahrt, TU Berlin 1983, S. 207–230.

14 E. Brommundt, M. Meywerk: Zwei Modelle für selbsterregte Schwingungen bei Rad-Schiene-Systemen. In: Systemdynamik der Eisenbahn, H. Hochbruck, K. Knothe, P. Meinke (Hrsg.), Fachtagung des Verbands der Deutschen Bahnindustrie e.V. und der TU Berlin, Fachbereich Verkehrswesen und Angewandte Mechanik, Hestra-Verlag, Darmstadt 1994, S. 57–66.

15 M. August: Schwingungen und Stabilität eines elastischen Rades, das auf einer nachgiebigen Schiene rollt. Braunschweiger Schriften zur Mechanik 18-1994, TU Braunschweig 1994.

16 A. Bhaskar, K. L. Johnson, J. Woodhouse: Wheel-rail dynamics with closely conforming contact. Final Report on investigations sponsored by ERRI Committee D185, 1994.

17 Z. Sibaei: Vertikale Gleisdynamik beim Abrollen eines Radsatzes – Behandlung im Zeitbereich. Fortschritt-Berichte VDI, Reihe 11, Nr. 165. VDI-Verlag, Düsseldorf 1992.

18 B. Ripke, K. Knothe: Die unendlich lange Schiene auf diskreten Schwellen bei harmonischer Einzellasterregung. Fortschritt-Berichte VDI, Reihe 11, Nr. 155, VDI-Verlag, Düsseldorf 1991.

19 V. Umlauf: Simulation hochfrequenter Schienendynamik unter Verwendung eines FE-Übertragungsmatrizenverfahrens. Diplomarbeit (unveröffentlicht), TU Berlin 1994.

20 K. Hempelmann, K. Knothe: Eigenschwingungsberechnungen von Eisenbahnradsätzen mit optimalen Ansatzfunktionen. Fortschritt-Berichte VDI, Reihe 11, Nr. 114, VDI-Verlag, Düsseldorf 1989.

21 A. Groß-Thebing: Lineare Modellierung des instationären Rollkontaktes von Rad und Schiene. Fortschritt-Berichte VDI, Reihe 12, Nr. 199. VDI-Verlag, Düsseldorf 1993.

22 H. Krause, G. Poll: Verschleiß bei gleitender und wälzender Relativbewegung. Tribologie und Schmierungstechnik *5* (1984), 285–289.

23 H. Krause, G. Poll: Wear of wheel-rail surfaces. Wear *113* (1986), 103–122.

24 G. Baumann, H. J. Fecht, S. Liebelt: Formation of white etching layers on the rail treads. Wear *191* (1996), 133–140.

25 J. Ronda, O. Mahrenholtz, R. Bogacz, M. Brzozowski: The rolling contact problem for an elastic–plastic strip and a rigid roller. Mech. Res. Com. *13* (1986), 119–132.

26 Y. Suda, M. Iguchi: Basic study of corrugation mechanism and rolling contact in order to control rail surfaces. In: The Dynamics of Vehicles on Roads and on Tracks, Proc. of the 11th IAVSD Symp., Kingston/Ontario 1989, Swets & Zeitlinger, Amsterdam/Lisse 1989, S. 566–577.

27 K. Knothe, S. Stichel: Direct covariance analysis for the calculation of creepages and creepforces for various bogies on straight track with random irregularities. Vehicle System Dynamics *22* (1994), 237–251.

28 K. Hempelmann, F. Hiss, B. Ripke: The formation of wear patterns on rail tread. Wear *144* (1991), 179–195.

29 K. Hempelmann, K. Knothe: Eigenschwingungsberechnungen von Eisenbahnradsätzen mit optimalen Ansatzfunktionen. Fortschritt-Berichte VDI, Reihe 11, Nr. 114. VDI-Verlag, Düsseldorf 1989.

30 K. Hempelmann, B. Ripke, S. Dietz: Modelling the dynamic interaction of wheelset and track. Railway Gazette International *148* (1992), 591–595.

31 A. Groß-Thebing, K. Knothe, K. Hempelmann: Wheel-rail contact mechanics for short wavelengths rail irregularities. In: The Dynamics of Vehicles on Roads and on Tracks. Proc. 12th IAVSD Symposium, Lyon, France, 1991, G. Sauvage (Ed.), Swets & Zeitlinger, Amsterdam/Lisse 1992, S. 210–224.

32 K. Hempelmann, K. Knothe: An extended linear model for the prediction of short pitch corrugation. Wear *191* (1996), 161–169.

33 R. A. Clark, P. Foster: Mechanical aspects of rail corrugation formation. In: Symp. on Rail Corrugation Problems, ILR-Bericht 56, K. Knothe, R. Gasch (Eds.), Institut für Luft- und Raumfahrt, TU Berlin 1983, S. 145–180.

13 Materialveränderungen bei unverriffelten und verriffelten Schienenlaufflächen im Bahnbetrieb

Gunnar Baumann[*]

13.1 Einführung

Die Schienenoberfläche ist im Bahnbetrieb extrem hohen Beanspruchungen ausgesetzt, die zu einer Veränderung der Mikrostruktur und der mechanischen Eigenschaften der randnahen Schichten führen. Als Folge davon kann es zur Ausbildung unterschiedlicher Schienenfehler bis hin zu einer Beeinträchtigung des Bahnbetriebs kommen. Die Beseitigung von Fehlern auf der Schienenlauffläche ist für die Bahnen mit erheblichen Kosten verbunden. Derartige Schienenfehler sind Schienenriffeln, d. h. periodische Irregularitäten auf der Schienenoberfläche. In Kapitel 12 wurde bereits ein lineares Modell vorgestellt, mit dem sich die Auslösephase von Riffeln beschreiben läßt, wobei als Mechanismus für die Oberflächenveränderung nur der Verschleiß angenommen wird. Stark verriffelte Schienen zeigen aber zusätzlich andere Veränderungen, insbesondere plastische Deformationen im randnahen Bereich und die Ausbildung extrem harter Randschichten auf den Riffelbergen. Experimentelle und theoretische Untersuchungen dieser Randschichten und deren Auswirkungen sind Gegenstand dieses Kapitels.

[*] Technische Universität Berlin, Institut für Metallphysik und -technologie.

13.2   Grundlagen und Stand der Forschung

13.2.1   Weiße Schichten (White Etching Layer, WEL)

Das Phänomen der Weißen Schichten (engl. White Etching Layers, WEL) tritt nicht nur auf Schienenoberflächen auf, sondern ebenso bei Fertigungsverfahren wie Schneiden, Schleifen, Drehen etc. Es wird auch bei anderen technischen Systemen (zum Beispiel Wälzlagern) beobachtet. Gleichartige Eigenschaften, insbesondere die Ätzresistenz und die hohe Härte, führen dazu, daß diese unterschiedlichen Phänomene unter dem Begriff WELs in der Literatur zusammen behandelt werden. Es ist jedoch nicht zwingend, daß sie in allen Systemen dem gleichen Entstehungsmechanimus unterliegen oder daß die Struktur übereinstimmt. Bei perlitischen Schienenstählen treten WELs besonders ausgeprägt im randnahen Bereich von Riffelbergen auf. Der Abrollvorgang erfolgt beim Rad-Schiene-Kontakt unter extrem hohen dynamischen Drücken und ist zudem mit Schlüpfen und Gleitreibungsvorgängen verbunden. Bei Wälzlagern hingegen kann man nahezu vom reinen Rollen ausgehen. Die Weißen Schichten entstehen dann unterhalb der Oberfläche entlang der maximalen Hertzschen Pressungen [1]. Der Wälzlagerstahl wurde außerdem einer über Austenit gehenden Wärmebehandlung unterzogen. Obwohl schon an beiden Beispielen deutlich ist, daß WELs unter einer Vielzahl von Bedingungen entstehen können, werden nachfolgend sämtliche Ergebnisse zusammengetragen, um deren Erkenntnisse nutzbar zu machen.

Spricht man von den Eigenschaften der WELs, so sollte man vielleicht zuerst deren schlechtes Anätzvermögen nennen, worin der Ursprung der englischen Namensgebung liegt: Diese Eigenschaft läßt die Randschicht unter dem Lichtmikroskop weiß aussehen. Ferner beobachtet man ein homogenes Gefüge, das sich mit extrem kleinen Korngrößen erklären läßt. WEL besitzen Korngrößen von 30 nm [2], 30–100 nm [3], 200 nm [4] beziehungsweise 20 nm (Abschnitt 13.3). Das hervorstechenste Merkmal allerdings ist ihre hohe Härte. Der Härteverlauf innerhalb der WELs ist nicht konstant. Es können Werte von über 1 200 HV (Vickers-Härte) auftreten [5, 6]. Der Härtungsprozeß bewirkt eine Versprödung des Materials [7]. WELs sind thermisch stabil und zeigen daher ein schlechtes Anlaßverhalten [5, 8]. Bei Verschleißuntersuchungen zeigen sie im Vergleich zum Ausgangsgefüge einen sehr hohen Verschleißwiderstand (Abschnitt 13.3).

Während bei den aufgezählten Eigenschaften Übereinstimmung besteht, gibt es zur Zusammensetzung und Struktur der WELs keine einheitliche Meinung. Der Literatur zum Beispiel [2, 3, 5, 8, 9, 10, 11] sind hinsichtlich der Zusammensetzung zwei Leitgedanken zu entnehmen:

– WEL ist ungetemperter Martensit oder besitzt zumindest martensitische Struktur;
– WEL ist Ferrit mit kleinen Zellstrukturen, durchsetzt mit feinverteilten Karbiden oder mit Karbiden und Oxiden.

Alternative Vorschläge, wonach es sich bei WEL um Austenit mit sehr feinen Karbiden [12] oder um das Produkt von Oberflächenreaktionen mit der Umgebung handelt [9], finden kaum Anklang.

Der Entstehungsmechanismus der martensitischen Struktur wird zum Teil klassisch werkstoffwissenschaftlich, d.h. als eine temperaturinduzierte Phasentransformation über Austenit zu Martensit [2, 11] gesehen. Dieser Umwandlungsvorgang allein kann allerdings die genannten Eigenschaften nicht erklären. Eine relativ konstante Härte wäre die Folge, die bei weitem nicht an die maximalen Werte der WELs heranreichen würde [13]. Auch ist der temperaturinduzierte Martensit nur bei Raumtemperatur thermisch stabil und zeigt ein deutlich besseres Anlaßverhalten als WEL [5]. Bei Verschleißuntersuchungen an Schienenstählen schneidet er sogar schlechter ab als perlitischer Stahl [14].

Die andere Betrachtungsweise zur Entstehung einer martensitischen Struktur ist eine mechanische: Aufgrund von plastischen Deformationen kommt es (eventuell über Karbidzerkleinerung) zur Karbidauflösung. Der freiwerdende Kohlenstoff verspannt dabei die übersättigte Matrix [13, 15, 16]. Denkbar ist ebenso eine Kombination beziehungsweise kompensierende Wirkung von lokal begrenzten Temperaturspitzen und zyklischen plastischen Deformationen, die die WEL-Entstehung bewirken [5, 9]. Hohe Dehnungsraten und Drücke sowie kurze Einwirkzeiten können dabei den Umwandlungsprozeß verschieben [2, 9]. Normalerweise besitzt „klassischer" Martensit eine tetragonale Struktur. Wenn es sich um Ferrit übersättigt mit Kohlenstoff handelt, so müßte die WEL kubisch sein [15]. Eine experimentelle Bestätigung dafür gibt es in [3].

Auch der zweite grundlegende Gedanke, wonach es sich bei WEL um Ferrit durchsetzt mit dispergierten Karbiden und Oxiden handelt, sieht in der Entstehung einen primär mechanischen Vorgang. Scherungen bewirken das Zerbrechen der Karbide, plastische Deformationen verkleinern die Korngröße, und das Einwalzen erklärt das Auftreten von Oxiden [2, 5, 6, 12, 16, 17]. Das quantitative Erfassen von möglichen Karbiden in der WEL erweist sich als sehr schwierig. Aus der Literatur sind nur wenige Untersuchungen bekannt. Es wurden keine Karbide identifiziert, die größer als 1,5 nm sind [15], beziehungsweise es wurde eine Verringerung an Karbiden festgestellt [3].

Es läßt sich keine endgültige Aussage darüber treffen, wie eine WEL entsteht noch wie sie zusammengesetzt ist. Es wird nochmals darauf hingewiesen, daß es eventuell verschiedene Arten von WEL geben kann. Wichtig erscheinen die experimentellen Ergebnisse zur kubisch martensitischen Struktur [3] und zum Verlust an Karbiden [3, 15]. Dadurch könnte die Theorie verifiziert werden. Ein genaueres Bild über die WELs von Schienenoberflächen ergibt sich erst aus den experimentellen Ergebnissen (Abschnitt 13.3) und den theoretischen Abschätzungen (Abschnitt 13.4), die zur Modellvorstellung (Abschnitt 13.5) führen.

13.3 Ergebnisse

13.3.1 Untersuchungsmaterial

Für die folgenden Untersuchungen [18] standen Schienenstücke aus zwei verschiedenen Gleisen zur Verfügung sowie einige Einzelproben. Bei den untersuchten Schienen handelte es sich um die meistgebräuchliche Regelgüte 900 A und 900 B, Tabelle 13.3.1 zeigt die vorgeschriebene Festigkeit und Zusammensetzung der Schienenstähle.

Diesen Werkstoffen liegt ein perlitisches Gefüge zugrunde. Die Legierungselemente Mangan (Mn), Silicium (Si) und Chrom (Cr) bewirken ein besonders feinperlitisches Gefüge, Vanadium (V) und Molybdän (Mo) scheiden sich als feine Karbide im Ferrit aus, es kommt zu einer zusätzlichen Teilchenhärtung im Stahl. Dieser Vorgang wird als Mikrolegieren bezeichnet.

Die Schiene S 54 stammt aus dem Gleisabschnitt Ingolstadt–Donauwörth, Kilometer 12,5, und wurde in beiden Richtungen befahren. Der Hauptanteil des Verkehrs mit circa 4,9 Millionen Lasttonnen/Jahr läuft in Richtung Donauwörth. Die letzte Schleifung wurde 1986 vorgenommen, der Ausbau zwecks Untersuchung fand im September 1990 statt.

Das ausgebaute Schienenstück enthält an einer Stirnseite eine Schweißnaht (Thermitverfahren), welche als riffelauslösende Fehlstelle angenommen wird. Aufgrund des Temperaturprofils während des Schweißvorgangs bildet sich im Gefüge eine Wärmeeinflußzone aus. Im Abstand von circa drei Zentimetern von der eigentlichen Schweißnaht fällt die Härte und der Verschleißwiderstand ab, was im Betrieb zu einer 80 μm tiefen, über den gesamten Fahrspiegel ausgedehnten Vertiefung von 60 mm Länge führte. Die Riffeltiefe nimmt in Richtung Donauwörth ab, am Ende des drei Meter langen Probenstücks ist optisch keine Verriffelung mehr erkennbar, jedoch in geringen Amplituden noch meßbar.

Die Schiene UIC 60 war das Richtungsgleis Bremen, d. h. sie wurde nur in einer Richtung befahren. Die Beanspruchungsdaten der Schienen sind in Tabelle 13.3.2 zusammengestellt.

Tabelle 13.3.1: Festigkeit und Zusammensetzung von Schienenstählen.

Stahlgüte nach UIC 860 V	R_m N/mm² min	Massengehalte in %					
		C	Mn	Cr	V max.	Mo max.	Si
700	680	0,4–0,6	0,7–1,2				
900 A	880	0,6–0,8	0,8–1,3				
900 B	880	0,55–0,75	1,3–1,7				
1 100	1 080	0,6–0,82	0,8–1,3	0,7–1,22	0,2	0,1	
1 200	1 200	0,7–0,8	0,8–1,3	0,8–1,20	0,2	–	0,8–1,2

Tabelle 13.3.2: Betriebsdaten der untersuchten Schienen.

Profiltyp	Güte	max. Belastung bis zum Ausbau Mio. Lt	max. Strecken- geschwindigkeit km/h	Herkunft	Hersteller
S 54	900 A	30,8	120	Ingolstadt/ Donauwörth	Maxhütte 1984
UIC 60	900 B	360	200	Hamburg/ Bremen	Klöckner 1969

Da mehrere Anzeichen gegen eine typische temperaturinduzierte Martensitumwandlung in der Randschicht auf Freifahrstrecken sprechen, wurde das Verfahren des Kugelmahlens für Laborversuche gewählt, um das Modell der verformungsbedingten Umwandlung zu verifizieren. Beim Kugelmahlen kommt es bei der Kollision zweier Kugeln zum Verschweißen und Abscheren der zwischen den Kugeln befindlichen Pulverteilchen. Diese Vorgänge führen zu Temperaturspitzen im Kollisionspunkt von $< 400°$ C. So kann das Verfahren des Kugelmahlens zum „Mechanischen Legieren" genutzt werden. Für Änderungen der Struktur kugelgemahlener Materialien werden überwiegend die sich ständig wiederholenden Scherbeanspruchungen verantwortlich gemacht. Dies führt zu „getriebenen" Prozessen, die nicht der bekannten thermodynamischen Gesetzmäßigkeit zum Erreichen eines günstigeren energetischen Zustands unterliegen [19, 20, 21], d. h. vor Prozeßbeginn einen thermodynamisch günstigeren Zustand besitzen als nachher. So lassen sich beispielsweise bei Raumtemperatur stabile Legierungen herstellen (Kupfer-Eisen (Cu-Fe)), die nach den thermodynamischen Zustandsschaubildern nicht existent wären. Komplizierte Spannungsverteilungen und hohe Scherkräfte sind analog im Rad-Schiene-Kontaktpunkt und der Randschicht zu beobachten.

Der Mahlprozeß von S 54-Stahl-Pulver wurde unter Argon-Atmosphäre bei $-5°$ C im gehärteten Mahlbehälter mit gehärteten Stahlkugeln in einer Spex 8 000 Shaker Mill durchgeführt.

13.3.2 Untersuchungen der Schienenlauffläche

In Abbildung 13.3.1 ist ein Abschnitt des Schienenkopfs S 54 (mittelstark verriffelt) abgebildet. Abbildung 13.3.2 zeigt das zugehörige Profilogramm. Die Riffeltiefe liegt im Bereich von 40–50 μm, die Wellenlänge bei 3,3 cm.

Von besonderem Interesse sind die Rauheitsunterschiede zwischen Berg- und Talbereich. Es zeigt sich, daß im Bergbereich die Rauheiten deutlich platt „gewalzt" wurden. Die technisch allgemein gebräuchlichen Rauheitskennwerte R_a und R_z sind im Bergbereich um den Faktor 2 bis 3 niedriger als im Tal (Tabelle 13.3.3).

Einen Eindruck der verschiedenen Oberflächen vermittelt Abbildung 13.3.3.

Um einen Eindruck des Verschleißverhaltens von Berg- und Talbereichen zu erhalten, wurden an S 54-Orginal-Randschichten die Verschleißkoeffizienten gegen

Abbildung 13.3.1: Aufnahmen des Schienenkopfs an einem mittelstark verriffelten Abschnitt.

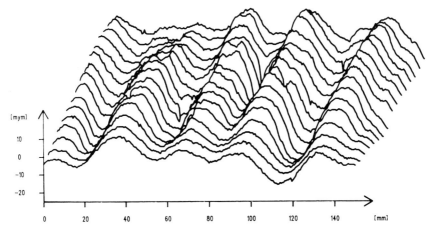

Abbildung 13.3.2: Profilogramm des in Abbildung 13.3.1 abgebildeten Schienenkopfabschnitts. Profilbreite: 3 cm.

Tabelle 13.3.3: Vergleich der Rauheitskennwerte von Riffelberg und -tal.

Meßfeld	Spuren n	Mittenrauhwert R_a [μm]	Std.-abwg. σ_{n-1}	Rauhtiefe R_z [μm]	Std.-abwg. σ_{n-1}
Tal	307	0,57	0,13	5,4	1,5
Berg	285	0,23	0,06	2,75	0,86

den gehärteten Stahl CK 45 ermittelt. Aufgrund der eingeschränkten Wahlmöglichkeit der Probengeometrie wurden die Versuche an einem Fretting-Tribometer, Ebene/Kugelscheibe (CK 45), als reversierender Gleitverschleiß durchgeführt. Die Ergebnisse können aufgrund der von den tatsächlichen Beanspruchungen stark abweichenden Belastungen nur tendenziell gewertet werden, zeigen jedoch eindeutig den

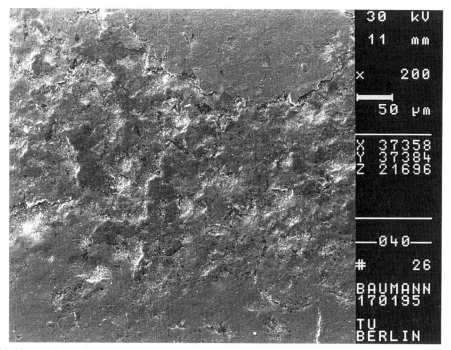

Abbildung 13.3.3: Rasterelektronenmikroskop (REM)-Aufnahme der Schienenlauffläche; nebeneinanderliegende Bereiche von WELs (glatt, oben rechts und unten im Bild) und regulärer Oberfläche (rauh, Bildmitte). V = 200×.

Unterschied zwischen Berg und Tal. Die Weißen Schichten auf dem Riffelberg zeigen eine nur halb so große Verschleißrate W_v/l wie die Riffeltäler. Solange die Schichtdicken der WELs nicht zu groß werden, und Bereiche ausbrechen, ist dieser Effekt mitbestimmend für fortschreitendes Riffelwachstum.

13.3.3 Gefügeuntersuchungen

Im Bereich der Fahrkante kommt es, insbesondere wenn Schlupf zwischen Rad und Schiene auftritt und Schienenflanke und Spurkranz sich berühren, zum Abgleiten oberflächennaher Stoffbereiche. Diese Relativbewegungen führen in diesem Bereich zu starker Gleitreibung. Das Auftreten von Weißen Schichten (WELs) ist in diesem Bereich bislang nicht beobachtet worden.

Am Übergang von der Fahrkante zum Fahrspiegel liegt ebenfalls eine starke Verformung des Randbereichs vor. Neben dem herausgeätzten Ferrit der Korngrenzen liegen die langgestreckten Perlit-Körner. Die ehemaligen Zementitlamellen des Perlits sind nur noch bruchstückhaft vorhanden. Durch die starke mechanische Beanspruchung der Randschicht wird der harte, spröde Zementit, eingebettet im weichen, zähen Ferrit, zertrümmert. Die Richtung der Verformung ist fast nur zur Fahrkante hin ausgeprägt, in Längsrichtung sind in diesem Bereich keine bevorzugten Verformungsrichtungen festzustellen.

In Höhe des Fahrspiegels treten erstmalig WELs auf. Es handelt sich um schmale, in Schienenlängsrichtung ausgestreckte, etwa 10 μm dicke Streifen. Unter dem Rasterelektronenmikroskop läßt sich der Übergang von zertrümmertem perlitischen zu dem fast gänzlich homogenisierten Gefüge des WELs beobachten. Im Bereich der Ferritkorngrenzen fand keine sichtbare Umwandlung/Veränderung statt.

Die stärkeren Lagen umgewandelter Randschichten befinden sich in der Mitte des Fahrspiegels.

Die Riffelberge lassen sich auf der Schiene bereits mit bloßem Auge an den silbrig glänzenden Bereichen der Schienenlauffläche erkennen. Im Querschliff erkennt man eine 10–100 μm dicke Schicht, welche sich nur sehr schwer anätzen läßt. Beim Ätzen mit fünfprozentiger alkoholischer Salpetersäure, welche Stahlgefüge im allgemeinen gut entwickelt, bleibt diese Schicht annähernd strukturlos. Im Randbereich zum Grundgefüge zeigt die Schicht etwas Struktur, diese ist jedoch mit keinem typischen Stahlgefüge vergleichbar. Der Übergang zum darunterliegenden Gefüge ist relativ scharf abgegrenzt. Es ist ein ausgeprägtes Verformungsgefüge, die alten Korngrenzen sind zum Teil noch zu erkennen, die Zementitlamellen im Perlit sind jedoch fein zerbrochen. Von dieser Gefügeausprägung besteht dann ein fließender Übergang zum perlitischen Grundgefüge.

Abbildung 13.3.4: Lichtmikroskop (LM)-Aufnahme der Randschicht in Höhe des Fahrspiegels; Schiene S 54. Querschliff, V = 150×; —— 100 μm.

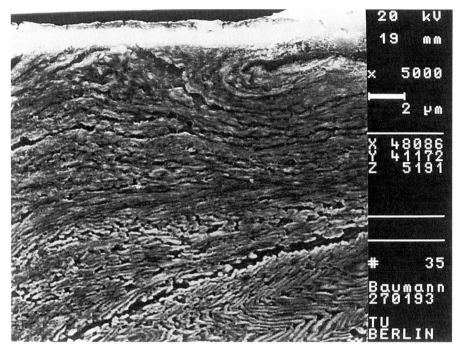

20 kV
19 mm
x 5000
2 μm
X 48086
Y 41172
Z 5191
35
Baumann
270193
TU
BERLIN

Abbildung 13.3.5: REM-Aufnahme der Randschicht neben den schmalen WELs. Es findet quasi eine Verwirbelung der Gefügebestandteile statt. Querschliff, V = 5 000×.

Ein typischer Querschliff durch einen Riffelberg ist in Abbildung 13.3.4 darge-stellt. Es zeigt sich, daß ein Riffelberg aus mehreren nebeneinanderliegenden Längs-streifen der WELs aufgebaut ist. In größeren Zwischenräumen oder am Rand von Riffelbergen sind vereinzelt Materialwirbel zu finden, welche ein Anzeichen für die hohen Belastungen an der Schienenoberfläche darstellen (Abbildung 13.3.5).

Im Riffeltal schließt sich an die Oberfläche ein etwa 5–10 μm starker Bereich verformten Gefüges an, das dann in das Grundgefüge übergeht.

Mit Hilfe einer Tiefätzung gelingt es, die Weiße Schicht zum Teil besser zu ent-wickeln, jedoch wird dabei das perlitische Grundgefüge völlig überätzt. Die Ober-flächenschicht der UIC 60-Schiene kann nun in bandartige Strukturen aufgeteilt werden. Höhere Vergrößerungen lassen jedoch keine weiteren Schlüsse über die Art der Bänder zu (Abbildung 13.3.6).

Die in der Kugelmühle gemahlenen Stahlpulver wurden wie die Schienenpro-ben präpariert und angeätzt. Die Pulverteilchen zeigen analog zu den WELs keine Gefügestruktur.

Die Beobachtungen der lichtmikroskopischen sowie der REM-Untersuchungen lassen sich gut mit an Weißen Schichten aufgenommenen Härte-Tiefen-Profilen, wie in Abbildung 13.3.7 dargestellt, korrelieren.

Magnetpulveruntersuchungen eines verriffelten Schienenabschnitts im Strek-kenbereich der Deutschen Reichsbahn von Grohmann [22] haben gezeigt, daß bei

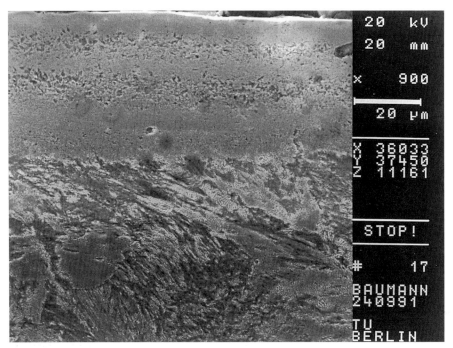

Abbildung 13.3.6: REM-Aufnahme des tiefgeätzten Randbereichs unter der Oberfläche. Querschliff, V = 900×.

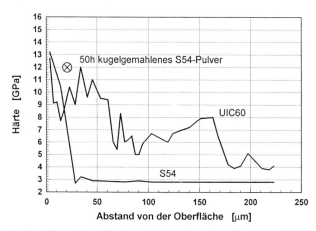

Abbildung 13.3.7: Härte-Tiefen-Profil der Schienen S 54 ($d_s = 30\ \mu$m) und UIC 60 ($d_s = 170\ \mu$m) im Riffelberg. Zum Vergleich der Härtewert einer 50 h gemahlenen Probe S 54.

Riffelstärken $> 50\ \mu$m vermehrt starke Rißnetze im Bereich von Riffelbergen auftreten. Die Schicht wird förmlich zerrüttet, es kann beim Überrollen zu Ausbrüchen von hartem Randschichtmaterial kommen.

Innerhalb WELs sind immer wieder Bereiche zu finden, wo Teile der Weißen Schicht bereits ausgebrochen sind (Abbildung 13.3.8). Bedingt durch die hohen Flächenpressungen beim Überrollvorgang findet ein Fließen des perlitischen Grundmaterials zwischen den Rissen an der Begrenzung des Ausbruchs statt. Offenbar ist es dem Material nun nicht mehr möglich, eine neue, widerstandsfähige Weiße Schicht aufzubauen. Vermutlich wird die Belastung der obersten Randschicht beim Überrollvorgang überwiegend von der angrenzenden Weißen Schicht aufgefangen. Das nachquellende perlitische Material wird anschließend durch normal bedingten Verschleiß und Korrosion abgetragen. Diese Beobachtungen sprechen gegen temperaturinduzierte Umwandlungen, da dann diese Fehlstellen durch erneute Umwandlung schnell „ausheilen" müßten, wenn man annimmt, daß die Verriffelung ein kontinuierlicher Vorgang ist. Daß es sich bei der Verriffelung auf geraden Strecken, ohne Brems- und Anfahrabschnitte etc., tatsächlich um einen kontinuierlichen Vorgang handelt, kann auf Schnellfahrstrecken gut beobachtet werden.

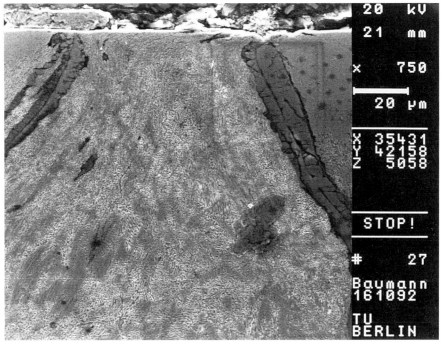

Abbildung 13.3.8: Fließen des Grundgefüges in einem Ausbruch einer Weißen Schicht. V = 750 ×.

13.3.4 Mikrostrukturuntersuchungen

Die Oberflächen der S 54- und UIC 60-Schienen wurden röntgenographisch mit Kobalt-Strahlung untersucht und mit dem Röntgenspektrum der kugelgemahlenen Proben verglichen (Abbildung 13.3.9). Dabei zeigten sich zwei wesentliche Punkte:

– In der WEL der UIC 60-Probe hat der Austenit einen Volumenanteil von 6–7 %. Es liegt nahe, daß es sich hierbei um Restaustenit handelt, der bei thermischer Transformation im martensitischen Abschreckgefüge erhalten bleibt.

– Die Auswertung der Korngrößen durch Entfaltung der Interferenzlinienbreiten in zwei Gauß-Anteile (für Korngröße und Verzerrungen) und der Berechnung nach der Scherrer-Formel ergibt Korngrößen von 18–20 nm. Die 50 h kugelgemahlenen Proben weisen Korngrößen von etwa 7 nm auf.

Mit Hilfe des Transmissionselektronenmikroskops (TEM) wurde ebenfalls die Mikrostruktur der Weißen Schichten näher untersucht. Als besonders problematisch stellte sich die Präparation durchstrahlungsfähiger Folien dar. Ziel war es, möglichst den oberflächennächsten Bereich herauszupräparieren. In der Hellfeldabbildung sind Korngrenzen nicht mehr sichtbar, die Feinbereichsbeugung zeigt aber ebenfalls, daß die Korngröße unter 50 nm liegen wird.

TEM-Aufnahmen, die dankenswerter Weise von Valiev und Ivanisenko (Institute for Metals Superplasticity Problems, Ufa, Rußland) durchgeführt worden sind, zeigten, daß jedoch die überwiegende Anzahl der Körner in der Schichtmitte eine Größe von circa 200 nm aufweisen. Diese Untersuchungen zeigten auch das Vorhandensein teilaufgelöster Karbide (Fe_3C).

Daß in den WELs gelöster Kohlenstoff vorhanden ist, ergeben ebenfalls Anlaßversuche in einem Differential-Scanning-Kalorimeter. Bei den Proben S 54 und UIC 60 zeigen sich ab etwa 100 °C Ausscheidungen von ε-Karbid Fe_2C, bei circa 300 °C

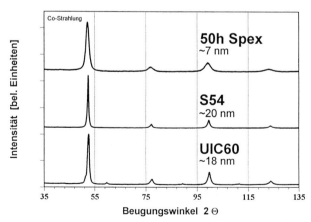

Abbildung 13.3.9: Röntgenspektren der WELs der S 54- und UIC 60-Schiene sowie der 50 h kugelgemahlenen S 54-Stahlprobe. Kobalt-Strahlung.

erfolgt die restliche Ausscheidung des gelösten Kohlenstoffs als *Fe₃C*. Die Ausscheidung der Karbide ist sowohl im Schliff als auch im Härteabfall zu verfolgen. Bei dem kugelgemahlenen S 54-Pulver vollzieht sich die Karbidausscheidung ungefähr 100 K später, was vermutlich an einer besseren Stabilisierung des Kohlenstoffs an Versetzungen und den zahlreicheren Korngrenzen im nanokristallinen Gefüge (KG = 7 nm) liegt.

13.4 Quantitative Abschätzungen zur Beurteilung möglicher Härtungsmechanismen

Die aus Kapitel 13.3 und der Literatur gewonnenen Ergebnisse grenzen die Ursache der hohen Härte in der Randschicht ein. Basierend auf diesen Untersuchungen sind folgende fünf möglichen Härtungsmechanismen quantitativ abzuschätzen:

- Härtung aufgrund verringerten Zementitlamellenabstands,
- Korngrenzenhärtung,
- Teilchen- oder Dispersionshärtung,
- temperaturinduzierte Transformation (Mischkristallhärtung),
- Kaltverfestigung.

Die Abschätzungen dienen dazu, einige der Mechanismen auszuschließen beziehungsweise hauptverantwortliche Härtungsmechanismen zu finden. Um einen Mechanismus quantitativ beurteilen zu können, wird zuerst seine Unabhängigkeit von anderen Mechanismen vorausgesetzt.

Da die ersten drei Mechanismen durch semiempirische Formeln beschrieben werden, ist der Gültigkeitsbereich nur beschränkt experimentell abgedeckt. Um eine theoretisch maximale Aufhärtung durch den einen oder anderen Mechanismus zu erhalten, müssen zum Teil diese Gültigkeitsbereiche überschritten werden. Diese Überschreitung der Bereiche ist allerdings noch so gering, daß man annehmen kann, daß die theoretischen Ergebnisse nicht um Faktoren oder gar Größenordnungen von der Realität abweichen.

Bis auf die Korngrenzenhärtung, bei der die Zugfestigkeit σ_o direkt ermittelt wird, ergeben sich aus den semiempirischen Formeln der einzelnen Mechanismen Werte für die Fließspannung σ_F. Der Zusammenhang zwischen 0,2 %-Dehngrenze ($\sigma_{0,2\%} \approx \sigma_F$) und Zugfestigkeit von perlitischen Schienenstählen ist aus [23] zu entnehmen. Experimentell sind hierbei nur Fließspannungen bis 900 N/mm² abgesichert. Über diesen Spannungsbereich hinaus wird extrapoliert. Aus den Zugfestigkeiten wird schließlich die Härte bestimmt. Für Stähle mit Härtewerten zwischen 80 HV und 650 HV ist nach DIN 50150 die Zugfestigkeit im Mittel: $\sigma_0 = 3,38$ HV. Der oberste Härtewert entspricht einer maximalen Zugfestigkeit von $\approx 2\,000$ N/mm². Höhere Härtebereiche (> 445 HV) werden nach [24] mit $\sigma_0 = 4,02$ HV $- 374$ empirisch gut erfaßt.

Eine ausführliche Beschreibung und Berechnung der ersten drei Mechanismen ist in [16] gegeben. Es zeigt sich, daß die Härtung aufgrund verminderten Lamellenabstands nur unterhalb der WEL wirkt, dort aber eine gute Übereinstimmung mit den gemessenen Härtewerten von circa 400 HV aufweist. Der Mechanismus der Korngrenzenhärtung beruht auf der Bewegungsbehinderung der Versetzungen an den Korngrenzen. Die Härtewerte der WEL lassen sich hiernach bei Korngrößen von d ≈ 15–25 nm erreichen, was sich mit den Untersuchungen aus Abschnitt 13.3 deckt. Es handelt sich hierbei nur um eine grobe Abschätzung, da die eingesetzten Korngrößen außerhalb des experimentellen Erfahrungsbereichs liegen. Die Teilchenhärtung setzt voraus, daß die Karbide beispielsweise durch mechanische Deformationsprozesse fein verteilt und inkohärent zur Matrix vorliegen. Aufgrund der hohen Grenzflächenenergie sind Versetzungen dann gezwungen, die Teilchen zu umgehen. Die aus diesem Orowan-Prozeß resultierenden Spannungen (beziehungsweise daraus abgeleitet die Härtewerte) liegen weit unter den innerhalb der WEL gemessenen Werten. Dieser Härtemechanismus kann demnach zumindest nicht allein wirken.

Der mögliche Einfluß der Temperatur auf die tribologischen Vorgänge im randnahen Bereich kann nicht genügend betont werden. Liegt die Temperatur oberhalb der Ac₃-Linie des perlitischen Stahls, bewirkt sie direkt eine Phasentransformation; unterhalb der Ac₃-Linie kann sie sowohl diffusionsfördernd sein (Bildung von Fe_2C, Fe_3C) als auch thermische Spannungen induzieren. Eine Modellvorstellung zur Bildung der WEL ohne genaue Kenntnis der entstehenden Temperaturen ist daher nicht möglich. Aus diesen Gründen werden der Temperatur und ihren Auswirkungen zwei Abschnitte gewidmet. Im letzten Abschnitt befindet sich eine Zusammenstellung der quantitativen Abschätzungen aller Mechanismen [16].

13.4.1 Temperaturen und temperaturinduzierte Phasentransformation

Die temperaturinduzierte Phasentransformation verlangt Temperaturen, die in den Austenitbereich führen. Unter Berücksichtigung der hohen Drücke und Erwärmungsgeschwindigkeiten beim Rad-Schiene-Kontakt wäre eine „dynamische" Transformationstemperatur von mindestens 600 °C notwendig [16].

Eine vollständige Analyse der beim Wälzkontakt im Rad-Schiene-System entstehenden Temperaturen ist in [25] wiedergegeben. Die Berechnungen verwenden die Daten von typischen Rad-Schiene-Profilen der DB. Für den Fall eines angetriebenen Radsatzes mit einer statischen Last von 100 000 N, einem Schlupf von 1 % und einer Fahrgeschwindigkeit von $v = 75$ m/s berechnet sich der maximale Temperaturanstieg zu $\Delta T = 69{,}5$ Kelvin. Bei verriffelten Schienen können sich aufgrund der Dynamik auf dem Riffelberg viel höhere Lasten ergeben (Kapitel 12), die hier mit 200 000 N angenommen werden. Wird zusätzlich ein hoher Schlupf von 2 % eingesetzt, so führt dies auf $\Delta T = 196{,}5$ K.

Diese Berechnungen erfolgen im Rahmen der Hertzschen Theorie mit einer elliptischen Druckverteilung bei ideal glatter Oberfläche. Aus Kapitel 3 (Abbildung 3.3.1) ist bekannt, daß Rauheiten Druckerhöhungen induzieren, die um das 10–14fache des maximalen Hertzschen Werts hinausgehen. Die Temperatur eines Oberflächenpunkts, die beim Durchlauf durch die Kontaktzone tendenziell zunimmt, ist unter der Druckverteilung aus Kapitel 3 aufgetragen (Abbildung 13.4.1). Die dicken, glatten Kurven zeigen den Verlauf bei einer ideal glatten Oberfläche.

Im Gegensatz zum Druck nimmt die Temperatur aufgrund von Oberflächenirregularitäten nur gering zu (hier etwa 10 %). Um folglich Temperaturen von 600 °C zu erhalten, wäre bei einer dynamischen Belastung von 200 000 N, einer Fahrgeschwindigkeit von $v = 75$ m/s und unter Berücksichtigung von Rauheiten ein Schlupf von 5–6 % erforderlich.

Mit Ausnahme von blockierten Rädern und Schleuderstellen, wo wohl tatsächlich temperaturinduzierte Martensitumwandlungen auftreten, ist es in höchsten Maße unwahrscheinlich, daß solche Werte als Regelfall im Bahnbetrieb erreicht werden. Von einer temperaturinduzierten Martensittransformation kann beim RadSchiene-Kontakt also abgesehen werden.

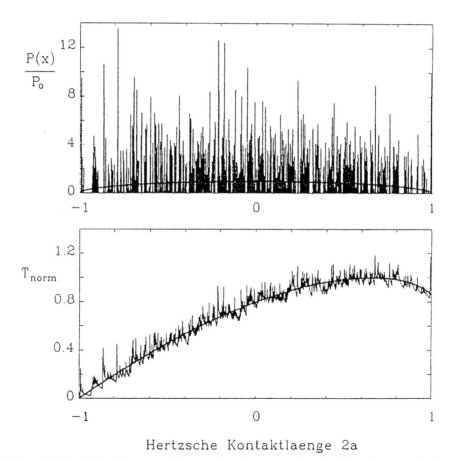

Abbildung 13.4.1: Einfluß der rauheitsinduzierten Druckverteilung der Oberfläche auf die Temperatur entlang der Kontaktzone.

13.4.2 Kaltverfestigung

In den Ausführungen von [16] wird der Einfluß von thermisch induzierten Spannungen eingehender untersucht. Temperaturerhöhungen von $\Delta T = 20$ K bewirken demnach schon Spannungen um 100 N/mm^2 und kommen damit in die Größenordnung der Kontaktspannungen. An der Oberfläche dagegen sind die rauheitsinduzierten Kontaktspannungen maßgebend, da sie um ein Vielfaches höher als die thermisch induzierten Spannungen liegen. Für die rauheitsinduzierten Kontaktspannungen aus Abbildung 13.4.1 lassen sich die Vergleichspannungen nach von Mises berechnen (Abbildung 13.4.2). Zugrunde liegt hierbei eine Normalkraft von 100 000 N (hier: $P_0 = 768$ N/mm^2) mit einem Reibbeiwert von 0,33.

Die maximalen Vergleichsspannungen σ_V liegen bei etwa 7 000 N/mm^2 und damit weit über der Ausgangsfließspannung von mindestens 400 N/mm^2 [26]. Damit solche Vergleichsspannungen rein elastisch aufgenommen werden können, muß es bei fortlaufenden Überrollungen zur Ausbildung randnaher Eigenspannungen, vor allem aber zu Kaltverfestigung gekommen sein. Die durch Rauheiten verursachten Druckspitzen zeigen ein extremes Abklingverhalten und sind bei etwa 10–15 μm im Bereich der Kontaktspannungen der Hertzschen Theorie. Die Temperaturen dagegen können bis zur einer Tiefe von 80 μm einen Einfluß haben [25]. Da die Temperaturen Werte von 100–200 °C annehmen können, sind Wärmespannungen in diesem Bereich bestimmend. In [16] gibt es Berechnungen, wo Wärmespannungen – überlagert mit Kontaktspannungen der idealen Hertzschen Lösung – Vergleichsspannungen von 1 500 N/mm^2 erreichen. Dies würde einer Aufhärtung 555 HV entsprechen. Das entscheidene Argument für eine wärmebedingte Kaltverfestigung ist, daß dieser Mechanismus erklären kann, warum die WELs nur eine begrenzte Dicke besitzen. Die charakteristische Eindringtiefe der Temperatur von bis zu 80 μm deckt sich mit den Dicken der Randschichten beziehungsweise der WELs aus den experimentellen Untersuchungen (Kapitel 13.3.3).

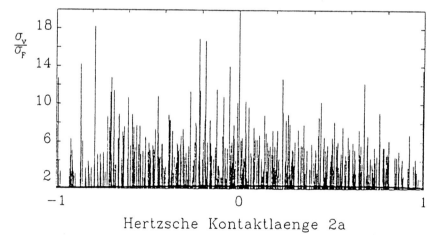

Abbildung 13.4.2: Normierte rauheitsinduzierte Vergleichspannung bezogen auf die Ausgangsfließspannung entlang der Oberfläche.

13.4.3   Wirkungen der Härtungsmechanismen

Die Ergebnisse der quantitativen Abschätzungen und der Wirkungsbereich der Härtungsmechanismen werden in Abbildung 13.4.3 zusammenfassend dargestellt.

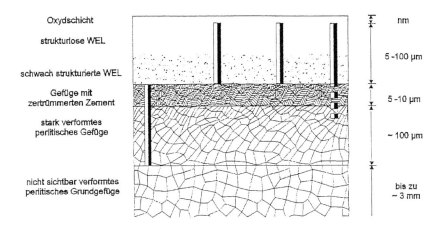

	Reduzierter Inter-lamellarer Abstand	Korngrenzen-Härtung	Teilchen-Härtung	Kalt-Verfestigung
$\sigma_F \; \dfrac{N}{mm^2}$	≈ 980	x	$\approx 1300 - 2450$	≈ 1500
σ_F / σ_0	≈ 0.7	x	$\approx 0.72 - 0.98$	≈ 0.8
$\sigma_0 \; \dfrac{N}{mm^2}$	≈ 1400	$\approx 3300 - 4300$	$\approx 1800 - 2500$	≈ 1900
$HV^* \; \dfrac{kg}{mm^2}$	≈ 415	$\approx 915 - 1160$	$\approx 535 - 715$	≈ 555

Abbildung 13.4.3: Aufhärtung und Wirkungsbereich der einzelnen Mechanismen.
* Din 50150: $\sigma_0 = 3{,}38 \; IIV$ (< 650 HV) bzw. $\sigma_0 = 4{,}02 \; HV - 374$ (> 445 HV);
x: direkte Berechnung der Zugfestigkeit.

13.5   Modellvorstellungen zur Randschichtveränderung

In Abschnitt 13.2.1 wurde gezeigt, daß ein temperaturinduzierter, ungetemperter Martensit die Eigenschaften der WELs nicht erklären kann. Nach den Berechnungen aus Abschnitt 13.4 können im normalen Bahnbetrieb keine Temperaturen erreicht werden, die für eine Umwandlung über Austenit nötig sind. Berücksichtigt wurden hierbei schon die hohen Drücke, die die Umwandlungstemperatur senken. Auch von anderen nanokristallinen, homogenen Strukturen gibt es keinen Nachweis, daß Temperaturen von 100–300 °C zur Transformation ausreichen können.

Der Theorie, daß die WEL aus feinverteilten Karbiden und Oxiden besteht, wird vor allem deswegen nicht gefolgt, da sie im Widerspruch zu den gemessenen Verlusten von Karbid an Schienenoberflächen steht [3, 15]. Des weiteren könnte eine Teilchenhärtung allein nicht die hohe Härte erklären (Abschnitt 13.4). Zwar sind eingewalzte Siliciumoxid-Partikel in verriffelten Schienen nachgewiesen worden [27], aber eine Korrelation zur Härte gibt es nicht.

Die folgenden Ausführungen sollen den Mechanismus zur Entstehung einer martensitischen Struktur beschreiben, wobei sich diese Erklärungsweise mit den aus den vorangegangenen Kapiteln gewonnenen Erkenntnissen am besten deckt.

Es ist bekannt, daß plastische Deformationen im Rad-Schiene-Kontakt eine große Rolle spielen. Ein neu eingesetztes Gleis hat eine relativ niedrige Fließgrenze. Es bildet nach deren Überschreiten Eigenspannungen aus und verfestigt sich und reagiert fortan „quasielastisch". Die für die plastischen Deformationen nötigen Belastungen ergeben sich aus der in früheren Kapiteln behandelten Dynamik des Rad-Schiene-Kontakts (Kapitel 12), aus den im randnächsten Bereich (10–15 μm) durch Rauheiten induzierten Druckspitzen als auch aus den Wärmespannungen im Bereich bis 80 μm.

Die Verfestigung des Materials wird in der Metallphysik über die Versetzungstheorie erläutert, zum Beispiel [28]. Da die Versetzungsbewegung das Grundelement der plastischen Verformung des Gitters ist, bestimmt die Versetzungskinetik die Plastizität und Festigkeit kristalliner Festkörper. Neben den Verfestigungseffekten können Versetzungen unter bestimmten Bedingungen auch die Struktur verändern. Das Resultat dieser Strukturveränderung ist die geringe Korngröße der WELs. In [29] werden die Zusammenhänge zwischen Versetzungsdichte, Spannungen und Zelldurchmesser diskutiert. Es bleibt festzustellen, daß aufgrund zyklischer plastischer Deformationen und der besonderen tribologischen Situation im Rad-Schiene-Kontakt im randnahen Bereich der Schienenoberfläche eine Zellstruktur kleiner Korngröße ausgebildet werden kann, die energetisch günstiger ist und ein hohes Maß an Stabilität aufweist. Die entstandenen Subkörner müssen vollständig zufällige Orientierungen besitzen [19]. Der Prozeß der Zwillingsbildung beim Verformungsprozeß führt ebenfalls zu einer Kornverkleinerung. Somit lassen sich die gemessene Korngröße, die optische Homogenität und die TEM-Aufnahmen der WELs erklären.

Die Auflösung von Zementit durch plastische Deformation (Abschnitt 13.2.1) zeigten schon [30, 31]. Aufgrund der höheren Bindungsenergie lagern sich die Kohlenstoffatome in das Spannungsfeld der Versetzungen an. Die Karbidauflösung mit nachfolgender Ausscheidung der Kohlenstoff (C)-Atome in den dann übersättigten *a*-Mischkristall konnte unter niedrigen Temperaturen (T = −196...20 °C) durchgeführt werden [32]. Es wurde ferner festgestellt, daß sich das Auflösungsvermögen bei Versetzungskonzentrationen (wie Versetzungsstrukturen) höher ist als bei einheitlich verteilten Versetzungen. Obwohl der Mechanismus, der zur Auflösung führt, nicht vollends geklärt ist, lassen sich folgende Ansätze wiedergeben:

– Im Normalzustand ist die C-Aktivierung im Ferrit die gleiche wie im Karbid. Während des Auftretens von lokalen Belastungen steigt die Aktivierung wegen der geringeren Dichte im Karbid stärker als im Ferrit, was zu einer Auflösung führt [33]. Der Einfluß des Drucks auf die höhere Löslichkeit von Karbid wird in [34, 35] behandelt.
– Aufgrund der Spannungszyklen im Rad-Schiene-System entsteht ein fortlaufender Kontakt von kohlenstoff-freien Versetzungen mit Karbiden. Diese Versetzungen binden dabei die C-Atome bei gleichzeitiger Karbidauflösung [15].
– Zuerst erfolgt eine Migration der Kohlenstoffatome aufgrund der spannungsinduzierten Einstellung der Ordnung zu den Versetzungen. Dieser Vorgang führt zu Konzentrationsgradienten und konzentrationsinduzierter Diffusion, die den Auflösungsprozeß verstärkt [36].

Der durch diese Mechanismen entstandene Einlagerungsprozeß von Kohlenstoff in die *a*-Matrix erklärt die theoretisch erwartete [15] und experimentell gemessene [3] kubische Struktur. Neben der Korngrenzenhärtung liefert dadurch die Mischkristallhärtung einen weiteren Beitrag zur Erklärung des Härtephänomens. Die hohe thermische Stabilität der WELs, d. h. die gehemmte Ausscheidung von Karbiden bei 200–300 °C, läßt sich mit der hohen Affinität der C-Atome zu den Versetzungen erklären. Die randschichttypische Sprödheit kann nach diesem Modell analog zur Reckalterung betrachtet werden. Der gelöste Kohlenstoff setzt sich an die Bereiche der Versetzungen, wodurch diese bewegungsunfähig werden, was gleichbedeutend mit einer Abnahme der Verformungsfähigkeit ist.

Allen drei Mechanismen gemein ist, daß zur vollständigen Lösung der C-Atome in die interstitialen Plätze der *a*-Matrix eine Versetzungsdichte von über 10^{13} cm^{-2} (bei 0,45–0,8 % C) notwendig wäre [15, 36]. Bei herkömmlicher starker Verformung liegt die Versetzungsdichte bei Metallen allerdings unter 10^{12} cm^{-2}, bei Prozessen wie dem mechanischen Legieren können jedoch höhere Versetzungsdichten (bis 10^{14} cm^{-2}) erreicht werden [19].

Das Modell kann aber nicht die parallel liegenden Schichten innerhalb der WELs (Abbildung 13.3.6) erklären. Diese Schwäche wird allerdings von allen Entstehungstheorien geteilt. Des weiteren vermögen Modelle einer mechanisch induzierten Transformation nicht, die gemessenen Restaustenitanteile der UIC 60-Probe (Abschnitt 13.3) zu erklären. In der Eisenbahnliteratur sind keine weiteren Fälle von Restaustenit in der WEL bekannt, so daß dieses Phänomen vorerst als Anomalie betrachtet werden kann, die etwa bei einem zusätzlichen Schleudervorgang aufgetreten ist. Diese Fragestellung muß zukünfig durch eine systematische Untersuchung von WELs auf verschiedenen Strecken geklärt werden.

13.6   Auswirkungen der Randschichtveränderung

Mit zunehmender Verfestigung bildet sich eine Randschicht aus, die hart, verschleiß-
fest, aber auch sehr spröde ist (Kapitel 13.3.3). Die Sprödheit steigt dabei mit der
Schichtdicke [7]. Aufgrund der geringeren Verformungsfähigkeit kommt es verstärkt
zu Mikrorißbildung und kann durch Abplatzen der spröden Schicht zu gravierenden
Oberflächenschäden der Schiene führen [22]. Die Grenzschicht der Schiene ist gegenüber des Materialinneren aufgrund von Texturbildung [37] anisotroper gewor-
den.

Aus den beobachteten mechanischen Eigenschaften lassen sich weitere physikalische Eigenschaften verknüpfen, für die es jedoch noch keine experimentelle Bestätigung gibt. Infolge der dynamischen Verfestigung wächst im allgemeinen das
energetische Potential der Oberflächenschicht, wodurch die Diffusionsfähigkeit erhöht und das elektrische Potential, die Wärme- sowie die elektrische Leitfähigkeit
des Materials vermindert wird [38]. Mit Ausnahme von wärmebehandelten Stählen
nimmt mit steigender Härte der Elastizitätsmodul ähnlich wie der Schubmodul zu
[39]; d. h. die Materialanstrengung kann ansteigen.

13.7   Zusammenfassung der Ergebnisse

Unter der Annahme, daß im Regelverkehr bei der Bahn keine Schlüpfe > 5–6 % auftreten, konnte gezeigt werden, daß primär temperaturinduzierte Vorgänge in der
Randschicht nicht zu der Ausbildung von WELs mit ihren charakteristischen Eigenschaften führen. Vielmehr sind temperaturinduzierte Spannungen in Verbindung mit
hohen dynamischen Belastungen für die Ausbildung der WELs verantwortlich. Eine
Kombination von extrem hohen Versetzungsdichten, verbunden mit der Bildung von
Subkörnern, und der Zwangslösung eines Teils des Kohlenstoffs aus dem Zementit
im a-Fe-Gitter, vergleichbar mit dem Prozeß des mechanischen Legierens, führen zu
den extremen Eigenschaften der „Weißen Schichten". Ist die Ausbildung von WELs
in der Randschicht erst einmal vollzogen, so nimmt das Riffelwachstum aufgrund der
harten, verschleißbeständigeren Schicht unaufhaltsam weiterhin zu. Bei Schichtdicken über 100 μm beginnt die Schicht mit der Ausbildung von Rißnetzen. Das Ausbrechen von Randschichtpartikeln ist die Folge. Aufgrund des spröden Verhaltens
sind WELs meist auch in den Keimzentren von weiteren Schienenfehlern, wie
schwarzen und braunen Flecken, sowie Squats und Head Checks zu finden.

13.8 Literatur

1 A. P. Voskamp: Material response to rolling contact loading. Journal of Tribology *107* (1985), 359–366.

2 A. A. Torrance: The metallography of worn surfaces and some theories of wear. Wear *50* (1978), 169–182.

3 D. M. Turley: The nature of the white-etching surface layers produced during reaming ultra-high strength steel. Material Science and Engineering *19* (1975), 79–86.

4 J. V. Ivanisenko: persönlicher Brief.

5 T. S. Eyre, A. Baxter: The formation of white layers at rubbing surfaces. Tribology International *5* (1972), 256–261.

6 H. G. Feller, K. Walf: Surface analysis of corrugated rail treads. Wear *144* (1991), 153–161.

7 K.-H. zum Gahr: Microstructure and wear of materials. Tribology Series, 10, Elsevier, Amsterdam 1987.

8 B. D. Grozin, V. F. Iankevich: The structure of white layers. Friction and wear in Machinery *15* (1962), 143–152.

9 B. J. Griffith: Mechanism of white layer generation with reference to machinery and deformation processes. Journal of Tribology *109* (1987), 525–530.

10 V. A. Kislik: The nature of white layers formed on friction surfaces. Friction and Wear in Machinery *15* (1962), 153–172.

11 H. Schlicht: Über die Entstehung von White Etching Areas (WEA), in Wälzelementen. HTM *28/2* (1973), 112–123.

12 D. Scott: Rolling contact fatigue. In: Treatise Mate. Sci. Technol., Bd. 13, D. Scott (Ed.), Academic Press, New York 1979, S. 321–361.

13 S. Hogmark, O. Vingsbo: Adhesive mechanisms in the wear of some steels. Wear *38* (1976), 341–359.

14 J. Kalousek, D. M. Fegredo, E. E. Laufer: The wear resistance and worn metallography of pearlite, bainite and tempered martensite rail steel microstructures of high hardness. Wear *105* (1985), 199–222.

15 S. B. Newcomb, W. M. Stobbs: A transmission electron microscopy study of the white etching layer on a rail head. Materials Science and Engineering *66* (1984), 195–204.

16 G. Baumann, H. J. Fecht, S. Liebelt: Formation of white-etching layers on rail treads. In: Proc. of the 4th Int. Conf. on Contact Mechanics and Wear of Rail/Wheel Systems, J. Kalousek (Ed.), Vancouver, Canada 1994. Wear *191* (1996), 133–140.

17 J. J. Bush, W. L. Grube, G. H. Robinson: Microstructural and residual stress changes in hardened steel due to rolling contact. In: Rolling Contact Phenomenon, Elsevier, Amsterdam 1962, S. 365–399.

18 G. Baumann: Untersuchungen zu Gefügestruktur und Eigenschaften der „Weißen Schichten" auf verriffelten Schienenlaufflächen. Dissertation, TU Berlin 1998.

19 H. J. Fecht: Nanophase materials by mechanical attrition: Synthesis and characterization. In: Nanophase Materials, G. C. Hadjipanayis, R. W. Siegel (Eds.), Kluwer Academic Publishers, Dordrecht, Boston, London 1994, S. 125–144.

20 C. C. Koch: Mechanical milling and alloying. In: Materials Science and Technologie, Processing of Metalls and Alloys *15* (1991), 193, R.W. Cahn (Ed.), Verlag Chemie Weinheim.

21 H. Gleiter: Nanocrystalline materials. Prog. Mater. Sci. *33* (1989), 223.

22 H. D. Grohmann: Rollkontaktschäden an Schienen. DR-Bericht, Nr. 163-601/0463, Brandenburg-Kirchmöser, 1992.

23 J. Flügge, W. Heller, R. Schweitzer: Gefüge und mechanische Eigenschaften von Schienenstählen. Stahl und Eisen *99* (1979), 841–845.

24 B. Winderlich: Das Konzept der lokalen Dauerfestigkeit und seine Anwendung auf martensitische Randschichten, insbesondere Laserhärtungsschichten. Mat.-wiss- u. Werkstofftech. *21* (1990), 378–389.

25 K. Knothe, S. Liebelt: Determination of temperatures for sliding contact with applications for wheel/rail-systems. Wear *189* (1995), 91–99.

26 A. F. Bower: Cyclic hardening properties of hard-drawn copper and rail steel; J. Mech. Phys. Solids, 37 (1989), 455-470.

27 K. Walf: Zur Bildung von Riffeln auf Schienenlaufflächen. Dissertation, TU Berlin 1991.

28 P. Haasen: Physikalische Metallkunde. Springer-Verlag, Berlin 1974.

29 W. Wuttke: Tribophysik – Reibung und Verschleiß von Metallen. Carl Hanser Verlag, München 1987.

30 D. V. Wilson: Effects of plastic deformation on carbide precipitation in steel. Acta Metallurgica *5* (1957), 293–302.

31 A. H. Cottrell, G. M. Leak: Effects of quench ageing on strain ageing in iron; Journal of the Iron and Steel Institute *172* (1952), 301-306.

32 V. G. Gavrilyuk, D. S. Gertsriken, Y. A. Polushkin, V. M. Fal'chenko: Mechanism of cementite decomposition during plastic deformation of steel. Phys. Met. Metall. *51* (1981), 125–129.

33 J. Buchwald, R. W. Heckel: An analysis of microstructural changes in 52 100 Steel Bearings during cyclic stressing. Trans. of the ASM *61* (1968), 750–756.

34 J. C. M. Li, R. A. Oriani, L. S. Darken: The Thermodynamics of stressed solids. Zeitschrift für Physikalische Chemie Neue Folge *49* (1966), 271–290.

35 J. C. Swartz: The solubility of cementite precipitates in alpha iron. Trans. of the Metallurgical Society of AIME *239* (1967), 68–75.

36 D. Kalish, M. Cohen: Structural changes and strengthening in the strain tempering of martensite. Mater. Sci. Eng. *6* (1970), 156–166.

37 Y. Demirci: Untersuchungen über bevorzugte Kristallorientierung (Textur), unter Berücksichtigung der Gesamtheit werkstofflicher Veränderungen in den Grenzschichten eines metallischen Wälzsystems. Dissertation, TH Aachen 1977.

38 A. Eleöd: Einfluß der mechanischen Grenzschichteigenschaften auf das tribologische Verhalten einer verfestigten Stahloberfläche. Schmierungstechnik *12*/12 (1981), 361–365.

39 K.-H. Habig: Verschleiß und Härte von Werkstoffen. Carl Hanser Verlag, München 1980.

14 Übersicht zur Geräuschentstehung beim Rollen

Manfred Heckl †*, Rolf Diehl*, Wolfgang Kropp*, Marie-Françoise Uebler* und
Maohui Wang*

14.1 Einleitung

Aus zahlreichen Umfragen folgt, daß der Verkehrslärm von 40 bis 50 % der Bevölkerung als stark belästigend empfunden wird. Innerhalb des Verkehrslärms ist das
Rollgeräusch die bei weitem wichtigste Schallquelle. Sie ist beim PKW-Verkehr oberhalb von etwa 50 Stundenkilometern und beim Schienenverkehr im ganzen derzeit
verwendeten Geschwindigkeitsbereich für den größten Teil des abgestrahlten
Schalls verantwortlich. Daß es trotzdem nicht sehr viele – jedenfalls im Vergleich
zu den Tausenden von Arbeiten über Fluglärm – grundlegende Untersuchungen
zur Rollgeräuschentstehung gibt, hat verschiedene Gründe. Einer davon ist sicher
die große Komplexität des Problems. Sie ist hauptsächlich darauf zurückzuführen,
daß je nach Betriebszustand verschiedene Einzelmechanismen zur Geräuschentstehung beitragen und daß für die Geräusche extrem kleine Bewegungen maßgebend
sind, die für die übrigen Funktionen der beim Rollen beteiligten Körper unwichtig
sind.

Dieser Bericht beschäftigt sich ausschließlich mit der Geräuschentstehung beim
Rollen; d. h. mit den Ursachen der zeitlich schwankenden Kräfte und Auslenkungen,
mit den Körperschalleigenschaften von Rollbahn und Rollkörper und mit der Abstrahlung des Körperschalls. Fragen der Schallausbreitung und ihrer Beeinflussung
(beispielsweise durch Schallschutzwände) werden nicht behandelt.

---

* Technische Universität Berlin, Institut für Technische Akustik.

14.2 Modellvorstellungen zur Rollgeräuschentstehung

14.2.1 Literaturübersicht

Es gibt eine Reihe von Arbeiten über die Entstehung der Rollgeräusche. Am bekanntesten dürften die Arbeiten über das Abtasten der Rad-Schiene-Rauhigkeiten (siehe beispielsweise [1, 2]) sein, die mittlerweile als Programmmpaket vorliegen. Wie Abbildung 14.2.1 zeigt, ist bei diesem Modell die alleinige Geräuschursache die kombinierte Rauhigkeit von Rad und Schiene, die über die Kontaktfelder das Rad (repräsentiert durch die Impedanz Z_R) und die Schiene, d. h. die Fahrbahn (repräsentiert durch die Impedanz Z_F), anregt. Neben der in Abbildung 14.2.1 dargestellten Aus-

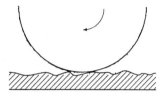

a) Rollvorgang

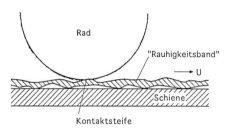

b) Stationäre Rauhigkeitsanregung

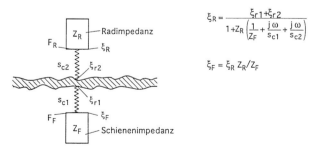

$$\xi_R = \frac{\xi_{r1}+\xi_{r2}}{1+Z_R\left(\dfrac{1}{Z_F}+\dfrac{j\,\omega}{s_{c1}}+\dfrac{j\,\omega}{s_{c2}}\right)}$$

$$\xi_F = \xi_R\, Z_R/Z_F$$

c) Idealisierung

Abbildung 14.2.1: Übergang vom Rollvorgang zur idealisierten Rauhigkeitsanregung.

lenkung in Normalenrichtung wird in [2] auch die Auslenkung in axialer Richtung berücksichtigt. Obwohl es sich um ein rein lineares Modell im Frequenzbereich handelt und obwohl der Einfluß der Größe der Kontaktfläche nur über eine Korrektur (Contact Patch Filter) berücksichtigt ist, wird in [2] über gute Übereinstimmung mit Meßwerten berichtet.

Ein anderer Vorschlag zur Modellierung der Rad-Schiene-Geräuschentstehung geht auf Feldmann [3] zurück. Es wird dabei davon ausgegangen, daß das Rollgeräusch aus einer Folge von vielen kleinen Impulsen besteht, die die am Rollen beteiligten Körper anregen. Die Stärke der Impulse wird aus der Rauhigkeit, der Kontaktsteife, der Rollgeschwindigkeit etc. berechnet. Bei den bisher vorgenommenen Vergleichen mit Messungen wurde ebenfalls von guter Übereinstimmung berichtet.

Von den zahlreichen weiteren Arbeiten über Rad-Schiene-Lärm seien noch die Veröffentlichung von Fingberg [4] zum Kurvenquietschen und erste Anfänge zur Behandlung der Geräuschentstehung durch Parametererregung [5] (speziell bei der Schwellenfachfrequenz) erwähnt.

Hinsichtlich der Reifenlärmentstehung findet man in der Literatur im wesentlichen nur zwei Modellvorstellungen, die quantitative Aussagen liefern. Bei der sogenannten „Air-Pumping-Annahme" [6] bleiben Schwingungen der Reifenoberfläche unberücksichtigt. Die Schallentstehung wird ausschließlich darauf zurückgeführt, daß jede Profilrille beim Eintritt in die Kontaktzone kleiner wird und deswegen die in ihr enthaltene Luft plötzlich „ausgepumpt" wird. Damit verbunden sind kurze Schalldruckimpulse. Da pro Sekunde mehrere hundert Profilrillen in die Kontaktzone einlaufen, führen sie – je nach Art der Stollenrandomisierung – zu einem mehr oder weniger breitbandigen mittel- bis hochfrequenten Geräusch. Am Ende der Kontaktzone findet der umgekehrte Vorgang mit kleinen negativen Druckimpulsen statt. Bei Reifen mit ausgeprägten Querrillen – die jedoch kaum mehr anzutreffen sind – scheint das „Air-Pumping" der wichtigste Schallentstehungsmechanismus zu sein.

Eine zweite Modellvorstellung für die Reifenlärmentstehung geht auf Ronneberger [7] zurück. Auch dabei werden die Biegeschwingungen der Lauffläche vernachlässigt. Der einzige Schallentstehungsmechanismus ist die lokale Verformung der Gummilauffläche, siehe Abbildung 14.2.2, die dazu führt, daß beim Ein- und Auslauf an den jeweiligen Rauhigkeitsspitzen Luft plötzlich nachströmen muß (denn das verdrängte Gummivolumen „verschwindet" im Reifeninneren) und somit eine sogenannte Volumenquelle (Monopolstrahler) entsteht. Die Einzelheiten des

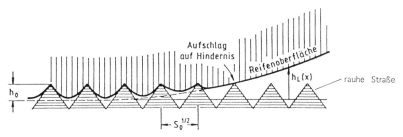

Abbildung 14.2.2: Schallentstehung durch Volumenverdrängung bei der lokalen Deformation der Reifenoberfläche, nach [7].

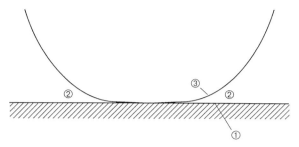

① = Straßenoberfläche mit Absorptionsgrad α

② = „Trichter"

③ = Quellgebiet

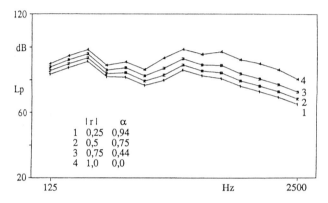

Abbildung 14.2.3: Einfluß des Absorptionsgrades auf die Schallabstrahlung eines rollenden Rades.
① = Straßenoberfläche mit Absoptionsgrad α,
② = „Trichter",
③ = Quellgebiet.

Modells sind etwas kompliziert, da die Eindringtiefe h_0 von der an einer Spitze wirkenden Kraft, von der Größe (S_0) und Form der Rauhigkeitsspitzen sowie vom Schubmodul des Reifenmaterials abhängt. Da der abgestrahlte Schalldruck durch die zweite Ableitung der zeitlichen Entwicklung des verdrängten Volumens gegeben ist, muß auch diese Größe sehr genau berechnet werden. Schließlich ist noch die komplizierte Geometrie, in der sich die Schallquelle befindet, zu beachten (Trichtereffekt, Abbildung 14.2.3). Das Modell wurde unter Berücksichtigung der genannten Effekte mit den entsprechenden Daten durchgerechnet. Es ergab sich dabei für profillose Reifen auf einer rauhen Fahrbahn oberhalb von 1 600 Hz eine gute Übereinstimmung mit Meßwerten.

14.2.2 Vorschlag für ein allgemeines „akustisches" Kontaktmodell

Bei der Entstehung der Rollgeräusche treten Phänomene auf, die eindeutig nichtlinear sind und solche bei denen man mit ausreichender Genauigkeit Linearität voraussetzen kann. Die nichtlinearen Vorgänge finden in der Kontaktzone statt, sind also auf ein nicht allzu großes Gebiet begrenzt. Bei den linearen Vorgängen handelt es sich im akustisch relevanten Bereich um sehr kleine Schwingungen und Wechseldrücke. Typisch sind Schwingschnellen im Bereich von 0,01 bis 0,1 m/s und Schalldrücke von 1 bis 50 Pa.

Das Vorhandensein von Nichtlinearitäten und die Berücksichtigung der Parameteranregung bedeuten, daß die üblichen akustischen Rechenmethoden im Frequenzbereich für das vorliegende Problem nicht gut geeignet sind. Es wird daher ein Zeitschrittverfahren vorgeschlagen, das durch folgende Aspekte charakterisiert ist.

a) Der Rollvorgang wird in sehr kleine Zeitschritte zerlegt. Für jeden Zeitschritt wird aus den in der Vergangenheit herrschenden Bewegungen und aus den momentan wirkenden Kräften die neue Bewegung bestimmt.

b) Die Nichtlinearität liegt vor allem darin, daß die Kontaktfedern (Abbildung 14.2.4) nur zusammengedrückt, aber nicht gedehnt werden können. Eine nichtlineare Federkennlinie bei der Zusammendrückung kann gegebenenfalls zusätzlich berücksichtigt werden.

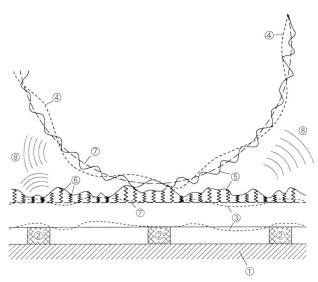

Abbildung 14.2.4: Prinzip der Rollgeräuschanregung. ① Untergrund; ② evtl. Unterstützung (Impedanzänderung und damit Parameteranregung); ③ Schwingungsverlauf der Rollbahn (linear); ④ Schwingungsverlauf des Rollkörpers (linear); ⑤ (rauhe) Oberfläche von Rollbahn und Rollkörper; ⑥ Kontaktfedern; ⑦ Idealkontur von Rollbahn und Rollkörper; ⑧ Schallabstrahlung (linear).

c) Es ist nicht notwendig ein „Kontaktflächenfilter" [1] für kurzwellige Oberflächenunebenheiten einzuführen, weil in dem Modell die Kontaktzone stets eine größere Anzahl von Einzelfedern enthält. Die Größe der Kontaktzone beziehungsweise die Anzahl der Kontaktfedern und ihre jeweilige Zusammendrückung ergibt sich im Verlauf der Rechnung, weil für jeden Zeitschritt aus einer Kraftbilanz die genaue Lage der Körper ermittelt wird. Für das Verfahren stellt es auch kein Problem dar, daß in vielen Fällen die Zusammendrückung der Kontaktzone (beim Rad-Schiene-Problem etwa 10^{-4} m) größer ist als die kurzwelligen Oberflächenunebenheiten (bei der Schiene 10^{-6} bis 10^{-5} m). Sprünge in der Oberfläche (beispielsweise Schienenstöße), denen der Rollkörper nicht in allen Details folgen kann (nichtlineare geometrische Filterung [3]) werden im Modell richtig erfaßt.

d) Ein gewisser Nachteil ist, daß (zumindest bis jetzt) die einzelnen Federn voneinander vollkommen unabhängig sind; d.h. der Einfluß, den eine Deformation an einem Berührungspunkt auf die Nachbarschaft hat, bleibt unberücksichtigt (kein Halbraummodell). Eine weitere wichtige Vernachlässigung besteht darin, daß Kräfte und Bewegungen in axialer und longitudinaler Richtung sowie Drehbewegungen im Aufstandspunkt entweder überhaupt nicht oder nur sehr angenähert berücksichtigt werden. Das bedeutet, daß der Einfluß des Vortriebs oder des Bremsens auf die Geräuschentstehung ausgeschlossen ist. Auch alle Arten von Stick-Slip-Vorgängen bleiben unberücksichtigt.

e) Da im Zeitbereich gerechnet wird, werden die schwingungstechnischen Eigenschaften der beteiligten Systeme entweder durch die entsprechenden Differentialgleichungen oder durch die Greenschen Funktionen (Impulsantworten) erfaßt.

f) Parametererregung kann dadurch zustande kommen, daß sich die lokale Steife von Ort zu Ort ändert (also die Kontaktfedern nicht gleich sind) oder dadurch, daß die globalen Steifen (beispielsweise wegen einer periodischen Unterstützung der Fahrbahn) örtlich verschieden sind. Beide Effekte werden berücksichtigt.

g) Die umgebende Luft beeinflußt die Schwingungen der Rollkörper nur unmerklich. Man kann daher die Bewegungen der einzelnen Bauteile ohne Berücksichtigung der Strahlungsbelastung bestimmen und aus den so erhaltenen Normalkomponenten der Schnellen den abgestrahlten Schall ausrechnen.

14.2.3 Anwendung des Modells auf einfache Kontaktschwingungen

In einer Vorstudie wurde die Grundvorstellung des Modells auf den ebenen Kontakt zweier rauher Körper angewandt. Es handelte sich dabei nicht um einen Rollkontakt, sondern um die Schwingungen zweier sich berührender Körper (Einzelheiten siehe [8]).

Abbildung 14.2.5 oben zeigt eine typische gemessene, stark übertriebene, rauhe Oberfläche, auf die ein Körper mit einer – in diesem einen Fall – ideal ebenen Oberfläche aufgelegt war. Es wird eine Eindringtiefe Δh vorgegeben und dafür aus den bekannten geometrischen Daten die Zusammendrückung ξ_{Ni} und der Radius r_i

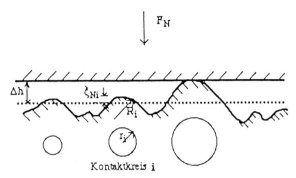

Abbildung 14.2.5: Skizze zur Berechnung der Eindringtiefe beim Kontakt von rauhen Oberflächen.

der in Kontakt befindlichen Rauhigkeitsspitzen bestimmt. Aus diesen Größen läßt sich nach der Hertzschen Theorie die wirkende Kraft F_i und daraus durch Summation die gesamte auf die Rauhigkeitsspitzen wirkende Kraft ermitteln. Durch Iteration wird der Wert von Δh bestimmt, bei dem die Summe der Einzelkräfte gleich der gesamten wirkenden Kraft F_N ist. Es zeigte sich, daß bei den untersuchten Beispielen, bei denen die mittlere Belastung $0,01-0,1$ N/mm^2 (bezogen auf die Gesamtfläche) betrug, die in Kontakt befindliche Fläche weniger als ein Tausendstel der Körperoberfläche ist.

Die Kenntnisse der Kontaktradien r_i erlaubt es, durch die entsprechende Summation die Bewegungen von zwei Körpern zu berechnen, wenn sie aufeinander liegen, also durch viele Kontaktfedern verbunden sind. Dazu wurden die Formeln von Hertz [9] für die Normalbewegung und von Mindlin [10] für die Tangentialbewegung für jeden einzelnen „Kugelkontakt" verwendet. Durch Summation kann man mit ihrer Hilfe die Wechselbewegung ξ_g eines starren Körpers berechnen, wenn eine Wechselkraft F_g auf die rauhe Oberfläche wirkt. Da für akustische Anwendungen die Amplituden sehr klein sind, kann man in guter Näherung mit Linearität rechnen und somit auch eine „Steife"

$$s_{T0} = \frac{F_g}{\xi_g} \qquad (14.1)$$

definieren. Diese Größe ist für drei Rauhigkeitspaarungen bei tangentialer Anregung in Abbildung 14.2.6 aufgetragen. Die Messungen wurden mit sehr kleinen Amplituden im Frequenzbereich $200-3\,000$ Hz vorgenommen.

Mit der vorliegenden Anordnung war es auch möglich, die Amplitudenabhängigkeit zu untersuchen. Es zeigte sich, daß man im Bereich $F_g < 0,1\,\mu\,F_N$ mit linearen Verhältnissen rechnen kann (μ = Reibungszahl, F_N = Normalkraft). Bei größeren anregenden Kräften werden die Auslenkungen relativ größer (und Obertöne treten auf), bis dann bei $F_g \geq \mu\,F_N$ vollständiges Gleiten eintritt. Die Rauhigkeitskontakte werden also bei der hier gewählten Anregungsrichtung mit wachsender Amplitude weicher, weil die Anzahl der kleinen Kontakte, die aneinander haften, immer kleiner wird.

Bei der Grundfrequenz der Anregung stimmen die gemessenen und berechneten „Steifen" relativ gut überein (Abbildung 14.2.6).

Es sei an dieser Stelle noch erwähnt, daß man mit dem angewandten Verfahren auch die mechanischen Energieverluste durch die Kontakte – also die für Schallschutzzwecke wichtige Fügestellendämpfung – für kleine Amplituden näherungsweise berechnen kann.

Schließlich ist noch interessant, daß die Rauhigkeit der Oberflächen dazu führt, daß alle Bewegungsrichtungen miteinander gekoppelt sind. Das gilt insbesondere für die Tangentialbewegung, die immer mit einer Normalbewegung und einer Kippbewegung verbunden ist. Bei den Versuchen äußerte sich das darin, daß bei sinusförmiger Anregung in tangentialer Richtung der gleichzeitig gemessene elektrische Widerstand des Kontakts im Rhythmus der doppelten Anregefrequenz um 10 bis 20 % schwankte.

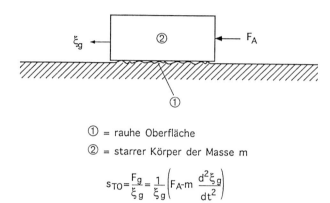

① = rauhe Oberfläche

② = starrer Körper der Masse m

$$s_{TO} = \frac{F_g}{\xi_g} = \frac{1}{\xi_g}\left(F_A - m\,\frac{d^2\xi_g}{dt^2}\right)$$

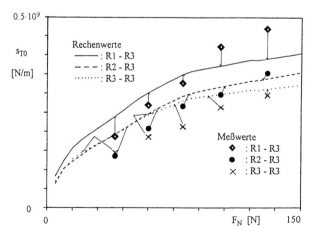

Abbildung 14.2.6: Tangentiale Kontaktsteife bei kleiner Schwingungsamplitude.

14.2.4 Rollen von starren Körpern

Zur weiteren Prüfung wurde das Kontaktmodell auf einen kleinen Laborprüfstand, bei dem zwei Scheiben aufeinander abrollten, angewandt. Für die Rechnung wurde aus Symmetriegründen das in Abbildung 14.2.7 skizzierte Modell mit einer beweglichen Masse und einem starren Untergrund benutzt. Es wurde angenommen, daß die Scheibe als reine Masse betrachtet werden kann. Die Steife der einzelnen Federn wird mit s_n bezeichnet. Im undefinierten Zustand ist ihre Länge r_n, also ein Abbild der Rauhigkeit. Da die Masse starr ist, ist ihre Auslenkung durch eine einzige Koordinate, die mit y bezeichnet wird, beschreibbar. Wenn Δ der Abstand der Federn voneinander ist, dann ist die Entfernung zwischen Oberkante einer Feder und dem senkrecht darüber liegenden Radpunkt durch

$$\xi_{nA} = \frac{n^2 \Delta^2}{2a} - r_n + (y - \bar{y})$$

(14.2)

gegeben. Ist diese Größe negativ, dann wird die dazugehörige Feder zusammengedrückt, es wirkt also eine Federkraft. Falls ξ_{nA} positiv ist, wird die Feder nicht belastet, weil kein Kontakt besteht. Hierin liegt – auch bei linearen Federn – die Nichtlinearität des Problems. Die gesamte auf das Rad wirkende Kraft ist

$$F_g = \sum_n s_n \xi_{nA} \, H(-\xi_{nA}) \quad .$$

(14.3)

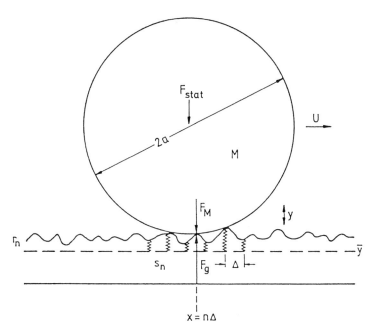

Abbildung 14.2.7: Rollen einer starren Masse auf einer rauhen Oberfläche.

Dabei ist

$$H(z) = \begin{cases} 1 & \text{für} \quad z > 0 \\ 0 & \text{für} \quad z < 0 \end{cases} \tag{14.4}$$

die Heavisidesche Sprungfunktion.

In Gleichung (14.3) hätte man auch einen allgemeinen nichtlinearen Zusammenhang zwischen Zusammendrückung und Federkraft benutzen können. Das Rechenverfahren wird dadurch auch nicht viel aufwendiger. Für akustische Zwecke dürfte es jedoch ausreichend sein, die lineare (inkrementale) Steife zu verwenden. Um die Auslenkung y der Masse zu bestimmen, muß man nun noch die Federkraft und die von der Masse aus wirkende Kraft gleichsetzen. Diese Kraft setzt sich aus der statischen Vorlast und der Trägheitskraft der Masse zusammen. Es gilt also

$$F_M = F_{\text{Stat}} + M \, \frac{\mathrm{d}^2 y}{\mathrm{d}t^2} \quad . \tag{14.5}$$

Da die Rechnung in diskreten Zeitschritten vorgenommen wird, kann man in Gleichung (14.5) den Differentialquotienten durch einen Differenzenquotienten ersetzen. Also gilt

$$F_M = F_{\text{Stat}} + \frac{M}{(\delta t)^2} \, (y - 2y_{-1} + y_{-2}) \quad . \tag{14.6}$$

Dabei ist y die Auslenkung zum interessierenden Zeitpunkt. y_{-1} beziehungsweise y_{-2} sind die aus vorhergegangenen Rechnungen bekannten Bewegungen zu den um δt beziehungsweise $2\delta t$ früheren Zeitpunkten.

Da Kräftegleichgewicht herrschen muß, sind Gleichung (14.3) und Gleichung (14.6) gleichzusetzen. Damit ergibt sich

$$\sum s_n \xi_{nA} \mathrm{H}(-\xi_{nA}) = F_{\text{Stat}} + \frac{M}{(\delta t)^2} \, (y - 2y_{-1} + y_{-2}) \quad . \tag{14.7}$$

Gleichung (14.7) und Gleichung (14.2) reichen aus, um für jeden Zeitpunkt die interessierende Radauslenkung zu erhalten. Sie werden numerisch mit Zeitschritten von wesentlich weniger als einer Millisekunde gelöst. Zwischen zwei Zeitschriften wird die Masse um die Strecke Δ bewegt, dadurch kommen immer neue Federn in Kontakt mit dem Rad. Wenn U die Vorwärtsgeschwindigkeit der Masse ist, dann ist die Länge eines Zeitinkrements $\delta t = \Delta / U$. Der Abstand Δ der Federn war bei der Rechnung einige zehntel Millimeter.

In Abbildung 14.2.8 sind Meßwerte und berechnete Werte für einige Geschwindigkeiten verglichen [8]. In Abbildung 14.2.8 sind nicht die Spektren, sondern nur die Höchstwerte der Beschleunigung aufgetragen. Sie traten bei der Kontaktresonanz auf, bei der die Masse und die Kontaktfedern ein Resonanzsystem bilden. Die Rauhigkeitswerte wurden aus dem gemessenen Mittenrauhwert und einer üblichen Wellenlängenverteilung bestimmt.

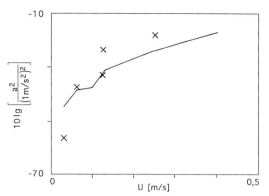

Abbildung 14.2.8: Resonanzpegel der Kontaktschwingungen einer auf einer rauhen Fläche rollenden Masse von 3,5 kg bei einer statischen Vorlast von 100 N.
Simulationsrechnung ——————   Meßwerte ×.

Mit dem beschriebenen Modell wurden noch weitere Simulationsrechnungen vorgenommen. Dabei konnte gezeigt werden, daß auch der Einfluß von Diskontinuitäten (Schienenstöße) erfaßt werden kann und daß bei großen Rauhigkeiten ein Abheben des Rollkörpers von der Rollbahn erfolgt.

14.2.5   Rollen eines nachgiebigen Rades (Reifens)

Als Erweiterung des im letzten Abschnitt behandelten Modells soll nun auch berücksichtigt werden, daß sich die Oberfläche des Rollkörpers deformieren kann und daß elastische Wellen mit Laufzeiteffekten auftreten. In den Gleichungen bedeutet das, daß der Rundheitsterm $n^2\varDelta^2/2a$ um die Verformung ξ_n (das ist die Kurve ④ in Abbildung 14.2.4) ergänzt werden muß. Statt Gleichung 14.2 gilt also

$$\xi_{nA} = \frac{n^2\varDelta^2}{2a} + \xi_n - r_n + (y - \overline{y})   .\tag{14.8}$$

Die in Gleichung (14.8) auftretende Deformation ξ_n an der Stelle n ist auf die im Kontaktbereich wirkenden Kräfte zurückzuführen. Dabei wird zwischen den (unbekannten) momentanen Kräften F_m und den zu früheren Zeitpunkten herrschenden (bekannten) Kräften $F_m(t_i)$ unterschieden. Der Index m kennzeichnet den Krafteinwirkungsort, also einen Ort innerhalb des Kontaktbereichs. Die Deformation ξ_n am Ort n ist durch folgende Beziehung gegeben

$$\xi_n = \sum_m F_m\, g(m,n)\delta t + \sum_m \sum_i F_m\,(t_i)g(m,n,t - t_i)\delta t   .\tag{14.9}$$

In diesem Ausdruck ist $g(m,n)$ die (momentane) Greensche Funktion (Impulsantwort). Sie gibt an, wie groß die Deformation am Ort n ist, wenn im gleichen Zeitintervall ein Einheitsimpuls am Ort m einwirkt. $g(m,n,t-t_i)$ ist die (allgemeine) Greensche Funktion. Sie gibt an, welche Deformation am Ort n zur Zeit t verursacht wird, wenn am Ort m zur früheren Zeit t_i ein Impuls wirkte. δt ist das Zeitinkrement. Da für die mechanisch-elastischen Vorgänge Linerarität vorausgesetzt wird, können die Wirkungen (Deformationen), die von anderen Orten und zu früheren Zeiten verursacht werden beziehungsweise wurden, addiert werden. Das führt auf die Doppelsumme (Faltung) in Gleichung (14.9).

Um die unbekannten Kräfte F_m zu bestimmen, wird eine zu Gleichung (14.3) analoge Beziehung benutzt. Sie lautet

$$F_m = s_m \xi_{mA} H(-\xi_{mA}) \quad \text{für } m = 1,2,3\ldots \tag{14.10}$$

In dieser Formel ist ξ_{mA} durch Gleichung (14.8) gegeben, wenn man den Index n durch m ersetzt.

Das verbleibende Problem ist nun noch die Größe y, also die Auslenkung der Radachse zu finden. Man könnte das wieder mit Hilfe eines Kräftegleichgewichts analog zu Gleichung (14.5) erreichen. Es stellte sich jedoch heraus, daß der damit verbundene Rechenaufwand ohne großen Verlust an Genauigkeit vermieden werden kann, wenn man annimmt, daß die Radachse in Ruhe ist; d. h. daß y einen vom Fahrzeuggewicht beziehungsweise (bei den Rollversuchen) von der Anpreßkraft abhängenden konstanten Wert hat.

In allen angegebenen Gleichungen sind die Indizes m und n über alle im Kontakt befindlichen Federn zu erstrecken. Allerdings kennt man diese Zahl nicht a priori. Man wird daher immer über eine zu große Anzahl von Kontaktfedern summieren. Dadurch entsteht kein Fehler, weil durch die Heaviside-Funktion in Gleichung (14.10) dafür gesorgt ist, daß bei den nicht in Kontakt befindlichen Federn $F_m = 0$ gilt.

Gleichung (14.8) bis Gleichung (14.10) stellen ein nichtlineares Gleichungssystem für die unbekannten Teilkräfte F_m dar. Es wird für die einzelnen Zeitpunkte nacheinander numerisch gelöst und liefert neben den Kräften auch die Verformungen ξ_n. Ein Vorteil des Verfahrens wird darin gesehen, daß die linearen Vorgänge, mit denen die Schwingungen des Rollkörpers beschrieben werden, durch lineare Operationen (Faltung) so beschrieben werden, daß die nichtlinearen Rechnungen auf ein Minimum (nämlich die etwa 100 Kontaktpunkte) beschränkt bleiben.

Abbildung 14.2.9 zeigt den Vergleich eines an einem profillosen Reifen gewonnenen Meßergebnisses mit den nach dem beschriebenen Rechenverfahren erhaltenen Daten [11]. Es handelt sich bei den Meßdaten um die lokale Schnelle an einem Punkt etwas außerhalb der Kontaktzone. Die Messung wurde mit einem Laser-Doppler-Vibrometer gemacht.

Parallel dazu wurden auch Messungen mit einem auf dem Reifen befestigten, mitrotierenden Beschleunigungsaufnehmer vorgenommen. Dabei ergaben sich besonders in der Umgebung der Radaufstandsfläche vollkommen andere Zeitverläufe. Durch Übergang zu einem anderen Koordinatensystem konnte auch für diesen Fall gezeigt werden, daß Rechnung und Messung etwa dieselben Resultate liefern. Bei allen Rechnungen war angenommen, daß die rauhe Straße um den Reifen rotiert. Zentrifugal- und Corioliskräfte blieben also unberücksichtigt.

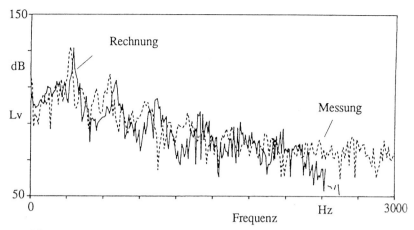

Abbildung 14.2.9: Vergleich der nach Gleichung (14.8) bis Gleichung (14.11) erhaltenen Daten mit gemessenen Schnellen an einem profillosen Reifen, der auf einer Trommel mit rauher Oberfläche rollte. $L_v = 10 \lg v^2/v_0{}^2$; v = Schnelle; $v_0 = 5 \cdot 10^{-8}$m/s. Messung mit Laser-Doppler-Vibrometer an einem raumfesten Punkt.

Es bereitet keine grundsätzlichen Schwierigkeiten, das Verfahren so zu erweitern, daß auch der Einfluß einer nichtstarren Fahrbahn (Kurve ③ in Abbildung 14.2.4), (zum Beispiel Schienen und Oberbau einer Eisenbahn) mit erfaßt wird. Es ist dazu notwendig, die Größe $\bar{y}$ in Gleichung (14.8) zeitabhängig zu machen und sie analog zu Gleichung (14.9) über eine Faltung aus den Kräften zu berechnen. Selbstverständlich muß dann für $g(...)$ die Greensche Funktion der Schiene benutzt werden. Da im Gegensatz zum Gummireifen die Wellenlänge der Eisenbahnräder und Schienen sehr viel größer sind als die Kontaktfläche, ist es für Gleichung (14.9) meist ausreichend mit $m = 1$ zu rechnen. Trotzdem wird die Rechnung sehr aufwendig, weil die Greenschen Funktionen ziemlich kompliziert sind. Ein Vergleich von Meßdaten mit Rechenwerten liegt noch nicht vor.

14.3 Beschreibung einer Struktur durch ihre Greensche Funktion

Bei Rechnungen im Zeitbereich scheinen die Greensche Funktion und die damit verbundene Faltung die angemessenen Methoden zur Beschreibung der linearen Strukturschwingungen zu sein. Die Frage ist nun natürlich, wie man diese Funktion, die alle strukturdynamischen Eigenschaften von Rollbahn beziehungsweise Rollkörper enthält, ermitteln kann. Grundsätzlich ist es möglich $g(m,n,t - t_i)$ zu messen. Man regt dazu die interessierende Struktur an der Stelle m durch einen kurzen Impuls an und beobachtet den Zeitverlauf der an der Stelle n erzeugten Bewegung. Diese

Messung muß man für viele Sende- und Empfangsorte vornehmen, um einen ausreichend großen Satz von Greenschen Funktionen zu erhalten. Bei inhomogenen Strukturen (zum Beispiel Schienen mit periodischen Stützstellen) können sehr viele Messungen notwendig sein, weil die Greensche Funktion nicht nur vom Abstand Sendeort/Empfangsort abhängt, sondern für jeden Sendeort verschieden ist.

Ist man an einer Berechnung von Greenschen Funktionen interessiert, dann geht das relativ leicht, wenn die Eigenformen, Eigenfrequenzen und modalen Massen bekannt sind. Es gilt nämlich

$$g(n,m,t-t_i) = \sum_{\kappa} \frac{\varphi_\kappa(x_n)\varphi_\kappa(x_m)}{m_\kappa \omega_\kappa} e^{-\eta_\kappa \omega_\kappa(t-t_i)/2} \sin[\omega_\kappa(t-t_i)] \quad . \tag{14.11}$$

Dabei bedeuten

m_κ = modale Masse,
ω_κ = κ-te Eigenfrequenz,
$\varphi_\kappa(x_n)$ = κ-te Eigenfunktion an der Stelle x_n,
$\varphi_\kappa(x_m)$ = κ-te Eigenfunktion an der Stelle x_m,
η_κ = Verlustfaktor der κ-ten Eigenform (Eigenfunktion),
t = momentane Zeit,
t_i = Zeitpunkt, zu dem der Impuls erfolgte.

Gleichung (14.11) besagt, daß sich – wie zu erwarten – die Greensche Funktion aus einer Summe von Ausklingvorgängen zusammensetzt. Wenn die Anzahl der zu berücksichtigenden Eigenschwingungen nicht besonders groß ist (zum Beispiel bei einem Eisenbahnrad), stellt Gleichung (14.11) die einfachste Darstellung einer Greenschen Funktion dar.

Wenn wegen der kleinen Wellenlängen oder der großen Dämpfung die modale Darstellung unhandlich wird oder wenn es sich um eine sehr große Struktur (zum Beispiel Eisenbahnoberbau) handelt, kann es sinnvoll sein die Greensche Funktion als eine Summe von einigen wenigen hin- und herlaufenden Wellen darzustellen. Dieses Verfahren wurde in Abbildung 14.2.9 angewandt: Dabei wurde die Greensche Funktion unter der Annahme berechnet, daß die Bewegungen der Reifenlauffläche durch die Gleichung für eine orthotrope Platte auf einer elastischen Bettung dargestellt werden können. Die benutzte Ausgangsgleichung war

$$B_x \frac{\partial^4 g}{\partial x^4} + 2B_{xy} \frac{\partial^4 g}{\partial x^2 \partial y^2} + B_y \frac{\partial^4 g}{\partial y^4} - T_0 \left(\frac{\partial^2 g}{\partial x^2} + \frac{\partial^2 g}{\partial y^2} \right) + s'' g + m'' \frac{\partial^2 g}{\partial t^2} = \delta(x,y)\delta(t)$$

$$\tag{14.12}$$

In Gleichung (14.12) sind B_x, B_{xy}, B_y die Biegesteifen in den verschiedenen Richtungen, T_0 ist die Vorspannung (Membranspannung), s'' ist die flächenbezogene Steife der Bettung und m'' die Masse pro Flächeneinheit. Die rechte Seite stellt den Einheitsimpuls dar. Zur Berechnung der Greenschen Funktion wurde die bekannte Lösung von Gleichung (14.12) für eine gegebene Frequenz benutzt und daraus durch eine numerische Fouriertransformation die gesuchte Funktion errechnet.

Abbildung 14.2.9 zeigt eine ziemlich gute Übereinstimmung von Rechnung und Messung, obwohl in Gleichung (14.12) der Einfluß der Reifenkrümmung nicht erfaßt wird. Das ist sicher darauf zurückzuführen, daß die sogenannte Ringdehnfrequenz, oberhalb der der Krümmungseinfluß auf die Schwingungen von Zylinderschalen vernachlässigt werden kann, bei Reifen in der Größenordnung von 300 Hz liegt. Es wären also bestenfalls bei den tiefen Frequenzen Abweichungen von der Theorie zu erwarten gewesen. Um auch tangentiale und axiale Bewegungen erfassen zu können, wurde das Modell der orthotropen Platte noch um folgendes erweitert [12]:

– Neben den Bewegungen in Richtung senkrecht zur Oberfläche wurden die beiden anderen Bewegungsrichtungen in einer Plattenebene berücksichtigt. Zusätzlich zu Gleichung (14.12) wurden also noch folgende Gleichungen für die sogenannten „In-Plane-Wellen" in die Rechnung mit einbezogen

$$\left[-m'' + E_x h \, \frac{\partial^2}{\partial x^2} + Gh \, \frac{\partial^2}{\partial y^2} \right] g_t + (E_{xy} + G)h \, \frac{\partial^2 g_a}{\partial x \partial y} = \delta(x,y)\delta(t) \quad , \qquad (14.13)$$

$$(E_{xy} + G)h \, \frac{\partial^2 g_t}{\partial x \partial y} + \left[-m'' + E_y h \, \frac{\partial^2}{\partial y^2} + Gh \, \frac{\partial^2}{\partial x^2} \right] g_a = \delta(x,y)\delta(t) \quad . \qquad (14.14)$$

– Zur Nachbildung eines Reifens wurde ein aus fünf Plattenstreifen bestehendes Modell (Abbildung 14.3.1) benutzt. Dabei wurden auch die Randbedingungen für die Bewegungen, Kräfte und Momente entlang der Verbindungslinien der Plattenstreifen berücksichtigt. Damit tritt eine Kopplung der verschiedenen Wellentypen auf.

In Gleichung (14.13) bedeuten:

E_x, E_y = Elastizitätsmodule in den beiden Richtungen,
G = Schubmodul,
E_{xy} = Mischmodul,
g_t, g_a = Greensche Funktion für tangentiale und axiale Bewegung,
h = Dicke.

In Abbildung 14.3.1 werden einige Meßbeispiele mit Rechenergebnissen verglichen. Es handelt sich dabei noch nicht um Greensche Funktionen, sondern um den Frequenzverlauf der Bewegung an einer Stelle, wenn die Anregung mit einer Punktkraft erfolgt. Es muß also noch eine Rücktransformation vom Frequenzbereich in den Zeitbereich vorgenommen werden, um die gewünschte Greensche Funktion zu erhalten. Bei den in Abbildung 14.3.1 gezeigten Beispielen ist die Übereinstimmung von Rechnung und Messung relativ gut. Es gibt aber auch Abweichungen. Sie treten vor allem dann auf, wenn die Entfernung zwischen Anregeort und Meßort groß ist und damit die berechneten Werte sehr klein sind. Zahlreiche Hinweise sprechen dafür, daß bei größeren Entfernungen – bei denen die hohe Körperschalldämpfung des Reifenmaterials voll zum Tragen kommt – die fast verlustfreie Übertragung über die Luft im Reifeninnern eine Rolle spielt.

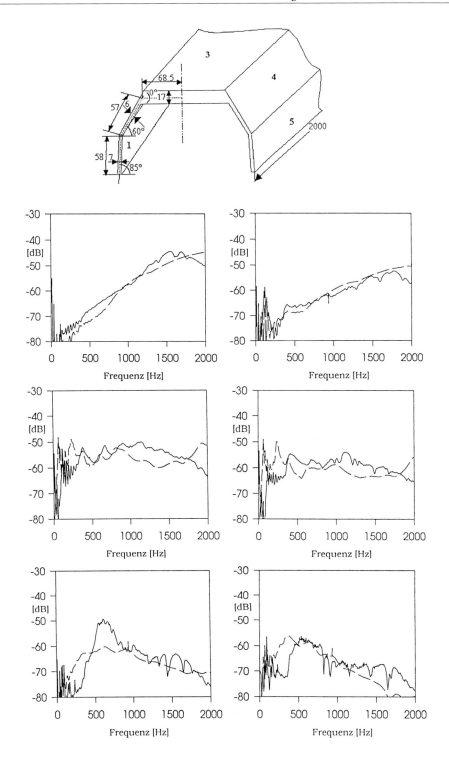

◄ Abbildung 14.3.1: Vergleich von berechneten und gemessenen Reifenschwingungen bei punktförmiger Anregung.

———————   Rechnung nach Gleichung (14.13) und Gleichung (14.14) für das Fünfstreifen-Modell.

— — —   Meßergebnisse. Als Ordinate ist die Größe

$10 \lg \left(\frac{v^2/v_0^2}{F^2/F_0^2} \right)$ aufgetragen. $v_0 = 1$ m/s, $F_0 = 1$ N.

links: Entfernung in Umfangsrichtung zwischen Anregestelle und Meßstelle, circa 3 cm.

rechts: Entfernung in Umfangsrichtung zwischen Anregestelle und Meßstelle, circa 18 cm.

obere Reihe: Anregung in radialer Richtung auf der Lauffläche, Messung in Umfangsrichtung auf der Lauffläche.

mittlere Reihe: Anregung in radialer Richtung auf der Lauffläche, Messung in axialer Richtung auf der Seitenfläche.

untere Reihe: Anregung in axialer Richtung auf der Lauffläche, Messung in Umfangsrichtung auf der Seitenfläche.

Es würde zu weit führen, die verschiedenen Modelle zu beschreiben, die man zur Berechnung der Greenschen Funktion des Oberbaus von Eisenbahnen benutzen kann. Die Schwierigkeit liegt darin, daß bei dieser Konstruktion ziemlich viele Einflüsse beachtet werden müssen, weil sich neben der Biegesteife der Schiene auch die Steife der Schienenzwischenlage (pad), der Ort der Schwellen, das Resonanzverhalten der Schwellen, die Schotterbettung und bei tiefen Frequenzen auch der Unterboden auswirken. Eine Beschreibung der verschiedenen Effekte und ihrer mathematischen Behandlung liefert der Übersichtsartikel [13]. Es wird wahrscheinlich noch einige Zeit vergehen, bis man entscheiden kann, welche Effekte in welchen Frequenzbereichen wichtig sind, und welche – eventuell von der Vorlast und von der Frequenz abhängenden – Materialdaten anzusetzen sind.

14.4   Schallabstrahlung

14.4.1   Boundary Element Methode

Letztlich interessiert bei den Rollgeräuschen der abgestrahlte Luftschall. Es muß also auch der Frage nachgegangen werden, wie die Schwingungen von Rollkörper und Rollbahn auf die umgebende Luft übertragen werden. Grundsätzlich ist dieses Problem gelöst, wenn die oberflächennormale Schnelle (Schwinggeschwindigkeit) der beteiligten Körper bekannt ist, denn nach der Kirchhoff-Helmholtz-Integralgleichung gilt

$$p(x)\varepsilon = \mathrm{j}\omega\rho_0 \int\limits_S v_n(y)g(x,y)\mathrm{d}S(y) + \int\limits_S p(y)\,\frac{\partial g(x,y)}{\partial n}\,\mathrm{d}S(y) \quad . \tag{14.15}$$

Dabei ist x die Koordinate (Vektor) des Punkts, an dem der Schalldruck bestimmt werden soll, y ist die Koordinate (Vektor) eines Schallstrahlerelements $\mathrm{d}S(y)$. Teilflächen, die nicht schwingen – also $v_n(y) = 0$ haben – müssen in die Rechnung miteinbezogen werden, weil sie Schall reflektieren oder streuen oder Ausgleichsvorgänge (hydrodynamischen Kurzschluß) behindern. $v_n(y)$ und $p(y)$ sind Schallschnelle beziehungsweise Schalldruck des Elements $\mathrm{d}S(y)$. $g(x,y)$ ist die Greensche Funktion der Punktschallquelle. Normalerweise wählt man

$$g(x,y) = \frac{1}{4\pi r}\,\mathrm{e}^{-\mathrm{j}k_0 r} \quad , \tag{14.16}$$

wobei r der Abstand zwischen Sendeort y und Empfangsort x ist. $k_0 = \omega/c_0$ ist die Schallwellenzahl, wobei c_0 die Luftschallwellengeschwindigkeit ist. $\rho_0 = $ Dichte der Luft. Ferner gilt

$$\varepsilon = \begin{cases} 1 & \text{innerhalb des von der Hüllfläche } S \text{ umschlossenen Gebiets, eventuell unter} \\ & \text{Einbeziehung einer unendlich großen Kugel,} \\ 0 & \text{außerhalb des von der Hüllfläche } S \text{ umschlossenen Gebiets,} \\ \tfrac{1}{2} & \text{auf der Hüllfläche.} \end{cases}$$

Mit Hilfe der Boundary Element Methode (BEM) kann Gleichung (14.15) in ein lineares Gleichungssystem für die unbekannten Schalldrücke p(y) umgewandelt und numerisch gelöst werden. Programmpakete hierfür sind vorhanden.

Im Rahmen von Rollgeräuschen wird Gleichung (14.15) zur Berechnung der Schallabstrahlung von den einzelnen Eigenformen von Eisenbahnrädern bei den Resonanzfrequenzen benutzt. Für die Berechnung der Abstrahlung von Schienen und Schwellen ist die BEM nicht sehr gut geeignet, weil der Rechenaufwand sehr groß ist und weil man Betrag und Phase der Oberflächenschnelle v_n nur in Ausnahmefällen so genau kennt, wie es für BEM-Rechnungen erforderlich ist.

14.4.2 Ersatzquellenmethode

Seit einigen Jahren wird auch die sogenannte Ersatzquellenmethode [14] zur Berechnung der Schallabstrahlung benutzt. Es werden dabei in einem homogenen Medium zahlreiche Ersatzquellen verteilt. Die Amplituden dieser Ersatzquellen werden dann so berechnet, daß sie auf einer Kontrollfläche, die mit der Oberfläche des Strahlers übereinstimmt, dieselbe Schallschnelle oder Schallintensität ergeben wie die interessierende Schallquelle. Mit Hilfe dieses Verfahrens wurde die Schallabstrahlung von einem Reifen berechnet [11], wobei die akustischen Eigenschaften der Straßenoberfläche variiert wurden. Eine Beispielrechnung zeigt Abbildung 14.2.3.

14.4.3   Abschätzungen mit Hilfe des Abstrahlgrades

Wesentlich einfacher, aber auch viel ungenauer als die in Abschnitt 14.4.1 und 14.4.2 erwähnten Methoden, ist die Anwendung des Abstrahlgrades σ. Damit kann man die von Eisenbahnen abgestrahlte Schalleistung P nach der Formel

$$P = \rho_0 c_0 \left[\overline{v_R^2} \sigma_R S_R + \int v_S^2(x) \sigma_S h \mathrm{d}x + \sum v_{Tn}^2 \sigma_T S_T \right] \tag{14.17}$$

finden.

In diesem Ausdruck stellt der erste Term die vom Rad abgestrahlte Schalleistung dar. Sie ergibt sich aus dem mittleren Schnellequadrat $\overline{v_R^2}$ und der Fläche S_R des Rades. σ_R ist der Abstrahlgrad des Rades. Bei den üblichen Eisenbahnrädern kann man oberhalb von 1 000 Hz in guter Näherung mit $\sigma_R = 1$ rechnen. Bei tieferen Frequenzen ist $\sigma_R < 1$.

Der zweite Term stellt die Abstrahlung von der Schiene dar. $v_S^2(x)$ ist der Ortsverlauf des Schnellequadrats. h ist die Schienenhöhe und σ_S der für diese Schienenhöhe definierte Abstrahlgrad. σ_S kann gesondert berechnet werden. Bei den hauptsächlich interessierenden Frequenzen unter 800 Hz ist bei UIC 60-Schienen

$$\sigma_S \approx 1{,}2 \cdot 10^{-3} \ (f/100)^3 \ . \tag{14.18}$$

Dabei ist f die Frequenz in Hz. Gleichung (14.18) geht auf Modellmessungen und Rechnungen nach der Ersatzquellenmethode zurück [15].

Der dritte Term beschreibt die bei tiefen Frequenzen wichtige Abstrahlung von den Schwellen. v_{Tn}^2 ist die mittlere Schnelle der n-ten Schwelle, S_T ihre Oberfläche und σ_T der Abstrahlgrad. Typischerweise ist der Abstrahlgrad der Schwellen größer als der der Schienen. Ein grober Schätzwert ist nach [15]

$$\sigma_T = \begin{cases} (f/400)^3 & \text{für } f < 400 \text{ Hz} \\ 1 & \text{für } f > 500 \text{ Hz} \ . \end{cases} \tag{14.19}$$

Setzt man in Gleichung (14.18) Werte ein, die aus Messungen und Überschlagsrechnungen gewonnen wurden, dann stellt man fest, daß bei tiefen Frequenzen meistens die Schwellen und Schienen und bei mittleren und hohen Frequenzen die Schienen und die Räder den Hauptbeitrag zur abgestrahlten Leistung liefern.

14.4.4   Sondereffekte

Bei Reifen hat sich die Anwendung des Abstrahlgrades als nicht günstig erwiesen, weil es kaum möglich ist, ein mittleres Schnellequadrat zu definieren (und zu messen) und weil geometrische Sondereffekte auftreten. Der wichtigste Sondereffekt ist der sogenannte Trichtereffekt [7]. Er ist darauf zurückzuführen, daß die Straße und der der Aufstandsfläche benachbarte Teil der Lauffläche einen Trichter bilden (Abbildung 14.2.3) und daß sich im engen Querschnitt dieses Trichters die hauptsächlich schwingenden und damit auch abstrahlenden Flächen befinden. Es konnte durch Messungen und Rechnungen gezeigt werden, daß durch den Trichtereffekt die Schallabstrahlung bei 500 Hz um 5–10 dB und oberhalb von 1 000 Hz um 15–20 dB erhöht wird. Durch Verwendung von porösen Straßenoberflächen und schmalen Reifen kann der Einfluß des Trichtereffekts reduziert werden (Abbildung 14.2.3).

Ein zweiter Sondereffekt hinsichtlich der Schallabstrahlung von Reifen ist das Auftreten von Luftschallresonanzen in den kleinen Kanälen zwischen den Profilstollen. Literatur hierzu siehe [7]. Dadurch wird zwar die abgestrahlte Schalleistung nur wenig erhöht, aber es können störende, tonale Effekte auftreten.

14.5 Zusammenfassung

Die beim Rollen entstehenden Geräusche sind besonders bei den höheren Geschwindigkeiten als Reifenlärm von Kraftfahrzeugen und als Rollgeräusch von Eisenbahnen von großer praktischer Bedeutung. Es gibt eine Reihe von Mechanismen, die für die Entstehung der Rollgeräusche verantwortlich sind. Bei Eisenbahnen scheinen die unvermeidlichen Unebenheiten von Rad und Schiene die Hauptursache zu sein. Daneben kann aber auch die Tatsache, daß die Schiene periodisch unterstützt ist, Anlaß zu einer Art Parameteranregung sein. Wenn große Tangentialkräfte wirken, treten außerdem noch – meist sehr lästige – Haft-Gleitbewegungen auf. Bei Reifen sind ebenfalls Abweichungen von der idealen Kreisgeometrie (Stolleneingriffsfrequenz) für einen großen Teil der Geräusche verantwortlich. Erschwerend kommt dabei hinzu, daß die Aufstandsfläche größer ist als die Wellenlängen im akustisch interessierenden Frequenzbereich. Das bedeutet, daß man auch im akustischen Bereich zur Berechnung der auf ein Reifenelement wirkenden Kräfte nicht nur die Geometrie der am Rollen beteiligten Körper, sondern auch die Reifenschwingungen und die sich ständig ändernde Kontaktfläche kennen muß. Es wurde über Modellvorstellungen zur Geräuschentstehung beim Rollen berichtet. Dabei wurde auch auf die teilweise sehr unterschiedlichen Körperschalleigenschaften der beteiligten Bauteile eingegangen. Ferner wurden Verfahren zur Abstrahlberechnung vorgestellt.

14.6 Literatur

1 P. J. Remington: Wheel/rail rolling noise Part I, II. J. acoust. Soc. Amer. *81* (1987), 1805–1832.

2 D. J. Thompson: Wheel-Rail noise generation. Part I–V. J. Sound Vib. *161* (1993), 387–482.

3 J. Feldmann: A theoretical model for structure-borne sound excitation of a beam and a ring in rolling contact. J. Sound Vib. *116* (1987), 527–543.

4 U. Fingberg: A model of wheel-rail squealing noise. J. Sound Vib. *143* (1990), 365–377.

5 M. Heckl: The role of the sleeper passing frequency in wheel-rail noise. Proc. of the second Transport Noise Symp., St. Petersburg 1994.

6 R. E. Hayden: Roadside noise from the interaction of a rolling tire with the road surface. Purdue Noise Control Conference, West Lafayette, Indiana 1971.

7 D. Ronneberger: Reifenrollgeräusche. Fortschritte der Akustik – DAGA '85, DPG-GmbH, Bad Honnef 1985, S. 75–86.

8 M. Wang: Untersuchungen über hochfrequente Kontaktschwingungen zwischen rauhen Oberflächen. Dissertation, TU Berlin 1994.

9 H. Hertz: Über die Berührung fester elastischer Körper. J. reine angew. Math. *92* (1882), 156–171.

10 R. D. Mindlin, H. Deresiewicz: Elastic spheres in contact under varying oblique forces. J. appl. Mech. *20* (1953), 327–344.

11 W. Kropp: Ein Modell zur Beschreibung des Rollgeräusches eines unprofilierten Gürtelreifens auf rauher Straßenoberfläche. Fortschritt-Berichte VDI, Reihe 11, Nr. 166, VDI-Verlag, Düsseldorf 1992.

12 M. F. Uebler: Hochfrequente Reifenschwingungen. Unveröffentlichter Arbeitsbericht im Rahmen des Sonderforschungsbereichs 181. TU Berlin 1995.

13 K. Knothe, S. L. Grassie: Modelling of railway track and vehicle/track interaction at high frequencies. Vehicle System Dynamics *22* (1993), 209–262.

14 M. Ochmann, M. Heckl: Numerische Methoden in der Technischen Akustik. In: Taschenbuch der Technischen Akustik. M. Heckl, H. A. Müller (Hrsg.), Springer-Verlag, Berlin, Heidelberg, New York 1994, S. 48–68.

15 M.-F. Petit, M. Heckl, J. Bergemann, J. Baae: Berechnung des Abstrahlmaßes von Eisenbahnschienen anhand der Multipolsynthese. Fortschritte der Akustik – DAGA '92, DPG-GmbH, Bad Honnef 1992, S. 997–1000.

15 Meßtechnische Möglichkeiten für dynamische und akustische Vorgänge beim Rollkontakt im Frequenzbereich bis fünf Kilohertz

Rolf Diehl[*], Joachim Feldmann[*], Manfred Heckl †[*],
Marie-Françoise Uebler[*] und Reinhold Waßmann[**]

15.1 Einleitung

Die akustische Meßtechnik bietet nicht nur die Möglichkeit, die beim Rollen entstehenden Geräusche und Erschütterungen (zum Beispiel bei unterirdischen Bahnen) festzustellen, sie erlaubt auch, die für die Geräuschentstehung und die hochfrequente Materialbeanspruchung relevanten Kenndaten von einzelnen Bauteilen zu messen. Außerdem kann man versuchen, die Ergebnisse von Luft- und Körperschallmessungen während der Fahrt als Mittel zur Überwachung – eventuell auch zur Fehlerdiagnose – einzusetzen.

Die im Frequenzbereich bis etwa 5 kHz meistens verwendeten Meßgeräte sind:

- Luftschallmikrophone, um den Wechseldruck (Schalldruck) an bestimmten – eventuell auch schwer zugänglichen – Stellen zu messen. Der Meßbereich erstreckt sich üblicherweise von etwa 10^{-3} Pa bis etwa 1 600 Pa.
- Körperschallaufnehmer zur Messung in mitbewegten Systemen. Zur Anwendung kommen meist Beschleunigungsaufnehmer. Es werden aber auch Geräte zur Messung der Auslenkung beziehungsweise der Schwingungsgeschwindigkeit (Schnelle) sowie Dehnungsmeßstreifen verwendet. Bei der Beschleunigung erstreckt sich der Meßbereich von etwa 0,1 m/s² bis etwa 1 000 m/s².
- Laser-Doppler-Vibrometer zur berührungslosen Messung von Schnellen beziehungsweise Schnelledifferenzen an raumfesten Punkten. Der übliche Meßbereich ist etwa 0,1 mm/s bis 1 000 mm/s.

Es wäre natürlich sehr interessant, auch die mechanischen Wechselspannungen, die in der Kontaktzone auftreten, zu messen. Leider ist das – von Ausnahmen abgesehen – nicht möglich. Man verzichtet daher – wie in dieser Arbeit – auf derartige Messungen oder versucht, sie auf indirektem Weg zu realisieren.

---

[*] Technische Universität Berlin, Institut für Technische Akustik.
[**] Technische Universität Berlin, Institut für Straßen- und Schienenverkehr.

In diesem Text werden – ohne Anspruch auf Vollständigkeit – einige Meßverfahren und damit gewonnene Ergebnisse beschrieben. Es wird dabei zwischen Messungen an Einzelkomponenten und an stark vereinfachten Modellen unterschieden. Auch über Fahrversuche wird berichtet.

15.2 Messungen an Einzelkomponenten

15.2.1 Vorbemerkung

Für die Bestimmung von Materialkennwerten und für die Überprüfung von Zwischenergebnissen der theoretischen Modelle ist es wichtig, an Einzelkomponenten Messungen durchzuführen. Es zeigt sich dabei, daß man einige Teilprobleme als gelöst betrachten kann, während bei anderen selbst wichtige Grunddaten nur unzureichend bekannt sind.

Zu den mehr oder weniger gelösten Problemen gehört das Körperschallverhalten von Eisenbahnrädern und Schienen, wenn der Einfluß benachbarter Bauteile vernachlässigbar ist. Man findet in diesen Fällen eine gute Übereinstimmung der Rechenergebnisse mit den Resultaten von Messungen. Auch bei freien Schwellen ist das Schwingungsverhalten gut beschreibbar, siehe zum Beispiel [1–3] oder Kapitel 3 Abschnitt 3.4.

Zu den nicht vollständig gelösten Problemen gehört die Bestimmung der Eigenschaften von hochbeanspruchten Bauteilen aus Gummi oder dergleichen, weil dabei die Abhängigkeit von Vorlast, Frequenz, Temperatur etc. eine Rolle spielt. Auch Schotter ist ein für die Körperschallausbreitung wichtiges, aber nur schwer quantifizierbares Material.

15.2.2 Schienenzwischenlagen, Schotter

Die dünnen Zwischenlagen unter der Schiene können wegen ihrer kleinen Abmessungen als elastische Elemente für die verschiedenen Bewegungsrichtungen betrachtet werden. Da sie die Verbindung zwischen der Schiene und dem restlichen Oberbau herstellen, sind sie für die Körperschallübertragung sehr wichtig. Die Zwischenlagen sind stark belastet (etwa 50 kN auf $150 \times 180 \text{ mm}^2$) und zeigen dementsprechend kein ideales Federverhalten. Abbildung 15.2.1 zeigt Beispiele von gemessenen statischen Federkennlinien bei Belastung in Normalenrichtung.[*]

---

[*] Die Untersuchung wurde mit der entsprechenden Prüfmaschine von Mitarbeitern des Fachgebiets Eisenbahnwesen und spurgebundener Nahverkehr vorgenommen.

Offensichtlich könnte man aus diesen Kurven viele Kraft/Weg-Verhältnisse –
also „Steifen" – bilden. Die in den technischen Lieferbedingungen der Deutschen
Bundesbahn (DB) geschriebene Sekantensteife

$$c_{\text{Stat}} = \frac{50}{z_{68} - z_{18}} \; [\text{kN/mm}] \tag{15.1}$$

beträgt bei dem Beispiel in Abbildung 15.2.1 46 kN/mm bei einer Temperatur von
0 °C. In der Formel bedeuten z_{68} beziehungsweise z_{18} die Zusammendrückungen bei
einer Vorlast von 68 kN beziehungsweise 18 kN.

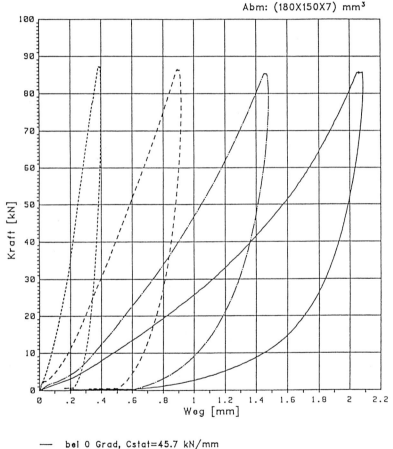

Abbildung 15.2.1: Beispiele von statischen Federkennlinien bei unterschiedlichen Temperaturen.

Die gleiche Messung wurde bei Raumtemperatur auch vorgenommen, wenn neben einer Gleichlast von 43 kN eine Wechsellast von ± 25 kN auf die Probe einwirkte. Mit wachsender Frequenz vergrößerte sich die Sekantensteife kontinuierlich auf etwa 200 kN/mm bei 30 Hz. Bei höheren Frequenzen betrug die Wechsellast ± 1 kN. Die dabei bestimmte „Tangentialsteife" nahm mit der Frequenz weiter zu und war etwa 700 kN/mm bei 2 000 Hz. Dieser Wert ist 15mal höher als die statische Sekantensteife. Die letztgenannten Werte gelten für Raumtemperatur. Bei anderen Zwischenlagen wurden teils größere, teils kleinere Steifen gemessen.

Für die Dämpfung der Zwischenlagen scheint es keine systematischen Untersuchungen zu geben. Meist nimmt man an, daß der Verlustfaktor in dem für Hochpolymere typischen Wert von $0,1 < \eta < 0,5$ liegt.

Noch schwieriger als für Zwischenlagen ist es, zuverlässige Daten über die mechanischen Eigenschaften von Schotter zu erhalten. Man begnügt sich daher bei Rechnungen damit, die Parameter so zu wählen, daß die nicht abgefederte Radmasse und die mitschwingende Schienen- und Schwellenmasse zusammen mit der Steife des Schotters die häufig beobachtete „Oberbauresonanz" bei 40 bis 70 Hz ergeben [4] (Abbildung 15.2.2). Siehe auch die in [5] angegebenen Daten.

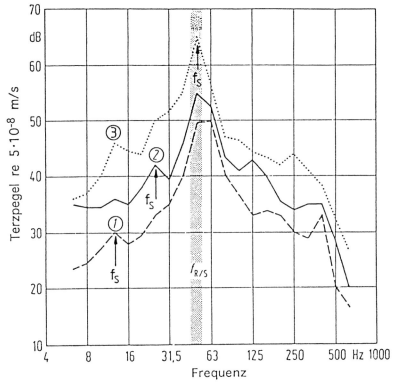

Abbildung 15.2.2: Schnellepegel an der Wand eines Tunnels bei Vorbeifahrt eines Zugs. Schotteroberbau. ① 30 km/h; $f_S = 14$ Hz, ② 60 km/h; $f_S = 28$ Hz; ③ 120 km/h; $f_S = 56$ Hz; f_S = Schwellenfachfrequenz, $f_{R/S}$ = Bereich der Oberbauresonanz.

15.2.3 Körperschallausbreitung auf Reifen

Über das dynamische Verhalten von Reifen bis etwa 500 Hz wird an anderer Stelle dieses Buchs ausführlich berichtet. Es werden daher im folgenden nur „typisch akustische Meßmethoden" beschrieben.

In der Körperschallmeßtechnik wird sehr häufig die erzeugte Bewegung (Auslenkung) ξ oder die Schnelle v oder die Beschleunigung a zu der sie erzeugenden Kraft F ins Verhältnis gesetzt. Die entsprechende Messung erfolgt letztlich mit reinen Tönen, also mit Signalen, die einen sinusförmigen Verlauf haben. Der Betrag und die Phase der jeweiligen Amplitude werden durch eine komplexe Zahl charakterisiert.

Es entstehen so die Größen:

Rezeptanz: $\underline{\xi}/\underline{F}$,
Admittanz: $\underline{v}/\underline{F}$,
Inertanz: $\underline{a}/\underline{F}$.

Die Unterstreichung soll darauf hinweisen, daß es sich nicht um Momentanwerte, sondern um komplexe Amplituden handelt.

Der Realteil der am Anregeort gemessenen Admittanz ist ein Maß für die von einer „Punktkraft" eingeleitete Körperschalleistung. Der Frequenzgang der anderen Größe liefert Informationen über die lokale Elastizität oder die mitbewegte Masse.

Admittanzmessungen an einem profillosen Reifen [6] zeigten, daß im Bereich von 400 bis 2 000 Hz die Körperschalleinleitung (also das Verhalten in der Nähe der Anregestelle, jedoch nicht unbedingt die Körperschallausbreitung über größere Entfernungen) sehr gut dadurch berechnet werden kann, daß man die Lauffläche als orthotrope Platte betrachtet. Da für eine solche Platte der Zusammenhang zwischen Materialdaten und der Punktadmittanz bekannt ist, kann man aus der relativ leicht meßbaren Punktadmittanz die Biegesteifen für die höheren Frequenzen berechnen. Es ergaben sich dabei realistische Werte, die bis 2 000 Hz nur eine geringe Frequenzabhängigkeit zeigten.

Während Körperschallmessungen an Reifen in unmittelbarer Nähe der Anregestelle gut interpretiert werden können, bereitet es große Schwierigkeiten, aus Messungen, die mehrere Wellenlängen von der Anregestelle entfernt gemacht werden, auf die Körperschalleigenschaften eines Reifens zu schließen. Das ist hauptsächlich auf die komplizierte Geometrie zurückzuführen. Sie hat zur Folge, daß während der Ausbreitung die einzelnen Wellen beim Übergang zur Seitenwand teilweise reflektiert und in andere Wellentypen umgewandelt werden, so daß sehr bald ein nicht mehr interpretierbarer Amplituden- und Phasenverlauf entsteht. Es ist auch nicht auszuschließen, daß Inhomogenitäten im Reifen die Details der Körperschallausbreitung beeinflussen. Trotzdem können aufgrund zahlreicher Messungen folgende Aussagen gemacht werden [7]:

a) Die erste Dickenresonanz einer 17 mm starken Lauffläche eines unprofilierten Reifens wurde bei 3 000 Hz gemessen. Daraus ergibt sich eine Longitudinalwellengeschwindigkeit von 102 m/s. Daraus folgt aber auch, daß zweidimensionale Betrachtungen – auch unter Einbeziehung der „in-plane-Wellen" – nur bis etwa 2 000 Hz zulässig sind. Bei den dünneren Seitenwänden ist die Frequenzgrenze höher.

b) Laufzeitmessungen mit Hilfe von Gaußtönen (d. h. die Amplitude der Trägerfrequenz ist mit der Gaußschen Glockenkurve moduliert), die bei anderen Probekörpern (auch mit orthotropen Eigenschaften) erfolgreich angewendet wurden, lieferten bei Reifen keine auswertbaren Ergebnisse. Es wurden daher die Phasen $\Delta\varphi$ und Pegelabnahmen ΔL (in dB) während der Ausbreitung außerhalb des quellnahen Felds über eine Entfernung Δx gemessen. Daraus können die Phasengeschwindigkeit der Ausbreitung c und der Verlustfaktor η nach den Beziehungen

$$\Delta\varphi = \frac{\omega}{c}\ \Delta x, \tag{15.2}$$

$$\Delta L = 13{,}8\ \eta\ \frac{\Delta x}{\lambda} \tag{15.3}$$

ermittelt werden. Hierbei ist $\omega = 2\pi f$ die Kreisfrequenz, $\lambda = c/f$ die Wellenlänge.

Ein Meßbeispiel, das zu einem Verlustfaktor von $\eta = 0{,}3$ und einer Phasengeschwindigkeit von 99 m/s führte, ist in Abbildung 15.2.3 gezeigt. Weitere Messungen bei anderen Frequenzen, anderen Anregeorten und anderen Ausbreitungsrichtungen lieferten zusätzliche Ergebnisse. Es kann allerdings nicht unerwähnt bleiben, daß nicht bei allen Frequenzen so glatte Kurvenverläufe erzielt wurden wie in Abbildung 15.2.3. Die Auswertung war daher teilweise etwas problematisch.

Die folgenden, aus den Messungen gewonnenen Werte dürften im Bereich von 400 bis 2 000 Hz mit der Realität gut übereinstimmen:

– Der Verlustfaktor beträgt 0,1 bis 0,4. Er ist bei den Messungen in Umfangsrichtung etwas höher als bei Messungen in axialer Richtung.
– Der aus den Phasengeschwindigkeiten berechnete Elastizitätsmodul liegt bei $3 \cdot 10^7$ bis $3 \cdot 10^8$ N/m^2.
– Der Schubmodul ist etwa ein Drittel des Elastizitätsmoduls.
– Die Materialdaten für Lauffläche und Seitenwand unterscheiden sich nur wenig.

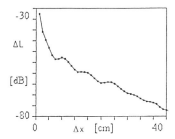 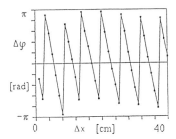

Abbildung 15.2.3: Pegelabnahme und Phasenänderung entlang des Umfangs einer Reifenlauffläche. Anregung und Messung in radialer Richtung bei 1 800 Hz.

– Erstaunlicherweise sind die Elastizitätsmoduli bei tiefen Frequenzen höher als bei hohen Frequenzen. Da dies eventuell auf die begrenzte Gültigkeit des Zusammenhangs Phasengeschwindigkeit-Elastizitätsmodul zurückzuführen ist, wurde – soweit möglich – die gemessene Phasengeschwindigkeit als Materialparameter benutzt. Es könnte aber auch sein, daß der geschichtete Aufbau des Reifens zu der beobachteten Frequenzabhängigkeit führt.

c)   Bei gleicher anregender Kraft werden bei radialer Einwirkungsrichtung höhere Pegel erzeugt als bei den beiden anderen Anregerichtungen.

d)   In einigem Abstand von der Anregestelle sind die drei Komponenten der Bewegung der Reifenoberfläche für jede Art der Anregung fast gleich. Dies läßt auf eine starke Kopplung der einzelnen Wellenarten schließen. Es soll daher in Zukunft versucht werden, die Reifenschwingungen auch mit den Mitteln der Statistical Energy Analysis zu beschreiben.

15.2.4   Sonstiges

Neben den beschriebenen Beispielen gibt es noch viele andere meßtechnische Möglichkeiten im hochfrequenten Bereich. Beispiele sind:

– Rauhigkeitsmessungen an den Laufflächen von Schienen und Rädern;
– Messung der akustischen Eigenschaften (Absorptionsgrad, Impedanz) von Straßenoberflächen;
– Bestimmung der dynamischen Eigenschaften von Reifenstollen;
– Kopplung von Radialanregung bei Eisenbahnrädern mit der Axialbewegung;
– Kopplung von Normalanregung bei Schienen mit den verschiedenen anderen Bewegungsformen.

15.3   Messung an idealisierten Rad-Schiene-Rollmodellen

15.3.1   Vorbemerkung

Für manche Fragestellungen sind Messungen an Einzelkomponenten nicht ausreichend und Feldversuche zu aufwendig. Es wurden daher – als Zwischenschritt – einfache Rollmodelle aufgebaut, die einige interessante Aussagen lieferten.

15.3.2 Übertragung von Wechselkräften beim Rollkontakt

Für die in der Akustik üblichen kleinen Wechselbewegungen kann man einen ebenen Kontakt näherungsweise durch eine Kontaktsteife beschreiben. Um festzustellen, ob diese Beschreibung auch noch für den Rollkontakt mit überlagerter Wechselbewegung zutreffend ist, wurde die Rollbewegung zweier kleiner Walzen untersucht. Eine der beiden Walzen wurde zusätzlich zum Rollen zu sinusförmigen Drehschwingungen um die Drehachse angeregt, und es wurde die Übertragung dieser Bewegung auf die andere Rolle untersucht. Zur Charakterisierung der Übertragung wurde die komplexe Größe $\underline{s}_T$ eingeführt. Sie ist definiert als Verhältnis der Amplitude der übertragenen Kraft $\underline{F}_T$ zur Amplitude der Bewegungsdifferenz $\underline{\Delta\xi}_T$ im Kontaktbereich, also

$$\underline{s}_T = \frac{\underline{F}_T}{\underline{\Delta\xi}_T} \quad . \tag{15.4}$$

Bei allen Untersuchungen wurde nur die Umfangsrichtung betrachtet. Die Messungen wurden im Frequenzbereich von 600 bis 1 000 Hz durchgeführt. Es wurden die Paarungen Stahl glatt-Stahl glatt, Stahl glatt-Stahl aufgerauht, Stahl glatt-Aluminium, Stahl glatt-PVC untersucht. Einige der dabei erhaltenen Ergebnisse sind:

- Bei Ruhe, d.h. ohne Rollen, war $\underline{s}_T$ um 10 bis 20 % kleiner als die Rechenwerte nach der Theorie von Mindlin [8]. Durch das Aufrauhen wurde $\underline{s}_T$ kleiner, also die Verbindung weicher.
- Beim Rollen ohne Schlupf nahm der Realteil von $\underline{s}_T$ ab. Der Imaginärteil und damit der Verlustfaktor nahm beträchtlich zu. Beispielsweise stieg der Verlustfaktor bei der Stahl-Alu Paarung von 5 % auf 22 %. Bei der Stahl-PVC Paarung nahm er von 13 % auf 22 % zu.
- Bei Erhöhung des Querschlupfs nahm ebenfalls der Realteil von $\underline{s}_T$ ab und der Verlustfaktor zu. Die Verbindung wird also weicher, und die Verluste nehmen zu. Die gemessenen Werte von $\underline{s}_T$ stimmen ziemlich gut mit den Rechnungen in [9] überein.
- Die Erhöhung des Längsschlupfs führte zu einer beträchtlichen Verringerung von $\mathrm{Re}\{\underline{s}_T\}$ und einer mäßigen Erhöhung der Verluste. Die Messungen zeigen dieselbe Tendenz wie die Rechnungen in [9]. Eine quantitative Übereinstimmung der Ergebnisse kann nicht erwartet werden, weil die der Rechnung zugrundeliegenden Voraussetzungen mit dem vorhandenen Meßaufbau nicht einzuhalten waren.

15.3.3 Messungen an einer Modellrollbahn

15.3.3.1 Meßaufbau und Meßverfahren

Zahlreiche Messungen wurden an einer Modellrollbahn (Abbildung 15.3.1) vorgenommen, die ein ungefähres 1:4 Abbild einer Vollbahn darstellt. Der Hauptunterschied besteht darin, daß die Maximalgeschwindigkeit nur 4,5 m/s beträgt und daß wegen der geringen Länge und des schwach gedämpften Schotterersatzstoffs Körperschallreflexionen an den Enden der Rollbahn auftraten, die auch durch zusätzliche Dämpfungselemente nicht ganz beseitigt werden konnten. Außerdem liegt der betrachtete Frequenzbereich um den Faktor 4 höher als bei einer Vollbahn. Das „Fahrzeug" besteht aus einem 1:4 Radsatz, einem Hilfsrad und einer etwa ein Meter langen Plattform für die Aufnahme der Meßgeräte. Es handelt sich dabei um die Verstärker für die mitgeführten Beschleunigungsaufnehmer und Luftschallmikrophone sowie um ein Laser-Doppler-Vibrometer. Neben Beschleunigungen, Schalldrücken und Schnellen wurde auch die entsprechende Schienenrauhigkeit bestimmt.

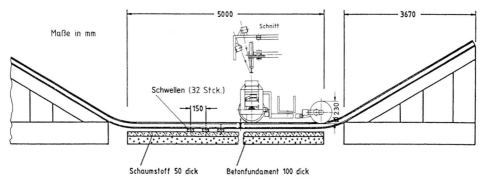

Abbildung 15.3.1: Skizze der Modellrollbahn.

15.3.3.2 Zeitverläufe

Einen Eindruck von den beim Rollen mit 4,5 m/s erzeugten Zeitverläufen der Wechselbewegung gewinnt man aus Abbildung 15.3.2 und Abbildung 15.3.3. In der obersten Kurve ist jeweils die Radialkomponente der Schnelle aufgetragen, die ein am Radkranz befestigter, mitrotierender Aufnehmer mißt. Die beiden nächsten Kurven zeigen die mit dem im Fahrzeug mitgeführten Vibrometer erhaltenen lokalen Radialbeziehungsweise Vertikalkomponenten der Schnellen des Radkranzes beziehungsweise des Schienenfußes über oder unter dem Radaufstandspunkt. Der Unterschied zwischen Abbildung 15.3.2 und Abbildung 15.3.3 besteht im verschiedenen Abszissenmaßstab. In Abbildung 15.3.3 unten ist noch zusätzlich die Schienenrauhigkeit der überfahrenen Strecke angegeben. Alle Schnellen wurden gleichzeitig aufgenommen und genau getriggert, so daß gleiche Abszissenwerte exakt gleichen Zeiten entsprechen.

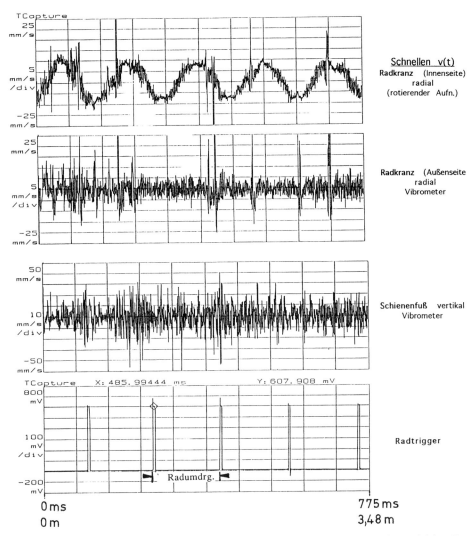

Abbildung 15.3.2: Zeitverläufe der Schnellen von Rad und Schiene. Die zweite und dritte Kurve wurden mit dem Vibrometer am Radaufstandspunkt gemessen. (Rad- und Schienenmessung mit verschiedenem Ordinatenmaßstab.)

Einige Schlußfolgerungen, die man aus Abbildung 15.3.2 und Abbildung 15.3.3 ziehen kann, sind:

– In den Zeitverläufen von Abbildung 15.3.2 treten neben den eher stochastischen Zeitsignalen einige Spitzen auf. Die Ursache dieser Impulse sind kleine Störstellen im Fahrspiegel der Schiene.

– Eine etwas rauhere Stelle der Schiene (am linken Ende des Rauhigkeitsschriebs in Abbildung 15.3.3 unten) macht sich bei der Vibrometermessung am Radkranz

325

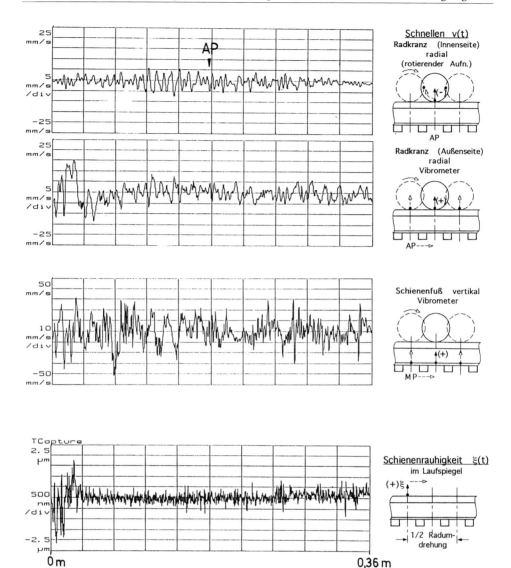

Abbildung 15.3.3: Wie Abbildung 15.3.2, jedoch anderer Abszissenmaßstab. Die unterste Kurve zeigt die Schienenrauhigkeit in der Fahrspiegelmitte. 0,36 m = halbe Radumdrehung (AP = Radaufstandspunkt).

deutlich bemerkbar. Bei der Schienenmessung ist sie nicht so eindeutig zu erkennen. In der obersten Kurve von Abbildung 15.3.3 ist kein Einfluß der Stelle mit der erhöhten Rauhigkeit zu sehen, weil sich der rotierende Aufnehmer gerade am Ort geringster Empfindlichkeit für seine Hauptrichtung befand.

– Die mit dem rotierenden Aufnehmer am Rad gemessenen Signale unterscheiden sich sehr stark von den mit dem Vibrometer gemessenen. Das zeigt sich einmal an dem durch die Periodizität der Raddrehung bedingten fast sinusförmigen Zeitverlauf der Signale, zum anderen daran, daß die Signale in ihren Details nicht gleich sind. Auf einen weiteren Aspekt wird in Zusammenhang mit Abbildung 15.3.4 eingegangen.

– Die am Schienenfuß unter dem Aufstandspunkt gemessenen Schnellen sind zwei- bis dreimal größer als die am Radkranz gemessenen. Im wesentlichen ist das darauf zurückzuführen, daß die Schiene zumindest oberhalb von 500 Hz leichter anzuregen ist (d. h. eine größere Admittanz hat) als das Rad. (Bei den Radresonanzen treten Sondereffekte auf.)

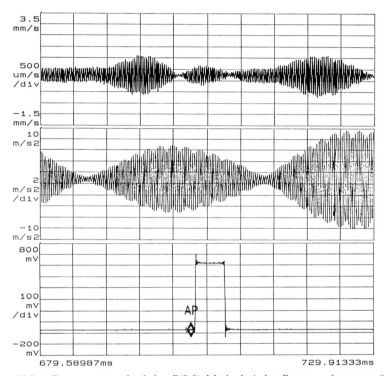

Abbildung 15.3.4: Bewegungsverlauf der P(3,0) Mode bei der Resonanzfrequenz (3392 Hz) während einer Drehung um ⅓ des Radumfangs. Oben: Vibrometermessung am Radaufstandspunkt; Mitte: Messung mit einem rotierenden Beschleunigungsaufnehmer; unten: Triggersignal (bei AP ist der Aufnehmer im Aufstandspunkt).

15.3.3.3 Vergleich der mit Vibrometer und Beschleunigungsaufnehmer gemessenen Schnellen

Es ist bekannt, daß bei Körperschalluntersuchungen im Zusammenhang mit dem Rollvorgang zwischen Messungen mit rotierenden und nichtrotierenden Aufnehmern unterschieden werden muß. Es sind daher in Abbildung 15.3.4 auch noch Zeitverläufe eingetragen, die in einem sehr schmalen Frequenzbereich bei der P(3,0) Eigenform (3 392 Hz) gemessen wurden. Man erkennt, daß der mitrotierende Aufnehmer während eines Umlaufs mehrere (im vorliegenden Fall sechs) Knoten beziehungsweise Bäuche „durchläuft". Das bedeutet, daß zumindest diese Eigenform nicht mit dem Rad rotiert. Außerdem liegt am Radaufstandspunkt kein Knoten vor, sondern eher ein Gebiet hoher Amplituden. Die beiden letzten Aussagen wurden auch für andere Umläufe und andere Resonanzen überprüft. Dabei zeigte sich, daß sie nicht immer, aber „im Mittel" gültig sind.

Weitere Vergleiche der beiden Meßverfahren zeigten erwartungsgemäß, daß das mit dem Aufstandspunkt mitgeführte Vibrometer für die Schiene immer etwas höhere Werte liefert als sie von einem an der Schiene befestigten Aufnehmer gemessen werden. Der Grund hierfür liegt natürlich darin, daß das Vibrometer ständig im Bewegungsmaximum mißt, während im anderen Fall vor und nach dem Überrollen die Amplituden niedriger sind.

15.3.3.4 Vergleich der Bewegungen von Rad und Schiene

Wie Abbildung 15.3.5 zeigt, ist die Schnelle der Schiene am Radaufstandspunkt um teilweise zehn Dezibel größer als die des Rades. Man erkennt in Abbildung 15.3.5 auch, daß sich die Radresonanzen nur bei der Messung mit dem rotierenden Aufnehmer bemerkbar machen.

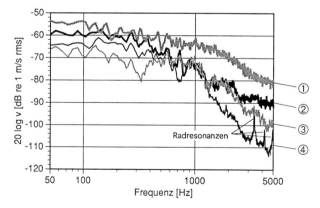

Abbildung 15.3.5: Vergleich der an Rad und Schiene gemessenen Schnellen: Kurve ①: Vibrometermessung der Schienenschnelle unter dem Radaufstandspunkt. Kurve ②: Messung mit festem Aufnehmer am Schienenfuß (Schwellenfach Mitte). Kurve ③: Vibrometermessung der Radschnelle am Radaufstandspunkt. Kurve ④: Messung mit rotierendem Aufnehmer am Radkranz.

Weitere Informationen über die Relativbewegung von Rad und Schiene enthält Abbildung 15.3.6. Die dort mit $|v_1 - v_2|$ bezeichnete (und logarithmisch aufgetragene) Kurve wurde im „Differenzmodus" des Laser-Vibrometers erhalten. Sie stellt den Betrag der momentanen Differenz der Schnelle von Schiene und Rad dar. Die beiden anderen Kurven wurden durch getrenntes Abtasten von Rad und Schiene erhalten; die relative Phasenlage der beiden Signale blieb dabei unberücksichtigt.

Aus den Kurven in Abbildung 15.3.6 kann man folgende Schlußfolgerungen ziehen:

– Oberhalb von etwa 500 Hz sind die Radamplituden nur etwa 30 % der Schienen-amplituden (siehe Abbildung 15.3.5). Aus diesem Grund macht es fast keinen Unterschied, ob man v_2 und v_1 subtrahiert oder addiert. Aus diesem Grund sind im hohen Frequenzbereich alle Kurven etwa gleich.
– Zwischen 40 Hz und 500 Hz gilt $|v_1 - v_2| \approx |v_1| + |v_2|$ und $|v_1 - v_2| > \|v_1| - |v_2\|$. Das ist nur möglilch, wenn v_1 und v_2 ein entgegengesetztes Vorzeichen haben, wenn also Rad und Schiene gegeneinander schwingen.

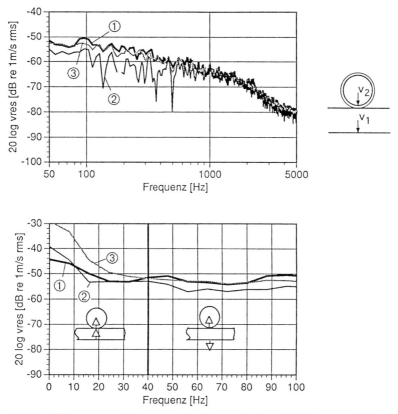

Abbildung 15.3.6: Differenz- und Summenschnelle von Rad und Schiene am Radaufstands-punkt. Mit Vibrometer gemessen: ①: $|v_1 - v_2|$, ②: $\|v_1| - |v_2\|$, ③: $|v_1| + |v_2|$.

– Zwischen 0 Hz und 40 Hz gilt $|v_1-v_2| \approx \| v_1|-|v_2 \|$ und $|v_1-v_2| < |v_1|+|v_2|$. Das ist nur möglich, wenn v_1 und v_2 ein gleiches Vorzeichen haben, also Rad und Schiene in der gleichen Richtung schwingen.

Eine hier nicht wiedergegebene Messung zeigte, daß beim Rollen die vertikalen Komponenten der Schnellen von Schienenkopf und Schienenfuß nach Betrag und Phase unterhalb von 200 Hz und oberhalb von 500 Hz gleich waren. In diesem Frequenzbereich kann man also davon ausgehen, daß die Schiene sich über ihren ganzen Querschnitt überwiegend in vertikaler Richtung bewegt. Im Bereich von 200 Hz bis 500 Hz waren sowohl bei der Vibrometermessung als auch bei der Messung mit fest montiertem Aufnehmer die Bewegungen von Kopf und Fuß verschieden. Es wird vermutet, daß dies auf Torsionsschwingungen der Schiene zurückzuführen ist. Eine ähnliche Messung, bei der jedoch die Schiene durch eine in vertikale Richtung wirkende äußere Punktkraft angeregt wurde, zeigte dasselbe Ergebnis, allerdings mit etwas schwächerem „Torsionseinfluß" zwischen 200 Hz und 500 Hz. Daraus folgt, daß die hier dargestellten Ergebnisse für die ganze Schiene, also auch den Schienenkopf, repräsentativ sind.

Eine weitere Messung ergab, daß im Modell bis etwa 4 000 Hz die Schienenschnellen zwischen den Schwellen und über den Schwellen gleich waren. Bei höheren Frequenzen, insbesondere in der Nähe der bei etwa 5 000 Hz liegenden „Pinned-Pinned" Resonanz, waren über den Schwellen die Körperschallpegel kleiner als zwischen den Schwellen.

Im Gegensatz zur Schiene tritt beim Rad eine deutliche Kopplung der Radialkraftanregung mit der Bewegung in axialer Richtung auf. Dies zeigt sich bereits daran, daß durch einen in radialer Richtung wirkenden Körperschallsender auch die axialen Resonanzen angeregt werden, wie in Abbildung 15.3.7 deutlich zu sehen ist; außerdem führt der Radkranz bei hohen Frequenzen keine reine Radialbewegung aus, weil an verschiedenen Stellen des Radkranzes gemessene Schnellen oberhalb 1 200 Hz verschieden sind.

Die schwer definierbare Kopplung der hauptsächlich radial erfolgenden Anregung beim Rollen mit den für die Schallabstrahlung sehr wichtigen Axialbewegungen – die außerdem wegen ihrer großen Admittanz sehr leicht anregbar sind – stellt ein großes Problem bei der Prognose von Eisenbahnlärm dar.

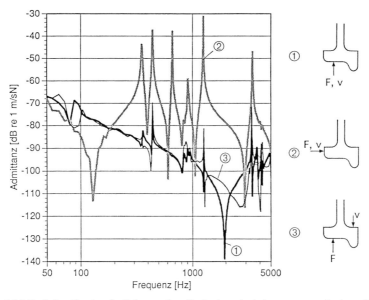

Abbildung 15.3.7: Schnelle des freihängenden Radsatzes bei Anregung mit einer Punktkraft. Admittanz = v/F.

15.3.3.5   Zusammenhang von Schienenrauhigkeit und Rad-Schiene-Bewegung

Abbildung 15.3.8 zeigt das Leistungsspektrum der Schienenrauhigkeit ohne und mit Kontaktflächenfilter-Korrektur nach [10] und die aus den mit dem Vibrometer gemessenen Schnellen berechneten Auslenkungen von Rad und Schiene im Ortsbereich.

Es wurde versucht, aus den gemessenen Rauhigkeiten und den ebenfalls gemessenen Admittanzen von Rad und Schiene sowie der nach Hertz berechneten Kontaktsteife die Rad-Schiene-Auslenkungen nach der einfachen Remington-Theorie [10] zu berechnen. Es ergaben sich dabei beträchtliche Unterschiede. Mögliche Erklärungen sind [11]:

– die Kontaktsteife, die beim Rollen zum Tragen kommt, ist kleiner als die nach Hertz für statische Verhältnisse berechnete;
– in der Remingtonschen Theorie werden wichtige Effekte nicht berücksichtigt.

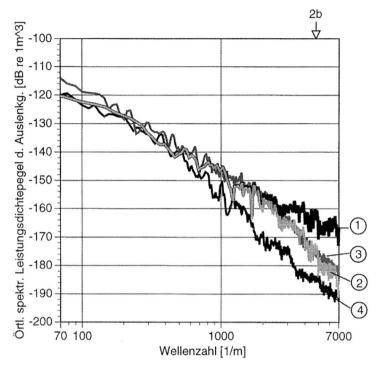

Abbildung 15.3.8: Zusammenhang zwischen Laufflächen-Rauhigkeit der Schiene und Rad-Schiene-Auslenkungen: ①: Gemessene Schienenrauhigkeit ohne Kontaktflächenkorrektur. ②: Gemessene Schienenrauhigkeit mit Kontaktflächenkorrektur. ③: Auslenkung der Schiene unter dem Radaufstandspunkt (Vibrometermessung). ④: Auslenkung des Rades am Radaufstandspunkt (Vibrometermessung). Wellenlängenbereich entspricht dem bisher dargestellten Frequenzbereich 50 Hz bis 5 kHz; $2b$ = Kontaktflächendurchmesser.

15.4 Feldmessungen

15.4.1 Vorbemerkung

Da es schon sehr viele Luft- und Körperschallmessungen an vorbeifahrenden Zügen gibt, sollen derartige Messungen in diesem Text nicht wiedergegeben werden. Statt dessen soll über spezielle Messungen berichtet werden, die zur Beantwortung gezielter Fragestellungen dienen sollen.

15.4.2 Zusammenhang zwischen Fahrstrecke und Luft- beziehungsweise Körperschall

Jeder Passagier eines Zugs kann sich davon überzeugen, daß auch bei gleicher Fahrgeschwindigkeit die hörbaren Geräusche stark schwanken. Um dieser Frage etwas nachzugehen, wurde das Drehgestell eines Reisezugwagens mit folgenden Meßeinrichtungen bestückt:

- Luftschallmikrophon unter dem Wagenkastenboden zur Messung des Schalldrucks im Drehgestell;
- Beschleunigungsaufnehmer an den Radsatzlagern;
- Telemetriesystem zur Übertragung der an verschiedenen Stellen des rotierenden Rades gemessenen Beschleunigungen:
- Lasermeßsystem zur Spurmessung.

Mit dem so ausgerüsteten Meßwagen wurden auf einer 30 km langen Strecke kontinuierlich die verschiedenen Meßsignale registriert.

Dabei gewonnene typische Ergebnisse zeigt Abbildung 15.4.1. Es handelt sich dabei um sogenannte Campbelldiagramme (Spektrogramme, visible speech), bei denen die Abszisse den Meßort, die Ordinate die Frequenz und die Schwärzung die Amplitude angibt. Aus Abbildung 15.4.1 kann man folgendes entnehmen:

- Die Radresonanzen sind an den horizontalen dunklen Balken erkenntlich.
- Es besteht eine gewisse Zuordnung zwischen der Oberbauart und den Amplituden. Siehe beispielsweise Kilometer 12 bis Kilometer 18 und den Wechsel im Bauzustand bei Kilometer 9 und 29.
- Meist sind die Axialbewegungen des Rades dann am höchsten, wenn auch die Radialbewegungen am höchsten sind. Es gibt aber auch Ausnahmen von dieser Regel.
- Die Unterschiede der innerhalb der Strecke gemessenen Beschleunigungen sind groß. Eine quantitative Auswertung ergab Pegelschwankungen in einzelnen Frequenzbereichen bis zu 30 dB.

Weitere Messungen, deren Ergebnisse hier nicht im einzelnen wiedergegeben sind, zeigten, daß der Wagen in einem sehr engen Spurkanal lief. Die mit dem Lasersystem gemessene Spurspielschwankung betrug bei einem Gleis auf Holzschwellen ungefähr 1,8 mm und bei einem Gleis auf Betonschwellen etwa 0,7 mm. Trotzdem waren die Körperschallpegel auf dem Holzschwellengleis etwas niedriger. Ein ausgeprägter Sinuslauf des Fahrzeugs war nicht nachweisbar.

Es wird zur Zeit versucht, die während der Fahrt gewonnenen Zeitverläufe von Luft- und Körperschallsignalen zur Oberbaudiagnose einzusetzen.

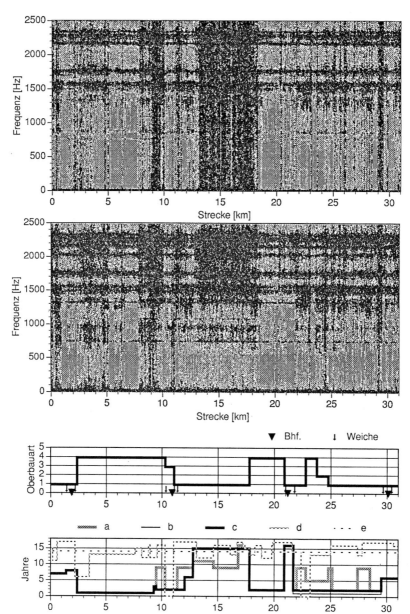

Abbildung 15.4.1: Campbelldiagramme der Beschleunigungssignale am Rad entlang einer 30 Kilometer Strecke. Hohe Amplituden sind dunkel, niedrige hell. Oberes Bild: Messung in radialer Richtung. Zweites Bild: Messung in axialer Richtung. Das untere Diagramm zeigt die durchgeführten Bautätigkeiten, das darüber die Lage der Weichen, Bahnhöhe und der Oberbauarten. Die Oberbauarten sind wie folgt gekennzeichnet: 1) W60–1 667B, 2) W60–1 588B75, 3) feste Fahrbahn Bauart Rheda und 4) K60–1 667H; die Arten der durchgeführten Bautätigkeiten wie folgt: a) Zeitpunkt des Einbaus oder der Bettungsreinigung, b) Walzjahr der Schienen, c) Zeitpunkt des Verlegens der Schienen, d) Zeitpunkt der Durcharbeitung und e) Zeitpunkt des Schienenschleifens. Die Messung wurde im Jahr 18 der Skalierung durchgeführt.

15.4.3 Einfluß der statischen Belastung auf die dynamischen Eigenschaften des Oberbaus

Da sich die dynamischen Eigenschaften von Schotter und Schienenzwischenlagen mit der statischen Belastung ändern, wurde auch untersucht, wie sich die Vorlast auf die Admittanz eines verlegten Gleises auswirkt. Ein typisches Ergebnis zeigt Abbildung 15.4.2. Es wurde dabei ein Gleis mit einem Körperschallsender angeregt und die an der Anregestelle erzeugte Schnelle gemessen. Bei der Messung „belastet", befand sich ein Eisenbahnwaggon auf dem Gleis, um die notwendige Vorlast zu erzielen.

Während derselben Meßserie wurde an der gleichen Bahnstrecke das Gleis an mehreren, bis zu einigen hundert Metern entfernten Stellen mit dem Körperschallsender mit der Kraft F angeregt und die Schnellen v am Anregeort gemessen. Daraus wurde die Admittanz v/F gebildet. Wie Abbildung 15.4.3 zeigt, unterschieden sich im Frequenzbereich oberhalb 500 Hz die Meßkurven nur wenig, weil in diesem Bereich die Schiene nur schwach an den restlichen Oberbau gekoppelt ist und folglich auch

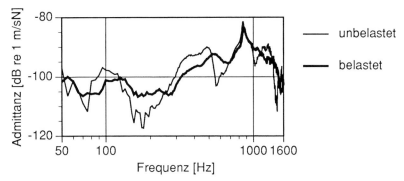

Abbildung 15.4.2: Vergleich der Punkteingangsadmittanz eines belasteten und eines unbelasteten Gleises – gemessen in der Schwellenfachmitte.

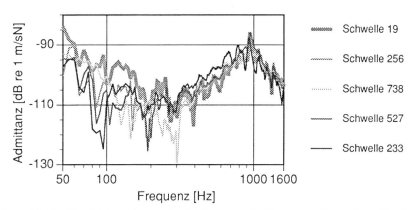

Abbildung 15.4.3: Vergleich mehrerer Punkteingangsadmittanzen entlang einer Strecke.

von diesem kaum beeinflußt wird. Im Frequenzbereich um 100 Hz jedoch, wo die Eigenschaften des Schotters einen starken Einfluß auf das dynamische Verhalten des Gleises haben, unterscheiden sich je nach Meßort die Admittanzen um mehr als 10 dB.

In einer weiteren Meßserie wurden die Pegeldifferenzen zwischen Schiene und Schwelle während einer Zugüberfahrt bestimmt. Der Grundgedanke dabei war, daß sich vor, während und nach einer Überfahrt die auf die Schienenzwischenlage wirkende statische Vorlast stark ändert; wenn sich dabei gleichzeitig die elastischen Eigenschaften der Zwischenlage ändern, muß sich das auf die Körperschallpegeldifferenz zwischen Schiene und Schwelle auswirken.

Die Messungen wurden an zwei Strecken mit zwei verschiedenen Schienenzwischenlagen durchgeführt. Dabei zeigte sich:

– Bei der Strecke mit einer harten Zwischenlage stieg die Pegeldifferenz von 2 dB bei 63 Hz auf 10 dB bei 1 600 Hz. Sie änderte sich kaum im Laufe einer Überfahrt und war noch etwa gleich groß, wenn der Zug die Meßstelle bereits passiert hatte, also das Gleis unbelastet war (Abbildung 15.4.4).
– Bei der Strecke mit der weichen Zwischenlage lag bei einer Zuggeschwindigkeit von 100 km/h die Pegeldifferenz je nach Frequenz zwischen 0 dB und 16 dB. Bei 200 km/h war die Pegeldifferenz größer. Sie stieg von 4 dB bei 63 Hz auf mehr als

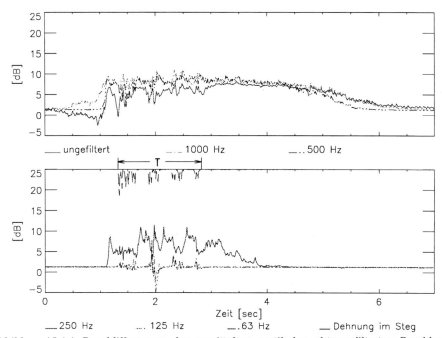

Abbildung 15.4.4: Pegeldifferenzen der gemittelten vertikalen oktavgefilterten Beschleunigungspegel zwischen Schienenfuß und Rippenplatte während der Überfahrt über ein Gleis mit harter Zwischenlage (T = Dauer der Zugüberfahrt).

20 dB bei 1 000 Hz. Während der Zugüberfahrt war sie bei den tiefen Frequenzen immer kleiner, wenn sich eine Achse über der Meßstelle befand – also die statische Belastung hoch war.

Man muß deshalb damit rechnen, daß bei tiefen Frequenzen (bis 250 Hz) immer dann, wenn eine Körperschallpegeldifferenz zwischen Schiene und Schwelle vorhanden ist (also die Zwischenlage weich ist), die Federsteife mit der Vorlast ansteigt.

15.5 Literatur

1 P. Heiß: Untersuchung der Zusammenhänge zwischen dem Körperschall eines Reisezugwagenrades und dem abgestrahlten Luftschall bei hohen Fahrgeschwindigkeiten. Dissertation, TU Berlin 1986.
2 D. J. Thompson: Wheel-rail noise generation. Part II: Wheel vibration. Part III: Rail vibration. J. Sound Vib. *161* (1993), 401–446.
3 W. Scholl: Schwingungsuntersuchungen an Eisenbahnschienen. Acustica *52* (1982), 10–15.
4 R. Wettschureck, G. Hauck: Geräusche und Erschütterungen aus dem Schienenverkehr. In: Taschenbuch der Technischen Akustik, M. Heckl, H. A. Müller (Hrsg.), Springer-Verlag, Berlin, Heidelberg, New York, S. 355–417.
5 K. Knothe, S. L. Grassie: Modelling of railway track and vehicle/track interaction at high frequencies. Vehicle System Dynamics *22* (1993), 209–262.
6 W. Kropp: Ein Modell zur Beschreibung des Rollgeräusches eines unprofilierten Gürtelreifens auf rauher Straßenoberfläche. Fortschritt-Berichte VDI, Reihe 11, Nr. 166, VDI-Verlag, Düsseldorf 1992.
7 M. F. Uebler: Hochfrequente Reifenschwingungen. Arbeitsbericht zum Teilprojekt B2 des Sonderforschungsberichts 181, Institut für Technische Akustik, Berlin 1995.
8 R. D. Mindlin, H. Deresiewicz: Elastic spheres in contact under varying oblique forces. J. Appl. Mech. *20* (1953), 327–344.
9 A. Groß-Thebing: Persönliche Mitteilung aus dem Institut für Luft- und Raumfahrt der TU Berlin.
10 P. Remington: Wheel/rail rolling noise. Part I, II. J. Acoust. Soc. Amer. *81* (1987), 1805–1832.
11 J. Feldmann, R. Diehl: Experimental investigations on the behavior of a point fixed in a wheel or rail structure compared with a point fixed relative to the contact zone. Applied Acoustics *51* (1997), 353–368.

16 Zusammenfassung und offene Fragen

Friedrich Böhm* und Klaus Knothe**

16.1 Zusammenfassung

Die nichtholonome Rollbedingung der Mechanik ist die einfachste denkbare kinematische Vorgabe für die Bewegung des rollenden Rades. Ihre Anwendung führt die Bewegung eines Fahrzeugs und die sie verursachenden Kräfte nicht auf die Eigenschaften des Rades, des Stützmediums und des Kontaktvorgangs zurück, sondern auf die Eigenschaften des geführten Körpers. Erst die Bewegungsgleichungen des Fahrzeugkörpers definieren die bei der Fahrbewegung auftretenden Kontaktkräfte und ermöglichen die Berechnung einer sehr idealisierten Bahnkurve. Die Einführung eines Reibungsgesetzes bewirkt, daß Schleuderzustände gerechnet werden können, wobei die reine Rollbewegung außer Kraft gesetzt wird. Die Differenz zwischen Umfangsgeschwindigkeit und Geschwindigkeit des Radaufstandspunkts ist die Gleitgeschwindigkeit, deren negative Richtung die Reibkraftrichtung liefert. Koppelt man das Rad über eine elastische Antriebswelle mit einem Antriebsmotor, so erhält man ein reibschwingungsfähiges Gebilde mit zwei Freiheitsgraden, die eine ungefesselte Bewegung vollführen. Das Fahrzeug kann an jeder beliebigen Stelle der Bahn anfahren oder stehen bleiben; das Durchdrehen der Räder von Lokomotiven bei übermäßiger Drehmomentenentwicklung des Antriebs ist nachvollziehbar.

Schwieriger ist es, die Bewegung eines vierrädrigen Fahrzeugs in der Ebene darzustellen, weil bei einer Rollbewegung und nicht exakter Ausrichtung der Radachsen sofort Zwängungskräfte auftreten, die unmittelbar zum Gleiten aller vier Räder führen. Ein sinnvoller Ausweg ist es, zwischen Radachse und Laufring des Rades eine elastische Scheibe einzuführen, die es gestattet, den Laufring weiterhin als starren Kreis zu betrachten, der jedoch eine abweichende Winkelstellung der Kreisringachse gegenüber der Radachse einnehmen kann. Damit entfällt die ursprüngliche Zwängung, und die Fahrzeugräder liefern definierte Kräfte unterhalb der Haftgrenze bei beliebig gelenkten Rollbewegungen. Man bezeichnet nun die von der Spur der

---

* Technische Universität Berlin, 1. Institut für Mechanik.
** Technische Universität Berlin, Institut für Luft- und Raumfahrt.

Radebene abweichende Spur der Ebene des Laufrings als Schräglauf oder elastischen Querschlupf. Messungen zeigen jedoch, daß die entsprechende Schräglaufkraft zwar proportional dem Schräglaufwinkel ist, daß jedoch die Berechnung viel zu hohe Werte ergibt und insbesondere für die Relativbewegung bezüglich der Umfangskräfte, genannt Umfangsschlupf, keine praktikable Aussage gemacht werden kann. Es ist also notwendig, eine weitere Nachgiebigkeit in dieses System einzuführen, die sich im Kontakt selbst ergibt und somit sowohl längs als auch quer weitere Schlupfanteile generiert.

Der Starrkörperschlupf, der sich auf die Relativbewegung zwischen einem starren Rad und der Geschwindigkeit der Stützfläche im Aufstandspunkt bezieht, wird herangezogen zur Messung der Radführungskräfte bei vorgegebener Radlast. Übergangszustände ergeben sich aus der Veränderung der Schlupfgeschwindigkeit längs und quer zufolge der elastischen Verformung des Rades: Sind die Schlupfkennlinien sowie die elastischen Konstanten des Rades längs und quer im Aufstandspunkt bekannt, lassen sich implizite Differentialgleichungen erster Ordnung angeben, die das Übergangsverhalten des Rollkontakts beschreiben. Vorausgesetzt wird allerdings dabei, daß die entstehenden Kräfte immer ganz genau denen bei stationärem Schlupfzustand entsprechen. Für punktförmige oder sehr kleine Kontaktflächen trifft diese Voraussetzung zu. Für größere Kontaktflächen oder schnellere Rollzustandsänderung sind diese Voraussetzungen zu ungenau. Darüber hinaus zeigt sich eine sehr wichtige Einschränkung zufolge der Eigenschaft der Reibkennlinie. Mit zunehmender Gleitgeschwindigkeit entsteht bekanntlich ein Abfall der Reibkraft, wodurch es zu selbsterregten Schwingungen kommt, die nicht nur in den Führungselementen des Rades auftreten, sondern auch in den Schwingungsformen des Radkörpers selbst.

An dieser Stelle setzt die Arbeit des Sonderforschungsbereichs 181 „Hochfrequenter Rollkontakt der Fahrzeugräder" ein. Die bisher dargelegten Grundsätze stellen den Status der in der Industrie angewandten Berechnungsmethoden dar. Die Entwicklung neuer Grundlagen der Rolltheorie geht aus von der nichtholonomen Rollbedingung für jedes im Kontaktgebiet haftende Kontaktelement und führt zu dem Bild einer instationären Strömung von Kontaktteilchen durch die Kontaktfläche hindurch. Sie läßt sich beschreiben als mathematische Theorie des Transports von Teilchen, die in jedem Augenblick für ein Bahnelement eine nichtholonome Rollbedingung voraussetzt. Diese Theorie beruht auf der Annahme, daß die Stützfläche starr ist und nur das Rad selbst elastisch nachgiebig ist. Diese Annahme ist beim Kontakt Reifen-Straße erfüllt. Für den Rad-Schiene-Kontakt muß die starre Bezugsfläche auf den gewachsenen Boden verlegt werden. Die Lage der Berührfläche zwischen Rad und Schiene ist dann von den Struktur- und Kontaktnachgiebigkeiten von Rad und Schiene abhängig. Dadurch modifizieren sich die impliziten Differentialgleichungen des Rollkontakts leicht.

Der Sonderforschungsbereich 181 beschäftigte sich von Anfang an mit dem Einbau dieser nachgiebigen Strukturelemente in das Rollkontaktgeschehen und entwickelte damit eine Theorie für die Verbindung zwischen der Strukturdynamik der beteiligten Körper und dem instationären Verhalten der Kontaktfläche selbst. Es wird daher unterschieden zwischen lokalen Deformationen (Kontaktbereich) und globalen Deformationen (Struktur). Dies alles ist vor dem Hintergrund der nachfolgend beschriebenen Effekte zu sehen:

a) Es existiert eine unilaterale Kontaktbedingung, die besagt, daß nur bei Vorhandensein von Druckkräften des Stützkörpers auf den Radkörper beziehungsweise umgekehrt es zur Übertragung von Führungskräften kommen kann. Diese einseitige Nichtlinearität entzieht sich der rein analytischen Behandlung. Sie ist auf unebenem Boden unendlich vieldeutig und selbst bei angenommener Glattheit ist die Begrenzungslinie der Kontaktfläche in Abhängigkeit von der Zeit nur iterativ bestimmbar.

b) Die Reibungseigenschaften, d. h der Übergang vom Haften zur Gleitbewegung, und der schon genannte Abfall der Kennlinie bei Erhöhung der Gleitgeschwindigkeit sind die Ursache für nichtkonservative Tangentialkräfte im Kontakt. Eine weitere Ursache ist die dissipierende Entspannung der lokalen Deformation am Ende der Kontaktfläche. Dies führt automatisch dazu, daß im System Rad-Stützmedium stabile, stationäre Rollzustände nur unter besonderen Bedingungen von Hysterese und Dämpfung entstehen können. Selbst bei konstant gehaltenen globalen Schlupfgrößen kann dies zu hochfrequenten Schwingungen, zu Lärm oder zu chaotischen Bewegungen führen.

c) Die Kopplung zwischen flächennormalen und tangentialen Kontaktkräften ist nichtlinear. Monofrequente Kräfte in der einen Richtung führen nicht automatisch zu eben solchen in anderer Richtung. Insbesondere ist die Stabilität des geradeaus rollenden Rades nicht von vornherein gesichert. Die Stabilitätsreserven können durch Parametererregung zusätzlich gefährdet werden (Abrollen des Eisenbahnrades auf diskret gestütztem Gleis).

d) Die Eigenschaften der am Rollkontakt beteiligten Materialien sind vielfach nichtlinear. In diesen Fällen sind gezielte Maßnahmen erforderlich, um den Anfachungskräften im Rollkontakt technisch begegnen zu können.

e) Rundheit und Ebenheit der am Rollkontakt beteiligten Körper sind in der Praxis niemals gegeben. Selbst bei konstant gehaltenen Radlasten führt dies zu veränderlichen Kontaktflächenabmessungen, zu veränderlichen Winkel- und Translationsgeschwindigkeiten und damit auch zu veränderlichen Führungskräften des Rades. Der Ungleichförmigkeitsgrad der Rollbewegung führt dann auch zu veränderlichen Längsbeschleunigungen des Radführungssystems und des Fahrzeugkörpers. Sofern diese Kräfte bis zum Fahrzeugkörper durchdringen, ist der Fahrkomfort nicht nur eine Frage der Abfederung vertikaler, ungleichförmiger Kräfte, sondern gegebenenfalls auch tangentialer, ungleichförmiger Kräfte von gleicher Größenordnung.

f) Die Fahrsicherheit von Fahrzeugen wird dadurch herabgesetzt, daß der ungleichförmige Rollzustand eher an die Haftgrenze gelangt und das Fahrzeug als Ganzes zusätzliche Driftbewegungen durchführt, die aus der Summe kurzzeitiger Schleuderbewegungen der einzelnen Räder hervorgehen.

Die entwickelte Theorie hat verschiedene Ausprägungen. Die einfachste Anwendung ist die Entwicklung nach Modalformen oder Wellenformen von Radkörper und Stützkörper gekoppelt mit der Transporttheorie für Haften und Gleiten in der Kontaktfläche. Dabei wird die Kontaktdruckverteilung als bekannt beziehungsweise getrennt berechenbar vorausgesetzt, wobei man auf statische Lösungen oder Messungen zurückgreifen kann. In dieser Ausprägung der Theorie sind nur relativ langwellige Vorgänge mit Wellenlängen, die deutlich größer sind als die Länge der Kontaktfläche, berechenbar. Eine verfeinerte Ausbaustufe (Reifen-Fahrbahn) befaßt sich mit einer spurweise durch ein Punktraster diskretisierten Lauffläche, die mit Einzelmassen belegt ist, um den Kontakt vieler im Eingriff befindlicher Reibschwinger zur Generierung hochfrequenter Radführungskräfte darzustellen. Für Rad-Schiene-Probleme umfaßt die Verfeinerung eine konsequente Linearisierung der Kontaktfläche um einen nichtlinearen Referenzzustand, wodurch Wellenlängen bis in die Kontaktflächenabmessung erfaßbar werden. Hier wurden für die Kontaktaufgabe Boundary Element Methoden (BEM) angewendet.

In einem dritten und letzten Modellierungsansatz (Reifen-Fahrbahn) wurde im Hinblick auf den rauhen Kontakt auf nicht glatten Oberflächen die Vielteilchenmethode angewendet, die darauf beruht, daß die aus der Kontinuumstheorie bekannten Parameter der Modelle für Rad und Stützkörper auf Punktmassensysteme übertragen wurden. Es entstehen analoge Gleichungen zu der üblichen Diskretisierungsmethode, die nicht von linearisierten Grundzuständen ausgehen. Mit dieser Methode war es möglich, nahezu beliebig große Störungen im Kontakt zuzulassen und auch sehr kurzwellig Unebenheiten in ihrer Auswirkung auf die Führungskräfte des Rades sehr genau im Vergleich zur Messung zu untersuchen.

16.2 Offene Fragen

Am Anfang der Entwicklung der Rollmechanik um die Jahrhundertwende standen geometrische Methoden im Vordergrund, die eine phänomenologische Beschreibung des Rollvorgangs ohne Rücksicht auf technische Eigenschaften des Rades ermöglichten. Punktförmiger Kontakt, linienförmiger Kontakt und Kontakt in mehreren Spuren in Verbindung mit phänomenologischen Ansätzen und Vernachlässigung der Massenkräfte lassen Erweiterungen der Theorie nur zu, wenn stetig differenzierbare Kontaktbedingungen vorausgesetzt werden. Im Sonderforschungsbereich 181 wurden beliebig veränderliche Kontaktflächen zugelassen, wobei aber stets der klassische geometrische Flächenbegriff zugrunde gelegt wurde. Reale rauhe Oberflächen wurden nur ansatzweise einbezogen. Es verbleibt die offene Frage, ob durch den Einsatz moderner geometrischer Flächenbegriffe (beispielsweise fraktale Geometrie und chaotische Mengen) ein technisch relevanter Fortschritt für den Rollkontakt auf rauhen Oberflächen erzielbar ist.

Strukturmechanische Vorgänge im Rad und im Stützmedium wurden im Sonderforschungsbereich 181 durchwegs mit Finite-Element-Modellen behandelt. Die Integration der kontaktmechanischen Vorgänge war nicht einheitlich. Sie erfolgte entweder durch getrennte, modulare Behandlung mit Boundary Element Methoden (BEM), (Rad-Schiene) oder durch integrierte, diskretisierende Behandlung beim Reifen-Straße-Kontakt. Bis zu welcher Feinheit soll und muß elementiert werden? Bereits das Verformungsverhalten des belasteten Rades und des Stützkörpers kann zu mehrdeutigen Kontaktzuständen führen, die mit Pfadverfolgungsmethoden nur ungenügend beherrschbar sind, da die entstehenden Kontaktkräfte nichtkonservativ sind. Kinetostatische Berechnungsmethoden vernachlässigen die sehr wichtigen Selbsterregungsphänomene und liefern eine numerisch zu gut gedämpfte Darstellung des technischen Rollvorgangs. Betrachtet man das Rad zumindest in seinem Drehfreiheitsgrad als ungefesselten Körper, dessen Drehbeschleunigung sich aus der Wirkung nichtkonservativer Kontaktkräfte beziehungsweise Antriebskräfte ergibt, und führt eine Analyse unter Einbezug der anderen Freiheitsgrade von Fahrzeug plus Rad durch, so liegt ein sehr steifes System vor. Fahrdynamisch relevante Lösungen, in denen gleichzeitig langsam und sehr schnell veränderliche Zustände behandelt werden, liegen bisher nur im Reifen-Straße-Kontakt vor.

Die Vorgehensweise, das Rad vorab modal zu behandeln und die Modalformen dann in Galerkin-Methoden einzusetzen, ist sicherlich erfolgreich, solange der Kontaktbereich auf einen Punkt abgebildet werden kann, was beim Rad-Schiene-Kontakt noch, beim Reifen-Fahrbahn-Kontakt hingegen nicht mehr der Fall ist. Jedoch ist die Frage der Frequenzobergrenzen und die richtige Berücksichtigung der Kontaktbedingung und der Nichtlinearität bei Zugrundelegung von Modalformen zu beachten. Keine abschließende Klärung gab es zu der Frage, ob die Kontinuumstheorie als phänomenologische Abstraktion eine generelle Basis für die Generierung der Kontaktkräfte darstellt.

Die Kontaktmechanik zusammen mit der Reibungstheorie ist derzeit noch nicht weit genug entwickelt, um technisch optimale Darstellungen des Materialverhaltens in der Kontaktfläche zu ermöglichen. Ausgangspunkt für weitere Fortschritte muß eine mikroskopische Betrachtung der Kontaktvorgänge, gegebenenfalls eine Vielteilchentheorie unter Berücksichtigung der Atomistik der beteiligten Partner, sein. Einzelne Fortschritte wurden hier bereits durch Anwendung strukturchemischer Überlegungen und physikalischer Meßmethoden erzielt. Es ist jedoch eine offene Frage, ob die produktabhängigen Entwicklungsmethoden bei den einzelnen Firmen je zu einem einheitlichen Vorgehen führen können. In der Kontaktphysik, wo es um die Reaktionen in der Grenzschicht, in dem Zwischenmedium und in dem Stützkörper geht, herrscht ebenfalls empirische Vorgehensweise vor. Reibleistung an der Oberfläche und Dissipationsleistung in den Materialien werden in ihrer Wirksamkeit beim dynamischen Rollverhalten oft nur qualitativ durch Versuchspersonen beurteilt. Dies gilt auch für die dabei entstehende Lärmentwicklung. Es ist eher zweifelhaft, ob auf diesem Weg ein Optimum bezüglich der Laufruhe bei gleichzeitiger Verringerung des Kraftstoffverbrauchs und des Oberflächenverschleißes gefunden werden kann. Da jedoch die meisten Radkonstruktionen weit weg von ihrem Optimalverhalten arbeiten, weil unterschiedlichste Rollzustände abzudecken sind, können hier noch bedeutende Verbesserungen erreicht werden.

Eine mobile, instationäre, hochfrequente Meßtechnik, wie sie mit heutigen elektronischen Mitteln denkbar erscheint, kann bei entsprechendem Kosteneinsatz hier sehr viel erreichen. Vorausgesetzt werden muß allerdings, daß die meßtechnische Mannschaft die nötigen rolldynamischen Kenntnisse besitzt und die notwendige Berechnungskapazität verfügbar ist. Es ist eine offene Frage, wie weit die Fahrzeugindustrie bereit ist, neben den Forschungsstellen für Antriebsentwicklung, Fahrdynamik und Strukturentwicklung auch noch entsprechende Abteilungen für Rollmechanik zu installieren.

17 Wissenschaftliche, wirtschaftliche und politische Auswirkungen der Arbeit des Sonderforschungsbereichs 181

Friedrich Böhm* und Klaus Knothe**

17.1 Wissenschaftliche Auswirkungen

Die Technische Universität Berlin hat sich aufgrund der Ergebnisse des Sonderforschungsbereichs 181 zur international führenden Hochschule auf dem Gebiet der Dynamik der Fahrzeugräder profiliert.

Vor Beginn der vorbereitenden Arbeiten zur Antragsformulierung für den Sonderforschungsbereich 181 „Hochfrequenter Rollkontakt der Fahrzeugräder" bestanden zwischen den späteren wissenschaftlichen Partnern im Sonderforschungsbereich 181 nur sehr lose und in der Regel unsystematische Arbeitszusammenhänge. Bereits während der vorbereitenden Arbeiten und dann ständig zunehmend während der Laufzeit des Sonderforschungsbereichs 181 kam es zwischen den einzelnen Partnern zu einer zum Teil außerordentlich engen Kooperation, die sich auch nach Abschluß der Förderung des Sonderforschungsbereichs 181 fortsetzte und in eine ganze Reihe von Folgeprojekten einmündete. In Abbildung 17.1.1 wird versucht, Kooperationsbeziehungen, die sich entwickelt haben und weiter bestehen, zu veranschaulichen. Hierbei sind auch Fachgebiete aufgenommen, die nicht während des gesamten Förderzeitraums von der Deutschen Forschungsgemeinschaft gefördert wurden.

Bereits während des ersten Förderzeitraums wurde klar, daß das Fachgebiet „Reibungsphysik" an der Technischen Universität Berlin nur unzureichend vertreten war. Mit unterstützender Empfehlung der Gutachter der Deutschen Forschungsgemeinschaft gelang es, im damaligen Fachbereich „Physikalische Ingenieurwissenschaften" eine freigewordene Mechanik-Professur für eine Neuzuweisung mit dem Titel „Mechanik, insbesondere Reibungsphysik" vorzusehen. Diese Professur konnte im Sommersemester 1992 mit dem Kollegen Ostermeyer besetzt werden. Die Beantragung eines eigenen Projekts im Sonderforschungsbereich 181 für Professor Ostermeyer war nicht mehr möglich, im letzten Förderzeitraum gingen aber von diesem Fachgebiet eine Vielzahl von Anregungen für grundlegende, theoretische Arbeiten im Sonderforschungsbereich aus. Professor Ostermeyer ist derzeit zusammen

---

* Technische Universität Berlin, 1. Institut für Mechanik.
** Technische Universität Berlin, Institut für Luft- und Raumfahrt.

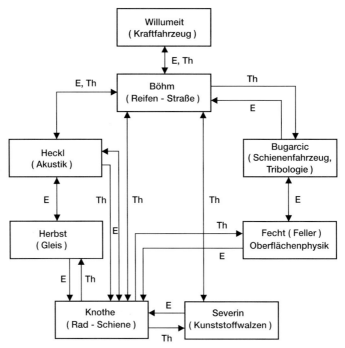

Abbildung 17.1.1: Kooperationsbeziehungen zwischen den Fachgebieten des Sonderforschungsbereichs 181. Mit den Pfeilen wird angedeutet, in welcher Richtung primär Informationen über theoretische Arbeiten (Th) oder über experimentelle Arbeiten (I) geflossen sind.

mit anderen Kollegen (darunter nur ein geringer Teil aus dem bisherigen Sonderforschungsbereich 181) mit der Vorbereitung eines Sonderforschungsbereichs zum Thema „Elementarreibereignisse" befaßt.

Bereits zu Beginn der Arbeit des Sonderforschungsbereichs 181 war das wissenschaftliche Renommee der Technischen Akustik (Professor Heckl) und der Reifenphysik (Professor Böhm) unbestritten. Die Arbeit im Sonderforschungsbereich 181 hat dazu geführt, daß auch für die Fachgebiete Rad-Schiene-Dynamik (Professor Knothe) und Rad-Schiene-Oberflächenphysik (Professor Feller, Professor Fecht) national und international ein ähnliches Ansehen erworben wurde.

Im Forschungsbereich der Rolldynamik von Luftreifen wurde, wie in den Kapiteln 4 bis 6 dargestellt, ausgehend vom statischen Gleichgewicht des Pneus unter Innendruck das Verhalten des Reifens in drei fortlaufend verfeinerten Modellierungsstufen untersucht. Jede Stufe erfordert bezüglich Berechnung, Parameterbestimmung und Messung zwei Größenordnungen mehr an Aufwand. Alle großen Automobilfirmen sind an derartigen Modellen außerordentlich interessiert. Vom Fachgebiet Mechanik wird daher in Zusammenarbeit mit vielen Firmen Einsatz und Weiterentwicklung der Modelle auf den unterschiedlichen Stufen verfolgt. Besondere Bedeutung hat dabei die noch unzulänglich geklärte dynamische Belastung

der Fahrbahnen und Böden, die in einem Projektantrag der Deutschen Forschungsgemeinschaft im Normalverfahren weiterverfolgt wird.

Von den Folgevorhaben im Bereich der Rad-Schiene-Dynamik soll an dieser
Stelle insbesondere das vom Senat der Deutschen Forschungsgemeinschaft Anfang
Mai 1995 eingerichtete und Anfang 1996 angelaufene Schwerpunktprogramm zum
Thema „Systemdynamik und Langzeitverhalten von Fahrwerk, Gleis und Untergrund" hervorgehoben werden. Federführend bei der Beantragung dieses Schwerpunktprogramms war Professor Knothe (gemeinsam mit Professor Popp, Hannover,
sowie Professor Meinke, Stuttgart und Starnberg). In diesem Programm wird die
Systemdynamik („Kurzzeitdynamik") von Fahrwerk, Gleis und Untergrund weiterge-
hend erfaßt und mit dem „Langzeitverhalten" verknüpft, wobei unterschiedliche
Schädigungsmechanismen betrachtet werden. Das vorgeschlagene Programm beschränkt sich bewußt auf den in Abbildung 17.1.2 dargestellten engen Themenkreis,
um im Sinne einer Schwerpunktbildung zu neuen wissenschaftlichen Ergebnissen
vorzustoßen, die für die Anwendung, insbesondere bei der Deutschen Bahn AG,
nutzbar gemacht werden können. Die Arbeit im Sonderforschungsbereich 181 liefert
wesentliche Grundlagen für dieses Schwerpunktprogramm; das Schwerpunktprogramm geht aber mit der Konzentration auf den mittelfrequenten Bereich (50 bis
500 Hz) und mit der Beschäftigung mit unterschiedlichen Schädigungsmechanismen
weit über die Thematik des Sonderforschungsbereichs 181 hinaus.

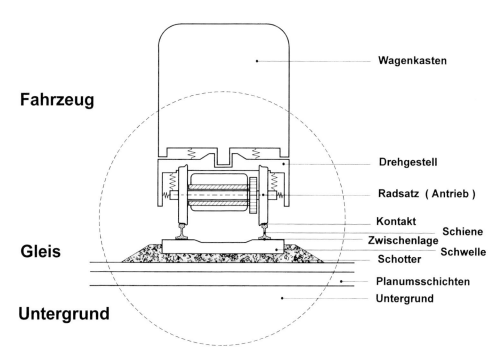

Abbildung 17.1.2: Themeneingrenzung des neuen Schwerpunktprogramms der Deutschen
Forschungsgemeinschaft.

Die Profilbildung in den Teilprojekten des Sonderforschungsbereichs 181 hat maßgeblich zu internationalen Kooperationsaktivitäten der Technischen Universität Berlin auf dem Gebiet der Fahrzeugtechnik und angrenzender Fachgebiete beigetragen. An dieser Stelle sollen nur einige dieser Aktivitäten hervorgehoben werden. Genannt sei zum einen die Kooperation mit Polen (Technische Hochschule Krakau, hier insbesondere Professor Szefer und Professor Bogacz, Technische Hochschule Warschau, Professor Kisilowski und Dr. Piotrowski, und Akademie der Wissenschaften in Warschau, Professor Bogacz). Bei den drei letzten deutsch-polnischen Workshops unter dem Titel „Dynamical Problems in Mechanical Systems" (1991, 1993 und 1995) waren durchwegs Wissenschaftler des Sonderforschungsbereichs 181 vertreten. – Vor dem Hintergrund der Arbeiten des Sonderforschungsbereichs 181 wurde auf dem Gebiet der Bahntechnik die Kooperation mit China intensiviert. In Vorbereitung ist ein Kooperationsvertrag mit der chinesischen Eisenbahnakademie China Academy of Railway Sciences (CARS, Beijing). Ein erstes gemeinsames Symposium fand im September 1995 in Beijing statt. – Auf dem Gebiet der Bahntechnik wurde ferner die Kooperation mit skandinavischen Ländern, insbesondere Dänemark und Schweden, verstärkt.

Kraftfahrzeugtechnik und Reifendynamik konzentrierten sich bei ihren Kooperationbestrebungen auf Osteuropa (Polen, Lettland, Ukraine und Rußland) sowie auf Frankreich. Hervorzuheben sind die durch die Deutsche Forschungsgemeinschaft geförderten Kontakte zu führenden Vertretern der Mechanik der ehemaligen UdSSR, die zu einer direkten Zusammenarbeit mit den entsprechenden Universitäten (in Moskau, Kiew, Tambov, Riga), mit der Lettischen Akademie der Wissenschaften und dem Moskauer Forschungsinstitut der Reifenindustrie führten. Ein INTAS-Förderprojekt für die russischen Kollegen ist beantragt, ein zweites ist in Vorbereitung. An gemeinsamen Veröffentlichungen zur Reifenmechanik und zur Mechanik der Kompositmaterialien wird gearbeitet.

Als Erfolg aus der Arbeit des Sonderforschungsbereichs 181 kann angesehen werden, daß auf dem 13. und 14. IAVSD Symposium „The Dynamics of Vehicles on Roads and on Tracks" (1993 Chengdu/China, 1995 Ann Arbor/USA) in Übersichtsvorträgen Teilbereiche des Sonderforschungsbereichs 181 präsentiert wurden (1993 von Professor Knothe und Dr. Grassie: „Modelling of Railway Track and Vehicle/Track Interactions at High Frequencies", 1995 von Professor Böhm und Professor Willumeit: „Wheel Vibrations and Transient Tire Forces"). Von Professor Knothe wurde 1994 in der Tschechischen Republik ein Workshop zum Thema „Interaction of Railway Vehicles with the Track and its Substructure" durchgeführt, der insbesondere das Ziel verfolgte, alle offenen Fragen auf diesem Gebiet zusammenzustellen. Das oben genannte Schwerpunktprogramm der Deutschen Forschungsgemeinschaft ist unter anderem eine Konsequenz dieses internationalen Workshops.

17.2 Wirtschaftliche Auswirkungen

Unter wirtschaftlichen Auswirkungen werden alle Aktivitäten von Fachgebieten des Sonderforschungsbereichs verstanden, die auf Industrie und Betreiber (DB AG, Nahverkehrsbetriebe) orientiert sind und teilweise in gemeinsame, internationale Forschungs- und Entwicklungsvorhaben einmündeten.

Die wirtschaftlichen Rahmenbedingungen für bahntechnische Projekte lassen sich wie folgt benennen: Im politischen, wirtschaftlichen und wissenschaftlichen Bereich besteht übereinstimmend die Auffassung, daß nach der Neuordnung Mitteleuropas mit einer Renaissance des Schienenverkehrs zu rechnen ist. Eine derartige Renaissance, die auch aus verkehrspolitischen Überlegungen geboten ist, ist allerdings kein „Selbstläufer": Sie setzt voraus, daß die Kosten des Bahnbetriebs deutlich gesenkt werden (Kosten für Investitionen, Betriebskosten, Instandhaltungskosten) und daß schädliche Nebenwirkungen (hier insbesondere Beeinträchtigungen durch Lärm und Erschütterungen) auf ein Minimum gesenkt werden. Bei der Einrichtung des Sonderforschungsbereichs 181 war diese politische Entwicklung nicht absehbar. Aufgrund der Arbeit im Sonderforschungsbereich 181 haben Wissenschaftler der Technischen Universität Berlin jetzt aber die Möglichkeit, derartige Fragen gemeinsam mit Vertretern der Praxis auf solider wissenschaftlicher Basis zu bearbeiten.

Auf dem Gebiet der Bahntechnik waren insbesondere Professor Heckl und Professor Knothe als Berater der DB AG und des Internationalen Eisenbahnforschungsinstituts European Railway Research Institut (ERRI) tätig (Entstehung von Rollgeräuschen sowie Riffelbildung auf Eisenbahnschienen). In einer Reihe von Projekten wurde gemeinsam mit Mitarbeitern der Deutschen Bundesbahn (jetzt DB AG) Ergebnisse aus der Arbeit des Sonderforschungsbereichs 181 für praktische Fragestellungen aufgearbeitet. Gemeinsam mit der DB AG, mit anderen Bahnverwaltungen, mit europäischen Firmen und Universitäten wurden im Projekt EUROBALT (European Research Project for Optimised Ballasted Tracks) theoretische Grundlagen und Einsatzgrenzen von Schottergleisen untersucht. Von einem ähnlichen Konsortium wird derzeit, wiederum unter Beteiligung von Wissenschaftlern des Sonderforschungsbereichs 181, ein europäisches Vorhaben zum Thema SILENT TRACK bearbeitet, in dem die Potentiale zur Reduktion des Schienenlärms ausgelotet werden sollen. Auf nationaler und internationaler Ebene laufen derzeit zwei Vorhaben (ICON, EU-finanziert; OPTIKON, BMBF-finanziert), an denen wiederum Wissenschaftler des Sonderforschungsbereichs 181 beteiligt sind. In beiden Vorhaben sollen Schädigungen auf Schienenlaufflächen sehr grundlegend untersucht werden. All diese Aktivitäten von Seiten von Wissenschaftlern der Technischen Universität Berlin sind nur vor dem Hintergrund der Grundlagenuntersuchungen im Sonderforschungsbereich 181 „Hochfrequenter Rollkontakt der Fahrzeugräder" denkbar.

Die Ergebnisse des Sonderforschungsbereichs 181 auf dem Gebiet des instationären Rollens des Luftreifens ermöglichen eine wirtschaftliche Untersuchung des im Autostraßenbau gefürchteten „Hammereffekts" der schweren Nutzfahrzeuge, der zu einem extrem schnellen Verschleiß der Straßendecken und damit zu unvertretbar hohen Reparaturkosten führt. Da die theoretischen und numerischen Grundlagen des Rollens auf unstetigen, chaotischen Oberflächen vorliegen, bestehen die Voraussetzungen, in Fortführung des Sonderforschungsbereichs 181 Vorschläge für ein weicheres Rollen der LKW- und Busreifen und für Maßnahmen zur Erhaltung der Straßenfestigkeit zu erarbeiten. Auf weitere wirtschaftliche Auswirkungen wird im folgenden Absatz hingewiesen.

17.3 Politische Auswirkungen

Unter politischen Auswirkungen sollen hier primär hochschulpolitische und forschungspolitische Auswirkungen verstanden werden. Bedingt durch die ingenieurwissenschaftlichen Grundlagenuntersuchungen im Sonderforschungsbereich 181 wurde auch die Rolle der verkehrstechnischen Forschung an der Technischen Universität Berlin und in der Region Berlin/Brandenburg nachhaltig gefördert. Die Arbeit im Sonderforschungsbereich 181 war eine entscheidende Grundlage für die Einrichtung eines *Interdisziplinären Forschungsverbunds Bahntechnik (IFV Bahntechnik)* für Berlin und Brandenburg. Der Antrag auf Einrichtung einer Geschäftsstelle des IFV Bahntechnik wurde von der Senatsverwaltung für Wissenschaft und Forschung des Lands Berlin im August 1995 bewilligt (vorgesehene Laufzeit: fünf Jahre). In Anbetracht der Tatsache, daß innerhalb der nächsten Jahre eine Reihe von Hochschullehrern auf dem Gebiet der Bahntechnik wegen Erreichen der Altersgrenze ausscheiden, ist dieser Forschungsverbund auch ein wesentliches Instrument für die Kontinuität bahntechnischer Forschung an der Technischen Universität Berlin.

Die im Forschungsverbund Bahntechnik zusammengefaßten Fachgebiete reichen wiederum weit über die Fachgebiete des Sonderforschungsbereichs 181 hinaus, der aber als Keimzelle dieses Forschungsverbunds angesehen werden kann. Sprecher des Forschungsverbunds ist Professor Knothe, der bereits im Sonderforschungsbereich 181 im Zentrum der bahntechnischen Forschung stand.

Im Mai 1995 wurde von Professor Erhardt, Senator für Wissenschaft und Forschung des Lands Berlin, ein erster forschungspolitischer Dialog zum Thema „Verkehrsforschung und Verkehrstechnik" eröffnet. In der Auswertung dieses ersten Dialogs wurden insgesamt vier Leitprojekte genannt, auf die sich die Aktivitäten von Verkehrsforschung und Verkehrstechnik konzentrieren sollen. Bei zwei dieser Leitprojekte besteht thematisch oder personell ein enger Bezug zum Sonderforschungsbereich 181. Das Leitprojekt „Reduktion von Lärm und Erschütterungen in Ballungszentren" (Sprecher: Professor Möser, Technische Akustik) wird eine der Aktivitäten des Sonderforschungsbereichs 181 weiterführen; im Leitprojekt „Gütertransport und Güterumschlag" ist der Sprecher Professor Severin, der bereits Sprecher von zwei Projekten im Sonderforschungsbereich 181 war.

Im August 1995 wurde von der Landesregierung Rheinland-Pfalz ein Workshop „Reduzierung des Schadenpotentials von schweren Nutzfahrzeugen durch innovative Rad-Reifenkonstruktionen als volkswirtschaftliche Herausforderung" durchgeführt, an dem maßgebliche Vertreter der Fahrzeug- und Reifenindustrie, der Wissenschaft und der Behörden und Verbände (Bundesministerium für Verkehr, Bundesanstalt für Straßenwesen, Forschungsgesellschaft für Straßen- und Verkehrswesen u.a.) teilnahmen. Das seit mehreren Jahren „schwelende" Problem von hoher volkswirtschaftlicher Brisanz, verursacht durch extreme dynamische Belastungen der Straße durch schwere LKW und Busse, wird durch Anwendung entsprechender Ergebnisse des Sonderforschungsbereichs 181 und Weiterentwicklung der vorhandenen ingenieurtechnischen Basis bezüglich des Deformations- und Verschleißverhaltens der Fahrbahn einer Lösung zugeführt werden. Voraussetzungen für eine Verbesserung der bestehenden Situation ergeben sich vor dem Hintergrund der Erfahrungen im Forschungsgebiet Rolldynamik von Luftreifen. Zum einen ist eine präzise Erfassung der wirkenden Lastkollektive durch Messungen und dynamische Berechnungen erforderlich, wie sie im Sonderforschungsbereich 181 praktiziert wurden; zum anderen kann eine Verbesserung der Federungseigenschaften des Reifens ohne Einbuße der Fahrsicherheit durch eine neue Verformungskinematik und durch eine hohe Flexibilität des Reifens erreicht werden; ferner ist eine genauere Erfassung des Verhaltens der Straßendecke unter dynamischen Beanspruchungen bis in den Mikrometerbereich und eine Berücksichtigung der Akkumulation der plastischen Verformungen notwendig; schließlich kommt es durch die Beherrschung der mechanischen und thermischen Vorgänge im Luftreifen bei der Innendruckabsenkung zur Verringerung des Schädigungpotentials. (Eine ähnliche Aufgabenstellung für Landwirtschaftsreifen wird zur Zeit am Institut für Mechanik im Rahmen des Wissenschaftler-Integrationsprogramms und im Rahmen eines beantragten Projekts der Deutschen Forschungsgemeinschaft bearbeitet.)

Zur Bearbeitung dieser Aufgaben wird ein Forschungsverbund Reifen-Straße (Technische Universität Berlin – Professor Böhm, Professor Duda und Professor Huschek; Technische Universität Braunschweig – Professor Mitschke u.a.) vorbereitet, der sich die Aufgabe stellt, aus der realistischen Erfassung des dynamischen Kontaktproblems Reifen-Straßendecke und seinen Auswirkungen auf die Straßendauerhaftigkeit, Vorschläge zur konstruktiven Veränderung, vor allem der LKW-Reifen, und für Maßnahmen zur Vermeidung kostenaufwendiger Straßenreparaturen abzuleiten.

Sowohl mit dem interdisziplinären Forschungsverbund „Bahntechnik" und dem in Vorbereitung befindlichen Forschungsverbund „Rad-Straße" als auch mit der Mitarbeit an den entsprechenden übergreifenden Projekten werden inhaltliche Ergebnisse und personelle Kapazitäten aus dem Sonderforschungsbereich 181 für regionale und bundesweite Schwerpunktaufgaben im Bereich der Verkehrstechnik eingesetzt. Die Mitglieder des Sonderforschungsbereichs 181 stellen sich dieser Aufgabe auch in dem Bewußtsein, daß die Region Berlin-Brandenburg sich in den nächsten 20 Jahren zu einem verkehrstechnischen Zentrum in Deutschland ausweiten wird.

Dokumentation

1 Sprecher und stellvertretender Sprecher des Sonderforschungsbereichs 181

Sprecher
Prof. Dr. techn. Friedrich Böhm
Technische Universität Berlin
1. Institut für Mechanik
Sekr. MS 2
Einsteinufer 5–7
10587 Berlin

Stellvertretender Sprecher
Prof. Dr.-Ing. Klaus Knothe
Technische Universität Berlin
Institut für Luft- und Raumfahrt
Sekr. F 5
Marchstr. 12
10587 Berlin

2 Mitglieder des Sonderforschungsbereichs 181

1. Finanzierungszeitraum

Fachbereich	Institut	Fachgebiet	Hochschullehrer
Physikalische Ingenieurwissenschaft	1. Institut für Mechanik	Mechanik	Prof. Dr. techn. F. Böhm
Konstruktion und Fertigung	Fördertechnik und Getriebetechnik	Fördertechnik und Getriebetechnik	Prof. Dr.-Ing. D. Severin
Verkehrswesen	Fahrzeugtechnik	Spurgebundene Fahrzeuge	Prof. Dr.-Ing. H. Bugarcic
Verkehrswesen	Fahrzeugtechnik	Kraftfahrwesen	Prof. Dr.-Ing. H. P. Willumeit
Verkehrswesen	Verkehrsplanung und Verkehrswege- bau	Eisenbahnwesen und Spurgebundener Nahverkehr	Prof. Dr.-Ing. W. Herbst
Verkehrswesen	Verkehrsplanung und Verkehrswege- bau	Straßenbau	Prof. Dr. sc. techn. ETH S. Huschek
Verkehrswesen	Luft- und Raumfahrt	Konstruktions- berechnung	Prof. Dr.-Ing. K. Knothe
Verkehrswesen	Luft- und Raumfahrt	Konstruktions- berechnung	Prof. Dr.-Ing. R. Gasch
Werkstoffwissen- schaften	Metallforschung	Oberflächentechnik	Prof. Dr. rer. nat. H. G. Feller
Umwelttechnik	Technische Akustik	Technische Akustik	Prof. Dr. rer. nat. M. Heckl

2. Finanzierungszeitraum

Fachbereich	Institut	Fachgebiet	Hochschullehrer
Physikalische Ingenieurwissenschaft	1. Institut für Mechanik	Mechanik	Prof. Dr. techn. F. Böhm
Konstruktion und Fertigung	Fördertechnik und Getriebetechnik	Fördertechnik und Getriebetechnik	Prof. Dr.-Ing. D. Severin
Verkehrswesen	Fahrzeugtechnik	Kraftfahrwesen	Prof. Dr.-Ing. H. P. Willumeit
Verkehrswesen	Verkehrsplanung und Verkehrswege- bau	Eisenbahnwesen und Spurgebundener Nahverkehr	Prof. Dr.-Ing. W. Herbst
Verkehrswesen	Luft- und Raumfahrt	Konstruktionsbe- rechnung	Prof. Dr.-Ing. K. Knothe
Werkstoffwissen- schaften	Metallforschung	Metallphysik	Prof. Dr.-Ing. L. Thomas; Prof. Dr. rer. nat. H.-G. Feller
Umwelttechnik	Technische Akustik	Technische Akustik	Prof. Dr. rer. nat. M. Heckl

3. Finanzierungszeitraum

Fachbereich	Institut	Fachgebiet	Hochschullehrer
Physikalische Ingenieurwissenschaft	1. Institut für Mechanik	Mechanik	Prof. Dr. techn. F. Böhm
Konstruktion und Fertigung	Fördertechnik und Getriebetechnik	Fördertechnik und Getriebetechnik	Prof. Dr.-Ing. D. Severin
Verkehrswesen	Fahrzeugtechnik	Kraftfahrwesen	Prof. Dr.-Ing. H. P. Willumeit
Verkehrswesen	Verkehrsplanung und Verkehrswege-bau	Eisenbahnwesen und Spurgebundener Nahverkehr	Prof. Dr.-Ing. W. Herbst
Verkehrswesen	Luft- und Raumfahrt	Konstruktionsbe-rechnung	Prof. Dr.-Ing. K. Knothe
Werkstoffwissen-schaften	Metallforschung	Metallphysik	Prof. Dr. rer. nat. H.-J. Fecht
Umwelttechnik	Technische Akustik	Technische Akustik	Prof. Dr. rer. nat. M. Heckl

3 Teilprojekte und Dauer der Finanzierung

Sonderforschungsbereich 181, 2. Halbjahr 1986 bis 1. Halbjahr 1989

Projektbereich A: *Rolltheorie für hohe Frequenzen*

Teilprojekt A1: Hochfrequente Kontaktkräfte bei vorgegebener Führungsbewegung des Gürtelreifens
Dauer der Finanzierung: 01.07.86 bis 30.06.89

Teilprojekt A2: Kontaktmechanik bei hochfrequenten Bewegungsvorgängen und hohen Schlüpfen
Dauer der Finanzierung: 01.07.86 bis 30.06.89

Teilprojekt A3: Das Kraftschluß-Schlupf-Verhalten von Kunststofrädern bei schwingender Belastung
Dauer der Finanzierung: 01.07.86 bis 30.06.89

Projektbereich B: *Hochfrequente Luftreifendynamik*

Teilprojekt B1: Gürteldynamik zufolge Bodenwellen im Frequenzbereich bis einige 100 Hz
Dauer der Finanzierung: 01.07.86 bis 30.06.89

Teilprojekt B2: Schwingungsverhalten des Gürtelreifens im akustischen Frequenzbereich
Dauer der Finanzierung: 01.07.86 bis 30.06.89

Teilprojekt B3:   Übertragungsverhalten Reifen/Radaufhängung
Dauer der Finanzierung: 01.07.86 bis 30.06.89

Projektbereich C: Hochfrequente Rad-Schiene-Dynamik

Teilprojekt C1:   Untersuchungen über hochfrequente Haft-Gleit-Schwingungen
beim Rad-Schiene-System
Dauer der Finanzierung: 01.01.87 bis 30.06.89

Teilprojekt C2:   Entwicklung von Meßtechniken zur Beschreibung hochfrequenter Rollvorgänge bei Bahnen
Dauer der Finanzierung: 01.07.86 bis 30.06.89

Teilprojekt C3:   Grenzzykelberechnung von Riffelschwingungen
Dauer der Finanzierung: 01.07.86 bis 30.06.89

Projektbereich E: Wälzreibungsverhalten

Teilprojekt E1:   Auswirkung der Laufflächenstruktur und des Reibverhaltens auf
hochfrequente Bewegungsvorgänge im Rad-Schiene-Kontakt
Dauer der Finanzierung: 01.07.86 bis 30.06.89

Teilprojekt E2:   Oberflächenanalysen an reibbeanspruchten Werkstoffen
Dauer der Finanzierung: 01.07.86 bis 30.06.89

Projektbereich Z: Zentrale Aufgaben
Dauer der Finanzierung: 01.07.86 bis 30.06.89

Sonderforschungsbereich 181, 2. Halbjahr 1989 bis 31.12.1991

Projektbereich A: Rolltheorie und Reibungsphysik

Teilprojekt A1:   Hochfrequente Kontaktkräfte bei vorgegebener Führungsbewegung des Gürtelreifens
Dauer der Finanzierung: 01.07.89 bis 31.12.91

Teilprojekt A2:   Nichtlineare Kontaktmechanik und Randschichtveränderungen
Dauer der Finanzierung: 01.07.89 bis 31.12.91

Teilprojekt A3:   Hochfrequenter Rollkontakt zwischen Kunststofffrädern und
Stahlschiene bei schwingender Belastung
Dauer der Finanzierung: 01.07.89 bis 31.12.91

Teilprojekt A4:   Beanspruchung und Schlupf zwischen inhomogenen Rädern mit
viskoelastischem Belag und elastischer Halbraum-Fahrbahn
Dauer der Finanzierung: 01.07.89 bis 31.12.91

Projektbereich B: Hochfrequente Luftreifendynamik

Teilprojekt B1:   Gürteldynamik zufolge Bodenwellen im Frequenzbereich bis
einige 100 Hz
Dauer der Finanzierung: 01.07.89 bis 31.12.91

Teilprojekt B2: Bewegungsverlauf von Reifenstollen in der Kontaktzone und deren Umgebung im Bereich 100 bis 3 000 Hz
Dauer der Finanzierung: 01.07.89 bis 31.12.91

Teilprojekt B3: Übertragungsverhalten Reifen/Radaufhängung
Dauer der Finanzierung: 01.07.89 bis 31.12.91

Projektbereich C: *Hochfrequente Rad-Schiene-Dynamik*

Teilprojekt C1: Untersuchungen über hochfrequente Haft-Gleit-Schwingungen beim Rad-Schiene-Kontakt
Dauer der Finanzierung: 01.01.89 bis 31.12.91

Teilprojekt C3: Wirkungsketten zur Riffelbildung
Dauer der Finanzierung: 01.07.89 bis 31.12.91

Teilprojekt C4: Meßtechnische Untersuchungen der Schwingungsform von Rad und Schiene im Hochfrequenzbereich
Dauer der Finanzierung: 01.01.90 bis 31.12.91

Projektbereich E: *Wälzreibungsverhalten*

Teilprojekt E2: Oberflächenanalysen an reibbeanspruchten Werkstoffen
Dauer der Finanzierung: 01.07.89 bis 31.12.91

Projektbereich Z: *Zentrale Aufgaben*
Dauer der Finanzierung: 01.07.89 bis 31.12.91

Sonderforschungsbereich 181, 1992 bis 1994

Projektbereich A: *Rolltheorie und Reibungsphysik*

Teilprojekt A1: Hochfrequente Kontaktkräfte bei vorgegebener Führungsbewegung des Gürtelreifens unter Einbeziehung nichtlinearer Materialgesetze
Dauer der Finanzierung: 01.01.92 bis 31.12.94

Teilprojekt A2: Kontaktmechanik und Deckschichtveränderungen im nichtlinearen Bereich
Dauer der Finanzierung: 01.01.92 bis 31.12.94

Teilprojekt A3: Hochfrequenter Rollkontakt zwischen Kunststoff-Rädern und Stahlschiene bei schwingender Belastung
Dauer der Finanzierung: 01.01.92 bis 31.12.94

Teilprojekt A4: Experimentelle Bestimmung lokaler und globaler Kraft- und Schlupfgrößen für den viskoelastischen Rollkontakt
Dauer der Finanzierung: 01.01.92 bis 31.12.94

Projektbereich B: *Hochfrequente Luftreifendynamik*

Teilprojekt B1:   Rolldynamik unter praxisnahen Schlupfbedingungen zufolge Bodenwellen, Nonuniformity sowie Reifenschwingungen bis in den akustischen Bereich und Ersatzmodellbildung für das Fahrzeug und seine Komponenten
Dauer der Finanzierung: 01.01.92 bis 31.12.94

Teilprojekt B2:   Bewegungsverlauf von Reifenstollen in der Kontaktzone und deren Umgebung im Bereich 100 bis 3 000 Hz
Dauer der Finanzierung: 01.01.92 bis 31.12.94

Projektbereich C: *Hochfrequente Rad-Schiene-Dynamik*

Teilprojekt C1:   Untersuchungen über hochfrequente Haft-Gleit-Schwingungen beim Rad-Schiene-System
Dauer der Finanzierung: 01.01.92 bis 31.12.94

Teilprojekt C3:   Wirkungsketten zur Riffelbildung
Dauer der Finanzierung: 01.01.92 bis 31.12.94

Teilprojekt C4:   Meßtechnische Untersuchungen der Schwingungsform von Rad und Schiene im Hochfrequenzbereich
Dauer der Finanzierung: 01.01.92 bis 30.06.92

Projektbereich E: *Wälzreibungsverhalten*

Teilprojekt E2:   Oberflächenanalysen an reibbeanspruchten Werkstoffen
Dauer der Finanzierung: 01.01.92 bis 31.12.92

Projektbereich Z: *Zentrale Aufgaben*
Dauer der Finanzierung: 01.01.92 bis 31.12.94

4   Gastwissenschaftler des Sonderforschungsbereichs 181

Dipl.-Ing. Dorotea Jasinska, TU Krakau
Dr.-Ing. Andrej Kaminski, Bjuro Techniczue „APEX", Warschau
Prof. Dr.-Ing. Daniel Kouzov, Universität St. Petersburg
Dr.-Ing. Tomasz Krzyżyński, Universität Warschau
Dr.-Ing. Serguei N. Makarov, Universität St. Petersburg
Dr.-Ing. Wojciech Oleksiewicz, TU Warschau
Dr.-Ing. Jerzy Piotrowski, TU Warschau
Dr.-Ing. Zygmunt Strzyżakowski, TU Warschau
Dr.-Ing. Marian Swierczek, TU Krakau
Prof. Dr.-Ing. Gwidon Szefer, TU Krakau

5 Angenommene Rufe an Hochschulen und wissenschaftlichen Einrichtungen

Prof. Dr. Christian Oertel
FH Anhalt
FB Maschinenbau
Bernburger Str. 52-56
06366 Köthen

6 Förderung des wissenschaftlichen Nachwuchses

Studienarbeiten

Albrecht, U.: Inbetriebnahme einer Belastungseinheit zur Aufbringung hochfrequenter Axialverschiebungen eines Kunststoffrades unter Last. TU Berlin 1995.

Arnold, D.: Entwicklung einer Belastungseinheit für die Untersuchung der Kranräder aus Kunststoff. TU Berlin 1993.

Brandt, J.: Erweiterung und Kalibrierung des Ersatz-E-Modulprüfstandes. TU Berlin 1994.

Desai, T.: Experimentelle Untersuchung des instationären Rollkontakts bei konstantem Schräglauf und dynamischer Radlast. TU Berlin 1991.

Dickert, U.: Konstruktion eines Verschiebetischprüfstandes zur Untersuchung von Kräften und Geschwindigkeiten an rollenden Kunststoffrädern und -walzen. TU-Berlin 1994.

Dietz, S.: Riffelmusterentwicklung bei Berücksichtigung der Rückwirkungen zweier Radsätze eines Drehgestells über das Gleis. TU Berlin 1994.

Duhm, H.-J.: Demonstration von Bohrschlupf-Effekten mit einem Radsatz-Gleis-Modell. TU Berlin 1992.

Haeusler, F.: Entwicklung eines Finite-Element-Verfahrens für zylindrische Walzen unter Ausnutzung von Eigenschaften der zyklischen Rotationssymmetrie. TU Berlin 1992.

Hiss, F.: Zur Entwicklung periodischer Profilstörungen auf Eisenbahnschienen. TU Berlin 1989.

Kämmerling, O.: Bestimmung der Einflußnahme von Rauheiten auf die Spannungen im Rad/Schiene-Kontakt. TU Berlin 1995.

Kohn, J.: Darstellung von Balkenquerschnittsverformungen mit einem Finiten-Streifen-Modell. TU Berlin 1992.

Ludwig, C.: Inbetriebnahme einer Meßvorrichtung für die Ermittlung der Werkstoffparameter von Kunststoffrädern. TU Berlin 1994.

Miedler, U.: Analytische Näherungsformeln für den Rollwiderstand viskoelastischer Walzen. TU Berlin 1994.

Osterloh, M.: Konstruktion einer automatisierten Spurwinkelverstelleinrichtung für Prüfräder. TU Berlin 1993.

Passek, B.: Entwicklung eines Verfahrens zur Beurteilung der Auswirkungen von Gleislagefehlern und Profilirregularitäten auf Fahrzeug- und Gleiskomponenten. TU Berlin 1995.

Schaller, H.-P.: Quasilineare Stabilitätsuntersuchungen für Drehgestelle im Bogen. TU Berlin 1991.

Schmidt-Laatz, K.: Berechnung der Kontaktbeanspruchungen und des Schlupfes zwischen zwei aufeinander abrollenden zylindrischen Körpern aus unterschiedlichem elastischen Material nach der Theorie von Nowell und Hills. TU Berlin 1990.

Scholz, M.: Konstruktion einer Rad-Querverschiebungseinrichtung für einen Kunststoffrollenprüfstand. TU Berlin 1987.

Staub, I.: Untersuchung des Vertikalschwingungsverhaltens eines Eisenbahnwagens. TU Berlin 1994.

Steinsberger, J.: Konstruktion einer Antriebseinheit zur dynamischen Spurwinkelverstellung für einen Kunststoffrollenprüfstand. TU Berlin, 1988.

Theiler, A.: Erstellen von Modellen für Simulationsrechnungen mit MEDYNA und Visualisierung der Datensätze für deren Kontrolle. TU Berlin 1995.

Tromp, S.: Statische und dynamische Kalibrierung eines Meßtisches. TU Berlin, 1992.

Vouros, C.: Berechnung der Kontaktbeanspruchungen und des Schlupfes zwischen zwei aufeinander abrollenden zylindrischen Körpern aus unterschiedlichem viskoelastischen Material nach der Theorie von Wang und Knothe. TU Berlin 1989.

Zachow, D.: Parameteranalyse und Modellvariation des 2-D-Massenpunktsystems am Beispiel der Überrolldynamik von PKW-Reifen. TU Berlin 1996.

Zimmermann, F.: Untersuchungen der Abhängigkeiten der vertikalen und tangentialen Kontaktstreifen. TU Berlin 1990.

Diplomarbeiten

Bruno, A.: Vergleich zweier Reifentheorien nach Böhm und Kalker. TU Berlin 1987.

Chen, X.: Analytische Beschreibung des Kraftschluß-Schlupf-Verhaltens von zwei aufeinander abrollenden Walzen aus unterschiedlichem elastischen Material. TU Berlin 1993.

Dietz, S.: Beanspruchungsrechnungen bei Drehgestellen. TU Berlin 1994.

Eichler, M.: Messungen des Einrollverhaltens von Gürtelreifen am Glasplatten-Rolltisch und Vergleiche mit theoretischen Ergebnissen. TU Berlin 1987.

Feng, K.: Gekoppelte Vertikal-Longitudinalschwingungen von Eisenbahnschienen. TU Berlin 1987.

Fillies, J.: Meßtechnischer Vergleich eines Versuchsreifens mit einem Serienreifen. TU Berlin 1993.

Gallrein, A.: Berechnung hochfrequenter Stollendynamik am Gürtelreifen. TU Berlin 1993.

Gorzawski, P.: Beanspruchung und Verformung von zylindrischen Rädern mit viskoelastischem Laufbelag. TU Berlin 1995.

Haeusler, F.: Kontaktmechanische Berechnung elastischer Walzen unter Zugrundelegung eines Finite-Elemente-Modells mit zyklisch-rotationssymmetrischer Struktur. TU Berlin 1993.

Hees, E.: Entwicklung der Steuerung und Meßdatenerfassung eines Prüfstandes mit Mikrocomputer. TU Berlin 1988.

Hempelmann, K.: Eigenschwingungsberechnung von Eisenbahnradsätzen. TU Berlin 1988.

Hiss, F.: Stationärer Rollkontakt für Walzen mit viskoelastischen Bandagen. TU Berlin 1990.

Jansen, H.: Abrollen eines Rades über einen diskret gestützten schubweichen Balken. TU Berlin 1991.

Kämmerling, O.: Vibrational Modes of Railway Wheelsets (Betreuung gemeinsam mit Chalmers University of Technology), TU Berlin 1995.

Kose, K.: Kombiniertes Übertragungsmatrizen-FEM-Verfahren für Rotationsschalen. TU Berlin 1988.

Krüger, K.: Ermittlung des Frequenzganges von Materialparametern einer orthotropen Platte anhand von Gruppengeschwindigkeitsmessungen. TU Berlin 1994.

Miedler, U.: Roll-Slip-Vorgänge beim Rollkontakt von Kunststoffwalzen. TU Berlin 1994.

Moazedi, A.: Lineare Stabilitätsuntersuchungen von Drehgestellen bei Bogenfahrt und bei Berücksichtigung unsymmetrischer Profilkonstellationen. TU Berlin 1989.

Mückel, T.-D.: Konstruktion eines Prüfstandes zur Ermittlung der Kraftschluß-Schlupf-Beziehung von Kunststofffrädern unter dynamischer Belastung. TU Berlin 1987.

Müller, S.: Abrollen eines Radsatzes oder eines Drehgestells über eine mit sinusförmigen Profilstörungen versehene Schiene. TU Berlin 1993.

Ott, R.: Parameteridentifikation bei neuen und alten Reifen aus Schwingungsmessungen, Abplattung und Querschnittsmessungen sowie Latschbilder. TU Berlin 1993.

Ramm, J.: Konzeption eines maßstäblich verkleinerten Eisenbahndrehgestells. (Betreuung gemeinsam mit Dr. Gärtner), TU Berlin 1994.

Reitz, J.: Entwicklung eines Belastungssystems zur Aufbringung hochfrequenter Kräfte in einen Radprüfstand. TU Berlin 1988.

Rössler, R.: Iterationsverfahren zur Berechnung von Haft-Gleit-Vorgängen. TU Berlin 1989.

Schaller, H.-D.: Vereinfachte, nichtlineare Stabilitätsuntersuchung von Drehgestellen. TU Berlin 1992.

Schmidt-Laatz, K.: Berechnung des Rollkontaktes bei zylindrischen Walzen mit weichelastischer Beschichtung. TU Berlin 1993.

Schnaß, P.: Modale Zeitschrittintegration eines zeitvarianten Systems in der Schienenfahrzeugdynamik. TU Berlin 1990.

Staub, I.: Beurteilung des Einflusses hochfrequenter Schwingungsvorgänge auf die Dauerfestigkeit eines angetriebenen Radsatzes. TU Berlin 1995.

Steiger, T.: Berechnung der gesteuerten Fahrbewegung eines nicht starren Motorrades. TU Berlin 1991.

Steinsberger, J.: Berechnung der Kontaktbeanspruchung und des Schlupfes zwischen zwei aufeinander abrollenden Körpern aus unterschiedlichem Material nach der exakten, nichtlinearen Theorie von Kalker und Vergleich der theoretischen Ergebnisse mit den Ergebnissen aus Prüfstandsversuchen. TU Berlin 1988.

Stichel, S.: Ermittlung niederfrequenter Referenzzustände für hochfrequente, instationäre Bewegungszustände. TU Berlin 1991.

Sundermann, B.: Vergleich zweier Verfahren zur Berechnung nichtlinearer, periodischer Bewegungsvorgänge. TU Berlin 1990.

Tromp, S.: Experimentelle Ermittlung der Haft und Gleitgebiete in der Berührfläche zwischen Kunststofffrädern und einer Fahrbahn aus Stahl. TU Berlin 1992.

Tsilchorozidis, G.: Entwicklung eines Systems zur Aufbringung hochfrequenter Axialverschiebungen eines Kunststoffrades unter Last. TU Berlin 1989.

Umlauf, V.: Simulation hochfrequenter Schienendynamik unter Verwendung eines FE-Übertragungsmatrizenverfahrens. TU Berlin 1994.

Vouros, C.: Analytische Untersuchung zum Rollenden Kontakt unter Verwendung der Theorie von Kalker. TU Berlin 1990.

Waitz, S.: Erfassung gyroskopischer Effekte bei der Schwingungsberechnung von Eisenbahnradsätzen. TU Berlin 1989.

Willner, K.: Ein Finite-Element-Verfahren zur Untersuchung der Wellenausbreitung in unendlich langen Trägern. TU Berlin 1991.

Wünsche, B.: Schwingungen beim instationären Rollkontakt von PKW-Reifen bei geringen und mittleren Geschwindigkeiten. TU Berlin 1989.

Wurster, K.: Vergleichende Berechnungen zum stationären Bogenlauf eines zweiachsigen Drehgestelles. TU Berlin 1987.

Yin, X.: Entwicklung eines Radprüfstandes zur Ermittlung der Kraftschluß-Schlupf-Beziehung von Kunststofffrädern. TU Berlin 1988.

Zachow, Dietmar: Kinematik von baumstrukturierten Mehrkörpersystemen für den Einsatz elastischer Strukturen unter Verwendung von DAE-Lösern. TU Berlin 1993.

Zhao, Z.: Körperschallmessungen an einem Rollmodellprüfstand. TU Berlin 1994.

Zimmermann, F.: Messung der Biegesteife, der Schubsteife und des Verlustfaktors einer Vielschichtanordnung mit zahlreichen Fügestellen. TU Berlin 1992.

Dissertationen

Baumann, G.: Untersuchungen zu Gefügestrukturen und Eigenschaften der „Weißen Schichten" auf verriffelten Schienenlaufflächen. Dissertation, TU Berlin 1998.

Bruno, A.: Zur Anwendung stationärer und instationärer Kontaktmodelle in der Schienenfahrzeugdynamik. Dissertation, TU Berlin 1994.

Bußmann, C.: Quasistatische Bogenlauftheorie und ihre Verifizierung durch Versuche mit dem ICE. Dissertation, TU Berlin 1997.

Diehl, R.: Ein Beitrag zur Diagnose von Eisenbahnoberbau mit akustischen Signalen. Fortschritt-Berichte VDI (zugleich Dissertation, TU Berlin) Reihe 12, Nr. 255, VDI-Verlag, Düsseldorf 1995.

Feng, K.: Statische Berechnung des Gürtelreifens unter besonderer Berücksichtigung der kordverstärkten Lagen. Dissertation, TU Berlin 1995.

Groß-Thebing, A.: Lineare Modellierung des instationären Rollkontakts von Rad und Schiene. Fortschritt-Berichte VDI (zugleich Dissertation, TU Berlin) Reihe 12, Nr. 199, VDI-Verlag, Düsseldorf 1993.

Hammele, W.: Ermittlung der elastischen und viskoelastischen Kenngrößen von Polymerwerkstoffen durch Rollkontaktversuche. Fortschritt-Bericht VDI (zugleich Dissertation, TU Berlin 1997), Reihe 5, Nr. 492, VDI-Verlag, Düsseldorf 1997.

Hempelmann, K.: Short pitch corrugation on railway rails - A linear model for prediction. Fortschritt-Berichte VDI (zugleich Dissertation, TU Berlin), Reihe 12, Nr. 231, VDI-Verlag, Düsseldorf 1994.

Hölzl, G.: Bedeutung der diskreten Lagerung der Schiene und der Anfangsrauhigkeit für den Verriffelungsprozeß und für das Rollgeräusch. Dissertation, TU Berlin 1996.

Ilias, H.: Nichtlineare Wechselwirkungen von Radsatz und Gleis beim Überrollen von Profilstörungen. Fortschritt-Berichte VDI (zugleich Dissertation, TU Berlin), Reihe 12, Nr. 297, VDI-Verlag, Düsseldorf 1996.

Ilias, N.: Zur numerischen Behandlung gekoppelter thermoviskoelastischer Probleme. Dissertation, TU Berlin 1994.

Klei, J.: Rollkontaktstörung infolge Reifenungleichförmigkeit. Dissertation, TU Berlin 1995.

Kmoch, K.: Meßtechnische Methoden zur Bewertung dynamischer Reifeneigenschaften. Dissertation, TU Berlin 1992.

Kollatz, M.: Kinematik und Kinetik von linearen Fahrzeugmodellen mit wenigen Freiheitsgraden unter Berücksichtigung der Eigenschaften von Reifen und Achsen. Fortschritt-Berichte VDI (zugleich Dissertation, TU Berlin), Reihe 12, Nr. 118, VDI-Verlag, Düsseldorf 1987.

Kose, K.: Berechnung der Eigenschwingungen und Rezeptanzen von Eisenbahnradsätzen. Dissertation, TU Berlin 1998.

Kropp, W.: Ein Modell zur Beschreibung des Rollgeräusches eines unprofilierten Gürtelreifens auf rauher Straßenoberfläche. Fortschritt-Berichte VDI (zugleich Dissertation, TU Berlin) Reihe 11, Nr. 166, VDI-Verlag, Düsseldorf 1992.

Le The, H.: Normal- und Tangentialspannungsberechnung beim rollenden Kontakt für Rotationskörper mit nichtelliptischen Kontaktflächen. Fortschritt-Berichte VDI (zugleich Dissertation TU Berlin), Reihe 12, Nr. 87, VDI-Verlag, Düsseldorf 1987.

Masenger, U.: Dynamisches Verhalten von Ackerschlepper-Reifen auf der Straße und auf dem Acker – Erweiterung einer instationären Rolltheorie auf großvolumige Reifen im Einsatz auf visko-elastischen Böden. Dissertation, TU Berlin 1992.

Mauer, L.: Die modulare Beschreibung des Rad/Schiene-Kontaktes im linearen Mehrkörperformalismus. Dissertation, TU Berlin 1988.

Möhler, P.: Lokale Kraft- und Bewegungsgrößen in der Berührfläche zwischen Kunststoffrad und Stahlfahrbahn.Fortschritt-Berichte VDI (zugleich Dissertation, TU Berlin) Reihe 1, Nr. 228, VDI-Verlag, Düsseldorf 1993.

Oertel, C.: Untersuchung von Stick-Slip-Effekten am Gürtelreifen. Fortschritt-Berichte VDI (zugleich Dissertation, TU Berlin), Reihe 12, Nr. 147. VDI-Verlag, Düsseldorf 1990.

Ripke, B.: Hochfrequente Gleismodellierung und Simulation der Fahrzeug-Gleis-Dynamik unter Verwendung einer nichtlinearen Kontaktmechanik. Fortschritt-Berichte VDI (zugleich Dissertation, TU Berlin), Reihe 12, Nr. 249, VDI-Verlag, Düsseldorf 1995.

Scholl, W.: Darstellungen des Körperschalls in Platten durch Übertragungsmatrizen und Anwendung auf die Berechnung der Schwingungsformen von Eisenbahnschienen. Fortschritt-Berichte VDI (zugleich Dissertation, TU Berlin), Reihe 11, Nr. 93. VDI-Verlag, Düsseldorf 1987.

Schulze, D.: Instationäre Modelle des Luftreifens als Bindungselemente in Mehrkörpersystemen für fahrdynamische Untersuchungen. Fortschritt-Berichte VDI (zugleich Dissertation, TU Berlin), Reihe 12, Nr. 88, VDI-Verlag, Düsseldorf 1987.

Sibaei, Z.: Vertikale Gleisdynamik beim Abrollen eines Radsatzes – Behandlung im Frequenzbereich. Fortschritt-Berichte VDI (zugleich Dissertation, TU Berlin), Reihe 11, Nr. 165. VDI-Verlag, Düsseldorf 1992.

Siefkes, T.: Die Dynamik in der Kontaktfläche von Reifen und Fahrbahn und ihr Einfluß auf das Verschleißverhalten von Traktor-Triebradreifen. Dissertation, TU Berlin 1994.

Stichel, S.: Betriebsfestigkeitsberechnung bei Schienenfahrzeugen anhand von Simulationsrechnungen. Fortschritt-Berichte VDI (zugleich Dissertation TU Berlin), Reihe 12, Nr. 288. VDI-Verlag, Düsseldorf 1996.

Uebler, M.-F.: Modell zur Berechnung der hochfrequenten Schwingungen eines profillosen stehenden Reifens und dessen Schallabstrahlung. Dissertation, TU Berlin 1996.

Wallrapp, O.: Entwicklung rechnergestützter Methoden der Mehrkörperdynamik in der Fahrzeugtechnik. Forschungsbericht DFVLR-FB89-17 (zugleich Dissertation TU Berlin), Deutsche Forschungs- und Versuchsanstalt für Luft- und Raumfahrt, 1989.

Wang, G.: Rollkontakt zweier viskoelastischer Walzen mit Coulombscher Trockenreibung. Dissertation, TU Berlin 1991.

Wang, M.: Untersuchungen über hochfrequente Kontaktschwingungen zwischen rauhen Oberflächen. Fortschritt-Berichte VDI (zugleich Dissertation, TU Berlin) Reihe 11, Nr. 217, VDI-Verlag, Düsseldorf 1995.

Wu, Y.: Einfache Gleismodelle zur Simulation der Mittel- und Hochfrequenten Fahrzeug/Fahrweg-Dynamik. Dissertation, TU Berlin 1997.

Yin, X.: Experimentelle Untersuchung des instationären Rollkontakts zwischen Rad und Fahrbahn. Fortschritt-Berichte VDI (zugleich Dissertation, TU Berlin) Reihe 12, Nr. 313, VDI-Verlag, Düsseldorf 1997.

Zhang, J.: Dynamische Bogenlaufverhalten mit stochastischen Gleislagefehlern – Modell- und Verfahrensentwicklung unter Verwendung der Methode der statistischen Linearisierung. Dissertation, TU Berlin 1996.

Zhang, T.: Höherfrequente Übertragungseigenschaften der Kraftfahrzeugfahrwerksysteme. Dissertation, TU Berlin 1991.

Lehrveranstaltungen

Rollmechanik I, II (Böhm)
Elastomechanik I, II (Böhm)
Dynamik von Schienenfahrzeugen I (Knothe)
Dynamik von Schienenfahrzeugen II – Gleisdynamik (Knothe)

Tagungen, Seminare etc.

Seminar „Gleisdynamik und Fahrzeug-Fahrweg-Wechselwirkung". Institut für Luft-
und Raumfahrt, TU Berlin, Juli 1988.

Internationaler Workshop on Rolling Noise Generation. Institut für Technische Akustik, TU Berlin, Oktober 1989.

Symposium on Rail Corrugation Problems. Institut für Luft- und Raumfahrt, TU Berlin, April 1991.

Symposium „Hochfrequenter Rollkontakt der Fahrzeugräder". Institut für Mechanik,
TU Berlin, Oktober 1991.

„Tyre Modelling – Tyre Measurement". Institut für Mechanik, TU Berlin, Oktober
1993.

3rd Herbertov Workshop on Interaction of Railway Vehicles with the Track and its
Substructure, Herbertov/Tschechische Republik, September 1994.

Fachtagung „Systemdynamik der Eisenbahn" Verband der Deutschen Bahnindustrie
e.V. und Technische Universität Berlin, Fachbereich Verkehrswesen und Angewandte Mechanik, Oktober 1994.

Symposium „Hochfrequenter Rollkontakt der Fahrzeugräder". Institut für Mechanik,
TU Berlin, April 1995.

2nd International Colloquium on Tyre Models for Vehicle Dynamic Analysis. Institut
für Mechanik, TU Berlin, Februar 1997.

7 Ausgewählte Veröffentlichungen von Mitgliedern des Sonderforschungsbereichs 181

Baumann G., Fecht H. J., Grohmann H. D.: Untersuchungen zu Oberflächenfehlern und der
   Randschichtausbildung auf Schienenoberflächen. In: Hochbruck, H., Knothe, K., Meinke,
   P. (Hrsg.), Systemdynamik der Eisenbahn, Fachtagung in Hennigsdorf 1994. Hestra-Verlag,
   Darmstadt 1994, S. 243–252.
Baumann, G., Fecht, H. J., Liebelt, S.: Formation of white etching layers on the rail treads. Wear
   191 (1996), 133–140.

Baumann, G., Knothe, K., Fecht, H.-J.: Surface modification, corrugation and nanostructure formation of high speed railway tracks. Nanostructure Materials *9* (1997), 751–754.

Baumann, G., Grohmann, H.-D., Knothe, K.: Wirkungsketten bei der Ausbildung kurzwelliger Riffeln auf Schienenlaufflächen. ETR *45*/12 (1996), 792–798.

Böhm, F.: Nichtlineare Schwingungen beim Rollkontakt von Gürtelreifen. Tagung Dynamische Probleme, Hannover 1987. In: Mitteilung des Curt-Risch-Instituts der Universität Hannover 1987, S. 23–47.

Böhm, F.: A Tire Model for all simulated Car-Driver Situations. Tagung: Roads and Traffic Safety on two Continents. Gothenburg 1987.

Böhm, F.: Einfluß der Laufflächeneigenschaften von Gürtelreifen auf den instationären Rollkontakt. DKG-Tagung, Wien 1987. In: Sonderdruck Kautschuk + Gummi – Kunststoffe *4* (1988), 359–365.

Böhm, F., Eichler, M., Kmoch, K.: Grundlagen der Rolldynamik von Luftreifen. 2. Fahrzeugdynamik-Fachtagung 1988. In: Fortschritte der Kraftfahrzeugtechnik 1, Fahrzeug Dynamik, 3–34, Vieweg-Verlag.

Böhm, F.: Präsentation Glasrolltisch auf „Internationale Verkehrsausstellung" (IVA '88), Hamburg 1988.

Böhm, F.: Theoretische Entwicklung der Reifenmodelle. VDI-MEG-Colloquium „Modellbildung und Simulation als Hilfsmittel in der Traktoren- und Landmaschinenentwicklung", Berlin 1989.

Böhm, F., Kollatz, M.: Some theoretical Models for Computation of Tire Nonuniformities. Fortschritt-Berichte VDI, Reihe 12, Nr. 124, VDI-Verlag, Düsseldorf 1989.

Böhm, F., Swierczek, M., Csaki, G.: Hochfrequente Rolldynamik des Gürtelreifens - das Kreisringmodell und seine Erweiterung. Fortschritt-Berichte VDI, Reihe 12, Nr. 135, VDI-Verlag, Düsseldorf 1989.

Böhm, F.: Models for the radial tire for high frequent rolling contact. 11th IAVSD-Symp. Kingston, 1989, Vehicle System Dynamics *18* (1990), 72–83.

Böhm, F.: Elastodynamik der Fahrzeugbewegung. 4. Fahrzeugdynamik-Fachtagung, Essen 1990. Fortschritte der Fahrzeugtechnik 8, Schwingungen in der Fahrzeugdynamik, Vieweg-Verlag, S. 113–137.

Böhm, F., Eichler, M., Klei, J.: Vergleich der Berechnung von dynamischen Rollvorgängen mit Messungen am Reifenprüfstand. Tagung Dynamische Probleme – Modellierung und Wirklichkeit, Hannover 1990.

Böhm, F.: Hochfrequente Rolldynamik des Gürtelreifens. Internationale Kautschuktagung 1991, Essen.

Böhm, F.: Tire models for computational car dynamics in the frequency range up to 1 000 Hz. 1st Int. Colloquium On Tyre Models For Vehicle Dynamics Analysis. Delft 1991.

Böhm, F.: Dynamik technischer Reibungsvorgänge mit Anwendung auf den Luftreifen. Festschrift 65. Geb. Prof. Trostel, TU Berlin 1993.

Böhm, F.: Fahrzeugdynamik bei Berücksichtigung elastischer und plastischer Deformationen sowie Reibung. 6. Int. Kongreß Berechnung im Automobilbau, 1992. VDI-Berichte Nr. 1007, VDI-Verlag, Düsseldorf 1992, S. 801–826.

Böhm, F.: Reifenmodell für hochfrequente Rollvorgänge auf kurzwelligen Fahrbahnen, VDI-Tagung, Hannover 1993. VDI-Berichte Nr. 1088, VDI-Verlag, Düsseldorf 1993, S. 65–81.

Böhm, F.: Über die Wirkung von Hysterese und Kontaktreibung auf das dynamische und thermische Verhalten von Luftreifen. Deutsche Kautschuk-Tagung, Stuttgart 1994.

Böhm, F.: Action of hysteretic and frictional forces on rolling tires. Rubber Conference Moscow 1994.

Böhm, F.: From non-holonomic constraint equation to exact transport algorithm for rolling contact. 4th Mini Conference of Vehicle System Dynamics, TU Budapest 1994.

Böhm, F., Willumeit, H.-P.: Tyre Models for Vehicle Dynamic Analysis. Proc. of the 2nd Int. Colloquium on Tyre Models for Vehicle Dynamic Analysis, TU Berlin 1997, Supplement to Vehicle System Dynamics, Band 27, Swets & Zeltlinger, Lisse 1996.

Bruno, A.: Umfangskräfte beim instationären Rollvorgang zylindrischer Stahlräder. ZAMM *70* (1990), T90–T92.

Bruno, A.: Zur Schlupftheorie des Rollkontaktes von Rad und Schiene. ZAMM *72*/4 (1992), T141–T143.

Bußmann, C., Nefzger, A.: Die Entwicklung von Schienenprofilen unter dem Einfluß von Verschleiß und die Auswirkungen auf das quasistatische Kurvenlaufverhalten eines Fahrzeuges. VDI-Berichte, Nr. 820, VDI-Verlag, Düsseldorf 1990, S. 101–112.

Diehl, R.: Bestimmung von Parametern des Eisenbahnoberbaus aus akustischen Messungen. Fortschritte der Akustik - DAGA 94, Bad Honnef: DPG-Verlag, 1994, S. 313-316.

Eichler, M.: Reifenmodelle im Vergleich. 4. Fahrzeugdynamik-Fachtagung, Essen 1990. Fortschritte der Fahrzeugtechnik 8, Schwingungen in der Fahrzeugdynamik, Vieweg-Verlag 1991, S. 223–245.

Feldmann, J.: Comments on prediction models for wheel-rail vibration in the acoustic frequency range. Journal of Sound and Vibration *171*/3 (1994), 421–426.

Feldmann, J.; Diehl, R.: Experimental investigations on the behaviour of a point fixed in a wheel or rail structure compared with a point fixed relative to the contact zone. Applied Acoustics *51* (1997), 353–368.

Feng, K.: Einfluß der viskoelastischen Eigenschaften des Reifenprotektors auf den Rollkontakt. ZAMM *74*/4 (1994), T249–T251.

Feng, K.: Ein FE-Modell zur Berechnung des Reifengürtels. ZAMM *75* (1995), 251–252.

Gasch, R., Knothe, K.: Strukturdynamik, Band 1, Diskrete Systeme, Springer Verlag, Berlin 1987.

Gasch, R., Knothe, K.: Strukturdynamik, Band 2, Kontinua und ihre Diskretisierung. Springer-Verlag, Berlin 1989.

Groß-Thebing, A.: Frequenzabhängige Schlupfkoeffizienten für dreidimensionale Rollkontakt-probleme. ZAMM *69* (1989), T392–T394.

Groß-Thebing, A.: Frequency dependent creep coefficients for the three-dimensional rolling contact problem. Vehicle System Dynamics *18* (1989), 357–374.

Groß-Thebing, A., Knothe, K., Hempelmann, K.: Wheel-rail contact mechanics for short wavelengths rail irregularities. The Dynamics of Vehicles on Roads and on Tracks. Proc. 12th IAVSD Symp., Lyon, France, August 1991; Swets & Zeitlinger, Amsterdam, Lisse 1992, S. 210–224.

Groß-Thebing, A.: Lineare Modellierung des instationären Rollkontaktes von Rad und Schiene. Fortschritt-Berichte VDI, Reihe 12, Nr. 199. VDI-Verlag, Düsseldorf 1993.

Groß-Thebing, A., Lange, M.: Simulation of a wheelset-drive of electric traction vehicles. Proc. of the 4th Mini Symp. on Vehicle System Dynamics, Identification and Anomalies held in Budapest, Hungary 1994. Technical University of Budapest, Faculty of Transportation Engineering, S. 295–306.

Groß-Thebing, A., Hempelmann, H., Kik, W., Wu, Y.: Spannungsberechnung beim Rad-Schiene-Kontakt unter Berücksichtigung eines elastischen Gleises. Simulation und Simulatoren für den Schienenverkehr. VDI-Tagung München 1995. VDI-Berichte, Nr. 1219, VDI-Verlag, Düsseldorf 1995, S. 219–232.

Groß-Thebing, A., Knothe, K.: Problems in wheel/rail contact mechanics. In: He, Q., Knothe, K. (Eds.), Proc. of a China-Germany Symp. on High-Speed Vehicle/Track System Dynamics, Beijing, China 1995. China Railway Publishers, Beijing 1996, S. 1–15.

Groß-Thebing, A., Lange, M.: Simulation of a wheelset-drive in wheel/rail-system. In: Bogacz, R., Ostermeyer, G. P., Popp, K. (Eds.), Dynamical Problems in Mechanical Systems. Proc. of the 4th Polish-German Workshop, Berlin 1995, Polska Akademia Nauk, Warszawa 1996, S. 109–119.

Halbmann, W., Hölscher, M.: Durch den Reifen angefachte Schwingung von Fahrwerk und Antriebsstrang. 2. Fahrzeugdynamik-Fachtagung, Essen 1988. Fortschritte der Kraftfahrzeugtechnik 1, Fahrzeug Dynamik, Vieweg-Verlag 1988, S. 83–112.

Haselbach, F., Ripke, B.: Kraft- und Dehnungsmessungen am Gleisoberbau unter Verwendung piezoelektrischer Foliensensoren. In: Hochbruck, H., Knothe, K., Meinke, P. (Hrsg.), Systemdynamik der Eisenbahn, Fachtagung in Hennigsdorf 1994. Hestra-Verlag, Darmstadt 1994, S. 77–86.

He, Q., Knothe, K. (Eds.): Proc. of the China-German Symp. on High Speed Railway Vehicle/ Track System Dynamics held in Beijing/China 1995, China Railways Publisher, Beijing 1996.

Heckl, M.: Tyre Noise Generation. Wear *113* (1986), 157–170.

Heckl, M.; Kropp, W.: A two dimensional acoustic rolling model for describing the contribution of tyre vibrations to rolling noise. Journal of Technical Acoustics 1/1, East European Acoustical Association (1992), 35–44.

Heckl, M.: Noise Generating Mechanisms. Proc. of NOISE - 93, Bd. 5, St. Petersburg, Russia 1993, S. 75–84.

Heckl, M.: The role of the sleeper passing frequency in wheel-rail noise. Proc. of the Second Int. Transport Noise Symp., St. Petersburg, Russia 1994, S. 109–116.

Hempelmann, K., Knothe, K.: Eigenschwingungsberechnungen von Radsätzen mit statisch optimalen Ansatzfunktionen. Fortschritts-Berichte VDI, Reihe 11, Nr. 114, VDI-Verlag, Düsseldorf 1989.

Hempelmann, K., Hiss, F., Knothe, K., Ripke, B.: Die Ausbildung von Riffelmustern auf Schienenlaufflächen. VDI-Berichte, Nr. 820, VDI-Verlag, Düsseldorf 1990, S. 87–100.

Hempelmann, K., Hiss, F., Knothe, K., Ripke, B.: The formation of the wear patterns on the rail tread. Wear *44* (1991), 179–195.

Hempelmann, K., Groß-Thebing, A., Knothe, K.: A linear model for corrugation and its limits of validity. Rail corrugations, K. Knothe (Ed.), Papers presented at the Symp. on Rail Corrugation Problems, Berlin 1991. ILR-Bericht 59, TU Berlin 1992, S. 41–57.

Hempelmann, K., Ripke, B., Dietz, S.: Modelling the dynamic interaction of wheelset and track. Railway Gazette International *148*/9 (1992), 591–595.

Hempelmann, K., Knothe, K.: Corrugation on railway rails – A linear model for prediction. Computers in Railways. COMPRAIL '94, Proc. 4th Int. Conference of Computer Aided Design, Manufacture and Operation, Madrid 1994, Nr. 1, S. 355–362.

Hempelmann, K.: Short pitch corrugation on railway rails – A linear model for prediction. Fortschritt-Berichte VDI, Reihe 12 , Nr. 231, VDI-Verlag, Düsseldorf 1994.

Hempelmann, K., Knothe, K.: An extended linear model for the prediction of short pitch corrugations. Wear *191* (1996), 161–169.

Hiss, F., Knothe, K., Wang, G.: Stationärer Rollkontakt für Walzen mit viskoelastischen Bandagen. Konstruktion *44*/3 (1992), 105–112.

Hochbruck, H., Knothe, K., Meinke, P. (Hrsg): Systemdynamik der Eisenbahn. Dokumentation einer Fachtagung in Hennigsdorf 1994. Hestra-Verlag, Darmstadt 1994.

Ilias, H., Knothe, K.: Ein diskret-kontinuierliches Gleismodell unter Einfluß schnell bewegter, harmonisch schwankender Wanderlasten. Fortschritt-Berichte VDI, Reihe 12, Nr. 177, VDI-Verlag, Düsseldorf 1992.

Ilias, H.: Periodisch schwankende Wanderlast auf einem diskret gestützten Timoshenko-Balken. ZAMM *73* (1993), T196–T198.

Ilias, H., Müller, S.: A discrete-continuous track-model for wheelsets rolling over short-wave-lengths sinusoidal track irregularities. In: Dynamics of Vehicles on Roads and on Tracks, Z. Shen (Ed.), Proc. of the 13th IAVSD-Symp. held at Chengdu, China 1993. Swets and Zeitlinger, Lisse, Amsterdam 1994, S. 221–333.

Ilias, H.: On the treatment of non-linear, high frequency rolling contact process in consideration of three-dimensional rolling contact. In: Bogacz, R., Ostermeyer, G. P., Popp, K. (Eds.), Dynamical Problems in Mechanical Systems. Proc. of the 4th Polish-German Workshop, Berlin 1995, Polska Akademia Nauk, Warszawa 1996, S. 159–169.

Ilias, H.: Non-linear vehicle-track interaction in consideration of vertical and lateral dynamics. ZAMM *76* (1996), 136–139.

Ilias, H.: Nichtlineare Wechselwirkungen von Radsatz und Gleis beim Überrollen von Profilstörungen. Fortschritt-Berichte VDI, Reihe 12, Nr. 297, VDI-Verlag, Düsseldorf 1996.

Kisilowski, J., Knothe, K. (Eds.): Advanced railway vehicle dynamics. Wydawnitcwa Naukowo-Technicze, 1991.

Kmoch, K.: Meßtechnik am Reifen und Fahrzeug. 4. Fahrzeugdynamik-Fachtagung, Essen 1990. Fortschritte der Fahrzeugtechnik 8, Schwingungen in der Fahrzeugdynamik, Vieweg-Verlag, S. 23–41.

Kmoch K.: Bewertung der Schlupfarbeit mittels Thermografie und Einbringen in ein Rechenmodell. VDI-Tagung Reifen, Fahrwerk, Fahrbahn, Hannover 1991. VDI-Berichte Nr. 916, VDI-Verlag, Düsseldorf 1991, S. 311–327.

Knothe, K., Groß-Thebing, A.: Derivation of frequency dependent creep coefficients based on an elastic halfspace model. Vehicle System Dynamics *15* (1986), 133–154.

Knothe, K., Valdivia, A.: Riffelbildung auf Eisenbahnschienen – Wechselspiel zwischen Kurzzeitdynamik und Langzeit-Verschleißverhalten. ZEV-Glasers Annalen *112* (1988), 50–57.

Knothe, K., Ripke, B.: Ein linearer Auslösemechanismus für Schienenriffeln. Theorie, numerische Ergebnisse, notwendige Erweiterungen. In: Gleisdynamik und Fahrzeug-Fahrweg-Wechselwirkung in der Schienenfahrzeugdynamik, K. Knothe (Hrsg.), Dokumentation eines Seminars an der TU Berlin, Juli 1988. ILR-Bericht 58, TU Berlin, 1989, S. 63–88.

Knothe, K., Wang, G.: Zur Theorie der Rollreibung zylindrischer Kunststofflaufräder Konstruktion. *41*/6 (1989), 193–200.

Knothe, K., Ripke, B. : The effects of the parameters of wheelset, track and running conditions on the growth rate of rail corrugations. In: The Dynamics of Vehicles on Roads and on Tracks. R. Anderson (Ed.), Proc. 11th IAVSD-Symp., Kingston, Ontario, 1989; Swets & Zeitlinger, Amsterdam, Lisse 1990, S. 345–356.

Knothe, K., Hempelmann, K., Ripke, B.: Auslösemechanismen für Schienenriffeln. Reibung und Verschleiß bei metallischen und nichtmetallischen Werkstoffen, K.-H. Zum Gahr (Hrsg.), DGM Informationsgesellschaft Verlag, Oberursel 1990, S. 97–104.

Knothe, K., Valdivia, A.: A linear theory explaining the formation of corrugations on rails. Advanced railway vehicle system dynamics, J. Kisilowski, K. Knothe (Eds.), Wydawnictwa Naukowo-Techniczne, Warsaw 1991, S. 333–372.

Knothe, K., Hempelmann, K.: The formation of corrugation pattern on the rail tread – A linear theory. In: Dynamical Problems in Mechanical Systems, R. Bogacz, J. Lückel, K. Popp (Eds.), Proc. of the 2nd Polish-German Workshop, Paderborn, Polska Akademia Nauk, Warszawa 1991, S. 77–92.

Knothe, K. (Hrsg.): Rail Corrugations. Papers presented at the Symp. on Rail Corrugation Problems, Berlin 1991. ILR-Bericht 59, Institut für Luft- und Raumfahrt, TU Berlin, Berlin 1992.

Knothe, K., Wang, G.: Stress analysis for rolling contact between two viscoelastic cylinders. ASME Journal of Applied Mechanics *60* (1993), 310–317.

Knothe, K., Grassie, S. L.: Modelling of railway track and vehicle/track interaction at high frequencies. Vehicle System Dynamics *22* (1993), 209–262.

Knothe, K., Willner, K., Strzyżakowski, Z.: Rail vibrations in the high frequency range. J. Sound Vibr. *169* (1994), 111–123.

Knothe, K., Stichel, S.: Direct covariance analysis for the calculation of creepages and creep-forces for various bogies on straight track with random irregularities. Vehicle System Dynamics *22* (1994), 237–251.

Knothe, K., Miedler, U.: Analytische Näherungsformeln für den Rollwiderstand elastischer und viskoelastischer Walzen. Konstruktion *47* (1995), 118–124.

Knothe, K., Wu, Y., Groß-Thebing, A.: Semi-analytical models for discrete-continuous railway track and their use for time-domain solutions. In: Knothe, K., Grassie, S. L., Elkins, J. (Eds.), Interaction of Railway Vehicle with the Track and its Substructure. Supplement to Vehicle System Dynamics. Band 24, Swets & Zeitlinger, Lisse 1995, S. 340–352.

Knothe, K., Liebelt, S.: Determination of temperatures for sliding contact with application for wheel/rail-systems. Wear *189* (1995), 91–99.

Knothe, K., Grassie, S. L., Elkins, J. A. (Eds.): Interaction of Railway Vehicles with the Track and its Substructure. Proc. of the 3rd Herbertov Workshop held in Herbertov, Czech Republic 1994. Supplement to Vehicle System Dynamics, Band 24, Swets & Zeitlinger, Lisse 1995.

Knothe, K.: Benchmark test for models of railway track and of vehicle track interaction in the low frequency range. In: Knothe, K., Grassie, S. L., Elkins, J. (Eds.), Interaction of Railway Vehicles with the Track and its Substructure. Supplement to Vehicle System Dynamics, Band 24. Swets and Zeitlinger, Lisse 1995, S. 363–379.

Knothe, K.: System Dynamics and Long-term Behaviour of Railway Vehicle, Track and Subgrade. In: Bogacz, R., Ostermeyer, G. P., Popp, K. (Eds.), Dynamical Problems in Mechanical Systems. Proc. of the 4th German-Polish Workshop, Berlin 1995, Polska Akademia Nauk, Warszawa 1996, S. 183–197.

Knothe, K., Theiler, A.: Normal and tangential contact problem with rough surfaces. In: Zobory, I. (Ed.), Proc. of the 2nd Mini Conference on Contact Mechanics and Wear of Rail/Wheel Systems. Budapest 1996. Technical University of Budapest 1996, S. 34–43.

Knothe, K., Stichel, S., Dietz, S.: Konzept für einen Betriebsfestigkeitsnachweis aufgrund gekoppelter FE-MKS-Simulationsrechnungen. Konstruktion *48* (1996), 35–39.

Kollatz, M., Schulze, D. H.: Eine systematische Darstellung einfacher Reifenmodelle. 2. Fahrzeugdynamik-Fachtagung Essen 1988. Fortschritte der Kraftfahrzeugtechnik 1, Fahrzeug Dynamik, Vieweg-Verlag, 35–54.

Kropp, W.: Structure-borne sound on a smooth tyre. Applied Acoustics *26* (1989), 181–192.

Kropp, W.: Simulation of Tyre/Poad Interaction. Proc. Int. Tire/Road Noise Conference, Gothenburg 1990, S. 37–46.

Kropp, W.: Sound Radiation from a Rolling Tyre. Proc. of the Second Int. Transport Noise Symp., St. Petersburg, Russia 1994, S. 67–70.

Lange, M., Groß-Thebing, A., Knothe, K., Stiebler, M.: Simulation the traction drive of a locomotive in the development of an adhesion controller. In: Segel, L. (Ed.), The Dynamics of Vehicles on Roads and on Tracks. Proc. of the 14th IAVSD Symp. in Ann Arbor, Michigan, USA 1995, Supplement to Vehicle System Dynamics, Nr. 25, Swets & Zeitlinger, Lisse 1996, S. 370–382.

Lange, M., Groß-Thebing, A. and Stiebler, M.: Simulation of a locomotive traction drive for the development of a nonlinearity observer. In: He, Q., Knothe, K. (Eds.), Proc. of the China-German Symp. on High Speed Railway Vehicle/Track System Dynamics, Beijing, China 1995, China Railways Publisher, Beijing 1996, S. 50–53.

Le The, H.: Normal- und Tangentialspannungsberechnung beim rollenden Kontakt für Rotationskörper mit nichtelliptischen Kontaktflächen. Fortschritts-Berichte VDI, Reihe 12, Nr. 87, VDI-Verlag, Düsseldorf 1987.

Masenger, U.: Berechnung der Reaktion eines Reifens auf verschiedene Anregungen bei schnell veränderlichen Rollzuständen. VDI-MEG-Colloquium. Landtechnik *7* (1989).

Masenger, U.: Zur Rolldynamik von AS-Reifen auf der Straße. ZAMM *704* (1990), T92–T95.

Masenger, U.: Zur rechnerischen Simulation des Kontaktes elastisches Rad/nachgiebiger Boden. ZAMM *72/4* (1992), T143–T145.

Meinke, P., Knothe, K.: System Dynamics and Long-Term Behaviour of Railway Vehicle, Track and Subgrade. In: He, Q., Knothe, K. (Eds.), Proc. of the China-German Symp. on High Speed Railway Vehicle/Track System Dynamics, Beijing, China 1995, China Railways Publisher, Beijing 1996, S. 97–114.

Möhler, P.: Lokale Kraftgrößen in der Berührungsfläche zwischen Kunststoffrad und Stahlfahrbahn, Forschung im Ingenieurwesen-Engineering Research *61/3* (1995).

Müller, S., Krzyżyński, T., Ilias, H.: Comparison of semi-analytical methods to analyse periodic structures under a moving load. In: Knothe, K., Grassie, S. L. and Elkins, J. (Eds.), Interactions of Railway Vehicles with the Track and its Substructure, Proc. of the 3rd Herbertov Workshop held in Herbertov/Czech Republic 1994. Supplement to Vehicle System Dynamics, Band 24, Swets & Zeitlinger, Lisse 1995, S. 325–339.

Nast, R., Teuber, C., Willumeit, H.-P.: Messung der Übertragungseigenschaften von Luftreifen bei zeitlich veränderlichen Schräglaufwinkeln und anschließende Nachbildung dieser Größen durch Approximationsgleichungen. VDI-Berichte Nr. 916, VDI-Verlag, Düsseldorf 1991, S. 329–344.

Nielsen, J. B., Theiler, A.: Tangential Contact Problem with Friction Coefficients depending on Sliding Velocity. In: Zobory, I. (Ed.), Proc. of the 2nd Mini Conference on Contact Mechanics and Wear of Rail/Wheel Systems, Budapest 1996, Technical University of Budapest, 1996, S. 44–51.

Oertel, C.: Darstellung zweidimensionaler Reibschwingungen in komplexen Modellierungen des Reifens. S. Fahrzeugdynamik-Fachtagung, Essen 1988. In: Fortschritte der Kraftfahrzeugtechnik 1, Fahrzeug Dynamik, Vieweg-Verlag, S. 64–80.

Oertel, C.: On the integration of the equation of motion of an oscillator with dry friction and two degrees of freedom. Ingenieur-Archiv 60 (1989), 10–19.

Ostermeyer, G. P.: On Baumgarte Stabilization for Differential Algebraic Equations. In: Real-Time Integration Methods for Mechanical System Simulation, E. J. Hang, C. D. Roderic (Eds.), Springer-Verlag, Berlin, Heidelberg, New York 1990.

Petit, M.-F.; Heckl, M.; Bergemann, J.; Baae, J.: Berechnung des Abstrahlmaßes von Eisenbahnschienen anhand der Multipolsynthese. Fortschritte der Akustik – DAGA 92, Bad Honnef: DPG-Verlag, 1992, S. 997–1000.

Ripke, B.: Die unendlich lange Schiene auf diskreten Schwellen bei harmonischer Einzellasterregung. In: Gleisdynamik und Fahrzeug-Fahrweg-Wechselwirkung in der Schienenfahrzeugdynamik, K. Knothe (Hrsg.), Dokumentation eines Seminars an der TU Berlin 1988. ILR-Bericht, Nr. 58, 1989, S. 39–63.

Ripke, B., Knothe, K.: Die unendlich lange Schiene auf diskreten Schwellen bei harmonischer Einzellasterregung. Fortschritt-Berichte VDI, Reihe 11, Nr. 155, VDI-Verlag, Düsseldorf 1991.

Ripke, B.: High-frequency vehicle track interaction in consideration of nonlinear contact mechanics. Proc. of the Int. Conference on Speedup Technology for Railway and Maglev Vehicles, Yokohama (Japan) 1993, The Japan Society of Mechanical Engineers, S. 132–137.

Ripke, B., Hempelmann, K.: Model prediction of track loads and rail corrugation. Railway Gazette International 150/7 (1994), 447–450.

Ripke, B., Diehl, R.: Rechnerische Simulation der hochfrequenten Fahrzeug-Fahrweg-Interaktion mit verifizierten Gleismodellen. In: Hochbruck, H., Knothe, K. Meinke, P. (Hrsg.), Systemdynamik der Eisenbahn, Fachtagung in Hennigsdorf 1994. Hestra-Verlag, Darmstadt 1994, S. 137–146.

Ripke, B.: Hochfrequente Gleismodellierung und Simulation der Fahrzeug-Gleis-Dynamik unter Verwendung einer nichtlinearen Kontaktmechanik. Fortschritt-Berichte VDI, Reihe 12, Nr. 249, VDI-Verlag, Düsseldorf 1995.

Ripke, B., Knothe K.: Simulation of high-frequency vehicle-track interaction. In: Knothe, K., Grassie, S. L., Elkins, J. A. (Eds.), Interaction of Railway Vehicles with the Track and its Substructure, Proc. of the 3rd Herbertov Workshop, Herbertov, Czech Republic 1994. Supplement to Vehicle System Dynamics, Band 24, Swets & Zeitlinger, Lisse 1995, S. 58–72.

Schulze, D.: Zum Schwingungsverhalten des Gürtelreifens beim Überrollen kurzwelliger Bodenunebenheiten. Fortschritt-Berichte VDI, Reihe 12, Nr. 98, VDI-Verlag, Düsseldorf 1988.

Severin, D., Hammele W.: Zur Kraftübertragung zwischen Kunststoffrad und Stahlfahrbahn. Teil 1: Theoretische Behandlung kontaktmechanischer Probleme Konstruktion 41/4 (1989), 123–129.

Severin, D., Hammele W.: Zur Kraftübertragung zwischen Kunststoffrad und Stahlfahrbahn. Teil 2: Experimentelle Untersuchungen auf einem Radprüfstand Konstruktion 41/5 (1989), 163–171.

Sibaei, Z.: Vertikale Gleisdynamik beim Abrollen eines Radsatzes – Behandlung im Frequenzbereich. Fortschritt-Berichte VDI, Reihe 11, Nr. 165, VDI-Verlag, Düsseldorf 1992.

Steinborn, H., Bußmann, C.: Verschleißberechnung an Radprofilen für ein realistisches Spektrum von Fahrzuständen. VDI-Bericht, Nr. 635, VDI-Verlag, Düsseldorf 1987, S. 105–122.

Stichel, S., Knothe, K.: Ein Konzept für die Einführung des Betriebsfestigkeitsnachweises bei Schienenfahrzeugen aufgrund von Simulationsrechungen. Fortschritt-Berichte VDI, Reihe 12, Nr. 234, VDI-Verlag, Düsseldorf 1995.

Stichel, S.: Betriebsfestigkeitsberechnung bei Schienenfahrzeugen anhand von Simulationsrechnungen. Fortschritt-Berichte VDI, Reihe 12, Nr. 288, VDI-Verlag, Düsseldorf 1996.

Stiebler, M., Lange, M., Groß-Thebing, A.: Investigating the traction drive in the development of a locomotive adhesion controller. Proc. of the EPE-Symp., Sevilla/Spain 1995, S. 2053–2057.

Strzyżakowski, Z., Sibaei, Z., Knothe, K.: Vertical dynamics of a wheelset rolling on a discretely supported rail. In: Gleisdynamik und Fahrzeug-Fahrweg-Wechselwirkung in der Schienenfahrzeugdynamik, K. Knothe (Hrsg.), Dokumentation eines Seminars an der TU Berlin 1988. ILR-Bericht 58, TU Berlin 1989, S. 89–118.

Strzyżakowski, Z., Willner, K.: Rail vibrations in the high frequency range. ZAMM *72* (1992), T132–T134.

Valdivia, A.: Die Wechselwirkung zwischen hochfrequenter Rad-Schiene-Dynamik und ungleichförmigem Verschleiß – ein lineares Modell. Fortschritt-Berichte VDI, Reihe 12, Nr. 93, VDI-Verlag, Düsseldorf 1987.

Valdivia, A.: A linear dynamic wear model to explain the initiating mechanism of corrugation. In: The Dynamics of Vehicles on Roads and on Tracks, M. Apetaur (Ed.). Proc. 10th IAVSD-Symp. Prague 1987. Swets & Zeitlinger, Amsterdam, Lisse 1988, S. 493–496.

Wang, G., Knothe, K.: Theorie und numerische Behandlung des allgemeinen rollenden Kontaktes zweier viskoelastischer Walzen. Fortschritts-Berichte VDI, Reihe 1, Nr. 165, VDI-Verlag, Düsseldorf 1988.

Wang, G.: The Rolling contact of two viscoelastic cylinders with dry friction. ZAMM *69* (1989), T501–T503.

Wang, G., Groß-Thebing, A.: Frequency dependent creep coefficients for rolling contact problems. In: Proc. of a workshop „Rolling Noise Generation", Institut für Technische Akustik TU Berlin 1989, S. 79–88.

Wang, G., Knothe, K.: The influence of inertia forces on steady-state rolling contact between two elastc cylinders. Acta Mechanica *79* (1989), 221–232.

Wang, G., Knothe, K.: Contact analysis of rough rail surfaces. In: Rail corrugations, K. Knothe (Hrsg.), Papers presented at a Symp. on Rail Corrugation Problems, Berlin 1991, ILR-Bericht 59, TU Berlin 1992, S. 113–120.

Wang, M.: Untersuchungen über hochfrequente Reibschwingungen in der metallischen Kontaktzone. Fortschritte der Akustik – DAGA 90, Bad Honnef: DPG-Verlag, 1990, S. 445–448.

Wang, M.: Hochfrequente Kontaktschwingungen im Rad-Schiene System. Fortschritte der Akustik – DAGA 92, Bad Honnef: DPG-Verlag, 1992, S. 1013–1016.

Willumeit, H.-P., Teubert, C.: Dynamische Eigenschaften von Motorradreifen bei zeitlich veränderlichem Schräglaufwinkel. VDI-Berichte, Nr. 657, VDI-Verlag, Düsseldorf 1987, S. 127–136.

Willumeit, H.-P., Zhang, T.: Investigation of the high frequency disturbance response of vehicle suspension. Proc. XXIV FISITA Congr., SAE-P 925106, 1992.

Willumeit, H.-P., Böhm, F.: Wheel Vibrations and Transient Tire Forces. VSDS 1995, State of the Art-Paper.

Zamov, J., Witte, L.: Fahrzeugsimulation unter Verwendung des Starrkörperprogramms ADAMS. VDI-Berichte, Nr. 699, VDI-Verlag Düsseldorf, 1988.

Zhang, J., Knothe, K., Nefzger, A.: Simulation der Rad/Schiene-Kontaktkräfte im Gleisbogen mit stochastischem Gleislagefehlern und Vergleich mit den Meßergebnissen. VDI-Tagung „Simulation und Simulatoren für den Schienenverkehr", München 1995.

Zhang, J., Knothe, K.: Statistical linearization of wheel/rail contact nonlinearities for investigation of curving behaviour with random track irregularities. In: Segel, L. (Ed.), The Dynamics of Vehicles on Roads and Tracks. Proc. of the 14th IAVSD Symp. in Ann Arbor, Michigan, USA 1995. Supplement to Vehicle System Dynamics, Band *25*, S. 731–746.

Zhang, J., Knothe, K.: Influence of large spin creepage on tangential creep force. In: He, Q., Knothe, K. (Eds.), Proc. of the China–German Symp. on High Speed Railway Vehicle/Track System Dynamics, Beijing, China 1995, China Railways Publisher, Beijing 1996, S. 36–49.

Zhang, J.: Application of statistical linearization to high speed curving with random track irregularities. In: He, Q., Knothe, K. (Eds.), Proc. of the China-German Symp. on High Speed Railway Vehicle/Track System Dynamics, Beijing, China 1995, China Railways Publisher, Beijing 1996, S. 146–185.

8 Gesamtförderungssumme

Dem Sonderforschungsbereich 181 sind von 1986 bis 1994 insgesamt Mittel in Höhe von 13 542 076 DM zur Verfügung gestellt worden.

Autorenverzeichnis

Dipl.- Ing. Gunnar Baumann
Technische Universität Berlin
Institut für Metallphysik und
-technologie
Hardenbergstr. 36
10623 Berlin
aktuelle Anschrift:
IFV Bahntechnik
c/o Technische Universität Berlin
Institut für Luft- und Raumfahrt
Sekr. F5
Marchstr. 12
10587 Berlin

Prof. Dr. techn. Friedrich Böhm
Technische Universität Berlin
1. Institut für Mechanik
Sekr. MS 2
Einsteinufer 5–7
10587 Berlin

Dr.-Ing. Rolf Diehl
Technische Universität Berlin
Institut für Technische Akustik
Sekr. TA 7
Einsteinufer 25
10587 Berlin
aktuelle Anschrift:
Müller – BBM GmbH
Schalltechnisches Beratungsbüro
Robert-Koch-Str. 11
82152 Planegg

Dr.-Ing. Joachim Feldmann
Technische Universität Berlin
Institut für Technische Akustik
Sekr. TA 7
Einsteinufer 25
10587 Berlin

Dr.-Ing. Arnold Groß-Thebing
Technische Universität Berlin
Institut für Luft- und Raumfahrt
Sekr. F 5
Marchstr. 12
10587 Berlin
aktuelle Anschrift:
SFE GmbH
Ackerstr. 71–76
13355 Berlin

Dr.-Ing. Winfried Hammele
Technische Universität Berlin
Institut für Fördertechnik und
Getriebetechnik
Sekr. JCR 7
Jebensstr. 1
10623 Berlin
aktuelle Anschrift:
Fredericastr. 8
14050 Berlin

Prof. Dr.-Ing. Manfred Heckl
(verstorben August 1996)
Technische Universität Berlin
Institut für Technische Akustik
Sekr. TA 7
Einsteinufer 25
10587 Berlin

Dr.-Ing. Klaus Hempelmann
Technische Universität Berlin
Institut für Luft- und Raumfahrt
Sekr. F 5
Marchstr. 12
10587 Berlin
aktuelle Anschrift:
SFE GmbH
Ackerstr. 71–76
13355 Berlin

Dr.-Ing. Florian Hiß
Technische Universität Berlin
Fachbereich Mathematik
Straße des 17. Juni 135
10623 Berlin
aktuelle Anschrift:
Oberstr. 16
45468 Mühlheim a. d. Ruhr

Dr.-Ing. Heike Ilias
Technische Universität Berlin
Institut für Luft- und Raumfahrt
Sekr. F 5
Marchstr. 12
10587 Berlin
aktuelle Anschrift:
Rubensstr. 124
12157 Berlin

Prof. Dr.-Ing. Klaus Knothe
Technische Universität Berlin
Institut für Luft- und Raumfahrt
Sekr. F 5
Marchstr. 12
10587 Berlin

Dr.-Ing. Wolfgang Kropp
Technische Universität Berlin
Institut für Technische Akustik
Sekr. TA 7
Einsteinufer 25
10587 Berlin
aktuelle Anschrift:
Chalmers University of Technology
Dept. of Applied Acoustics
Sven Hultin Gata 8
S-41296 Gothenburg

Dipl.-Ing. Ulrich Miedler
Technische Universität Berlin
Institut für Luft- und Raumfahrt
Sekr. F 5
Marchstr. 12
10587 Berlin
aktuelle Anschrift:
Fröbelstr. 6
77933 Lahr

Dr.-Ing. Peter Möhler
Technische Universität Berlin
Institut für Fördertechnik und
Getriebetechnik
Sekr. JCR 7
Jebensstr. 1
10623 Berlin
aktuelle Anschrift:
Drakestr. 77c
12205 Berlin

Dipl.-Ing. Steffen Müller
Technische Universität Berlin
Institut für Luft- und Raumfahrt
Sekr. F 5
Marchstr.12
10587 Berlin

Dr.-Ing. Linan Qiao
Technische Universität Berlin
Institut für Fördertechnik und
Getriebetechnik
Sekr. JCR 7
Jebensstr. 1
10623 Berlin
aktuelle Anschrift
Nordufer 5
13353 Berlin

Dr.-Ing. Burchard Ripke
Technische Universität Berlin
Institut für Luft- und Raumfahrt
Sekr. F 5
Marchstr. 12
10587 Berlin
aktuelle Anschrift:
Deutsche Bahn AG/NS 41
Völkerstr. 5
80939 München

Prof. Dr.-Ing. Dietrich Severin
Technische Universität Berlin
Institut für Fördertechnik und
Getriebetechnik
Sekr. JCR 7
Jebensstr. 1
10623 Berlin

Dipl.-Ing. Stefan Tromp
Technische Universität Berlin
Institut für Fördertechnik und
Getriebetechnik
Sekr. JCR 7
Jebensstr. 1
10623 Berlin

Dr.-Ing. Marie-Francoise Uebler
Technische Universität Berlin
Institut für Technische Akustik
Sekr. TA 7
Einsteinufer 25
10587 Berlin
aktuelle Anschrift:
Continental AG
Technologiecenter
Jädekamp 30
30419 Hannover

Dr.-Ing. Guangqiu Wang
Technische Universität Berlin
Institut für Luft- und Raumfahrt
Sekr. F 5
Marchstr. 12
10587 Berlin
aktuelle Anschrift:
BMW/Rolls Royce ED-3
Eschenweg
15827 Dahlewitz

Dr.-Ing. Maohui Wang
Technische Universität Berlin
Institut für Technische Akustik
Sekr. TA 7
Einsteinufer 25
10587 Berlin
aktuelle Anschrift:
Gesellschaft für Umweltschutz
TÜV Nord mbH
Große Bahnstr. 31
22525 Hamburg

Dipl.-Ing. Reinhold Waßmann
Technische Universität Berlin
Institut für Straßen- und
Schienenverkehr
Sekr. SG 18
Salzufer 17/19
10587 Berlin

Dr.-Ing. Xuejun Yin
Technische Universität Berlin
Institut für Fördertechnik und
Getriebetechnik
Sekr. JCR 7
Jebensstr. 1
10623 Berlin
aktuelle Anschrift
Amendestr. 70
13409 Berlin